# 地图时空大数据爬取与规划分析教程

秦艺帆　石　飞　编　著

东南大学出版社
SOUTHEAST UNIVERSITY PRESS
·南京·

## 内 容 提 要

新时期，人类面向空间环境和活动特征的探索日益推进。而如需深入探索环境和活动特征，则需要地理时空大数据的介入。时空大数据同时兼具时间和空间维度，具有多源、海量、自动采集、更新快速的综合特点。本书是介绍一类特殊的大数据资源，即地图时空大数据，从数据爬取到分析技术的全套教程。书中首次全面提出了兴趣点、兴趣线和兴趣面的数据类型及爬取方法，同时展示了批量获取的动态出行数据或可达性数据在城市与交通研究中的应用。

本书可作为空间规划、城市与交通规划、城市地理研究等领域的专业教材，以及计算机、地理信息系统等专业的参考书。

**图书在版编目(CIP)数据**

地图时空大数据爬取与规划分析教程/秦艺帆，石飞编著.—南京：东南大学出版社，2019.9（2022.12重印）

ISBN 978-7-5641-8547-3

Ⅰ.①地… Ⅱ.①秦… ②石… Ⅲ.①地理信息系统—数据处理—教材 Ⅳ.①P208

中国版本图书馆 CIP 数据核字(2019)第 206349 号

**地图时空大数据爬取与规划分析教程**

(Ditu Shikong Dashuju Paqu Yu Guihua Fenxi Jiaocheng)

---

**编　　著**：秦艺帆　石　飞
**出版发行**：东南大学出版社
**社　　址**：南京市四牌楼 2 号　　**邮编**：210096
**出 版 人**：江建中
**网　　址**：http://www.seupress.com
**经　　销**：全国各地新华书店
**印　　刷**：广东虎彩云印刷有限公司
**开　　本**：787 mm×1092 mm　1/16
**印　　张**：18
**字　　数**：456 千字
**版　　次**：2019 年 9 月第 1 版
**印　　次**：2022 年12月第 2 次印刷
**书　　号**：ISBN 978-7-5641-8547-3
**定　　价**：68.00 元

---

本社图书若有印装质量问题，请直接与营销部联系。电话(传真)：025-83791830

# 前　言

随着社会经济和科学技术的快速发展，人类对自身生活环境的认知已不仅仅局限于书本、文字、记忆、印象等。这种面向空间环境和活动特征的探索正以更加深入的方式推进，并反过来影响着人们的生活和习惯。同时，如何表述人类活动的客观世界和活动特征，已经成为研究的热点和重点。伴随着计算机技术的发展和互联网应用的普及，如何运用一手的数据开展分析并表征客观世界和人类活动，无疑也为学者提供了广阔的研究空间。这其中，数据起着非常关键的作用。而如需深入探索环境和活动特征，则需要地理时空大数据的介入。事实上，人们一直掌握着大量的地理空间和时间信息，但这些信息往往是破碎的、零散的、短暂的和不系统的，迫切需要格式化、系统性、多维多源的大数据作为支撑。

时空大数据同时兼具时间和空间维度，具有多源、海量、自动采集、更新快速的综合特点，能够实时地抽取阶段行为特征，感知、理解和预测导致某特定阶段行为发生的态势。与人的活动息息相关的各类时空大数据，如微博签到数据、出租车轨迹数据、手机信令数据、公交 IC 卡数据、道路卡口交通量数据等，无疑为我们提供了丰富、可以实时获取、感知并用于事件判断、分析的巨大信息。而在这些多源的时空大数据中，地图时空大数据是常常被忽视的一类。尽管我们在出行前会登录地图软件查询公交出行时耗、用餐前会登录地图软件查询周边餐馆信息，但其实这些简单的操作背后是地图供应商用巨资打造的基于地理空间信息的数据库，具备精准的全时空轨迹数据。因此，现成的时空大数据就在那里，却被“冷落”了。

地图时空大数据中隐藏有各类 POI（兴趣点）信息，如餐馆、公交站、企业、停车场等，同时还包含 LOI（兴趣线）信息和 AOI（兴趣面）信息，前者如道路网、公交线网，后者如行政区划、公园绿地等。此外，地图时空大数据还包括栅格数据（如街景图）和动态交通出行数据（如分方式出行时耗、距离），这些数据量可能是数以千万计的。这些都是城市规划、交通规划等涉及空间规划分析的重要数据来源。如城市规划中的城市空间结构、居住就业分布、商业中心识别，交通规划中的交通线网（含道路和公交）平台建设、可达性分析，甚至交通模型中的参数标定。如果我们还停留在人工调查阶段，则会浪费高德、腾讯、百度这些科技企业为后人栽下的“乘凉树”。因此，何尝不站在巨人的肩膀上开展工作呢？正所谓“站得更高看得更远”。

“大数据时代”的到来，正在深刻改变着人们的工作、生活和思维方式。大数据分析与应用为规划设计、学术科研提供了新方法和新手段，为理性化规划带来新的契机，并且不断推动着城乡治理朝高效化、科学化和现代化方向发展。不仅如此，大数据辅助决策将成为规划行业改革、供给侧改革的外在动力。地图软件为规划、设计、研究提供了潜在而丰富的各类数据信息，这是不容忽视的。

本书从实践出发，以数据爬取任务和规划应用案例为驱动，深入浅出地介绍爬取地图时空大数据的知识、技能与过程，详细地演示爬取过程的每一步，并着重讲解爬取任务中的难点和注意事项。此外，在每类数据爬取的方法与技术介绍后，本书将结合案例，展示数据在规划设计中的应用，请读者扫描封底的二维码免费下载本书配套的插图等文件。

本书适合零基础的初学者，主要适用于规划、地理、交通及相关领域。对本书的学习编者有两点建议，希望引起读者的注意：第一，读者可根据自身实际情况有选择地学习本书，未接触过 Python 编程、ArcGIS 软件的读者建议先学习第 2 章与第 3 章，以掌握本书涉及的编程知识、GIS 知识，而具备一定编程能力和 GIS 空间分析能力的读者可直接从“矢量数据采集与分析篇”开始阅读；第二，本书中爬取数据的过程、代码是根据当时高德地图、百度地图的实际情况设计、编写的，但读者阅读本书时，可能由于高德地图、百度地图的网页解析规则、API 使用规则发生改变而致使代码不能成功运行，因此建议读者主要学习爬取地图时空大数据的思路和代码编写逻辑，而非具体代码。即使代码失效，读者也可依据自己的情况进行调整。

全书由秦艺帆、石飞撰写和审定，参与撰写的同志还有：朱乐、席东其、徐晓燕、董琳、何源。本书由国家自然科学基金(编号：51778277)和江苏省优势学科项目资助出版，由于编者专业和认识水平有限，书中难免出现不妥与疏漏之处，恳请读者批评指正。

秦艺帆　石　飞

2019 年 8 月

# 目　　录

## 基础篇

## 矢量数据采集与分析篇

## 栅格数据采集与分析篇

## 交通出行数据采集与分析篇

# 基础篇

# 第1章

# 概　述

## 1.1　数据源的变革

近年来，随着大数据时代的来临和地理数据源的丰富和发展，公众和研究者对空间信息的需求日显增长，为提升城市地理信息服务水平，国内外面向地理信息采集和服务逐步由政府行为向企业市场行为过渡。

当前社会，移动互联网使得社会行动者的态度、行为被迅速信息化，并被移动运营商、互联网企业等记录下来，因而数据处于一种爆炸式增长状态，如手机移动运营商每日产生的手机信令高达10亿条，公交等营运车辆产生的IC卡和GPS数据达350 GB/d。在社会经济各领域，对于数据的驾驭决定了未来的发展方向。我们个人实时的消费习惯、资产配置、出行模式、地理定位、社交关系、娱乐活动等，都被编码成不同形式的信息储存在各大商业公司的数据库中，为市场营销、金融咨询、甚至政治选举这样重大事件的预测提供了海量的信息基础。

这股潮流近年来也渐渐地蔓延至了学术界，涌现出了很多颇为新颖的研究话题。在学术价值上，大数据宝贵的一点就是极大程度地将数据的收集化繁为简，省去了冗长的问卷调查过程，为研究者节省了大量精力和时间。城市规划、交通规划等涉及空间规划领域的规划、设计、研究工作也不例外。规划领域的数据调查、获取，应顺势而为，以为规划研究工作提供更详细、更丰富、更准确的分析数据。

### 1.1.1　数据源的多样性

传统数据调查方法通常包括会议调查法、实地观察法、问卷调查法、文献调查法、综合归纳法等，我们统称之为人工调研。人工调研的优势在于调查人员能够直观地掌握第一手的资料和情况，但其缺点同样显而易见：样本采集困难、样本量不足、调研费用昂贵、调研周期过长、调研环节监控滞后等。

与传统的人工或面对面调研方式不同，互联网数据则是利用互联网和科技手段在线收集数据信息的一种新型调研方式。比较常见的方式有开放数据爬取、在线调查（如微信应用小程序）、计算机辅助电话咨询、E-mail问卷调查等。较之人工调研，互联网数据调研具有信息收集的广泛性、调研信息的及时性和共享性、调研过程的便捷性和经济性、调研结果的准确性等显著优势。当前，一些互联网公司正以开放的姿态向全社会公开自己的数据，以应用程序接口（API，Application Programming Interface）为共享平台，从而为科学研究提供了丰富的时空大数据，如高德地图API、微博API等。

### 1.1.2 数据源的全样性

随着大数据时代的到来，在互联网和信息技术革命强大推动力的驱使下，调查研究工作的数据基础开始面临新的挑战。此前，传统的调研工作往往采用样本采集的方式，这种方式得到的结论显然比较粗糙，可信度不高。而互联网则提供了百万、千万乃至更大的数据量，数据量巨大将使调查研究工作的数据基础发生重大转变。一方面，近乎全样①的大数据有助于我们更加正确地考察细节、提升精度。另一方面，也要看到海量数据存在着"偏爱潮流""不懂背景""过分解构"等局限性，如微博数据，应结合如调查问卷、深入访谈等形式，将获取的海量数据与传统数据相互对比、印证并整合运用，以进一步增强调查研究数据基础工作的科学性。

### 1.1.3 数据源的连续性

传统的调研方式是对现状的梳理、问题的分析、情况的总结和对策的应用，着眼于历史上已经发生的和现实存在的种种问题，表现为对某一时间点的静态分析。因此，传统数据调查获取的是截面数据。大数据时代的调研则更强调持续性，由于数据来源广泛且不断变化，对现实情况的分析、问题的查找和建议的提出需随着数据的变化而不断变化。大数据则可以提供箱体数据。对这些箱体数据的整理分析可着眼于未来，对已发生的情况解释和问题分析可面向事物的发展、前景和走向，特别是通过充分的数据分析以预测的形式表达这种趋势。

## 1.2 地图时空大数据

时空大数据指与时空位置相关的一类大数据，是时空信息与大数据的融合，具有时间维度与空间维度的特征。此外，时空大数据还拥有一般大数据具有的快速（Velocity）、海量（Volumes）和多类别（Variety）等特征。近年来，新兴的轨迹大数据、社交媒体的位置签到大数据、手机信令数据、互联网电子地图的地理信息数据、公交刷卡数据等均是时空大数据的代表，已成功地应用于居民时空行为研究、城市交通现状研究、城市功能分区研究、城市增长边界划分等城市规划研究领域。

地图时空大数据是来源于百度、高德等互联网电子地图的一类时空大数据，例如 POI 兴趣点、热力图、实时定位数据等。当前，以高德、百度、腾讯为代表的互联网公司在其开放平台通过大量 API 开放了海量的地理信息数据。互联网电子地图的时空大数据具有覆盖面广、更新快、错误少以及移动互联网参与程度高等优点，尤其在特大城市、大城市，为精细化的城市与区域规划研究与实践提供了有价值的数据源。

### 1.2.1 获取途径

地图时空大数据的获取方式主要有调用 Web 服务 API、调用 JavaScript API 以及通过分析网页的数据加载流程抓取数据三种。我们依次介绍上述的三种主要途径：

Web 服务 API 是一组基于 HTTPS/HTTP 协议的数据接口，开发者可通过这些接口使用各

---

① 此处的全样是指互联网工具所收集的数据是源自所有使用者的全样，但面向具体规划研究等应用层面的分析来说，这些数据也许并非全样。

类型的地理数据和服务。以高德地图开放平台(https://lbs.amap.com/)为例,高德地图目前提供路径规划、行政区域查询、POI搜索、地理编码、坐标转换、交通态势等Web服务应用程序接口,通过这些重要的API,我们可以批量采集到各类别POI点(如:公交站点、居住小区、医院、学校等),包含车速信息的城市道路、行政区划以及城市街景图、热力图等有价值的基础数据(图1-1)。

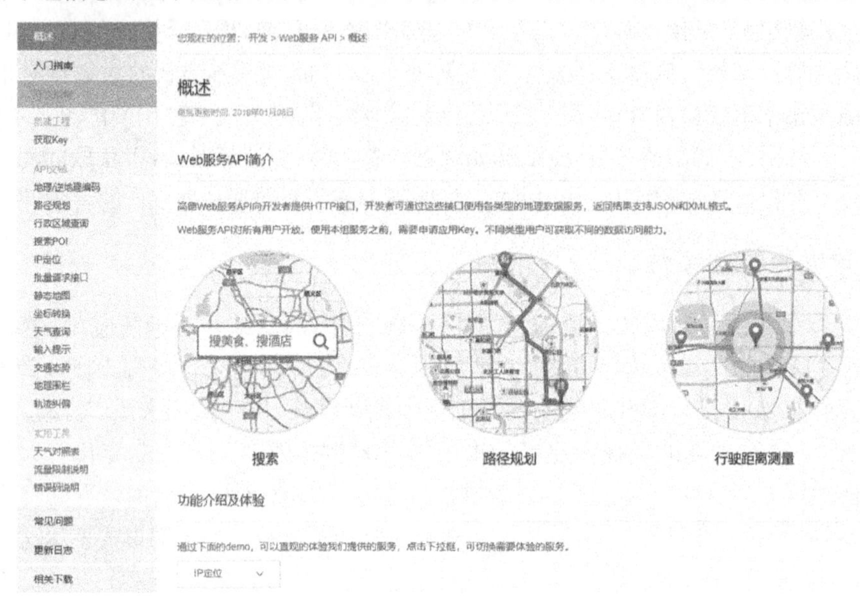


图1-1　高德地图开放平台的Web服务概述

JavaScript API是一套JavaScript语言编写的前端应用程序接口,其中的公交检索服务可用于公交和地铁线路的查询(图1-2)。高德地图、百度地图和腾讯地图的Web端均开放的JavaScript API是获取公交线路数据的重要途径之一。

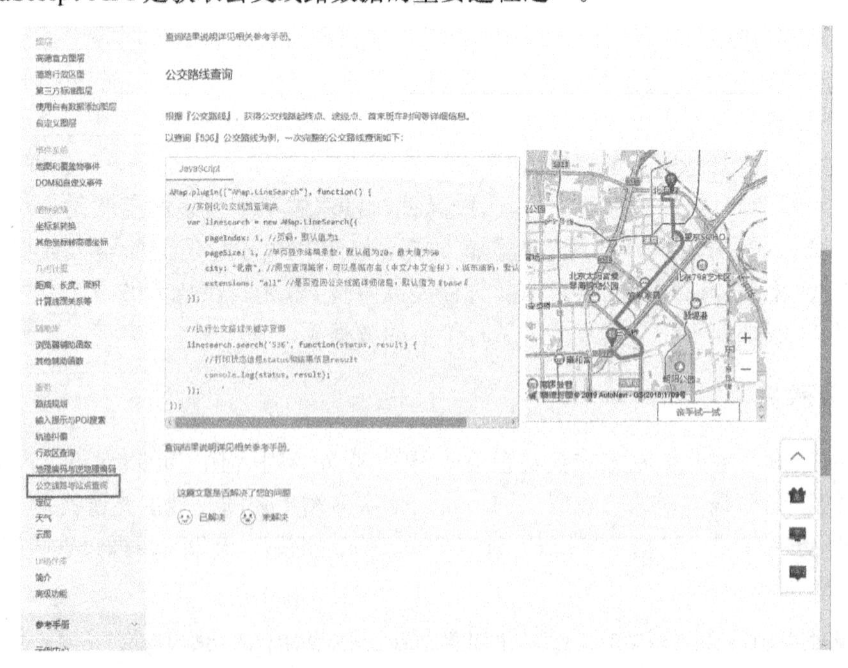


图1-2　高德地图开放平台的公交线路查询功能示意

本教程中主要应用到的互联网电子地图开放API的含义与主要用途见图1-3。后续章节中将对每种接口的适用情形和具体如何使用接口采集数据加以详细地讲解。

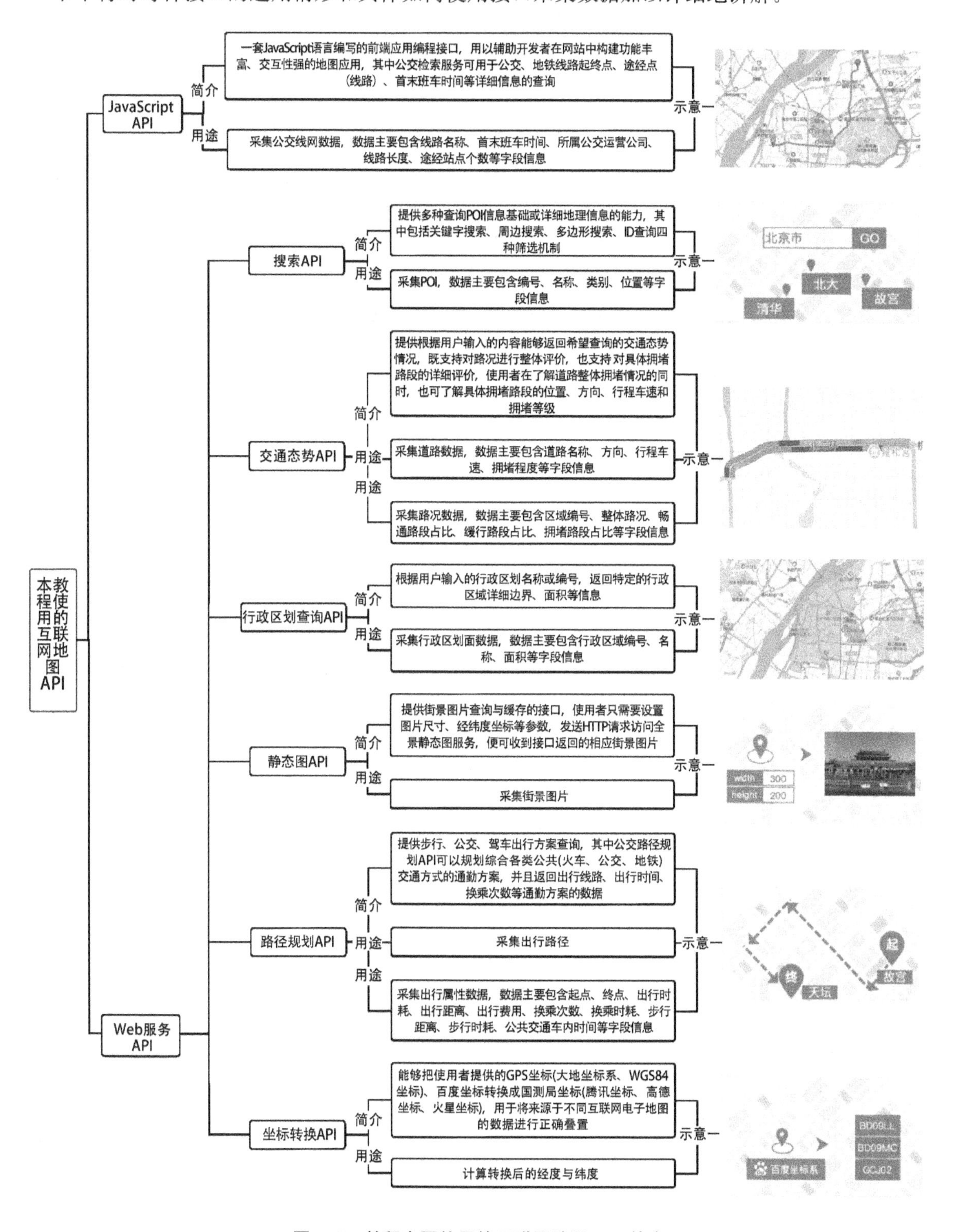


图1-3 教程主要使用的互联网地图API简介

此外，对于一些特殊数据，例如居住区面、公园绿地面、表示人口分布趋势的定位数据等，由于目前互联网电子地图没有开放的接口可供调用，我们还可以通过分析地图页面数据的动态加载流程，构造动态爬虫加以获取。

### 1.2.2 数据类别

根据城市与区域规划空间分析的需求以及互联网地图 API 提供的地理信息数据特点，地图时空大数据可分为点、线、面、栅格数据以及动态交通数据五大类，具体各类别包含的重要数据和数据获取途径参见表 1-1。此外，由于不同互联网电子地图的地理信息数据基于的坐标系不同，互联网电子地图还通过 API 提供其他坐标系数据转换至自身坐标系的服务，如：百度地图“坐标转换 API”、高德地图“坐标转换 API”。

**表 1-1　地图时空大数据主要类别、获取途径与方式**

| 类别 | | 数据 | 获取途径 | 本书的获取方式 |
|---|---|---|---|---|
| 矢量数据 | 点 | POI(如：公交站点、居住小区、医院、学校等点状地理实体) | (1) 高德地图“搜索 API”<br>(2) 百度地图“地点检索服务 API”<br>(3) 腾讯地图“地点搜索 API” | 编写程序 |
| | 线 | 公交线网 | (1) 百度地图“JavaScript API”<br>(2) 高德地图“JavaScript API” | 编写程序 |
| | | 路网 | 高德地图“交通态势 API” | 编写程序 |
| | 面 | 行政区划面 | 高德地图“行政区域查询 API” | 编写程序 |
| | | 公园绿地面、居住区面 | 分析地图的响应页面 | 编写程序 |
| 栅格数据 | | 实时热力图 | 百度地图手机 APP | 截取手机屏幕 |
| | | 实时人群空间分布 | 腾讯“位置大数据平台” | 编写程序 |
| | | 城市街景图 | (1) 百度地图“静态图 API”<br>(2) 腾讯地图“街景静态图 API” | 编写程序 |
| | | 实时路况 | (1) 百度地图“实时路况查询 API”<br>(2) 高德地图“交通态势 API” | 编写程序 |
| 动态交通数据 | | 属性数据<br>出行属性数据(如：出行总时间、出行总费用、出行总距离、公交换乘时间占比、步行时间占比、公交换乘次数等) | (1) 高德地图“路径规划 API”<br>(2) 百度地图“路线规划 API”<br>(3) 百度地图“批量算路服务 API”<br>(4) 腾讯地图“路线规划服务 API”<br>(5) 腾讯地图“距离矩阵服务 API” | 编写程序 |
| | | 空间数据<br>出行路径(轨迹) | (1) 高德地图“路径规划 API”<br>(2) 百度地图“路线规划 API”<br>(3) 腾讯地图“路线规划 API” | 编写程序 |
| 工具 | 坐标转换服务 | 高德坐标(即火星坐标、国测局(GCJ02)、腾讯坐标)、大地坐标系(WGS84)转换至百度坐标(bd09ll) | 百度地图“坐标转换 API” | 编写程序 |
| | | 百度坐标系转换至高德坐标(即腾讯坐标、火星坐标、国测局(GCJ02)) | (1) 腾讯地图“坐标转换 API”<br>(2) 高德地图“坐标转换 API” | 编写程序 |

在本书接下来的章节中我们会依次详细地介绍如何使用重要的 API 得到我们需要的数据、如何批量调用 API，以及如何将 API 返回的数据转换为可以在 ArcGIS 中进行空间分析的 Shapefile 格式。

### 1.2.3 数据格式

高德地图、百度地图以及腾讯地图开放的 Web 服务中 API 默认的返回数据格式类型为 JSON（JavaScript Object Notation，JavaScript 对象表示法）。JSON 是一种轻量级的文本数据交换格式，在语法上与创建 JavaScript 对象的代码相同，在网络传输尤其是 Web 前端中运用非常广泛。尽管 JSON 采用了 JavaScript 的语法描述数据，但其独立于语言，当前主流的编程语言均支持 JSON。

JSON 的语法非常简单，即：以{}花括号表示对象，[]方括号表示数组，“”双引号表示属性或者值。代码 1-1 所示的一段 JSON 字符串存储了南京大学鼓楼校区、南京大学仙林校区的属性，包括：编号（id）、名称（title）、地址（address）、电话（tel）、类别（category）、位置（location）以及所属的省（province）市（city）区（district）。具体地讲，JSON 语法主要有以下几个方面：

（1）JSON 名称（键）/值对。JSON 的书写格式是“名称（键）/值对”，名称（键）在双引号中，通过冒号和值分开。例如代码 1-1 中："title"："南京大学（鼓楼校区）"。

（2）JSON 值。值可以是字符串（双引号中）、整数、浮点数、对象（花括号中）、数组（方括号中）等。

（3）JSON 对象。JSON 对象在花括号中进行书写，每个对象可以包含多个名称（键）/值对。例如：{"status"：0，"message"："query ok"}是包含两个名称（键）/值对的对象。

（4）JSON 数组。JSON 数组在方括号中进行书写，每个数组可以包含多个对象。例如：代码 1-1 中"data"键对应的数组包含两个对象。

```
{
    "status":0,
    "message":"query ok",
    "data":[{
        "id":"11889371580520991878",
        "title":"南京大学(鼓楼校区)",
        "address":"江苏省南京市鼓楼区汉口路 22 号",
        "tel":"025-83593186",
        "category":"教育学校:大学",
        "type":0,
        "location":{
            "lat":32.054888,
            "lng":118.779479
        },
        "ad_info":{
            "adcode":320106,
            "province":"江苏省",
```

```
            "city":"南京市",
            "district":"鼓楼区"
        }
    },
    {
        "id":"15362080589825838778",
        "title":"南京大学(仙林校区)",
        "address":"江苏省南京市栖霞区仙林大道163号",
        "tel":"025-83593186",
        "category":"教育学校:大学",
        "type":0,
        "location":{
            "lat":32.119818,
            "lng":118.957954
        },
        "ad_info":{
            "adcode":320113,
            "province":"江苏省",
            "city":"南京市",
            "district":"栖霞区"
        }
    }]
}
```

**代码 1-1　存储南京大学两个校区信息的 JSON 字符串**

以 Python 编程语言为例，通过“import json”语句导入 json 库后，便可以使用函数“json. dumps”将 Python 对象编码为 JSON 字符串，使用函数“json. loads”函数将 JSON 字符串转为 Python 的字典(dict)对象、列表(list)对象和字符串对象。有关 JSON 字符串转换至 Python 对象的具体使用方法我们在第 2 章中详细展开，本节我们只需了解 JSON 格式数据的存储特点并明确 JSON 字符串可以和编程语言支持的数据类型相互转换。本书使用程序采集互联网电子地图开放 API 返回的 JSON 数据的流程可概括为以下两种：(1)点数据—批量采集存储点数据信息的 JSON 字符串—JSON 字符串转换为编程语言支持的数据类型—点数据信息写入文本文件—ArcGIS 软件中直接打开文本文件，进而生成 Shapefile 文件—后续空间分析；(2)点、线、面、动态交通等类别数据—批量采集存储数据信息的 JSON 字符串—JSON 字符串转换为编程语言支持的数据类型—数据信息写入文本文件(可省略)—借助第三方库(ArcPy，第 2 章将详细介绍)将数据直接生成 Shapefile 文件—后续空间分析。

总体上，现代网络信息技术与智能设备的普及与运用带来了大数据，而大数据技术紧接着改变了数据的获取、处理和理解方式。数据获取方式从收集问卷或访谈变成了网络、多媒体等多技术手段的综合运用，传统的方法需要科学地从母体中抽样，大数据的数据获取对象可能就是母体；数据处理方式从传统的属性数据分析方法，过渡到基于结构的、以智能信息处理为主的综合集成分析；数据理解方式，则由传统的统计因果发展到以“相关”特别是不同信息之间关系和规律的解析。

与传统信息采集方式相比，大数据技术目前仍有其局限性。一方面，大数据一个非常重要的特征是“价值密度低”，数据内容可能并不是特定研究者所关心的，因此不一定都能满足特定问题研究的需要。对于大数据获得的信息，传统调查不但是其必要的补充，也是专项研究更为重要的基础资料。另一方面，被互联网、智能设备感知和记录的社会行动者并不能覆盖全部。如果认识不到大数据的覆盖率或者代表怎样的群体，即便样本规模再大，得出来的知识和规律也有可能是偏颇的。

也许，未来的科学研究或可实现大数据与传统调查方法的优势互补。但无论如何，以地图时空大数据为代表的互联网开放数据为我们提供了宝贵的数据基础和广阔的研究空间。

## 1.3 章节安排

本教程涵盖了“基础篇”、“矢量数据采集与分析篇”、“栅格数据采集与分析篇”与“交通出行数据采集与分析篇”四大部分内容，并将互联网电子地图各类数据的采集方法与其相应的空间分析方法作为重点内容。

“基础篇”主要概述地图时空大数据，介绍 Python 编程语言、ArcPy 和 ArcGIS 操作的基础知识。其中，第 1 章讲述近年来城市规划、交通规划领域数据源从传统调查数据向海量丰富、动态更新的互联网开放数据的转变，并介绍互联网电子地图中地理信息数据的主要类别、格式与获取途径；第 2 章介绍 Python 编程语言的总体特性、基本语法与编程环境，并从 Python 的 ArcPy 拓展包带领读者认识 Python 与 ArcGIS 空间分析、空间数据处理的紧密联系，其中 Python 是本教程选用的编程语言，而 ArcPy 是采集数据向空间分析数据转换的关键；第 3 章以 ArcGIS 10.4 软件为例，简要介绍 GIS 常见空间分析功能，演示如何在 ArcGIS 中进行空间数据编辑、管理与统计，制作专题图，以上操作和功能是后续章节中对地图时空大数据分析的基础。

“矢量数据采集与分析篇”主要讲解点、线、面三种矢量数据的采集技术与分析方法，此外介绍数据的坐标系转换的操作。其中，第 4 章讲述如何通过“搜索 API”采集兴趣点(POI)数据，并且以企业类型数据、高快速路出入口数据和公交站点数据为例讲述分析 POI 点数据的基本思路；第 5 章演示采集包含车速属性的城市道路数据与公交线网数据的流程，以及在 ArcGIS 中计算南京市公交面积覆盖系数指标的具体操作；第 6 章详细讲解如何通过分析地图响应页面的方式采集公园绿地边界、居住区边界为代表的兴趣面并且以采集到的南京市公园绿地数据为例讲解如何分析公园绿地社会服务功能，此外第 6 章介绍通过“行政区域查询 API”采集行政区划边界基础数据。

“栅格数据采集与分析篇”主要介绍街景图、热力图等栅格数据的采集技术和分析方法。其中，第 7 章以百度地图为例，介绍利用 Python 程序快速批量采集街景地图的技术以及在 ArcGIS 批量制作城市规划现状探勘图的方法；第 8 章详细介绍了从百度地图采集热力图和从腾讯位置大数据平台采集实时定位数据的方法与流程，在此基础上分析人群在城市空间的分布趋势及不同时间段特征。

“交通出行数据采集与分析篇”主要介绍交通出行属性数据和出行路径空间数据的采集

技术，以实际的研究案例分析使读者领略交通出行数据的重要价值。第 9 章讲解如何通过互联网地图的“路径规划 API”批量采集出发地与目的地之间精确、可靠、实时的交通出行数据，如：出行时间、出行距离、出行费用、公共交通换乘时间、换乘次数、步行时间、最优出行路径等；第 10 章以两个完整的研究案例展示动态交通出行数据的应用价值，其中“南京市商业中心可达性分析”研究案例通过 4 个测度指标的分析，即公共交通拥挤度、小汽车交通拥挤度、公共交通相对优先度和出行数据可靠度，全面地评价城市公共交通发展状况；“可达性在交通分布预测模型中的应用”研究案例基于昆山市的交通出行数据，通过回归分析得到交通分布中重力模型阻抗函数的参数值，继而得到研究单元之间的出行摩擦系数并应用于交通分布预测。

# 第2章

# Python 编程语言简介

荷兰程序员 Guido van Rossum 在 1989 年圣诞节期间用 C 语言开发出了新的程序设计语言——Python。作为跨平台、开源免费、编写效率高的高级解释型编程语言，Python 从诞生之初就受到了许多领域的青睐，如今 Python 不仅在科学领域大量应用于数学建模、数据挖掘、学术研究和应用研究，且在构建网络爬虫和采集数据、解决商业问题、编写游戏、创建 Web 应用程序等领域同样应用广泛，Esri 公司更是将 Python 全面部署在 ArcGIS 中。

本章将介绍 Python 的特性与基本语法，并从 Python 的 ArcPy 拓展包来认识 Python 与 ArcGIS 空间分析、空间数据管理的紧密联系。限于篇幅，本章不能将 Python 和 ArcPy 的用法和特性完全详细地讲述，仅针对本书中代码涉及的 Python 基础知识进行讲解。若读者需要更深入地了解 Python 和 ArcPy，请读者自行阅读 Python 教程和 ArcPy 的帮助文档（https://desktop.arcgis.com/zh-cn/arcmap/latest/analyze/arcpy/what-is-arcpy-.htm）。

## 2.1 Python 编程语言特性

由于 Python 具有的语法简单优雅、拥有强大的模块、支持高级数据结构、开发效率高、具有与 GIS 结合紧密等优势，本书中涉及的程序均采用 Python 语言实现。下面我们依次从 Python 的总体特性、编辑与运行环境、广泛应用三方面初识 Python。

### 2.1.1 总体特性

首先，Python 的跨平台、可移植性和兼容性能非常好，可以运行在如 Linux、Windows、Mac OS 等多种计算平台和操作系统中。此外，Python 还有如下主要特性：

语法简洁，通俗易学，具有支持自动内存回收特性。Python 建立之初的定位便是“优雅、明确、简单”，语法如英文般简洁明确，代码整洁美观，因此相较于其他编程语言如 C/C++、Java 等，完成同样的任务时 Python 包含的代码行更少且代码更易阅读、调试和拓展。此外，Python 能够自动进行内存回收，使用者在编程时，无需关注程序运行过程中的内存管理。对于大多数人来说，编程仅是完成其他工作的工具而已，Python 语言简单、易学等特性能够使使用者更多地关注待解决问题的逻辑、思路，而无需花费大量精力关注语言本身和计算机的数据处理过程，从而更容易实现目的、降低开发时间。

面向对象（Object-Oriented）的特性。Python 是一门面向对象的编程语言，即程序由许多相互作用的对象组成，易于移植。Python 面向对象的特性顺应程序设计语言的发展趋势，支持封装（encapsulation）、重载（override）和多重继承（Multiple Inheritance）。

拥有强大的模块并支持高级数据结构的特性。Python 拥有完善的内置模块和第三方模块，如 os、re、json、PIL、request、BeautifulSoup、NumPy、Pandas、Matplotlib、Seaborn 等，

使得文件处理、正则表达式、图像处理、数据爬取、科学计算、数学建模、数据挖掘、数据可视化等程序的编写相当容易，许多功能不必从底层开始编写，可以直接在现有的模块基础上编写，进而开发效率大大提高。

运行速度较慢的特性。Python 是解释型的脚本语言，即 Python 不需要编译便可以直接运行，这使得 Python 良好的移植性和易适用性，但是代码在执行时要先翻译为机器码，而翻译过程非常耗时，故 Python 的运行速度较 C/C++缓慢。相同的程序如果采用 C 语言编写，运行时间可能仅为 0.001 s，但采用 Python 编写则可能需要 0.1 s，运行速度相差可达百倍。Python 语言运行效率低的特性使得 Python 不适合编写需要进行大量计算的计算密集型任务，但非常适合涉及网络、磁盘任务的 IO 密集型任务，如网络数据的爬取。但是，Python 又具有“胶水”的特性，能够把 C/C++等高效率语言编写的程序“粘合”起来，“胶水”特性很大程度上缓解了 Python 为人诟病的运行效率慢的不足。

### 2.1.2 编辑与运行环境

Python 目前有两个不同的版本：Python 2 和较新的 Python 3，两个版本差别较大且 Python 3 部分代码不兼容 Python 2。目前，由于一些方便的模块仍对 Python 3 的支持不够好，本节以 Python 2 版本为例介绍。此外，Python 在 Linux 平台下运行速度比 Windows 下的速度快且 Linux 发行版大多自带 Python 程序。

在 Windows 环境下使用 Python 首先需要搭建开发环境，即在 Python 官网：https://www.python.org/下载相应的 msi 安装包。下载成功后，双击安装包开始安装，需要勾选“Add python.exe to Path”(图 2-1)。之后单击“Next”按钮，安装结束后，将弹出安装成功画面(图 2-2)。最后单击“Finish”按钮，完成 Python 的安装(图 2-3)。

安装成功后，在安装目录下打开 IDLE(Python Integrated Development Environment)，便可在 IDLE 环境下直接运行 Python 语句(图 2-4)，至此最简单的 Python 开发环境便搭建完成。此外，还可以将完整的代码写成.py 脚本，点击“F5”运行代码(图 2-5)。

图 2-1　安装画面的自定义安装选项

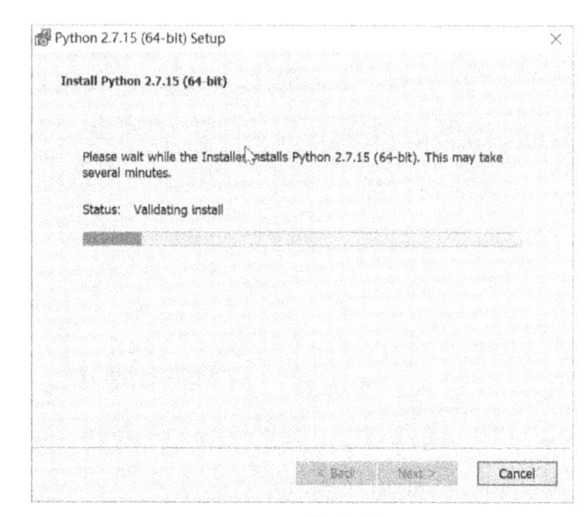


图 2-2 正在安装画面

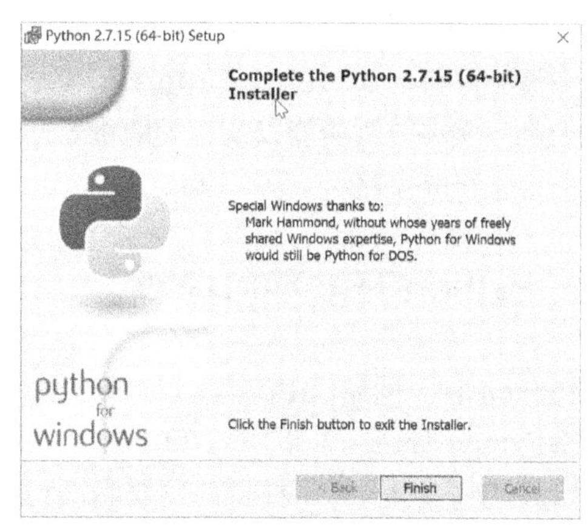


图 2-3 安装成功画面

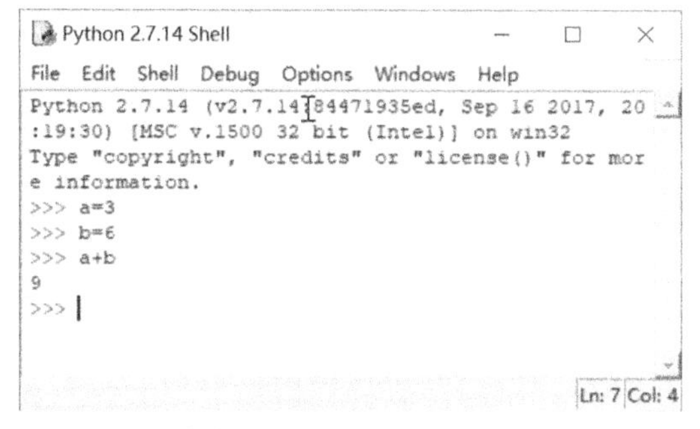


图 2-4 直接在 Python 的 IDLE 中运行代码

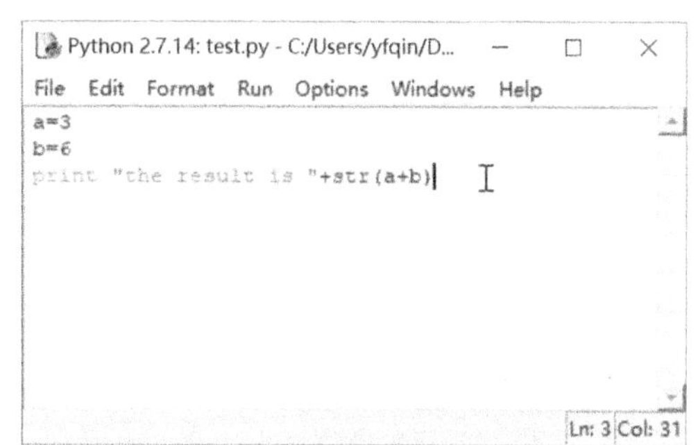


图 2-5 编写独立的脚本运行代码

### 2.1.3 广泛应用

Python 从诞生之初便受到了很多领域的青睐，除却前文提及的应用于 GIS 辅助空间数据处理与分析，在不同领域得到了不同程度的应用，以下为 Python 的一些常见应用：

① 图形处理。Python 有 PIL、Tkinter、wxPython、QT 等图形模块支持，可以方便地进行图形处理，开发 GUI(图形用户界面)应用程序。使用者可以很方便地创建完整、功能健全的 GUI 用户界面。

② 科学计算、数据分析与数据挖掘。Python 的 Numpy 模块支持高性能科学计算和数据分析，处理矩阵的运算非常高效；Pandas 纳入大量标准数据模型、提供高效快速操作大型数据集的工具；Scipy 则致力于科学计算中常见问题的各个工具箱，如插值、积分、特殊函数等，是高级的科学计算库。

③ 数据库编程。使用者可通过 Python DB-API(数据库应用程序编程接口)规范模块与 Microsoft SQL Server、Oracle、MySQL 等主流数据库通信。此外，Python 自带 Gadfly 模块，提供完整的 SQL 环境。

④ 游戏应用。随着游戏产业的兴起，Python 开始越来越多地涉足游戏领域，Pygame 是 Python 开发游戏的模块，具体可参考 http://www.pygame.org。

⑤ 嵌入式科学。Python 可嵌入 C/C++程序，联结使用 C/C++语言制作各种模块，其高于 Java、C/C++的代码复用能力使其在嵌入式科学领域发展迅速，如机器人、无人机项目。

⑥ 自然语言处理(NLP)。Python 强大的功能可辅助 NLP 领域的热门话题——语义分析和情感分析。如 NLTK、Pattern 等模块能实现文本分类、文本摘要提取、文本相似度、文本聚类等文本分析功能以及相关的机器学习算法，辅助语料库语言学学者的研究，拓展语料库语言学研究思路。

## 2.2 Python 开发平台搭建

Python 官方网站(http://www.python.org/)安装 Python 后，自带的集成开发环境 IDLE(Python Integrated Development Environment)便可进行创建、运行、测试和调试 Python 程序。但是，为了提高开发效率，通常我们需要另外安装适合专业人员使用的 IDE(集成开发环境)。

PyCharm 是一款流行的 Python IDE，可以帮助专业级开发者提高其效率，如调试、语法高亮、Project 管理、代码跳转、智能提示、自动完成、单元测试、版本控制等。

本书中所有的 Python 代码均在 PyCharm 中执行。

➢**步骤 1：下载并安装 PyCharm**。

在 PyCharm 官方网站(https://www.jetbrains.com/pycharm/)下载最新的社区免费版(Community Edition，Free，open-source)的安装包(图 2-6)，并按照提示进行 PyCharm 的安装(图 2-7)。

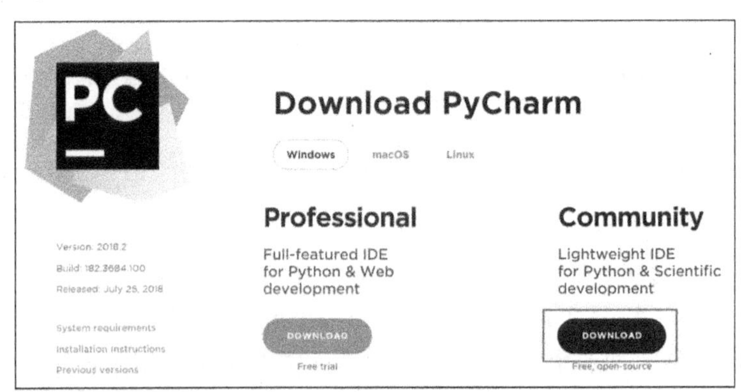


**图 2-6　下载 PyCharm 社区免费版安装包**

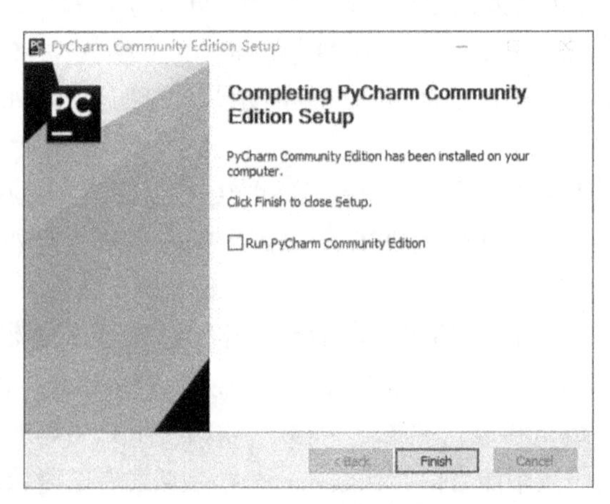


**图 2-7　PyCharm 社区免费版安装成功画面**

➢**步骤 2：配置编译器。**

打开 PyCharm，点击菜单栏中的“Run”—“Edit Configurations ...”，在弹出的“Run/Debug Configurations”对话框中，将“Python interpreter”设置为已安装的“python. exe”的路径(图 2-8)。

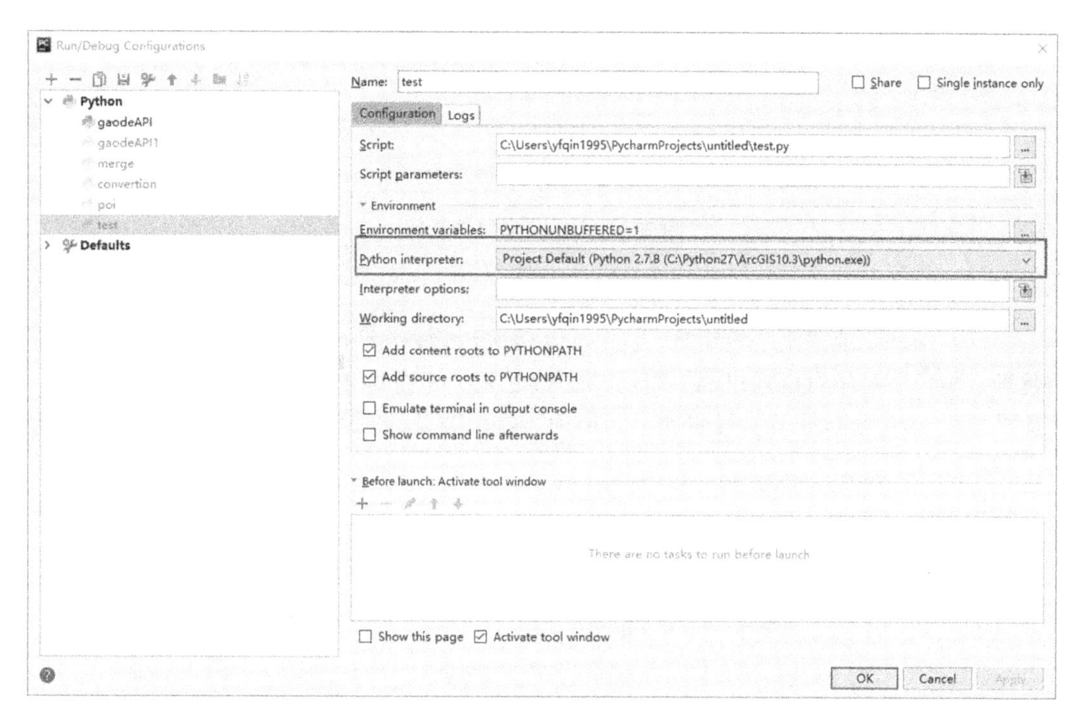


**图 2-8　配置编译器设置**

配置完成后，便可新建 Python 程序文件进行程序的编写、运行(快捷键 Shift + F10)和调试(快捷键 Shift + F9)。

## 2.3　Python 基础

### 2.3.1　数据类型与结构

Python 能够直接处理的数据类型有整数(如 - 1、100 等)、浮点数(如 1.23、- 9.02 等)、字符串(如"abc"、"I'm fine"等)、布尔值(Ture 和 False)、空值(None)。其中，字符串由一个或多个字符组成，字符可以是字母、数字等。

Python 拥有 4 个内置的数据结构，即 List(列表)、Tuple(元组)、Dictionary(字典)以及 Set(集合)。它们是一组数据的集合，可简单理解为一个“容器”，我们可以用对“容器”内的元素执行相同的操作。本书中代码涉及的 Python 内置数据结构是 List 和 Dictionary。

(1) 数字

数字是最简单的数据类型，我们在此只需要注意一个特殊之处，即：Python 做整数除法时得到的结果是整数。若想运行真正的除法运算，则至少需要将除数和被除数变为浮点数，float()函数可以将整数或字符串表示的数字变为浮点数(图 2-9)。

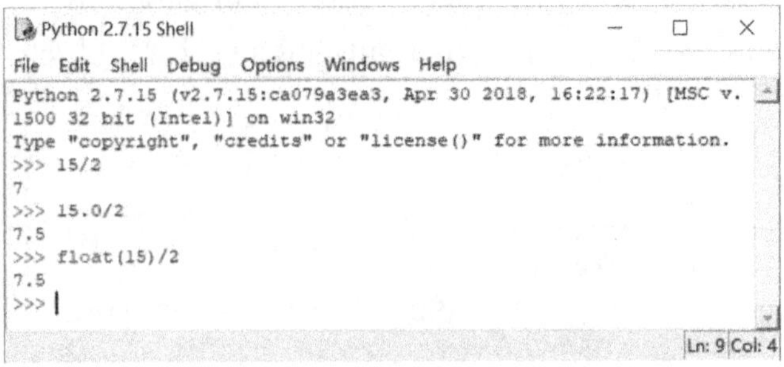

```
Python 2.7.15 Shell
File Edit Shell Debug Options Windows Help
Python 2.7.15 (v2.7.15:ca079a3ea3, Apr 30 2018, 16:22:17) [MSC v.
1500 32 bit (Intel)] on win32
Type "copyright", "credits" or "license()" for more information.
>>> 15/2
7
>>> 15.0/2
7.5
>>> float(15)/2
7.5
>>> |
Ln: 9 Col: 4
```

**图 2-9　Python 做除法运算**

(2) 字符串

字符串由一个或多个字符组成，字符可以是字母、数字等，由单引号('')或双引号("")括起来。两个字符串可以通过运算符“+”连接起来。字符串也可以和数字连接起来，但连接前需要用 str()函数或双引号将数字转换为字符串类型(图 2-10)。

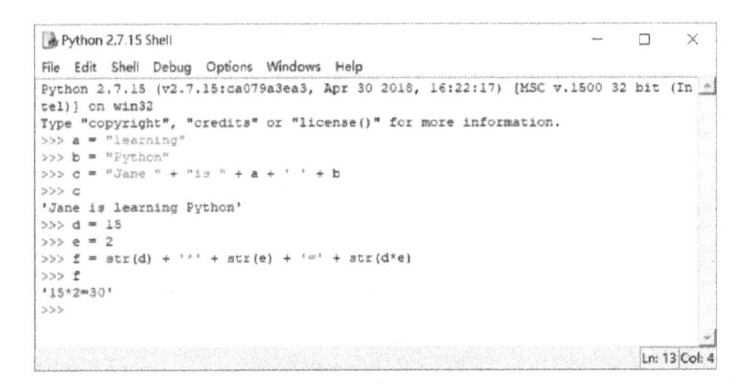


**图 2-10　字符串连接操作**

与字符串拼接相对应的字符串分割操作。字符串支持 split 方法以参数为分隔符将原有字符串分割成不同的子元素，子元素将依次存储在一个列表中(图 2-11)，可以使用操作列表的方法对得到的列表进行相应操作。

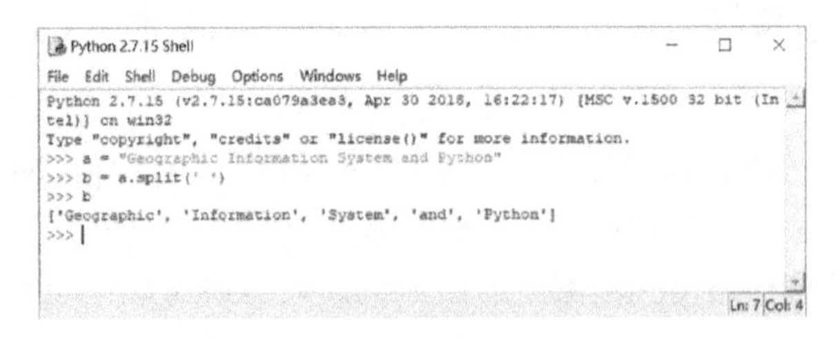


**图 2-11　字符串分割操作**

(3) 列表

列表是 Python 最重要的数据结构之一，也是本书中用到最多的数据结构。List 是用方括号([])定义的一种有序、可变的集合，其中的元素用逗号(,)分隔开，元素可以是数字、字符串、列表等数据类型，图 2-12 中变量 a 和 classmates 便是一个 List。

List 的访问采用索引的方式（索引从 0 开始），即：通过“列表名[索引值]”方式访问 List 中的元素。索引值不能超过 List 中元素的数量即索引不可越界，否则程序将报错（图 2-13）。

```
Python 2.7.14 Shell
File  Edit  Shell  Debug  Options  Windows  Help
Python 2.7.14 (v2.7.14:84471935ed, Sep 16 2017, 20:19:30) [MSC v.
1500 32 bit (Intel)] on win32
Type "copyright", "credits" or "license()" for more information.
>>> a=[3,4,5]
>>> classmates = ['Michael', 'Bob', 'Tracy']
>>> a
[3, 4, 5]
>>> classmates
['Michael', 'Bob', 'Tracy']
>>> |
Ln: 9 Col: 4
```

**图 2-12　List 变量的创建**

```
Python 2.7.14 Shell
File  Edit  Shell  Debug  Options  Windows  Help
Python 2.7.14 (v2.7.14:84471935ed, Sep 16 2017, 20:19:30) [MSC v.
1500 32 bit (Intel)] on win32
Type "copyright", "credits" or "license()" for more information.
>>> classmates = ['Michael', 'Bob', 'Tracy']
>>> classmate1=classmates[0] #即 'Michael'
>>> classmate1
'Michael'
>>> classmate2=classmates[1] #即'Bob'
>>> classmate2
'Bob'
>>> classmate3=classmates[3] #索引越界，程序报错

Traceback (most recent call last):
  File "<pyshell#5>", line 1, in <module>
    classmate3=classmates[3] #索引越界，程序报错
IndexError: list index out of range
>>> |
Ln: 16 Col: 4
```

**图 2-13　List 的访问**

我们可以随时添加和删除列表中的元素。向 List 中添加元素可采用末尾追加元素（.append()）或向指定位置插入元素（.insert(i, item)，i 是索引位置，item 是要添加的元素）两种方式（图 2-14）。

```
Python 2.7.14 Shell
File  Edit  Shell  Debug  Options  Windows  Help
Python 2.7.14 (v2.7.14:84471935ed, Sep 16 2017, 20:19:30) [MSC v.15
00 32 bit (Intel)] on win32
Type "copyright", "credits" or "license()" for more information.
>>> classmates = ['Michael', 'Bob', 'Tracy']
>>> classmates.append('Adam')
>>> classmates
['Michael', 'Bob', 'Tracy', 'Adam']
>>> classmates.insert(1,'Lily')
>>> classmates
['Michael', 'Lily', 'Bob', 'Tracy', 'Adam']
>>> |
Ln: 10 Col: 4
```

**图 2-14　向 List 中添加新元素**

删除 List 中的元素可以采取删除末尾元素（.pop()）或删除指定位置元素（.pop(i)，i 是索引位置）两种方式（图 2-15）。

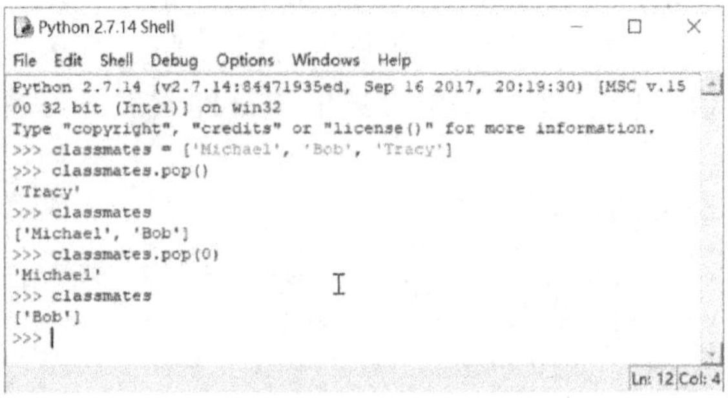

```
Python 2.7.14 Shell
File Edit Shell Debug Options Windows Help
Python 2.7.14 (v2.7.14:84471935ed, Sep 16 2017, 20:19:30) [MSC v.15
00 32 bit (Intel)] on win32
Type "copyright", "credits" or "license()" for more information.
>>> classmates = ['Michael', 'Bob', 'Tracy']
>>> classmates.pop()
'Tracy'
>>> classmates
['Michael', 'Bob']
>>> classmates.pop(0)
'Michael'
>>> classmates
['Bob']
>>> |
Ln: 12 Col: 4
```

图 2-15　删除 List 中的元素

此外，len()函数可以统计列表中元素的个数。图 2-16 所示的代码中，列表 a 元素的个数是 6。

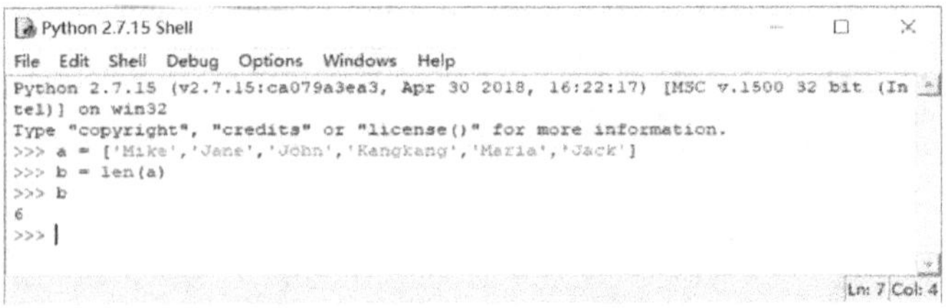

```
Python 2.7.15 Shell
File Edit Shell Debug Options Windows Help
Python 2.7.15 (v2.7.15:ca079a3ea3, Apr 30 2018, 16:22:17) [MSC v.1500 32 bit (In
tel)] on win32
Type "copyright", "credits" or "license()" for more information.
>>> a = ['Mike','Jane','John','Kangkang','Maria','Jack']
>>> b = len(a)
>>> b
6
>>> |
Ln: 7 Col: 4
```

图 2-16　统计 List 元素的个数

(4) 字典

通俗地讲，字典相当于一种特殊的列表，只不过字典由花括号({})而非方括号([])定义，其索引不再是 0,1,2 这样的整数，而是“键”，键(key)和值(value)用冒号(:)分隔，一组键值对用逗号(,)分隔。图 2-16 所示的代码中 'Jane'、'Mike' 和 'John' 是字典的键，键在字典中是唯一的，而对应的 92、78 和 84 是键的值，访问字典的方式和列表非常类似，即：字典名[' 键 '](图 2-17)。

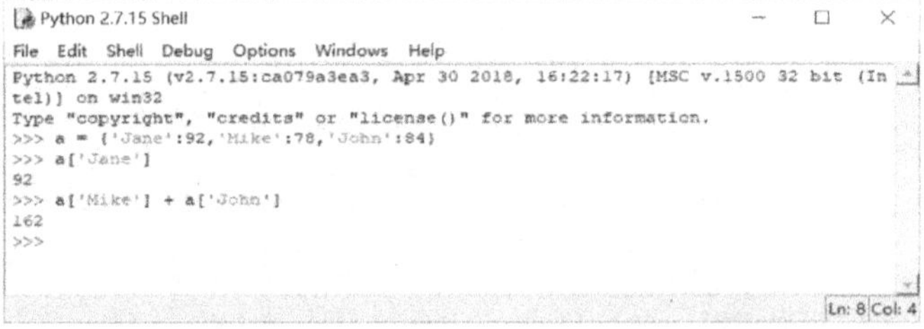

```
Python 2.7.15 Shell
File Edit Shell Debug Options Windows Help
Python 2.7.15 (v2.7.15:ca079a3ea3, Apr 30 2018, 16:22:17) [MSC v.1500 32 bit (In
tel)] on win32
Type "copyright", "credits" or "license()" for more information.
>>> a = {'Jane':92,'Mike':78,'John':84}
>>> a['Jane']
92
>>> a['Mike'] + a['John']
162
>>>
Ln: 8 Col: 4
```

图 2-17　删除 List 中的元素

## 2.3.2　控制结构

顺序、分支、循环是所有编程语言的基本控制结构。目前，我们写的代码都是按照简单的顺序结构，即代码依照语句的自然顺序依次执行。但是编程语言之所以能够执行自动化的任务，在于它可以根据应用要求做出条件判断，有选择、循环地运行代码中特定的部分。

（1）分支结构

分支结构是对根据不同的条件（True 或者 False），从两条程序运行路径中选择一条，决定执行 if 语句内的代码，还是跳出 if 语句执行 else 语句内的代码，即根据不同的条件执行不同的操作。Python 的选择判断语句如右：

```
if 条件1成立:
    语句1
elif 条件2成立:
    语句2
else:
    语句3
```

通常，if 语句和 elif 语句会有一个条件表达式，若条件表达式为真（True），则执行条件表达式后的语句。如果条件表达式需要判断多个条件，可以用“and”“or”进行连接，其中“and”表示只有连接的判断条件均同时成立时，条件表达式才为 True，“or”表示连接的判断条件只要有一个成立，条件表达式即为 True。需要注意的是，条件表达式后应使用冒号（:），其后的代码要进行缩进，从而变成一个代码块，当然 IDLE 和 PyCharm 会自动帮助我们进行缩进。

图 2-18 中的代码显示了当变量 num 取 55、变量 course 取“Python”时，elif 语句内的条件表达式为 True，因此最后的输出结果是“fail”；而图 2-19 的代码则显示了当 num 变量取 80、变量 course 取“Java”时，else 语句内的条件表达式为 True，故最后的输出结果是“unknown”。

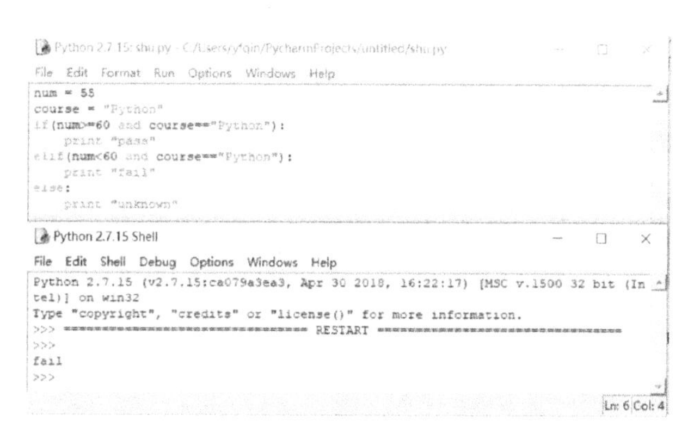


**图 2-18　执行 elif 语句后的代码**

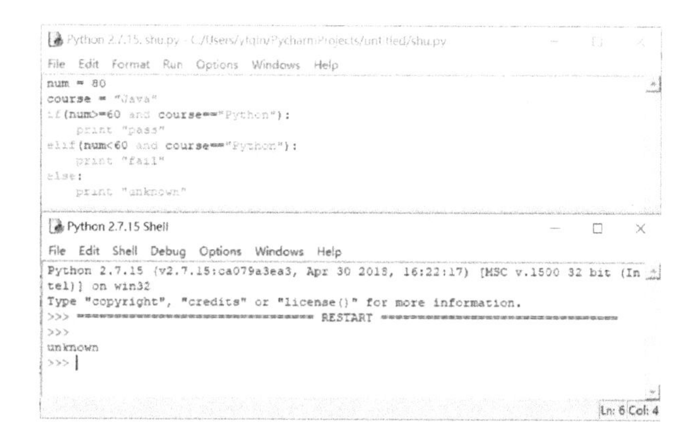


**图 2-19　执行 else 语句后的代码**

（2）循环结构

循环结构是根据一定的判断条件，重复执行特定的一段代码，直到不满足判断条件时结束循环。Python 支持 for 循环和 while 循环两种形式，图 2-20 中代码演示了如何使用 for 循环和 while 循环计算 1＋2＋…＋100。由于本书中代码涉及的循环最主要是 for 循环，因此在此我们重点介绍 for 循环。

```
Python 2.7.14 Shell
File Edit Shell Debug Options Windows Help
Python 2.7.14 (v2.7.14:84471935ed, Sep 16 2017, 20:19:30) [MSC v.1500 32 bit (Intel)] on win32
Type "copyright", "credits" or "license()" for more information.
>>> sum_num=0
>>> i=0
>>> for i in range(0,101):
	sum_num+=i


>>> print sum_num
5050
>>> sum_num1=0
>>> i=0
>>> while i<101:
	sum_num1+=i
	i+=1


>>> sum_num1
5050
>>> |
Ln: 20 Col: 4
```

**图 2-20　for 循环与 while 循环两种方式计算 0＋1＋2＋…＋100**

Python 的 for 循环有两种：一种是 for ... in 循环，依次把列表中的元素进行迭代，我们可以使用 for ... in 循环遍历列表，对列表中的元素进行相同的操作（图 2-21）；还有一种形式是 for i in range(a,b)，其中 range() 函数表示一个整数序列，(a,b) 是左闭右开区间，a 为首项，b－1 为末项，表示总共执行 b－a 次循环，例如：图 2-20 中的 for 循环体总共执行了 101 次，i 依次为 0，1，2 ... 100。

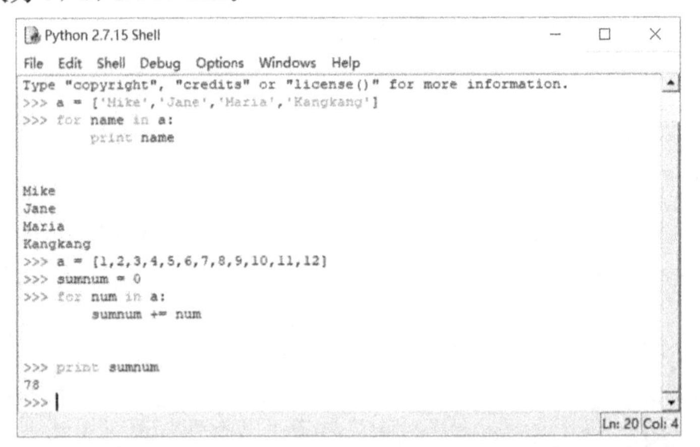


**图 2-21　使用 for ... in 循环遍历列表以对列表元素进行相同操作**

此外，我们可以使用 break 语句和 continue 语句更改循环结构中语句的执行顺序。break 语句会终止整个循环，而 continue 语句会终止本次循环并直接执行下一次循环。图 2-22所示的第一段代码表示：当列表元素不是 7 时，程序打印输出元素；当元素是 7 时，break 语句会终止整个循环。第二段代码表示：当列表元素不是 7 时，程序打印输出元素；

当元素是 7 时,continue 语句会跳出本次循环,不对该元素做任何操作,继续执行下一次循环。

```
Python 2.7.15 Shell
File Edit Shell Debug Options Windows Help
Type "copyright", "credits" or "license()" for more information.
>>> a = [1,34,3,20,5,11,7,8,9,10,19,12,13,71,15]
>>> for i in range(0,len(a)):
	if(a[i]==7):
		break
	else:
		print a[i]


1
34
3
20
5
11
>>> a = [1,34,3,20,5,11,7,8,9,10,19,12,13,71,15]
>>> for i in range(0,len(a)):
	if(a[i]==7):
		continue
	else:
		print a[i]


1
34
3
20
5
11
8
9
10
19
12
13
71
15
>>>
Ln: 11 Col: 0
```

图 2-22 break 和 continue 语句用法

## 2.3.3 函数

函数是程序中具有一定功能的一段独立程序代码,可以供其他代码调用,不仅避免了重复代码的书写,也使得程序的结构更加清晰、易于理解和维护。用在前面的部分,我们已经接触到了 Python 内置的函数 len()、str()、float()等。我们还可以自定义函数,实现程序的模块化。

Python 定义函数的格式为:

def 函数名(参数 1,参数 2,…):

函数语句

return 返回值

其中,参数可以是多个,也可以没有。若是有多个参数,则用逗号分隔。在调用函数时,函数的参数需要替换为具体的值。

Python 调用函数的形式为:函数名(实际的参数)。

图 2-23 所示代码演示了如何定义并调用函数。函数的功能是计算一个列表所有元素的平均值,参数是一个列表,返回值是计算出的平均数。调用函数计算 scores 列表元素的平均值,最终计算结果为 84.22。

## 2.3.4 模块与包

Python 的模块是 py 文件,通常包含许多常用的函数、类等供其他 Python 程序导入后

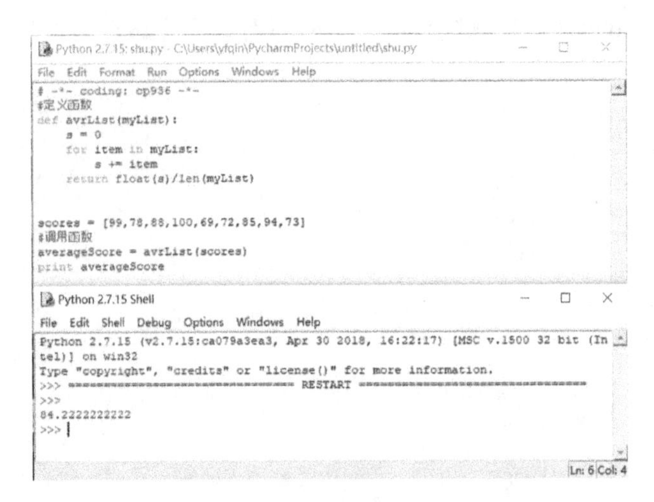


图 2-23　定义并调用计算列表平均数的函数

调用，用户可以创建 py 文件自定义模块。导入模块是以在文件最开始以“import 模块名”的方式，使用模块中函数是以“模块名.函数名(实际参数)”的方式。例如：本书中将各章节经常使用的函数以及基本类的定义均放在“basics.py”文件中以减少代码重复书写、降低代码维护难度，导入该模块以“import basics”的方式。另外，Python 的标准库中自带大量的模块，本书中用到的内置模块有：处理 json 数据的 json 模块、访问并抓取 URL 内容的 urllib2 模块、具有操作系统功能的 os 模块等。

包是模块的集合，包含一组模块和一个记录所有模块信息的_init_.py 文件。互联网有大量第三方模块包，除了前面提到的 NumPy、PIL、Request 等常见的第三方模块包，本书中我们重点使用 Esri 公司推出的 ArcPy 来处理空间数据、执行地理处理任务。

## 2.3.5　面向对象

面向对象最重要的概念就是类(Class)和实例(Instance)。类是抽象的模板，而实例是根据类创建出来的具体对象，每个对象都拥有相同的方法，但各自的数据可能不同。Python 中定义类要通过“class”关键字，创建实例则通过类名 + ()实现，“_init_”方法初始化对象的属性值。

例如，定义一个 Student 类，该类有姓名(name)和成绩(score)两个属性，有打印成绩(def print_score(self))方法(图 2-24)。进而我们创建 student1 和 student2 两个对象，分别访问其属性、调用其打印成绩的方法(图 2-25)。

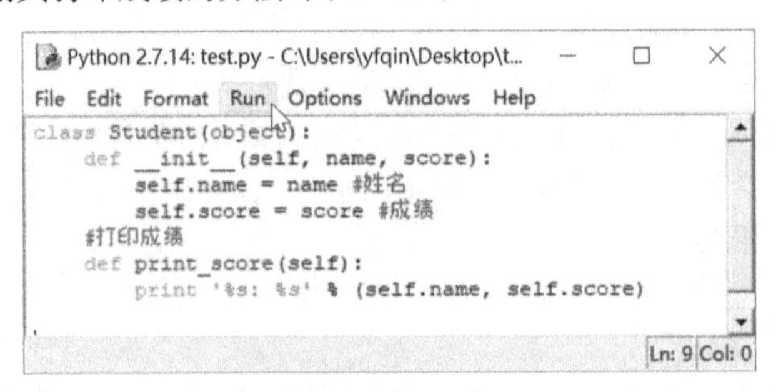


图 2-24　定义 Student 类

```
Python 2.7.14 Shell
File Edit Shell Debug Options Windows Help
Python 2.7.14 (v2.7.14:84471935ed, Sep 16 2017, 20:19:30) [MSC v.1500 32 bit (Intel)] on win32
Type "copyright", "credits" or "license()" for more information.
>>> ================================ RESTART ================================
>>>
>>> student1=Student('Lily', 59)
>>> student2=Student('Mike', 80)
>>> student1.name
'Lily'
>>> student2.score
80
>>> student1.print_score()
Lily: 59
>>> student2.print_score()
Mike: 80
>>> |
Ln: 15 Col: 4
```

**图 2-25　生成 Student 对象**

## 2.3.6　文本文件读写

考虑到文本文件简单易用并且不涉及 SQL、数据库等专业知识的学习，在本教程中为方便起见，将采集过程的一些数据存储在文本文件中，因此我们还需要了解 Python 处理文本文件的几个常用函数。

（1）打开文件

Python 使用 open 函数打开文件，可指定访问文件的模式为“只读(r)”“重写(w)”“追加(a)”等模式。该函数返回一个文件对象(图 2-26)。

parks - 记事本

文件(F) 编辑(E) 格式(O) 查看(V) 帮助(H)

B0019067HC,玄武湖-情侣园,110100,118.810015,32.069664
B00190535A,钟山风景区-山顶公园,110100,118.842284,32.070515
B00190BRY5,东南大学四牌楼校区桃李园,110100,118.795028,32.056358
B001900017,钟山风景区-灵谷公园,110100,118.866704,32.054089
B00190ZDUG,南京聚宝山公园,110100,118.878323,32.096796
B0FFFVODB4,玄武湖公园-太平门,110100,118.809691,32.061015
B00190B5GX,明城墙公园,110100,118.787783,32.069164
B0FFG9AM3C,龟山外郭遗址公园,110100,118.905494,32.090288
B001917WBY,南京站北广场,110100,118.797923,32.088379
B0FFIW5RBE,象山公园,110100,118.905924,32.089904
B0FFH8XLZ0,沧波览胜,110100,118.89173,32.028082
B0FFHVNYOF,龟山公园,110100,118.905891,32.089848
B0FFFDC98X,南京农业大学文化广场,110100,118.845638,32.035585
B0FFHDXY5Z,钟山国家重点风景名胜区-灵谷景区,110100,118.866686,32.054075
B0FFFDBKNI,逸夫楼北广场,110100,118.84247,32.031603
B0FFFUCFRQ,南京市美术广场,110100,118.787748,32.044765
B0FFG8RXAV,心廉心广场,110100,118.794328,32.064323
B0019146BA,钟山风景区-太阳历广场,110100,118.861227,32.040422
B0FFGDADP8,曼度文化广场,110100,118.793953,32.045511
B0FFGKM1HZ,玄武湖公园-健身广场,110100,118.786548,32.079327
B0FFFA08CS,白虎广场,110100,118.827701,32.038064
B0FFFS0ABR,钟山风景区-中山陵南广场,110100,118.852363,32.054183
B0FFFNSDD9,玄武湖蔓园,110100,118.806188,32.075836
B0FFG1QZ0G,南京国际展览中心-北广场,110100,118.808363,32.076158
B0FFF9EE86,总统府-中山广场,110100,118.796094,32.043917
B0FFHG1NT1,木马公寓广场,110100,118.78782,32.05167

**图 2-26　“parks. txt”文本文件**

（2）读取文件内容

Python 读取文本文件内容有三种方式，分别是：a. 使用 read 方法默认一次性读取全部内容;b. 使用 readlines 方法默认读取一行内容;c. 使用 readlines 方法默认读取所有行并以列表形式返回文件内容,一行内容为列表的一个元素。本教程主要使用 readlines 方法读取文件内容(图 2-26)。

(3) 向文本文件写入内容

使用 write 方法可以在文件中写入一行内容。由于 Python 向文本文件中写入内容时不会自动换行,所以每写入一行内容后要再写入一个换行符号(\\n)。写完所有内容后最后使用 close 函数关闭文件(图 2-26)。

如图 2-27 所示的代码为使用 readlines 方法读取文本文件“parks. txt”(图 2-26),将文本文件内容的每一行打印输出,此外新建文本文件“parks_copy”,将“parks. txt”文件中表示公园名称和经纬度的信息写入“parks_copy. txt”。该段代码用到了上面我们讲到的文本文件读写基础知识(图 2-27)。

程序打印“parks. txt”的每行内容见图 2-28,最终写入内容的“parks_copy. txt”见 2-29:

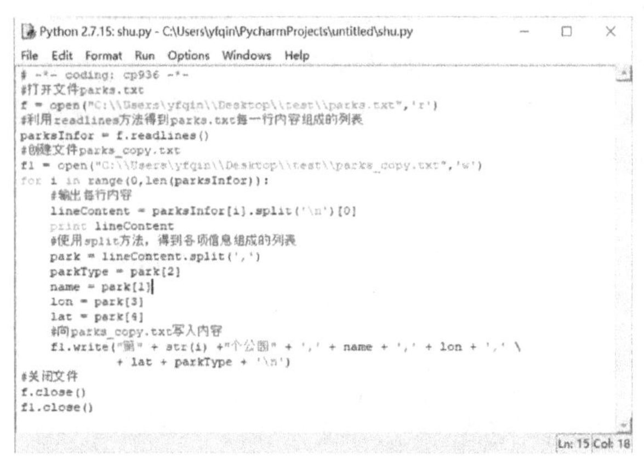

图 2-27 读取“parks. txt”、新建“parks_copy. txt”并向“parks_copy. txt”写入内容

图 2-28 打印“parks. txt”每一行内容

parks_copy - 记事本
文件(F) 编辑(E) 格式(O) 查看(V) 帮助(H)
第0个公园, 玄武湖-情侣园, 118.810015, 32.069664110100,
第1个公园, 钟山风景区-山顶公园, 118.842284, 32.070515110100,
第2个公园, 东南大学四牌楼校区桃李园, 118.795028, 32.056358110100,
第3个公园, 钟山风景区-灵谷公园, 118.866704, 32.054089110100,
第4个公园, 南京聚宝山公园, 118.878323, 32.096796110100,
第5个公园, 玄武湖公园-太平门, 118.809691, 32.061015110100,
第6个公园, 明城墙公园, 118.787783, 32.069164110100,
第7个公园, 龟山外郭遗址公园, 118.905494, 32.090288110100,
第8个公园, 南京站北广场, 118.797923, 32.088379110100,
第9个公园, 象山公园, 118.905924, 32.089904110100,
第10个公园, 沧波览胜, 118.89173, 32.028082110100,
第11个公园, 龟山公园, 118.905891, 32.089848110100,
第12个公园, 南京农业大学文化广场, 118.845638, 32.035585110100,
第13个公园, 钟山国家重点风景名胜区-灵谷景区, 118.866686, 32.054075110100,
第14个公园, 逸夫楼北广场, 118.84247, 32.031603110100,
第15个公园, 南京市美术广场, 118.787748, 32.044765110100,
第16个公园, 心廉心广场, 118.794328, 32.064323110100,
第17个公园, 钟山风景区-太阳历广场, 118.861227, 32.040422110100,
第18个公园, 曼度文化广场, 118.793953, 32.045511110100,
第19个公园, 玄武湖公园-健身广场, 118.786548, 32.079327110100,
第20个公园, 白虎广场, 118.827701, 32.038064110100,
第21个公园, 钟山风景区-中山陵南广场, 118.852363, 32.054183110100,
第22个公园, 玄武湖蔓园, 118.806188, 32.075836110100,
第23个公园, 南京国际展览中心-北广场, 118.808363, 32.076158110100,
第24个公园, 总统府-中山广场, 118.796094, 32.043917110100,
第25个公园, 木马公寓广场, 118.78782, 32.05167110100,
第26个公园, 白虎雕塑, 118.82789, 32.03816110100,
第27个公园, 南京国际展览中心-南广场, 118.809074, 32.074596110100,

**图 2-29 写入内容的“parks_copy. txt”**

如前文所述，限于篇幅本章不能详细地展开 Python 的语法和使用，仅就本书代码涉及的 Python 基础知识进行了讲解。如果读者需要进一步了解 Python 或需要完成复杂的任务，请自行阅读相应的 Python 语法和实践教程。

## 2.4 Python 与 ArcPy

Python 与主流的 GIS 软件如 ArcGIS、QGIS 等深度集成。以 ArcGIS 为例，Esri 已经将 Python 完全纳入 ArcGIS 中。ArcGIS 10. x 提供 Python 2 编写的 ArcPy 模块，实现了数据访问、空间数据处理与分析、自动化制图、自定义脚本工具构建、工具条开发等功能，使用 Python 和 ArcPy 将能够使 ArcGIS 内部的任务自动，大大提高 ArcGIS 数据处理效率。类似地，QGIS 同样有 PyQGIS 模块，以支持 QGIS 插件开发、空间数据处理与分析等功能。

### 2.4.1 ArcPy 简介

ArcPy 是 ESRI 公司在 ArcGIS 10. 0 中推出的一个 Python 扩展包，其本质是 ArcObjects 的相关类的封装。ArcPy 提供以实用、高效的方式通过 Python 执行地理数据分析、数据转换、数据管理和地图自动化，用户可以通过 ArcPy 调用 ArcGIS 的工具。本教程中涉及的空间数据处理与分析，一部分任务通过 ArcMap 现有的工具实现，而重复度较高或 ArcMap 的无法实现的任务，例如：依据文本文件中存储的线面信息生成相应的线面 Shapefile 数据文件、对若干文件均使用一系的空间分析工具的任务，将通过 ArcPy 实现。

安装 ArcGIS 10. 0 以上版本时，ArcPy 也会随之自动安装，读者无需再单独安装 ArcPy。在“. py”文件开头，读者可以通过“import arcpy”语句导入 ArcPy。

### 2.4.2 ArcPy 类与函数

目前，ArcPy 目前已定义了 30 几个基本类，env、SpatialReference、Cursor 、Row、几何对象类(包括 PointGeometry、Multipoint、Polyline、Polygon 以及 Geometry)、Raster 等等。本教程数据采集、案例分析部分 Python 程序涉及的类、类方法主要有(表 2-1)：

**表 2-1 ArcPy 主要的类与方法**

| 类 | 描述 |
|---|---|
| env | env 对象用于提取和设置环境变量值，主要的属性包括 workspace、extent、cellSize 等，如 arcpy. env. workspace = "C:\\data"定义当前工作空间为 C:\data，arcpy. env. overwriteOutput = True 设置名称相同的文件可以覆盖 |
| SpatialReference | SpatialReference 对象用以说明空间数据(坐标值)的坐标系统和坐标域。Describe 对象如果描述的是空间数据，就有一个 SpatialReference 属性，该属性返回 SpatialReference 对象，如：sr = arcpy. Describe(fc). spatialReference |
| Cursor | Cursor 是一个数据访问(记录集)对象，有三种类型：SearchCursor、InsertCursor 和 UpdateCursor，分别用于表格数据的查询、插入和更新 |
| Row | Row 对象表示记录集中的一个记录，SearchCursor 和 UpdateCursor 都可以通过 next()方法返回 Row 对象 |
| 几何对象 | GIS 中的每个空间要素就是一个几何对象，要创建新的空间要素，首先要创建几何对象，例如：polyline = arcpy. Polyline(array, wgs84)生成一个线几何要素；对已有的空间要素，也可以返回对应的几何对象，如：row. shape。几何对象的 projectAs 方法可直接进行投影转换操作。几何对象是空间坐标值与 ArcGIS 支持的空间数据之间相互转换的桥梁 |
| extent | extent 是一个由左上角坐标和右下角坐标构成的矩形。几何对象、栅格对象等都有 extent 属性(只读)，返回表示空间数据范围的 extent 对象。另外 env 对象也有 extent 属性(可读写)，可获取或定义空间数据的处理范围 |
| Field | Field 对象表示数据表中的字段，Field 有许多属性，最主要的是名称和类型，字段可以通过 row 对象访问，如：row. population 表示一条记录的 population 字段值 |

此外，ArcGIS 中的每个工具，ArcPy 都有相应的工具函数，可以导入 ArcPy 后在 python 程序中直接运行工具。本教程中用到最多的工具函数有生成空间参照对象、生成空白的 Shapefile 文件、增加字段以及利用游标为 Shapefile 插入空间要素等(表 2-2)。其他工具函数，例如去除重复要素、融合要素、输出专题图、合并 PDF 等，初次使用时相应章节会再做介绍。我们仅以表 2-2 中简单的几个工具领略 ArcPy 强大的功能。

**表 2-2 ArcPy 中的工具函数与游标**

| 函数 | 描述 |
|---|---|
| arcpy. SpatialReference ({item}) | 生成空间参照对象，item 参数指空间参照文件的存储路径。例如：下面代码中 wgs84 即为一个空间参照对象，几何对象可利用其 projectAs 方法将坐标系转换至 wgs84 代表的坐标系。<br>import arcpy<br>wgs84file = "C://wgs84. prj"<br>wgs84 = arcpy. SpatialReference(wgs84file) |

（续表）

| 函数 | 描述 |
| --- | --- |
| CreateFeatureclass_management（out_path，out_name，{geometry_type}，{has_m}，{spatial_reference}） | 生成空白的 Shapefile 文件，参数 out_path 可以指存放 shapefile 的文件夹路径，参数 out_name 指生成的 shapefile 名称，参数{geometry_type}指要素类的几何类型，参数 spatial_reference 可以是空间参照对象，也可以是存放空间参照文件的存储路径。例如：下述代码生成 Polygon（面）类型的 shapaefile，其中 shapefile 的空间参照是 WGS84 坐标系。<br>import arcpy<br>wgs84file = "C://wgs84.prj"<br>wgs84 = arcpy.SpatialReference(wgs84file)<br>arcpy.CreateFeatureclass_management("C://data","cities.shp",\ <br>'POLYGON',"", "", "",\ wgs84) |
| arcpy.AddField_management（in_table，field_name，field_type） | 增加字段，参数 in_table 指需要新增字段的表、要素类或 shapefile，参数 field_name 指新增字段的名称，field_type 指新增字段的类型。例如：下述代码为“rivers.shp”新增一个双精度型字段，字段名称为“riv_length”。<br>import arcpy<br>arcpy.AddField_management("C://cities.shp",\ <br>"riv_length","Double") |
| arcpy.Merge_management（inputs，output） | 合并图层，参数 inputs 是待合并要素类列表，参数 output 指输出的要素。例如：下述代码将“nanjing.shp”和“suzhou.shp”两个 shapefile 合并为一个汇总后的“Jiangsu.shp”。<br>import arcpy<br>arcpy.Merge_management(["C://nanjing.shp",\ <br>"C://suzhou.shp"],"C://jiangsu.shp") |
| 插入型游标<br>arcpy.da.InsertCursor（dataset，field_names） | 向要素类、shapefile 或表中插入行（空间要素）。参数 dataset 指将向其中插入行的表、要素类或 shapefile，参数 field_name 是字段名称列表，其中 SHAPE@指要素的几何对象。程序可以通过创建 Polygon、Polyline、PointGeometry 等几何对象来为要素类插入新要素。例如下面的代码即为“lines.shp”新增一个线要素，新增线要素的“name”字段值为“Yangtze”。<br>import arcpy<br>array = arcpy.Array([arcpy.Point(459111.6681, 5010433.1285),\ <br>arcpy.Point(472516.3818, 5001431.0808),\ <br>arcpy.Point(477710.8185, 4986587.1063)])<br>polyline = arcpy.Polyline(array)<br>c = arcpy.da.InsertCursor("C://rivers.shp", ["SHAPE@","name"])<br>c.insertRow([polyline, "Yangtze"]) |

在 ArcGIS 的帮助文档中，有 ArcPy 的详细介绍（Geoprocessing\ArcPy），包括 ArcPy 的函数、类以及数据访问、地图制图、空间分析、网络分析、时间等模块的介绍，读者可以在帮助文档具体地查询每个函数运行的必选参数和可选参数，每个参数的具体用法、返回的数据以及使用示例。

## 2.4.3　ArcPy 主要功能

当 GIS 软件的现有工具箱工具实现不了待解决问题、存在流程化的需求或存在批处理需求时，便可以借助 Python 和 ArcPy 灵活快速地帮助使用者实现需求。基于 Python 和 ArcPy，我们可以开发出大量用于处理地理数据的实用程序，Python 和 ArcPy 编程的主要功能和目的是：①访问所有 gp（地处理）工具，实现批处理操作；②构建工作流；③解决现有工具箱工具实现不了待解决问题，即实现新的功能；④数据转换和数据管理；⑤数据分析；⑥地图制图。我们在此介绍批处理操作和构建工作流功能，当然其他功能后续章节同样会使用到。

（1）批处理

ArcGIS 中大多数工具的数据处理是输入一个数据，然后输出一个数据，不能对多个数据进行相同的处理，也不能对相同的数据进行不同处理。批处理就是实现对多个数据进行相同的处理，以及不同的数据进行不同处理。

例如：在第 8 章对位置大数据的处理中，有若干存储南京市定位点的文本文件。我们通过批处理操作，生成若干具有相同字段的 Shapefile，再从每个文本文件提取定位点的空间信息和属性信息，利用 ArcPy 的游标为 Shapefile 插入新的空要素、为新要素的所有字段进行赋值。

（2）构建工作流

工作流是由多个处理工具组成，一个工具的输出可以作为另一个工具的输入，这样，原先需要利用多个工具才能实现的工作可以通过一个工作流来实现。工作流运行过程会产生一些中间过程文件，一般情况下，需要在程序运行结束时，删除这些临时文件。

例如：在第 8 章对位置大数据的处理中，生成若干具有相同字段的定位点 Shapefile 后，根据 Shapefile 代表的采集时间段，首先运用 Merge 工具将该时间段的所有 Shapefile 合并生成“merge.shp”；然后运用 Dissolve 工具对“merge.shp”进行融合处理，得到没有重复的定位点信息“dissolve.shp”；最后，运用 Delete 工具删除程序执行过程中生成的原始定位点 Shapefile 和“merge.shp”，保留最终的“dissolve.shp”。

批处理操作和构建工作流减少了重复的过程，将为读者节省大量软件操作时间。本书中涉及利用 Python 生成 Shapefile 数据、添加字段、批处理空间操作、批量生成专题图的部分，均通过 ArcPy 实现，如：从存储空间信息和属性信息的文本文件中读取数据，生成 Shapefile 文件；批量合并 Shapefile 并进行空间融合操作；利用 mapping 模块和各地块的信息，批量制作城市规划现状图等。

后续涉及 ArcPy 使用的章节会详细展开说明 ArcPy 中相关函数和类，读者们可在后续章节中进一步领略 ArcPy 的魅力，并学习 ArcPy 的具体使用方法。

# 第3章 ArcGIS 软件与操作简介

## 3.1 ArcGIS 软件简介

ArcGIS 是由美国环境系统研究所公司(Environmental Systems Research Institute, Inc. 简称 Esri)研发的地理信息系统的专用软件,是世界上应用最广的 GIS 软件之一。Esri 发布的第一套商业 GIS 软件——ARC/INFO 软件可在计算机上显示诸如点、线、面等地理特征,并通过数据库管理工具将描述这些地理特征的属性数据结合起来。经过 30 多年的发展,Esri 公司不断完善和发展 ArcGIS 的产品线,推出了 ArcView, ArcData, ArcCAD, SDE 等,使得 Esri 公司的产品线为用户的 GIS 和制图需求提供多样选择。

2001 年,Esri 开始推出 ArcGIS 8.1,是一套基于工业标准的 GIS 软件家族产品,可对地理数据进行创建、管理、综合、分析等。2004 年,推出了新一代 9 版本的 ArcGIS 软件,包含 ArcGIS Engine 和 ArcGIS Server 两个主要的新产品。2010 年,发布 ArcGIS 10,一举实现协同 GIS、三维 GIS、一体化 GIS、时空 GIS 和云 GIS 五大飞跃。

"新一代 Web GIS"是 Esri 在新的 GIS 技术和时代背景下,所提出的一种以 Web 为中心的、全新的 GIS 应用模式。以应用(APPs)、门户(Portal)、服务器(Server)组成以 Web 提供资源和功能,而用户采用多种终端随时随地访问的,使得 GIS 为组织机构所有人使用成为现实。

作为完整的地理信息系统平台,ArcGIS 10.4 由一系列的 GIS 框架组成(图 3-1),主要提供以下 5 种产品。

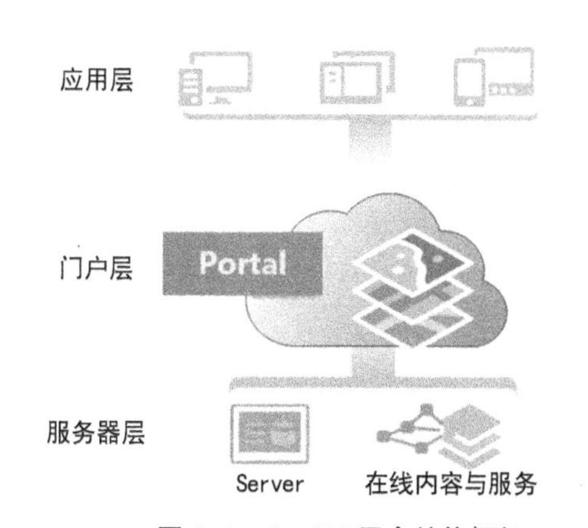


图 3-1 ArcGIS 平台结构框架

(1) ArcGIS for Desktop

ArcGIS for Desktop 是 ESRI 的主打产品和核心产品,也是本书主要的操作软件之一,是一个集成了众多高级 GIS 应用的软件套件,包含了如 ArcMap, ArcCatalog, ArcGlobe 等带有用户界面组件的 Windows 桌面应用。通过协调一致地调用应用和界面,可以实现制图、地理分析、数据编辑和管理、可视化和空间处理等操作(图 3-2)。

共有基础版(Basic)、标准版(Standard)、高级版(Advanced)三版产品(图 3-3),产品功能从弱到强,基础版主要用于综合性数据的使用、制图和分析;标准版增加了高级地理编辑和数据创建;高级版是完整的桌面 GIS 程序,包含复杂 GIS 功能和丰富空间处理工具。

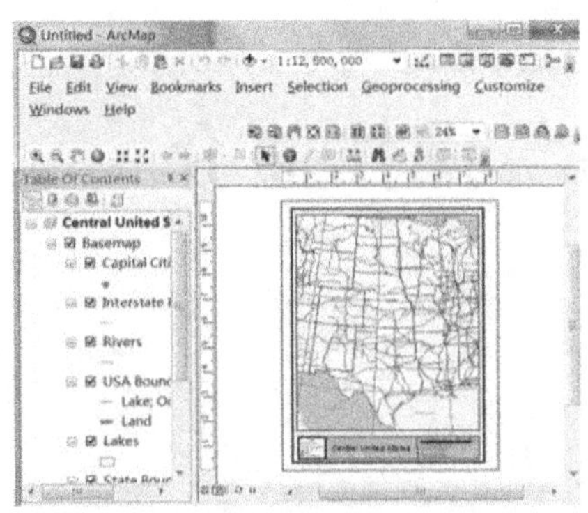


在ArcMap中对地图页面进行布局设计

在ArcMap中对地图进行编辑

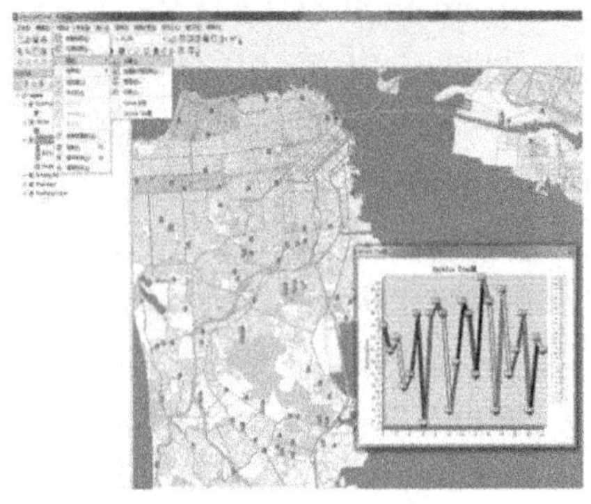

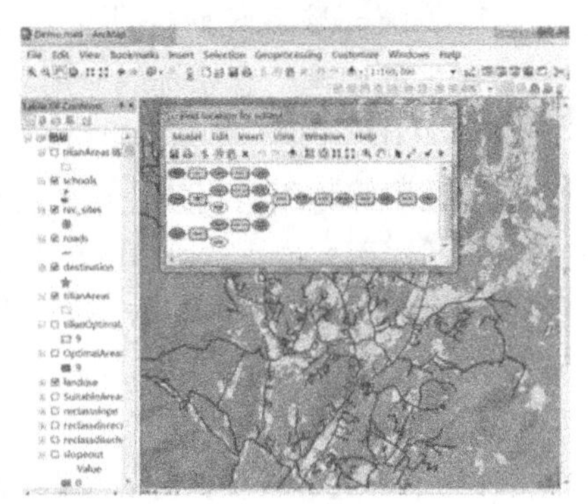

在ArcMap中制作专题图并生成图表

使用空间处理工具实现地图的自动化分析

**图 3-2　ArcGIS for Desktop 功能**

| 基础版 | 标准版 | 高级版 |
| --- | --- | --- |
| 地图数据查询、浏览与编辑 | **+基础版功能** | **+标准版功能** |
| 地图设计与打印输出 | 支持多用户并发操作 | 高级空间分析和处理 |
| 基本地理处理与分析 | 支持分布式地理数据库管理 | 高级制图综合与优化功能 |
| 发布和共享地图 | 支持地理数据库拓扑 | Coverage地理处理 |
| 智能标注引擎Maplex | 支持制图表达实现高级制图效果 | |
| 栅格数据编辑与矢量化 | 支持海量影像管理与动态镶嵌 | |
| 栅格数据直接读取与管理 | COGO编辑 | |
| 定制应用程序框架 | | |

**图 3-3　不同版本产品的配置**

其中 ArcMap 可以用来浏览、编辑和分析地图，其界面如下(图 3-4)，通过图层表达地理信息，一幅地图通常由一个或多个图层组成。而在地图窗口中又包含了许多地图元素，如比例尺、指北针、地图标题、描述信息、图例等。

ArcMap 提供两种类型的地图视图：地图数据视图(图 3-4(a))和地图布局视图(图 3-4(b))。在地理数据视图中，可以对图层进行符号化显示、分析和编辑。内容表(Table of Content，TOC)能够用来组织和控制数据框(Data Frame)中图层的显示属性。数据视图是任何一个数据集在选定区域内的地理显示窗口。两种视图可以通过视图显示窗口左下角的

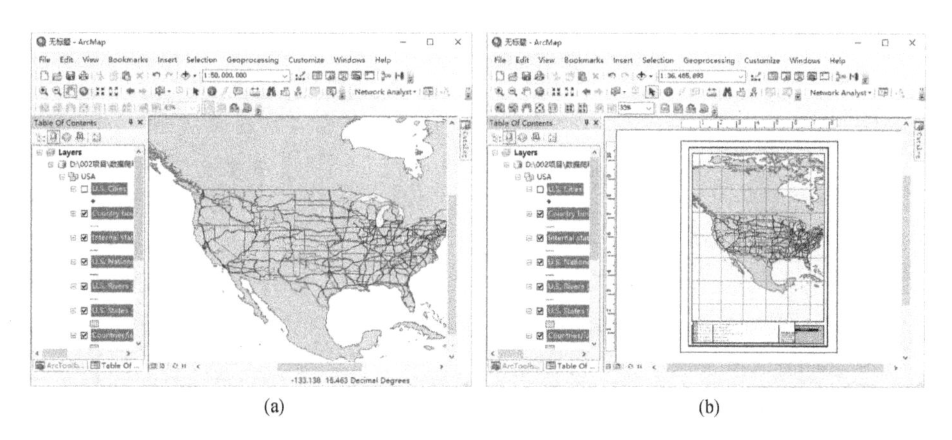

(a)　　　　　　　　　　(b)

**图 3-4　地图数据视图和地图布局视图**

两个视图按钮随时切换。在地图布局窗口中，可以处理包括地理数据视图和其他地图元素在内的地图页面，例如比例尺、图例、指北针、地理参考等。ArcMap 可以将地图组织成页面，以便进行打印印刷。

ArcCatalog 是管理空间数据存储和数据库设计，以及进行元数据记录、预览和管理的应用程序，具有以下功能：

① 浏览和查找地理信息。

② 记录、查看和管理元数据。

③ 定义、输入和输出 GeoDatabase 数据模型。

④ 在区域网和广域网上搜索和查看 GIS 数据。

⑤ 管理运行于 SQL Server Express 中的 ArcSDE Geodatabase。

⑥ 管理文件类型的 Geodatabase 和个人类型的 Geodatabase。

⑦ 管理企业级 Geodatabase。

⑧ 管理多种 GIS 服务。

⑨ 管理数据互操作连接。

ArcCatalog 能以不同的方式显示数据，便于用户快速查找所需信息。无论这些数据在文件中，本地数据库中，还是 ArcSDE 作为服务器的远程 RDBMS（关系型数据库管理系统）。用户可以在本机创建项目数据库，ArcCatalog 可用来组织文件夹和文件型数据；也可建立个人地理数据库，并在 ArcCatalog 的工具中创建或输入要素类（feature class）和数据表。

ArcGlobe 和 ArcScene 是 ArcGIS 桌面系统中 3D 分析扩展模块中的一部分，提供了全球地理信息的连续、多分辨率的交互式浏览功能，ArcScene 适用于在数据量比较小的场景下进行 3D 分析显示（图 3-5(a)），ArcGlobe 则主要针对海量数据的无缝可视化，例如全球范围内的数据显示（图 3-5(b)）。

ArcGIS for Desktop 为三个级别的产品都提供了一系列扩展模块，使用户可以实现高级分析功能，如三维可视化和分析模块（ArcGIS 3D Analyst），地理统计分析模块（ArcGIS Geostatistical Analyst），网络分析模块（ArcGIS Network Analyst）等。这些模块根据功能通常分为三类——分析、生产和解决方案类。此外，还有一些扩展插件供用户免费使用。

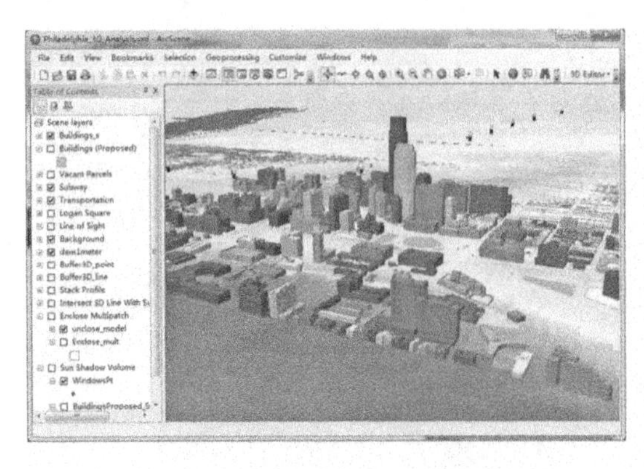


(a) ArcScene中创建三维场景

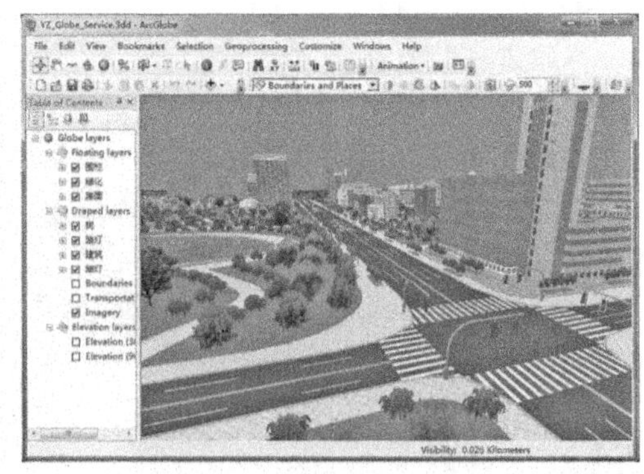


(b) 三维数字城市场景一角

**图 3-5　ArcScene 和 ArcGlobe 界面**

（2）ArcGIS Pro

ArcGIS Pro 是一款全新的桌面应用程序（图 3-6），满足新一代 Web GIS 应用模式，可以对来自本地、ArcGIS Online，或者 Portal for ArcGIS 的数据进行可视化、编辑、分析。"Pro"解释为专业的意思，决定了 ArcGIS Pro 为专业从事 GIS 人员设计，例如 GIS 工程师、地理设计人员、地理数据分析师等。

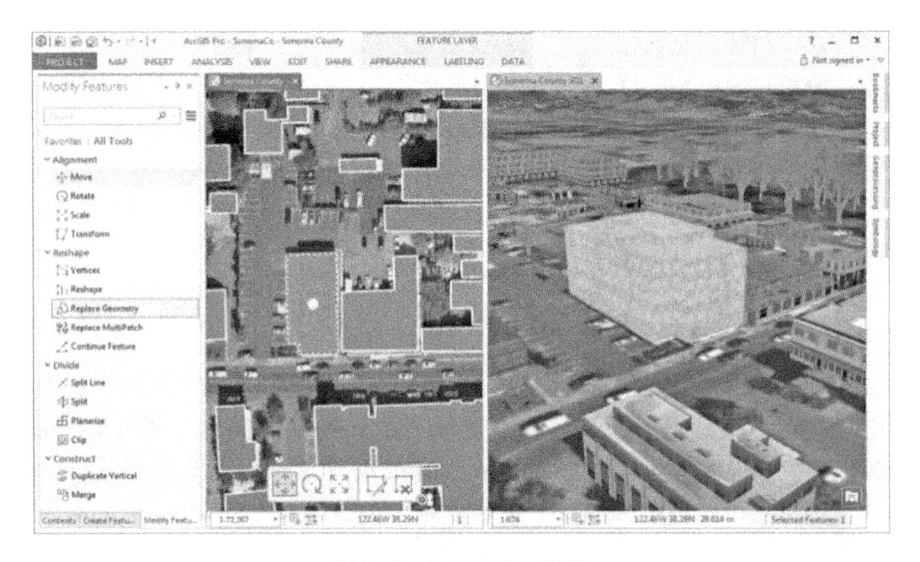


**图 3-6　ArcGIS Pro 界面**

（3）ArcGIS for Server

ArcGIS for Server 通过帮助用户在组织机构内搭建 ArcGIS 平台来实现 Web ArcGIS 应用模式，这种部署使组织机构每个人都能够随时随地、使用任何设备来发现、创建和分享 GIS 内容。ArcGIS for Server 可运行在云中基础设施、本地私有或者虚拟环境中，能与现有的 IT 基础设施和企业安全系统共同工作。

（4）ArcGIS Online

ArcGIS Online 是构建在 ArcGIS "云架构"之上，用于无需考虑软硬件的配置，同其他用户的分享和使用地图的公有云门户，是世界上第一个公有云 GIS 门户，目前和 ArcGIS.com 是同一个产品。ArcGIS for Online 功能包括：提供大量的地图、在线制图、创建管理群组和资源、上传共享地图和应用、探索、ArcGIS Explorer Online。ArcGIS for Online 上传途径已经整合到 ArcMap 当中，用户无需通过浏览器登录门户上传。

（5）Esri CityEngine

Esri CityEngine 是三维城市建模首选软件，应用于数字城市、城市规划、轨道交通、电影制作等领域。Esri CityEngine 可以使得二维数据快速、批量、自动创建三维模型，实现“所见即所得”的规划设计。同时，与 ArcGIS 深度集成，可直接使用 GIS 数据来驱动模型的批量生成，这样保证三维数据精度、空间位置和属性信息的一致性。并提供更新机制，快速完成三维模型数据和属性的更新，提高可操作性和效率。

## 3.2　ArcMap 基础操作

### 3.2.1　创建地图文档并加载数据

**➢步骤 1：新建地图文档**

启动 ArcMap（自动弹出“新建”对话框）；如果未弹出对话框，可选中主菜单栏“file”，点击“New”，或直接选中工具栏中的“🗋”，弹出对话框，选中“Blank Map”（图 3-7），单击“OK”。

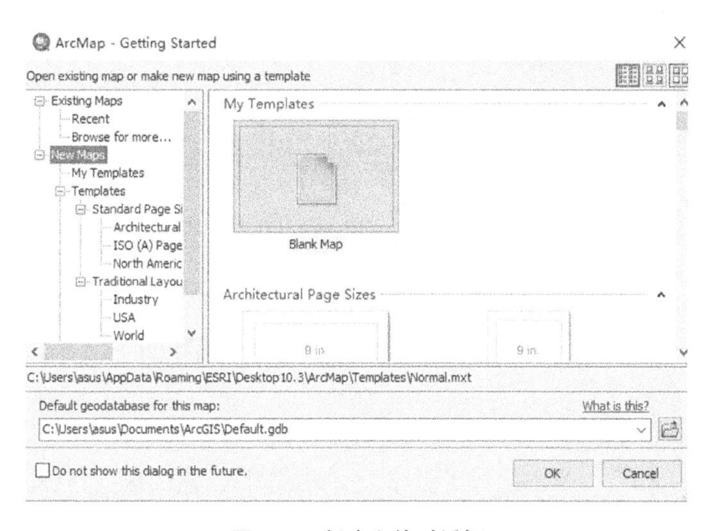


**图 3-7　新建文件对话框**

说明：ArcMap 窗体组成如图 3-8 所示，主要包含以下几个部分：

主菜单栏，包含一些常用的工具和设置命令。

工具栏，可以灵活地调取各种工具栏，从而轻松实现强大功能。

目录内容表，用来显示地理数据的组织方式和展示方式，根据需要可按图层顺序、数据来源、是否可见、是否隐藏进行数据的组织和展示。

地图视图，是用来实现地图可视化的重要窗口，可通过滚轮调节图面大小。

状态栏，反映鼠标所在点的位置。

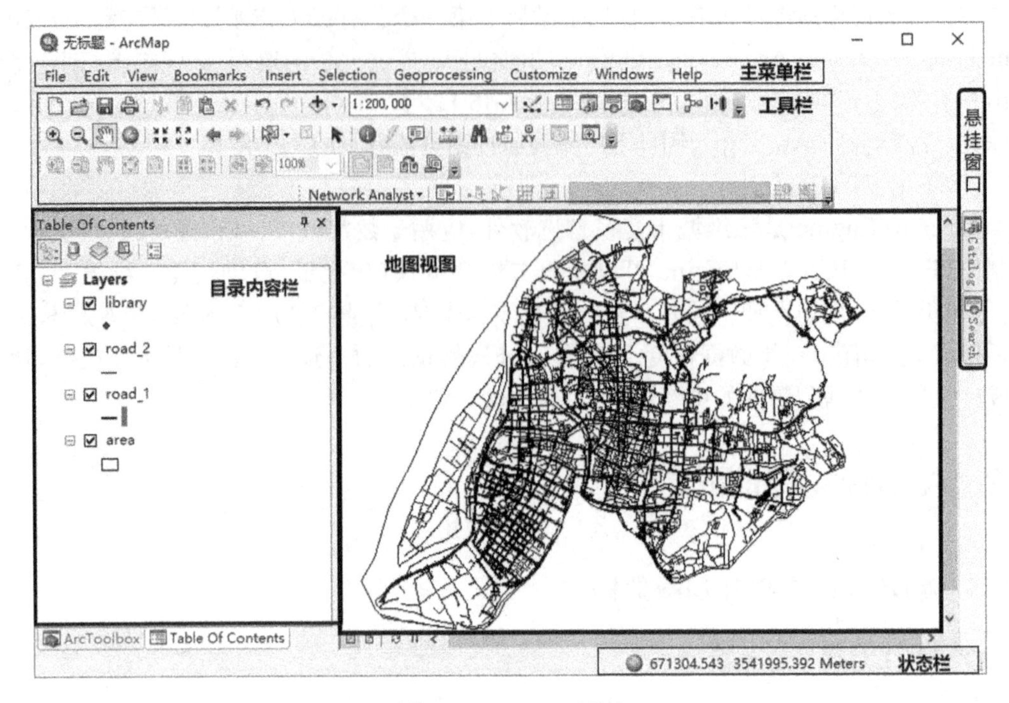


图 3-8　ArcMap 界面

（悬挂窗口，连接 ArcCatalog 和 Search 功能，进行要素的管理和功能的查找）

**➢步骤 2：加载数据图层文件**

首先需要连接数据文件夹，可采用两种方式：

方式 1：点击工具栏的“”（Catalog）或者使用内嵌于 ArcMap 位于右侧的 Catalog 悬挂窗口“Catalog”界面，点击目录栏下的“”（Connect To Folder），也可在目录栏下的“Folder Connection”处右击，然后点击“Connect To Folder”，找到存有数据的文件夹进行关联；

方式 2：点击工具栏中“”（Add Data），在跳出的对话框里点击“”，找到存有数据的文件夹进行关联。

接着，从连接的文件夹中加载数据，我们可以点击主菜单中的“File”——“Add Data”——“Add Data”，在弹出的对话框（图 3-9）中选择所需的数据，点击“Add”；或者点击工具栏中“”（Add Data），在弹出的对话框中选择所需的数据，点击“Add”；也可以从 Catalog 悬挂窗口界面找到连接的文件夹以及文件夹下面的所需要素（图 3-10），按住鼠标左键直接拖拽至 ArcMap 中。

说明：在 ArcGIS 软件中，除了用文件夹之外，还可以用地理数据库储存数据，地理数据库分为两种，File Geodatabase（文件地理数据库）和 Personal Geodatabase（个人地理数据库）。

文件地理数据库是磁盘上指定文件夹中文件的集合，可以存储、查询以及管理空间数据和非空间数据，无空间大小限制。一个文件地理数据库可以由多个编辑者同时访问，但他们必须编辑不同的数据。文件地理数据库后缀名为 gdb。

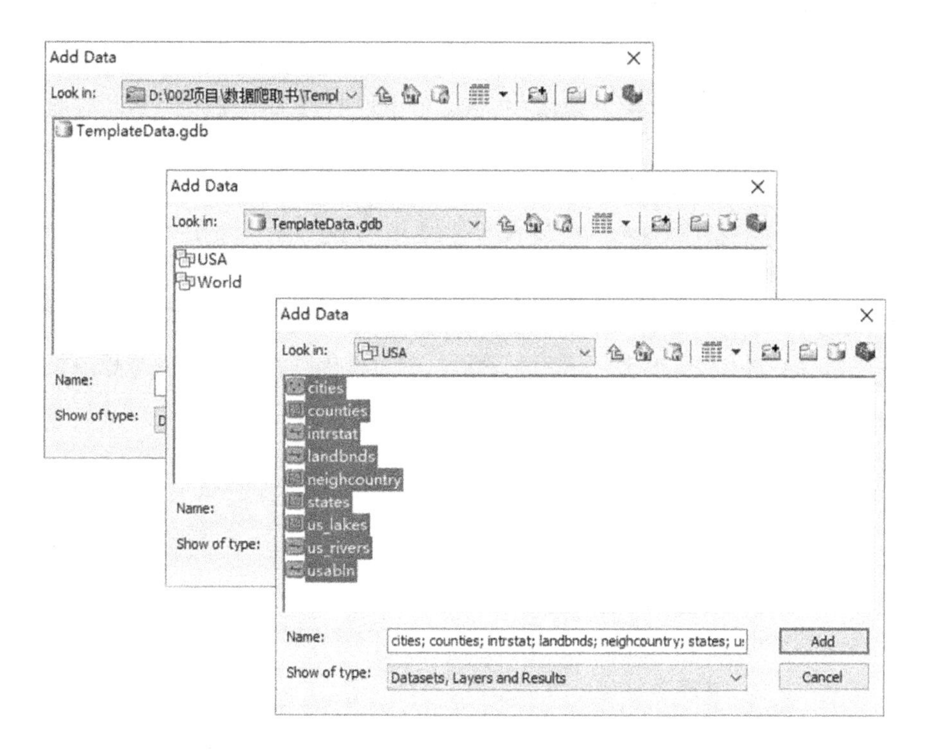


图 3-9　加载数据图

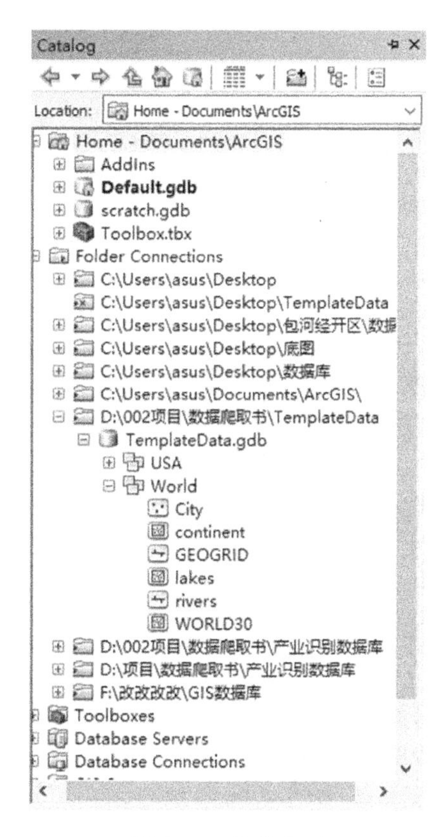


图 3-10　目录窗口

个人地理数据库是可存储、查询和管理空间数据和非空间数据的 Microsoft Access 数据库。由于个人数据库存储在 Access 数据库中，因此其最大只能为 2 GB。一次只有一个用户可以编辑个人地理数据库中的数据，不能多个用户同时编辑使用。个人地理数据库后缀名为 mdb。

➢**步骤 3：保存地图文档**

直接单击工具栏"💾"(Save)，或者选择主菜单"File"——"Save"将文件保存在原始 mxd 文档中。

选择主菜单"File"——"Save as"弹出对话框(图 3-11)。在对话框中为文档制定保存位置、保存名和保存类型后，单击"保存"命令即可将文件保存在新指定的文档或模板中。

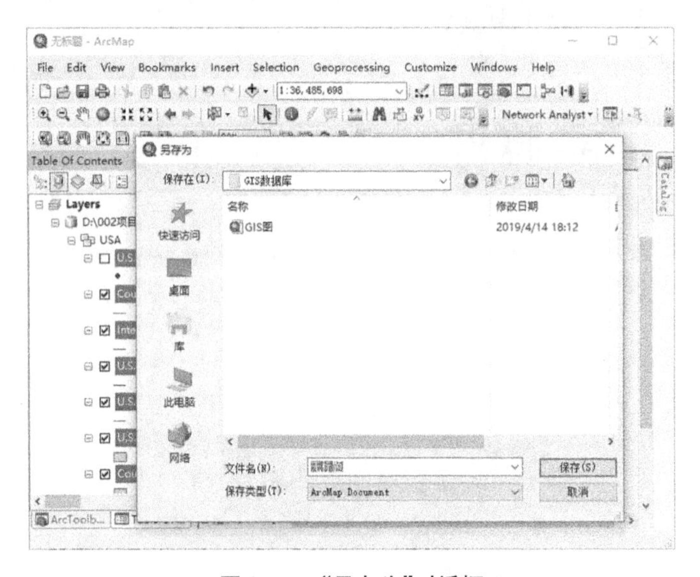


**图 3-11 "另存为"对话框**

## 3.2.2 图形数据编辑

➢**步骤 1：加载数据**

如果对已有数据进行编辑，则直接加载所需数据，具体操作参见 3.2.2。如果是新建数据，则需要通过 ArcCatalog 工具生成新的数据层后再加载空的数据层，具体操作如下：

在 ArcCatalog 目录树中，选择需要创建要素的文件夹或者地理数据库，在弹出的快捷菜单中选择"New"——"Shapefile"，弹出对话框，如图 3-12 所示。

在对话框中设置文件名称和要素类型，要素类型被确定后不可更改。其中有 Point(点要素)、Polyline(线要素)、Polygon(面要素)、Multipoint(多点要素)、Multipatch(多片要素)5 种要素类型。

定义 Shapefile 的坐标系。点击对话框中的"Edit"，弹出对话框，选择一种预定义的坐标系统。

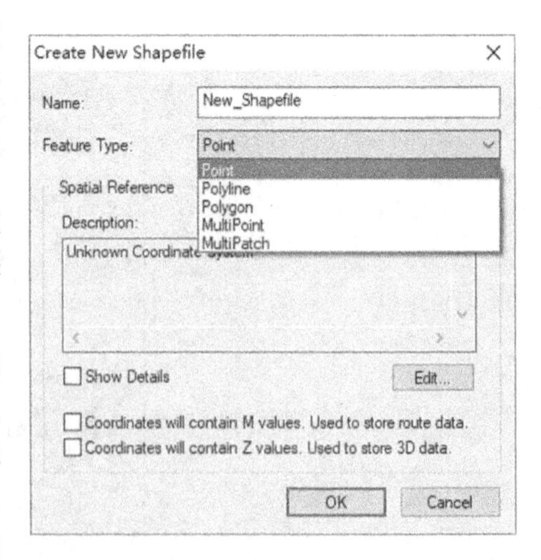


**图 3-12 新建要素**

其坐标系统分两种：Geographic Coordinate Systems（地理坐标系统）和 Project Coordinate Systems(投影坐标系统)，如图 3-13 所示。点击相应的坐标系统文件夹，可出现各种类型的坐标系统供选择，在文件夹中选择所需坐标系统，点击“确定”，返回图 3-12 的对话框。单击“确定”，新建的 Shapefile 在文件夹中出现。

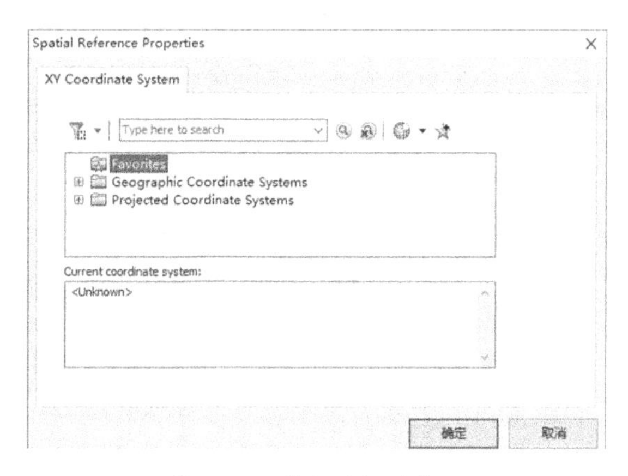


图 3-13 选择坐标系窗口

**➢步骤 2：创建新要素**

进入编辑状态。点击工具栏中“”，会弹出编辑工具条，点击工具条中的“Editor”——“Start Editing”(图 3-14)，会弹出“Create Features”对话框(图 3-15)，如果未弹出，可点击工具条中的“”。在弹出的对话框中选择所需编辑的要素层及 Construction Tools(编辑工具)，这时鼠标光标变成“十”字形状，即可开始进行点、线、面的草图绘制。

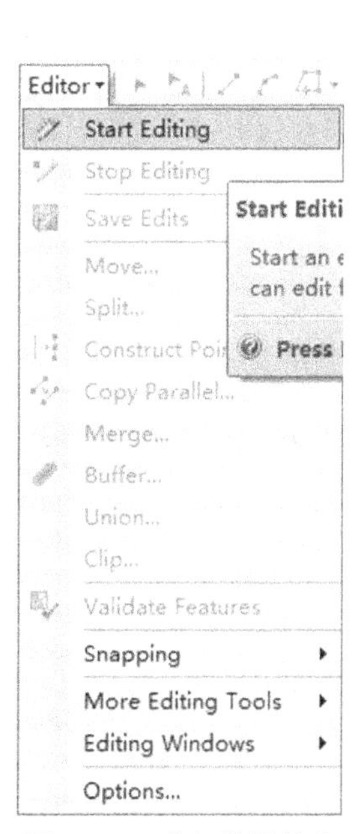


图 3-14 进入编辑状态

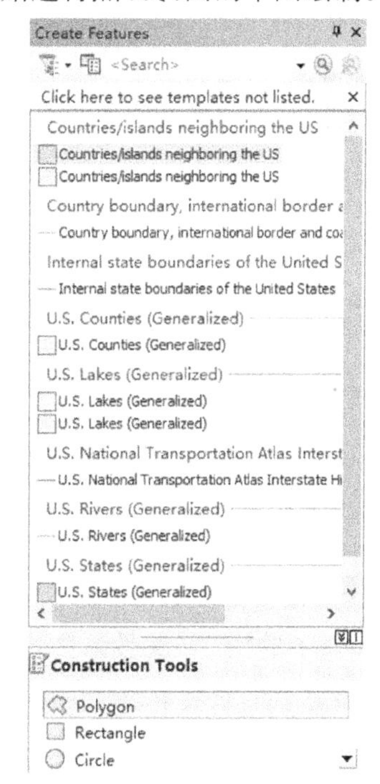


图 3-15 创建要素

绘制好一个部件后，右击弹出快捷菜单，选择 Finish Sketch 或者双击即可结束该部件绘制（图 3-16）。

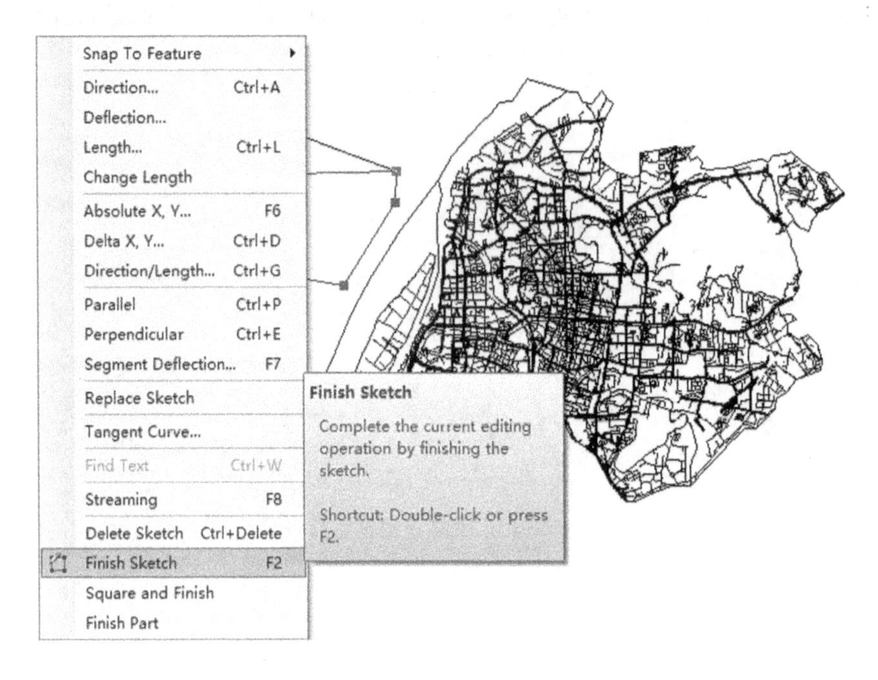


图 3-16　结束要素绘制

**➢步骤 3：编辑已有要素**

基于工具条编辑（图 3-17），选择相应的编辑工具对要素进行编辑。

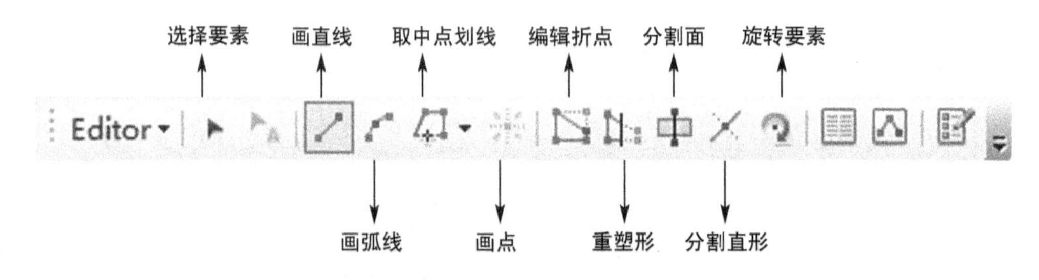


图 3-17　要素编辑工具条

基于快捷窗口的编辑，如图 3-18 所示，点击“Editor”，快捷菜单中会出现：移动要素、分割直线、在直线上等距离布点、平行线复制、融合多个同图层要素为一个要素、绘制缓冲区、融合多个同图层要素为新要素、验证、捕捉等功能。

**➢步骤 4：编辑属性数据**

点击编辑工具条中的“▤”（属性），弹出“Attribution”对话框，点击选择需要查看属性的要素，则列表中会显示出图层中的属性字段（图 3-19）。根据需要可对相应的字段属性进行更改。

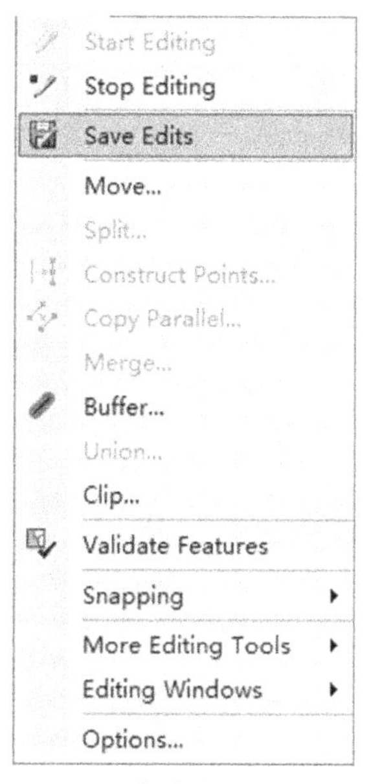

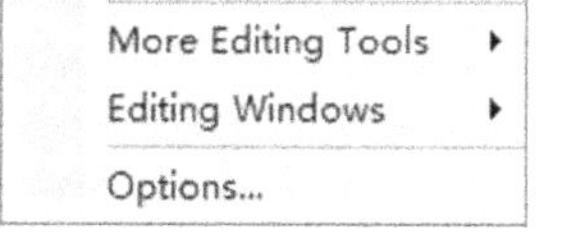


图 3-18　快捷窗口编辑功能

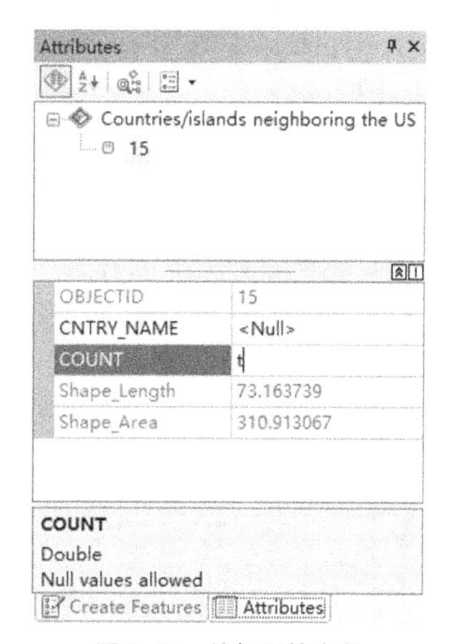


图 3-19　编辑属性字段

**➢步骤 5：保存并结束数据编辑**

单击“Editor”——“Save Edits”，然后点击“Editor”——“Stop Editing”，即完成了要素层的编辑。

### 3.2.3　属性数据增删、计算与统计

**➢步骤 1：打开属性表**

在“Table of Content”中的数据框架中找到需要查看属性表的图层，右击打开图层快捷菜单，点击“Open Attribute Table”，弹出表窗口，如图 3-20 所示。

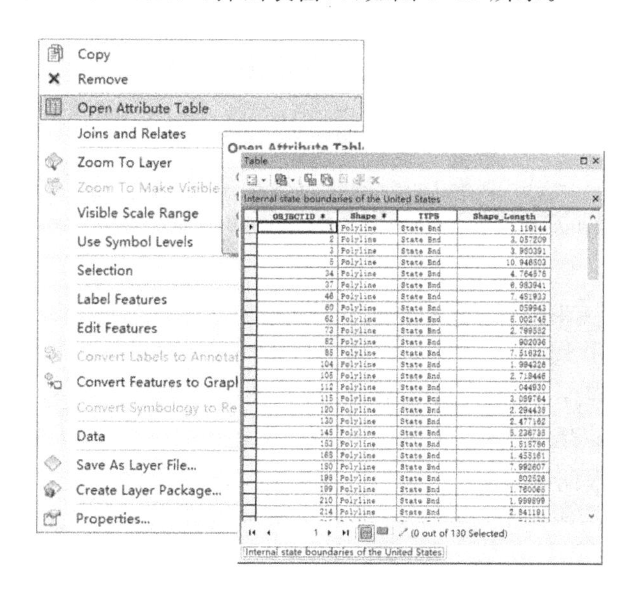


图 3-20　打开属性表

**➤步骤 2：在属性表中添加字段并移动字段位置**

在属性表中，点击菜单中的“ ”按钮，在下拉菜单中点击“Add Field”。用户设置字段名称、字段类型(图 3-21)。

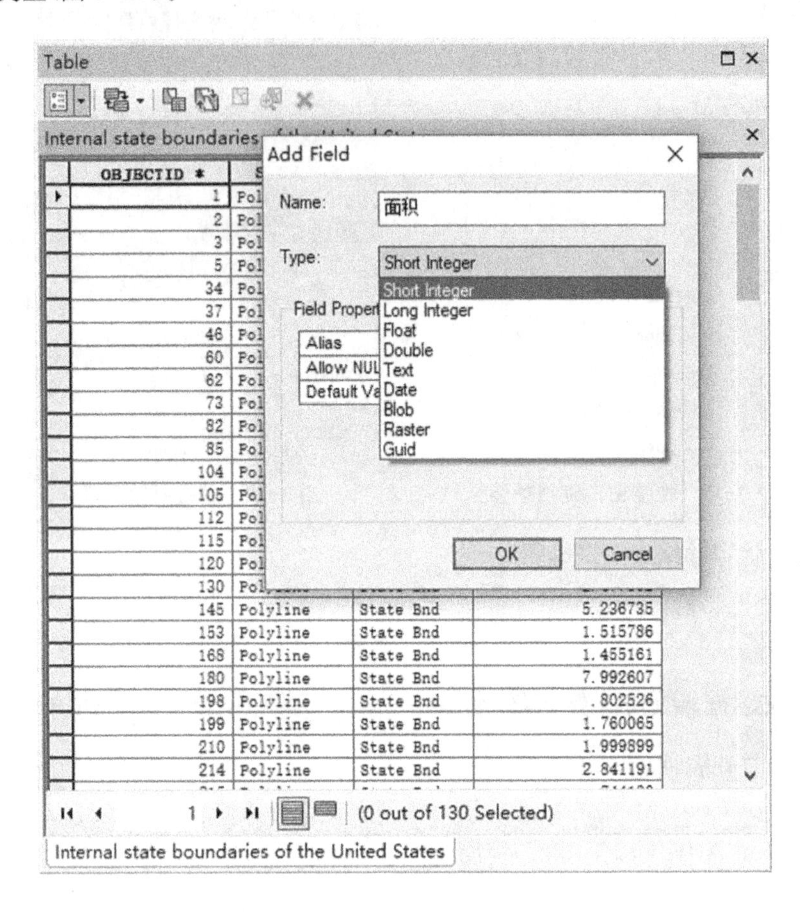


**图 3-21 新建字段**

点击“OK”按钮，新建字段会自动加载到属性表的最后一列。通常，如果用户的属性表列很多的话则不便于查看新建字段，这时用户可以点击需要移动位置的字段，选中字段底为浅蓝色，按住鼠标左键不放，拖动该字段到需要放置的位置，然后松开鼠标，完成字段位置的移动。

说明：字段类型“Type”共 8 种，常用的为前 5 种：

① 短整型，一般用于储存介于 - 32 768 和 32 767 的整数，占 2 个字节；

② 长整型，一般储存 - 2 147 483 648 至 2 147 483 647 整数，占 4 个字节；

③ 浮点型，一般储存介于 - 3.4E38 和 1.2E38 之间的小数，占 4 个字节；

④ 双精度型，一般储存介于 - 2.2E308 到 1.8E308 之间的小数，占 8 个字节；

⑤ 文本型，表示一系列字母数字符号。其中可包括街道名称、特性属性或其他文本描述。

**➤步骤 3：在属性表中删除字段**

有时，数据图层的属性表经过几次处理后会变长，用户可以根据需要进行删除选择需要删除的字段，选中字段底为浅蓝色，右击鼠标弹出快捷菜单，单击“Delete Field”，弹出字段删除的确认对话框，点击“OK”，字段删除。注意“FID”“Shape”字段作为系统生成的关键字段，无法被用户删除。

**➢步骤 4：字段计算和字段统计**

在属性表中，选中需要统计的字段，右击鼠标出现快捷菜单，点击“Calculate Geometry”，弹出提示框(该提示框能有效避免字段计算误操作)，提示用户计算一旦开始无法撤销，点击“Yes”。弹出“Calculate Geometry”对话框，在“Property”栏中选择计算的类型。如计算点的 X，Y 的坐标，坐标系保持默认设置，“Units”栏选择“Decimal Degrees”，点击“OK”，在弹出的提示框中点击“Yes”，点的 X 坐标被自动计算赋值在“经度”字段上(图 3-22)。

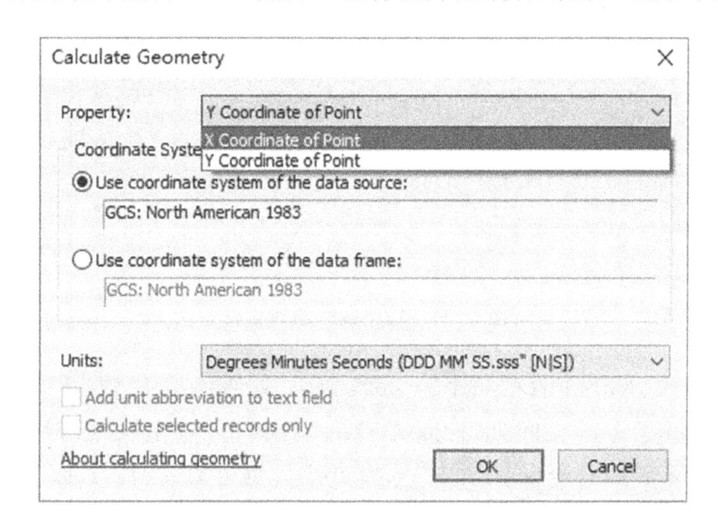


**图 3-22 几何计算**

选中需要统计的字段，右击鼠标弹出快捷菜单，点击“Statistics”，弹出对话窗口，字段的基本统计信息包括计数、最小值、总和、平均值、标准差、空值个数和频数分布柱状图(图 3-23)。

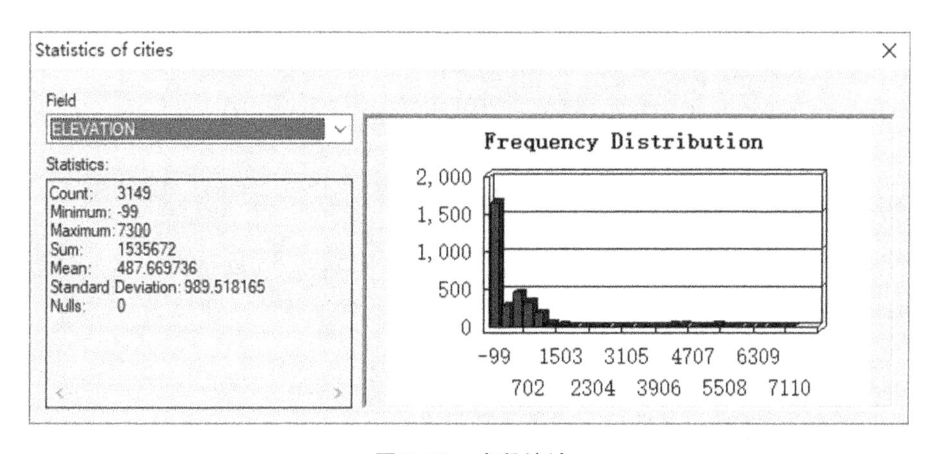


**图 3-23 字段统计**

如需制作统计表格，用户可在属性表中，点击菜单中“☰ ▾”，在下拉菜单中，点击

"Reports"——"Create Report",然后通过弹出的"Report Wizard"窗口完成报表制作。

**➢步骤 5:数据图层属性表的导出**

点击"▤▾",在下拉菜单中点击"Export",弹出"导出数据"对话框(图 3-24)。

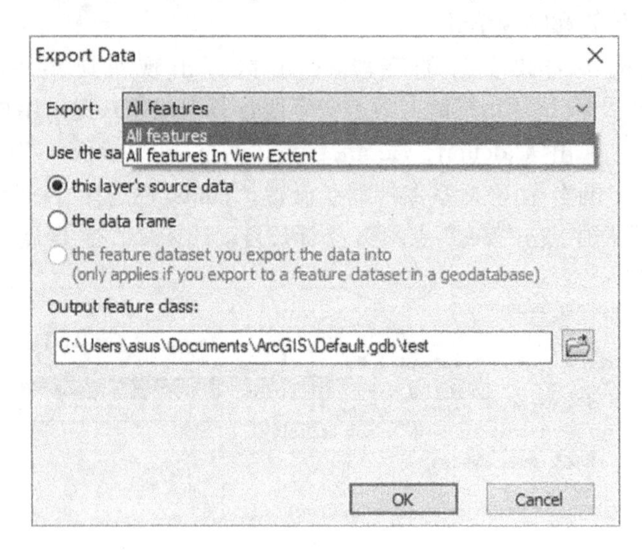


图 3-24 输出属性表对话框

点击右侧的📂,弹出对话框(图 3-25),确定文件保存位置和文件名称,类型为"dBASE Table"点击"Save"。回到"Export Data"对话框,点击"OK",属性表数据导出。当出现"是否将新表添加到当前视图中"选择"NO",也可以选择"Yes",让导出的表加入当前视图。

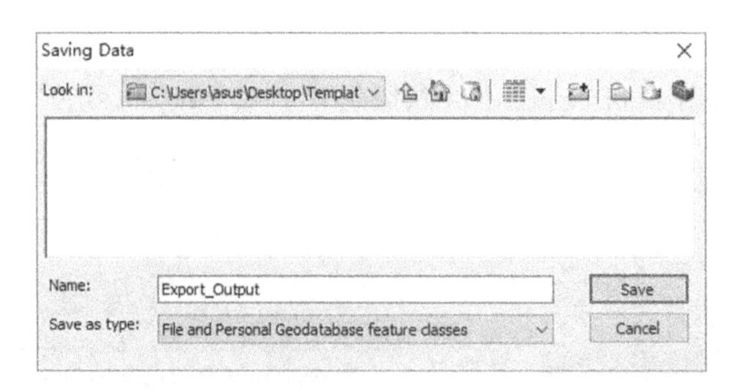


图 3-25 保存数据

找到文件夹下的.dbf 文件,借助其他软件如 Excel 或 SPSS 进行更深入的分析和制作各类统计图表。

### 3.2.4 专题图制作与输出

**➢步骤 1:切换视图窗口**

地图在数据视图状态下编辑完成后,点击横向滚动条左侧"▣ ▤ | ⟳ ⏸"中的"▤"(Layout View),将默认的视图窗口切换为布局窗口。

**➢步骤 2：调整研究区的形状和页面大小**

点击主菜单的“File”——“Page and Print Setup”，弹出“Page and Print Setup”对话框(图 3-26)。在“Map Page Size”栏中，将“Use Printer Paper Settings”(使用打印机纸张设置)复选框中的“√”去掉，这时用户可以手动输入页面的宽度和高度以及纸张方向了。

在布局视图下，点击工具栏中的 放大、缩小按钮可以放大和缩小图面，也可以用工具栏的“ ”来调整图幅适合纸张尺寸，然后用“ ”调整图面位置，将图面部分放置在数据图框中。

**➢步骤 3：要素的编辑**

调整数据框外观。鼠标选中数据图框点击右键，弹出快捷窗口，点击“Properties”按钮，打开“Data Frame Properties”对话框，点击“Frame”栏，即可见到调整边框外观的对话框，如需去除数据框的外框，可在“Border”线形下拉列表中选择“None”，即无数据外框(图 3-27)，最后点击“确定”按钮，这时用户可以看到数据图的外框已删去。

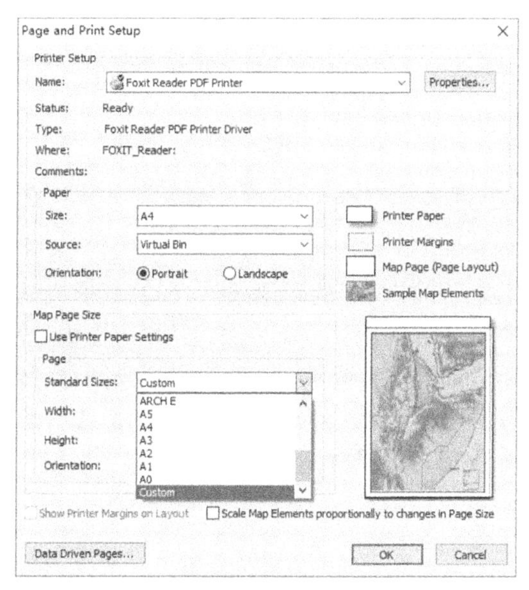


图 3-26　纸张设置

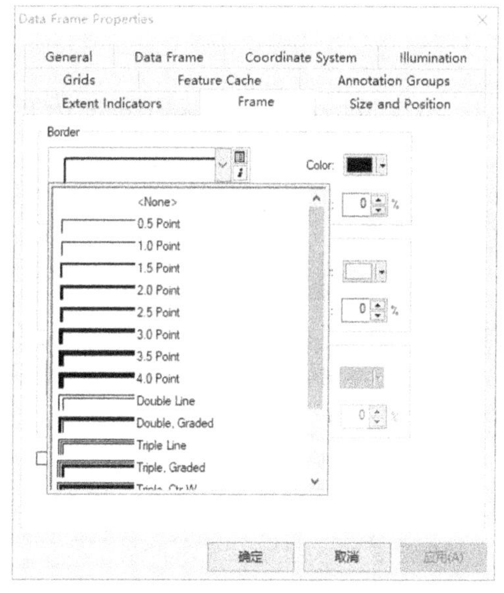


图 3-27　数据框属性设置

在地图数据框中插入指北针、比例尺、图例等要素，并调整其大小及样式。点击主菜单中的“Insert”菜单，分别选择“Scale Bar”“North Arrow”“Legend”按钮，用户在弹出的选择器中选择自己喜欢的样式，将其插入布局窗口的数据框内，并调整位置，以满足构图需要。如果感觉需要修改已经插入的图例、比例尺、指北针等，可以通过鼠标双击它们来打开“Properties”对话框，对其样式、字体等进行修改。

**➢步骤 4：专题地图的导出**

点击主菜单“File”——“Export Map”，弹出“Export Map”对话框(图 3-28)。选择文件保存类型、名称，分辨率可根据需要进行选择，通常不低于 300 dpi，最好设置为 600 dpi，转出的地图若需要 Photoshop 处理，可以保存为 EPS 格式，若是放入专题报告的 Word，建议使用 JPEG 格式储存，然后点击“保存”按钮，文件开始导出。

图 3-28 导出专题地图

## 3.3 ArcMap 常用的空间分析功能

### 3.3.1 缓冲区分析

缓冲区分析是对一组或一类地图要素(点、线、面)按设定的距离条件,围绕其形成具有一定范围的多边形实体,从而实现数据在二维空间扩展的信息分析方法。从原理上说,缓冲区的建立较为简单: 对点状要素直接以其为圆心,以要求的缓冲区距离为半径绘圆,圆所包含的区域为缓冲区;线状和面状要素缓冲区的建立是以线状要素或面状要素的边线为参考线,做起平行线,并考虑其端点处的构建方法(如圆形、方形等),由此所构成的多边形即为缓冲区。

(1) 用缓冲区向导建立缓冲区

**➢步骤 1: 添加缓冲向导工具**

缓冲向导工具为缓冲区分析提供便捷的操作方法,只需按照向导的提示来设置每个步骤的设置参数,即可建立要素的缓冲区。选择菜单栏的"Customize"——"Customize Mode",弹出对话框选择"Commands",进入命令选项卡(图 3-29)。

在命令左边的"Categories"列表框中单击选择"Tools",再在右边出现的命令列表框中选择"⊢▮",按住鼠标左键不放,将其拖到已存在的工具栏上,缓冲向导工具出现在工具条上,单击"关闭"按钮关闭定制对话窗口。

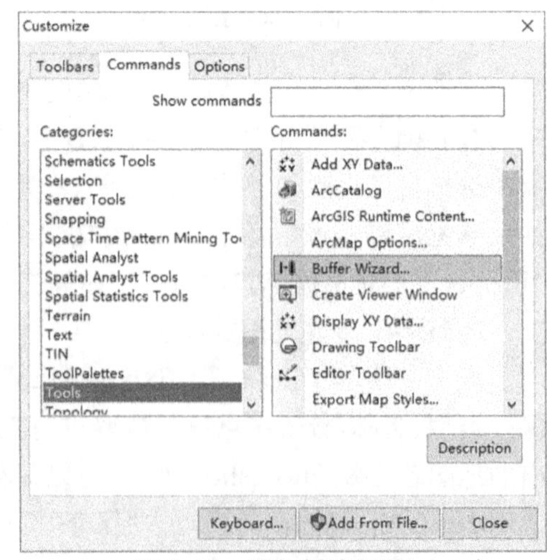


图 3-29 添加缓冲向导

**➢步骤 2：定义地图单位**

在目录内容表中用鼠标右击“⊟ Layers”，在弹出的快捷菜单中选择“Properties”（属性）选项，弹出对话框。或者选择菜单栏“View”——“Data Frame Properties”在对话框属性中选择“General”（常规）标签，在单位选项区中，设置地图单位和状态栏的显示单位（图 3-30）。

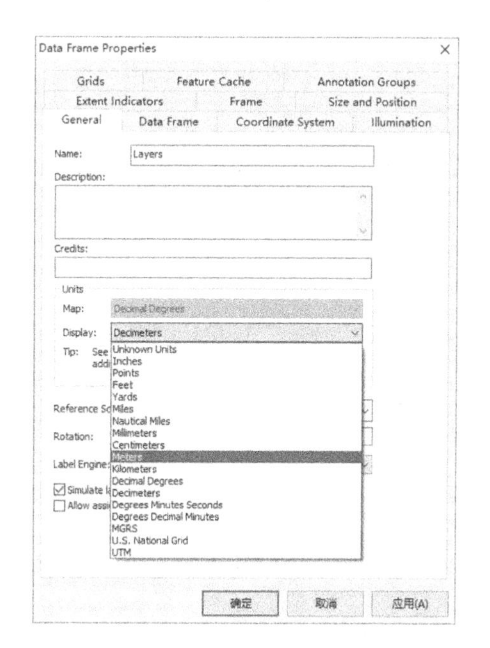


图 3-30　设置地图单位

**➢步骤 3：建立缓冲区**

使用工具条中的选择要建立缓冲区的要素，单击缓冲向导标志，弹出对话框（图3-31）。在“What do you want to buffer?”（你想对什么做缓冲）选项区域中选择“The features of a layer”（图层中的要素）单选按钮，并在下拉菜单中选择要建立缓冲区的图层。

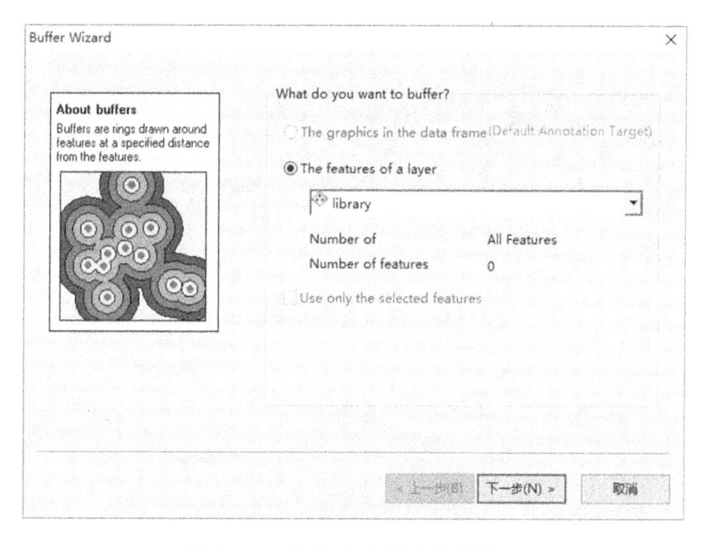


图 3-31　选择建立缓冲区的要素

如果选择了某些要素时，在“Use only the selected features”（只使用选中的要素）复选框前打钩（仅对已选要素建立缓冲区）。单击“下一步”按钮，弹出对话框，确定创建缓冲区的方法和缓冲单位。如图 3-32 所示，点击“下一步”按钮。

在缓冲输出类型选项区域中选择是否融合缓冲区街线（可参考对话框中的示意图）、缓冲区类型、保存地址，如图 3-33 所示。点击“完成”按钮，结果如图 3-34 所示。

（2）用“Proximity”工具建立缓冲区

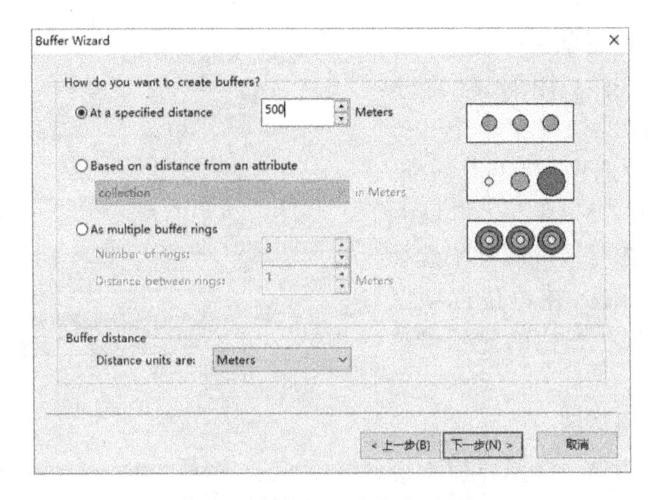


图 3-32　选择缓冲方式对话框

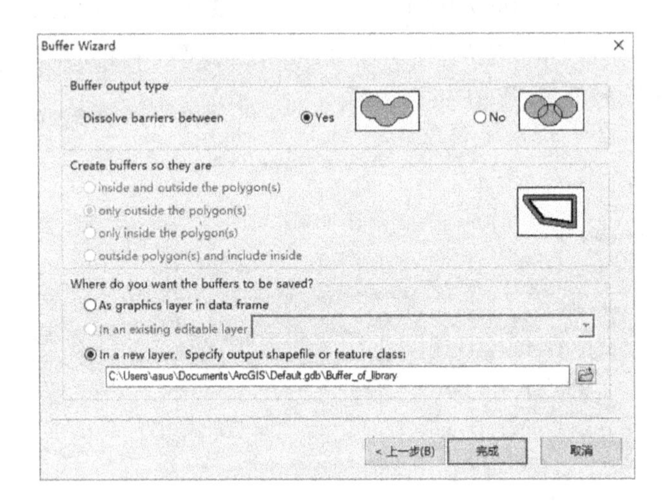


图 3-33　缓冲类型和保存地址

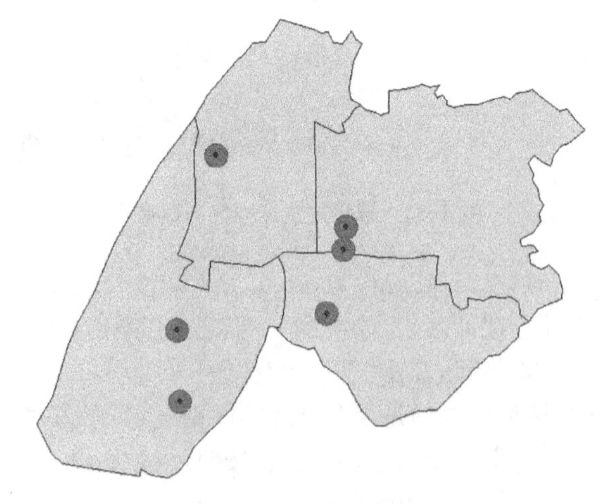

图 3-34　缓冲结果

**➢步骤 1：使用缓冲区工具**

选择工具栏的 (ArcToolBox)，选择 Analysis Tools——Proximity——Buffer，或者选择菜单栏 Geoprocessing——Buffer，弹出对话框(图 3-35)。输入要素下拉列表中选择建立缓冲的图层。输出要素文本框中确定输出文件的路径和名称。距离区域中有两个单选按钮，线性单位中设置缓冲距离和单位，字段中选择一个字段，根据这个字段值的大小建立缓冲区。

图 3-35　缓冲工具对话框

**➢步骤 2：使用 Multiple Ring Buffer 工具**

选择 ArcToolBox —— Analysis Tools —— Proximity —— Multiple Ring Buffer 命令，弹出对话框，在 Input Features 下拉列表框中选择建立缓冲的图层。在 Output Feature Class 文本框中确定输出文件的路径和名称。在距离区域中有两个单选按钮，线性单位中设置缓冲距离和单位，字段中选择一个字段，根据这个字段值的大小建立缓冲区。融合类型下拉列表中选择 3 种类型，如图 3-36 所示。点击"OK"按钮完成缓冲区的设置，其结果如图 3-37 所示。

图 3-36　多环缓冲对话框

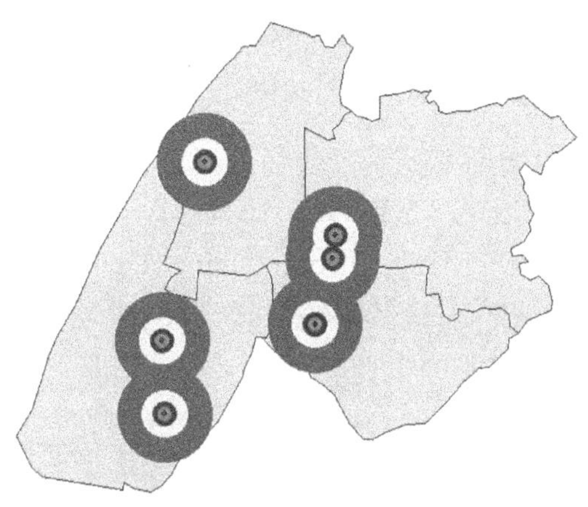

图 3-37　缓冲结果

## 3.3.2　叠置分析

叠置分析是将同一地区、同一比例尺、同一数学基础、不同信息表达的两组或多组专题要素的图形和数据文件进行叠加，根据各类要素的图形和属性建立具有多重属性组合的新图层的空间分析方法。ArcGIS 中矢量数据的叠置分析主要有六种：擦除、相交、标识叠加、交集取反、联合、更新(图 3-38)。

（1）定义

擦除，根据擦除图层范围大小，去除输入图层被擦除图层覆盖的要素。

相交，计算两个或多个图层交集，并保留与运算图层的属性。

标识叠加，在输入图层和识别图层相交的区域，将识别图层属性赋给（非替换）输入图层在该区域内的地图要素。识别的结果是输入图层的空间范围不会发生变化，但部分或全部要素的形状已发生变化，尤其属性的变化更应引起注意。

交集取反，去除输入图层和更新图层的公共部分要素，并保留这两个图层其余部分的一种叠置分析方法。

联合，计算两个或多个图层的并集，保留参与运算图层的属性。需注意在图层相交区域，参与图层的要素有可能被分割成更多的新要素，并综合了原来图层属性。

更新，在输入图层和更新图层相交区域内，输入图层要素的属性被更新图层要素属性替代，并保留其余输入图层和更新图层要素的一种叠置分析方法。

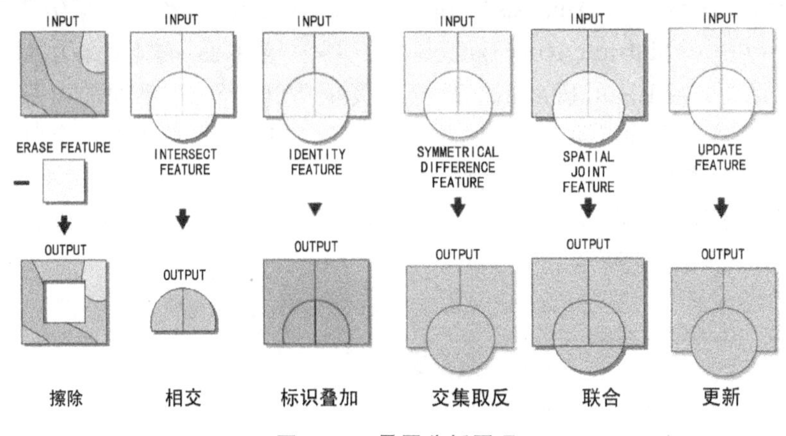


图 3-38　叠置分析原理

（2）操作步骤

点击，选择 Analysis Tools——Overlay——Erase/Intersect/Identity/ Symmetrical Difference/Spatial Joint/Union/Update（擦除/相交/标识叠加/交集取反/联合/更新），跳出对话框，对话框基本结构如图 3-39 所示。

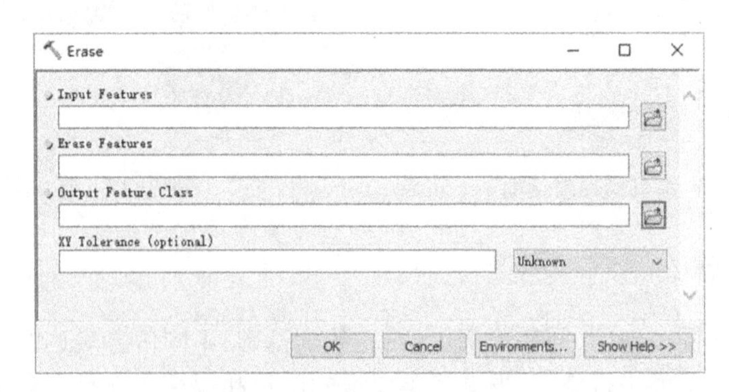


图 3-39　擦除叠置对话框

在输入要素下拉列表中选择输入图层，并在擦除/相交/标识叠加/交集取反/联合/更新要素下拉列表中选择叠置图层，输出要素文本框中确定输出文件的路径和名称，点击“确定”按钮，完成操作。

### 3.3.3 网络分析

在现实世界中，地理网络是由若干线状实体和点状实体构成，形成一个网状结构体系，网络资源沿着这个线性网流动。网络数据模型即是真实世界中网络系统（如交通网、通信网、自来水管网、煤气管网等）的抽象表示。

网络分析是通过研究网络状态已模拟和分析资源在网络上的流动和分配情况，对网络结构及其资源配置的优化问题进行研究的空间分析方法。在ArcGIS中，网络分析工具分为两类：传输网络分析（Network Analyst）和效用网络分析（Utility Network Analyst），对应的网络数据分别为网络数据集（Network Analyst）和几何网络（Geometric Network）。其中，传输网络分析最为常用，也是本文重点介绍的内容，可用于道路、地铁等道路网络分析，进行路径、服务范围与资源分配等分析。在传输网络分析中，允许在网络边上双向行驶，网络中的代理（如在公路上行驶的卡车驾驶员）具有主观选择方向的能力。

**➢步骤1：建立网络数据集（Network Analyst）**

在ArcCatalog的连接文件夹，新建文件或个人地理数据库，右键新建的地理数据库，选择“New”——“Feature Dataset”，确定名称和坐标系，如命名数据集为“道路网络1”。右键新建的数据集“道路网络1”，选择“Import”——“Feature Class(multiple)”，选择要素导入新建数据集，如从“spatialanalysis. mbd”的数据库中导入参与网络分析的要素数据到新建的数据集“道路网络1”（图3-40）。

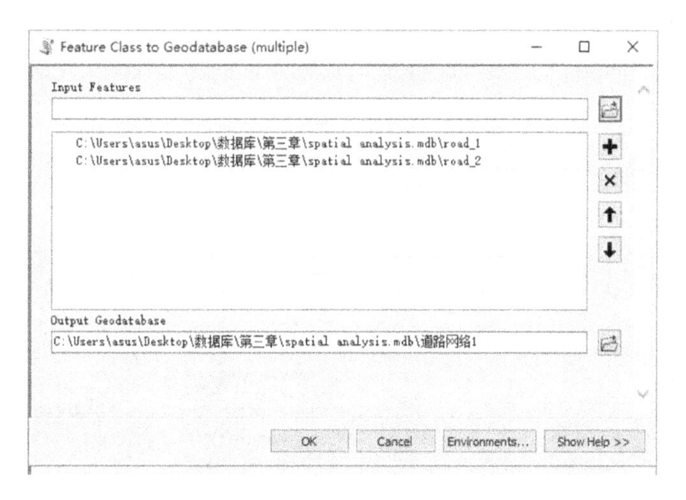


**图3-40 导入要素**

数据导入后，右键新建数据集，在弹出的快捷菜单中选择“New”——“Network Dataset”命令，弹出“New Network Dataset”对话框，打开新建网络数据集向导：

设置网络数据集名称，在对话框中单击“下一步”，或按Enter键进入第2步对话框。

单击“下一步”，进入几何网络向导第2步，单击想要包括在几何网络中的要素类，并为新的几何进入网络输入名称。

单击“下一步”，进入几何网络向导第 3 步。是否希望在此网络中构建转弯模型，则选择“Yes”，否则选择“No”。

单击“下一步”，进入几何网络向导第 4 步，设置网络要素点线之间的连通性，点击“connectivity”进行连接。

单击“下一步”，进入几何网络向导第 5 步，选择是否对网络要素进行高程建模。

单击“下一步”，进入几何网络向导第 6 步，为网络数据集指定属性，正常情况下，要素属性表中的字段 Length 被自动识别为 Cost，“Length”的左侧出现感叹号，说明软件未识别出默认字段，应借助右侧的“Remove”删除有感叹号的记录。

如果上述提示内容为空白，单击下一步，会提示缺少成本属性，点击“是”，然后按“上一步”返回，核实上述提示。

如果“Length”未出现感叹号，直接点击“下一步”继续。

单击“下一步”，进入几何网络向导第 7 步，选择是否为网络数据集建立出行模型。

单击“下一步”，进入几何网络向导第 8 步，选择是否为网络数据集建立行驶方向。

单击“下一步”，出现总结对话框，检查是否正确，可使用“上一步”退回修改，点击“Finish”，会弹出提示，告知新网络数据集已创建，是否立即构建，点击“Yes”，网络数据集完成初始设定。右侧 ArcCatalog 数据项窗口中可以看到，原来的数据集中出现了“road_ND”和“road_ND_Junctions”两个数据项。

**➢步骤 2：使用网络分析工具条**

选择主菜单中的 Customize，下拉选择 Extensions，跳出如图 3-41 所示对话框，勾选 Network Analyst，加载网络分析模块。

在工具栏空白处右击鼠标，或者点击主菜单栏 Customize，选择 Toolbars，跳出菜单，勾选 Network Analyst，如跳出网络分析工具条，其功能如图 3-42。网络分析可实现路径分析、服务区域分析、最近设施查询、源点 OD 成本矩阵、车辆路径派发、位置分配 6 种基本功能(图 3-42)。

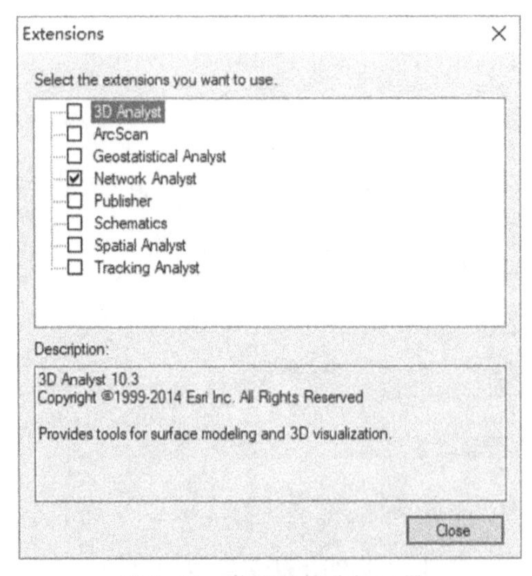


**图 3-41　激活网络分析工具**

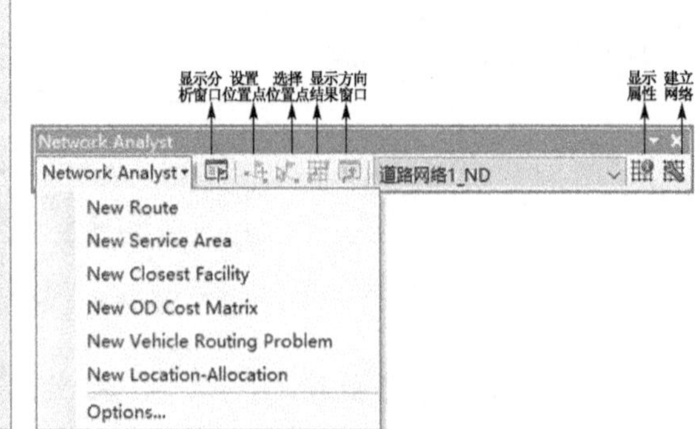


**图 3-42　网络分析工具条**

(1) 最优路径查找

在工具栏中选择“Network Analyst”——“New Route”，生成新的路径图层，单击工具

栏中的 ，跳出网络分析窗口，该窗口将显示停靠点、路径、点路障、线路障、面路障的相关信息（图 3-43）。

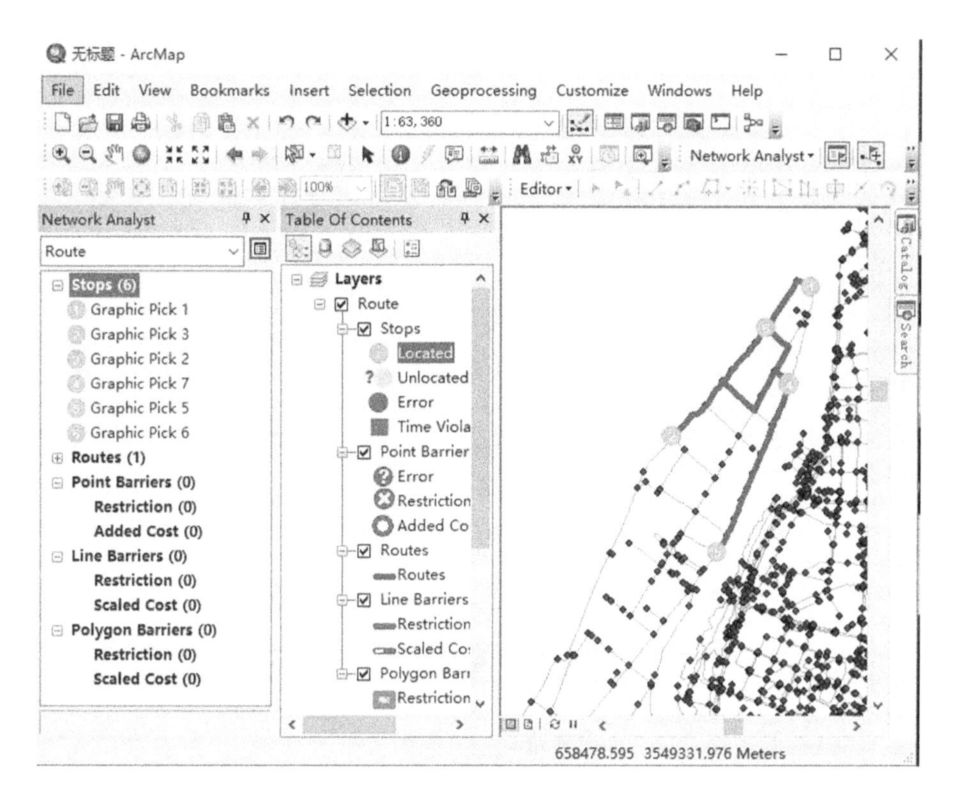


**图 3-43　网络分析窗口**

添加停靠点。点击工具栏中的 ，根据需要在相应位置点击形成停靠点，停靠点按照点击的顺序编号，第一个停靠点被认为是出发点，最后一个停靠点被认为是目的地，经停的顺序可以在网络分析的窗口中进行修改。

在网络分析工具栏中，选择“Network Analyst”——“Options”，进入“Location Snap Options”，可以用于设置加载位置的捕捉环境（图 3-44）。在分析中使用路边通道时，捕捉并偏移停靠点以确保它们位于街道的一侧。但是当道路停靠点离道路的距离大于捕捉环境设置的距离时，将无法定位于道路网络上，显示出一个“未定位” 的符号，“未定位”的停靠点可以通过 Network Analyst 工具栏上 将其定位到道路网络上。

设置路径分析属性。点击网络分析窗口的 （路径属性）按钮，在跳出的对话框中选择“Analysis Settings”，对 Impedance（阻抗）进行设置，若要进行最短路径分析，阻抗设置为 Meters（m），若要进行最快路径分析则设置为 Minutes（min）。也可以对应用时间、是否重新排序停靠点以查找最佳路径、是否允许交汇点的 U 形转弯，设置输出 Shape 类型等（图 3-45）。

点击工具栏的 求解工具，得到路径分析结果。

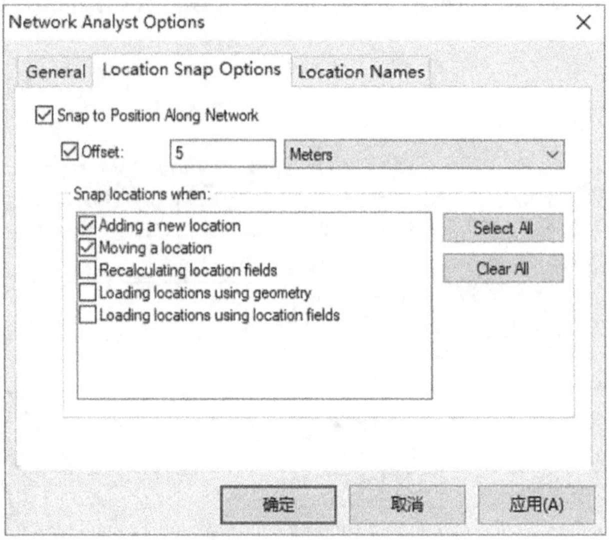

Network Analyst Options
General | Location Snap Options | Location Names
Snap to Position Along Network
Offset: 5 Meters
Snap locations when:
Adding a new location
Moving a location
Recalculating location fields
Loading locations using geometry
Loading locations using location fields
Select All
Clear All
确定 取消 应用(A)

图 3-44　捕捉参数设置

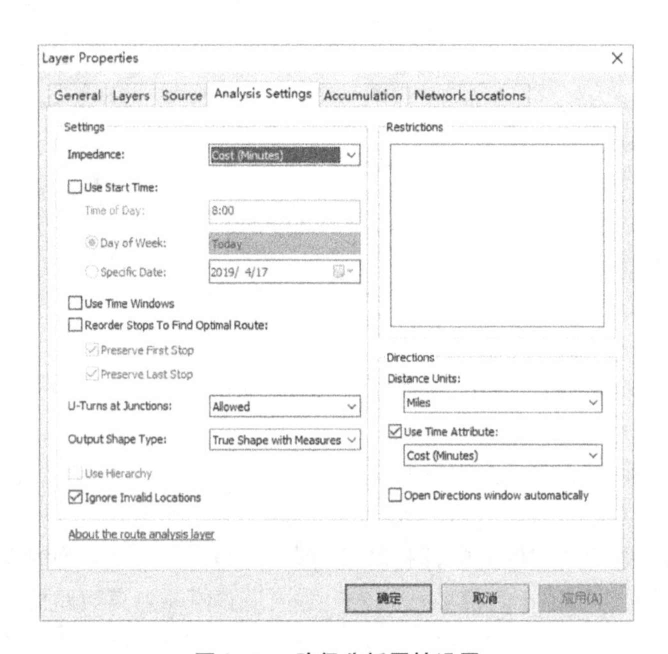


图 3-45　路径分析属性设置

网络分析中，可以在行驶路径设置障碍，表示真实情况下该处道路上无法通行，在进行最佳路径分析时将会绕开这些路径查找替代路线。在网络分析窗口中选中“Point Barriers”，单击 ，在街道网络图层的任意位置上点击以定义障碍，障碍类型包括点障碍、线障碍、面障碍，点击 以求解（图 3-46）。

（2）服务区域分析

在工具栏中选择“Network Analyst”——“New Service Area”，生成新的服务区图层及网络分析窗口。添加服务设施点。在网路分析窗口中，选中“Facilities”右键，在快捷菜单中选择“Load Locations”，在对话框里加载所需设施点的图层（图 3-47）。

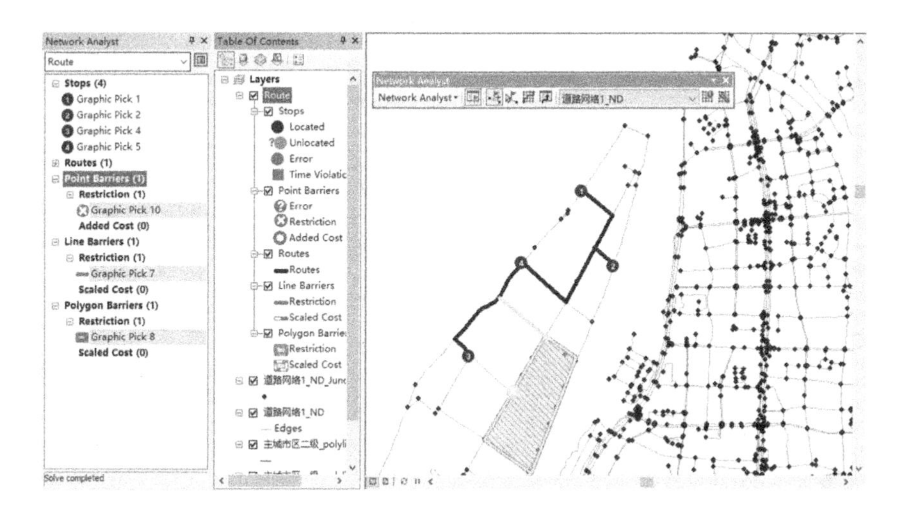

图 3-46　设置障碍

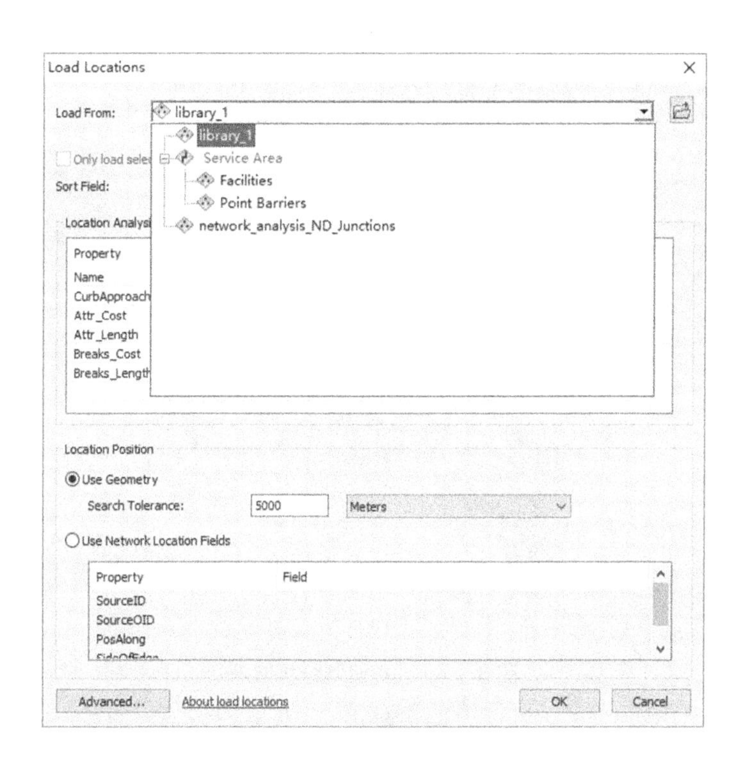


图 3-47　导入服务设施点

点击▣，在跳出的对话框中选择“Analysis Settings”，对 Impedance（阻抗）进行设置，在 Default Break（默认中断）中输入设置条件，如：要求设施点分别生成 1、2 分钟范围的，在输入框内输入：1，2，数字用空格或者“，”隔开，如图 3-48 所示。在 Polygon Generation（面生成）中，可以设置面类型、多点设施点选项、叠置类型等（图 3-48）。

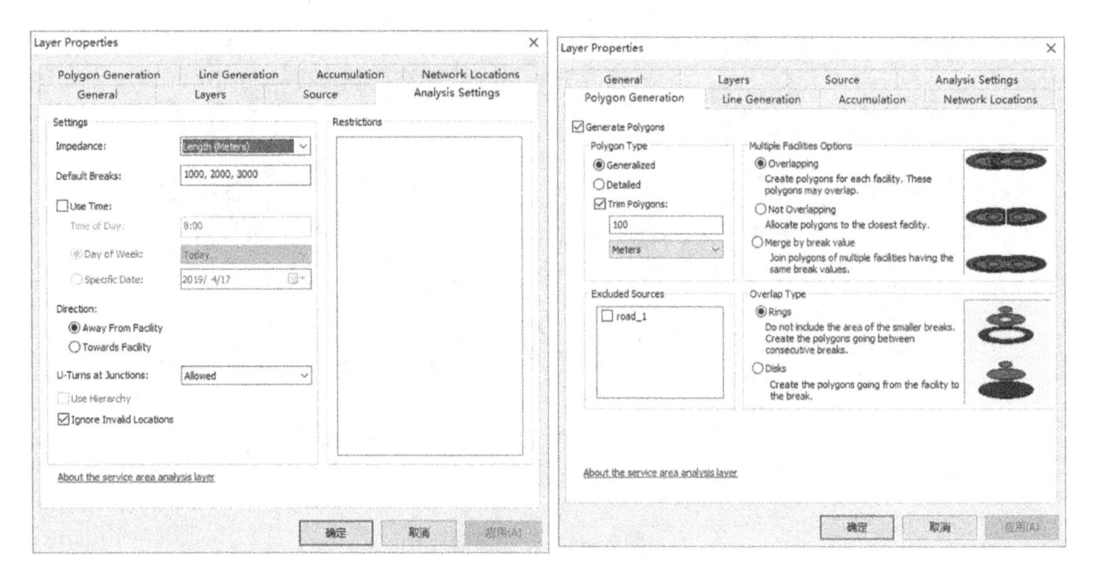


**图 3-48　网络分析参数设置**

单击工具栏的求解，得到服务范围结果(图 3-49)。

**图 3-49　服务区域分析结果**

(3) 最近服务设施查找

在工具栏中选择“Network Analyst”——“New Closest Facility”，生成新的最近设施图层，单击工具栏中的，跳出网络分析窗口，该窗口将显示设施点、事件点、路径、点障碍等相关信息。加载设施点、事件点(图 3-50)。

点击，在跳出的对话框中选择“Analysis Settings”，设置阻抗、默认中断值、要查找的设施点数量、查找方向、是否允许交汇点的 U 形转弯、输出 Shape 类型(图 3-51)。单击工具栏的求解，得到服务范围结果(图 3-52)。

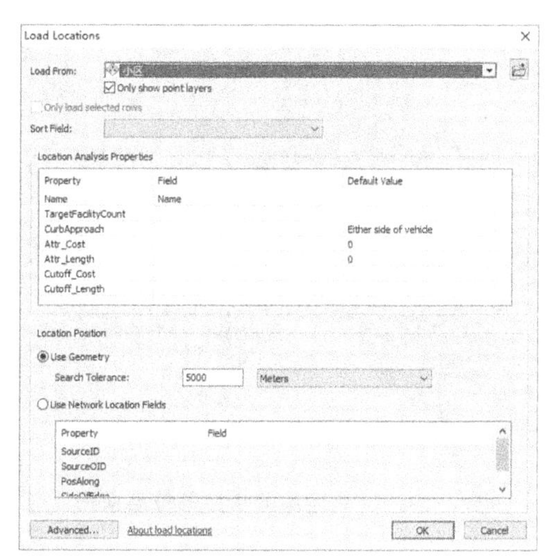


图 3-50　导入数据点

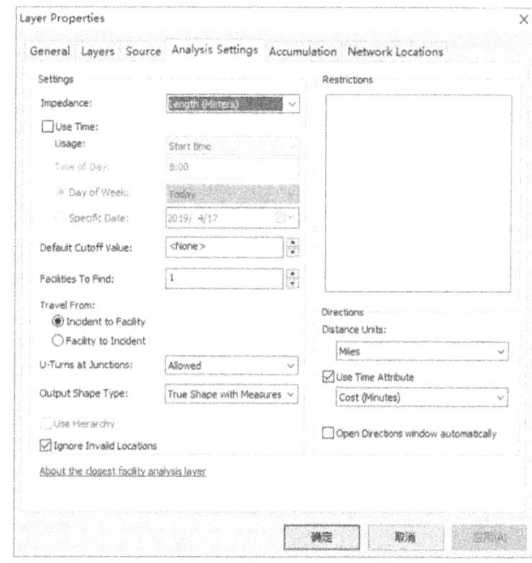


图 3-51　设置分析参数

图 3-52　服务设施查找分析结果

（4）距离成本分析

在工具栏中选择“Network Analyst”——“New OD Cost Matrix”，生成新的距离成本图层，单击工具栏中的，跳出网络分析窗口，该窗口将显示起始点、目的点、目的线、点障碍等相关信息。加载设施点、事件点。

点击，在跳出的对话框中选择“Analysis Settings”，设置阻抗、默认中断值、要查找的目的点数量、是否允许交汇点的 U 形转弯、输出 Shape 类型。在“Accumulation”中选择所需计算的属性、长度或成本（时间）（图 3-53）。参数设置完成后，单击工具栏的求解，得到服务范围结果（图 3-54）。打开线的属性表，Total Cost 属性记录了每个起始点到其对应目的地点的时间（图 3-55）。

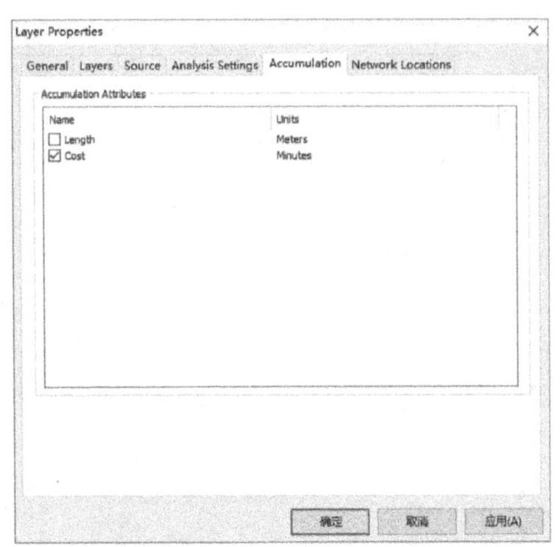


图 3-53 选择需要计算的属性

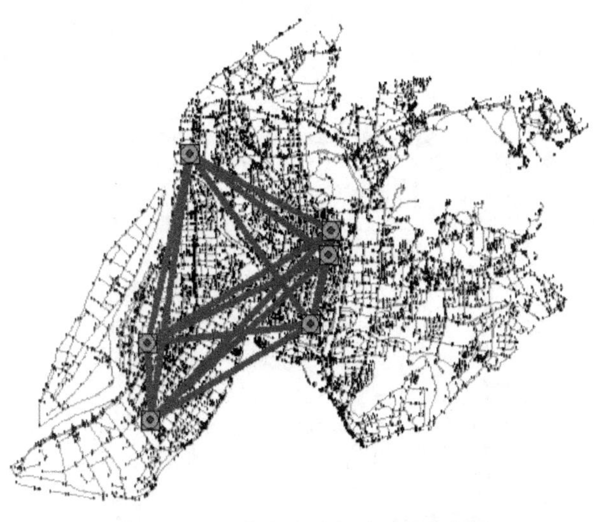

图 3-54 距离成本分析结果数据视图

Table

Lines

| ObjectID | Shape | Name | OriginID | DestinationID | DestinationRank | Total_Cost |
|---|---|---|---|---|---|---|
| 1 | Polyline | 鼓楼区图书馆 - 鼓楼区图书馆 | 1 | 1 | 1 | 0 |
| 2 | Polyline | 鼓楼区图书馆 - 南京市玄武区少年儿童图书馆 | 1 | 4 | 2 | 17.454976 |
| 3 | Polyline | 鼓楼区图书馆 - 南京图书馆 | 1 | 5 | 3 | 18.400585 |
| 4 | Polyline | 鼓楼区图书馆 - 金陵图书馆 | 1 | 3 | 4 | 19.005699 |
| 5 | Polyline | 鼓楼区图书馆 - 秦淮区图书馆 | 1 | 6 | 5 | 21.76774 |
| 6 | Polyline | 鼓楼区图书馆 - 建邺区图书馆 | 1 | 2 | 6 | 23.582119 |
| 7 | Polyline | 建邺区图书馆 - 建邺区图书馆 | 2 | 2 | 1 | 0 |
| 8 | Polyline | 建邺区图书馆 - 金陵图书馆 | 2 | 3 | 2 | 8.143593 |
| 9 | Polyline | 建邺区图书馆 - 秦淮区图书馆 | 2 | 6 | 3 | 18.841264 |
| 10 | Polyline | 建邺区图书馆 - 南京图书馆 | 2 | 5 | 4 | 21.901415 |
| 11 | Polyline | 建邺区图书馆 - 鼓楼区图书馆 | 2 | 1 | 5 | 23.582119 |
| 12 | Polyline | 建邺区图书馆 - 南京市玄武区少年儿童图书馆 | 2 | 4 | 6 | 23.963541 |
| 13 | Polyline | 金陵图书馆 - 金陵图书馆 | 3 | 3 | 1 | 0 |
| 14 | Polyline | 金陵图书馆 - 建邺区图书馆 | 3 | 2 | 2 | 8.143593 |
| 15 | Polyline | 金陵图书馆 - 秦淮区图书馆 | 3 | 6 | 3 | 16.888929 |
| 16 | Polyline | 金陵图书馆 - 鼓楼区图书馆 | 3 | 1 | 4 | 19.005699 |
| 17 | Polyline | 金陵图书馆 - 南京图书馆 | 3 | 5 | 5 | 19.940739 |
| 18 | Polyline | 金陵图书馆 - 南京市玄武区少年儿童图书馆 | 3 | 4 | 6 | 22.002865 |
| 19 | Polyline | 南京市玄武区少年儿童图书馆 - 南京市玄武区少年 | 4 | 4 | 1 | 0 |
| 20 | Polyline | 南京市玄武区少年儿童图书馆 - 南京图书馆 | 4 | 5 | 2 | 2.092001 |
| 21 | Polyline | 南京市玄武区少年儿童图书馆 - 秦淮区图书馆 | 4 | 6 | 3 | 9.588002 |
| 22 | Polyline | 南京市玄武区少年儿童图书馆 - 鼓楼区图书馆 | 4 | 1 | 4 | 17.454976 |
| 23 | Polyline | 南京市玄武区少年儿童图书馆 - 金陵图书馆 | 4 | 3 | 5 | 22.002865 |
| 24 | Polyline | 南京市玄武区少年儿童图书馆 - 建邺区图书馆 | 4 | 2 | 6 | 23.963541 |
| 25 | Polyline | 南京图书馆 - 南京图书馆 | 5 | 5 | 1 | 0 |
| 26 | Polyline | 南京图书馆 - 南京市玄武区少年儿童图书馆 | 5 | 4 | 2 | 2.092001 |
| 27 | Polyline | 南京图书馆 - 秦淮区图书馆 | 5 | 6 | 3 | 7.525876 |
| 28 | Polyline | 南京图书馆 - 鼓楼区图书馆 | 5 | 1 | 4 | 18.400585 |
| 29 | Polyline | 南京图书馆 - 金陵图书馆 | 5 | 3 | 5 | 19.940739 |

1 (0 out of 36 Selected)

Lines

图 3-55 距离成本分析结果属性表

本章主要介绍 ArcGIS 中基础及常用的操作，演示数据分别保存在“basic. gdb”“spatial analysis. mdb”的数据库中，在之后的案例中往往会涉及一些空间分析、统计分析等其他方法，例如：空间自相关、核密度分析、空间插值等，届时再做详细介绍和演示。

# 矢量数据采集与分析篇

第4章

# 兴趣点数据采集与分析

本章将以高德地图为例，介绍利用 Python 程序从互联网电子地图批量采集所需 POI 点数据的技术路线，并介绍利用 ArcGIS 相关工具进行简单的产业类型识别、公交服务范围覆盖率以及高/快速路出入口设置合理性分析的分析思路。

## 4.1 兴趣点(POI)概念与类别

兴趣点(Point of Interest, POI)即地图上的兴趣点，是代表真实地理实体的点状空间数据，一般包含名称、类别、地理坐标等信息，是一种新的空间数据源，能够直观地反映各类城市设施和人类社会经济活动的分布情况。具体来讲，地图上的每个学校、医院、居住小区、公园等均是一个兴趣点。POI 数据因其数据类型覆盖面广、分类明确、位置准确度高、数据实时性强、数据处理难度较低等优点，越来越多地应用在城市与区域规划领域，如公共服务设施布局优化、城市功能区识别、商业活动空间集聚、居民时空行为、城市结构分析、建成环境评价、建成区边界划分等研究，有效地降低了研究的成本和难度，是精细化空间分析的重要数据源。

目前高德地图、百度地图、腾讯地图等互联网地图均通过相关网络服务接口(API)提供 POI 数据以及 POI 分类标准，其中高德开放平台通过“搜索 API”提供 POI 数据的下载。“搜索 API”是一类简单的 HTTP 接口，提供多种查询 POI 信息的能力，其中包括关键字搜索、周边搜索、多边形搜索和 ID 查询四种筛选机制。最终的 POI 数据以 JSON 或者 XML 格式返回，主要包含有 POI 的唯一 ID、名称、类型、地址、经纬度等属性信息和空间信息。因此，我们可以利用 Python、Java 等编程语言通过 API 得到相关 JSON 格式的数据，进而从 JSON 数据中提取所需的 POI 数据信息。

在采集 POI 数据前，我们需要先确定采集的 POI 类别，如公交站、图书馆、医院、学校等。高德地图具有详细的 POI 分类体系，每个 POI 规定了所属的大类、中类、小类三个层次以及所属类别的编码，如：小学所属的大类、中类、小类以及编码分别为“科教文化服务”“学校”“小学”以及“141203”。详细的分类编码表(amap_poicode.xlsx)可在高德地图开放平台下的 Web 服务 API 的相关下载页面下载(http://lbs.amap.com/api/webservice/download)。

需要特别说明的是，高德地图对其 API 接口格式、POI 分类及编码不定期进行更新，每次获取 POI 数据前需检查所需 POI 类别的编码是否发生变动、API 格式是否变化，如发生变化则需要调整相关代码。

## 4.2 “搜索 API”解析

高德地图通过“搜索 API”，提供关键字搜索、周边搜索、多边形搜索、ID 查询四种方式获取 POI 数据，数据获取通常可分为三个步骤：①申请“Web 服务 API”密钥(key)；②拼接 HTTP 请求 URL；③接收 HTTP 请求返回的数据(JSON)，并解析数据。

### 4.2.1 密钥申请

首先，登录高德开放平台网站(https://lbs.amap.com)，申请高德地图开发者账号。

然后，进入用户控制台界面，点击“应用管理”，再点击右上角“创建新的应用”，应用名称为“MyPOI”，点击“创建”完成创建新的应用。

最后，在新建的应用“MyPOI”中点击“添加新 Key”，输入名称“getPOIs”，服务平台选择“Web 服务”，点击“提交”按钮，完成密钥申请(图 4-1)。

图 4-1　密钥申请

### 4.2.2 “搜索 API”请求 URL

“搜索 API”的在线文档(http://lbs.amap.com/api/webservice/guide/api/search)，有其使用限制、使用说明、四种方式(关键字搜索、周边搜索、多边形搜索、ID 查询)的使用示例、请求参数说明、返回参数说明等详细介绍。

我们以鼓楼区小学 POI 数据获取为例，分别介绍“关键字搜索”和“多边形搜索”两种数据获取方式的适用条件以及采集过程。

(1) 关键字搜索

简单地讲，关键字搜索指通过用 POI 的关键字进行条件搜索的请求方式，例如：肯德基、朝阳公园等；同时关键字搜索支持设置 POI 类型搜索，例如：银行、医院。

**➢步骤 1：分析“关键字搜索 API”请求参数**

在线文档页面提供实例运行功能，辅助理解 API 所需的参数、返回结果格式。在“搜索 API”的在线文档页面下拉，找到关键字段搜索 API 的功能运行示意(图 4-2)。关键字搜索 API 通过 POI 的关键字或类型进行条件搜索，以及我们提供 POI 类型参数，API 返回所需行政区域该类型的 POI 数据，即 API 需要制定的参数主要有密钥(ak)、查询 POI 类型(types)、城市名(city)，当前页数(page)(图 4-2)。

在“关键字搜索”功能运行示意的表单中，city 参数栏填写南京市鼓楼区的城市代码“320106”，types 参数栏填写小学类 POI 的编码“141203”，page 参数栏填写“1”，其余参数为默认，其中城市的代码(adcode)可以在高德地图“ Web 服务 API 相关下载”页面(https://

lbs.amap.com/api/webservice/download )的“城市编码表”中查询，南京市各个区的代码见表 4-1。点击“运行”查看返回结果的第 1 页。

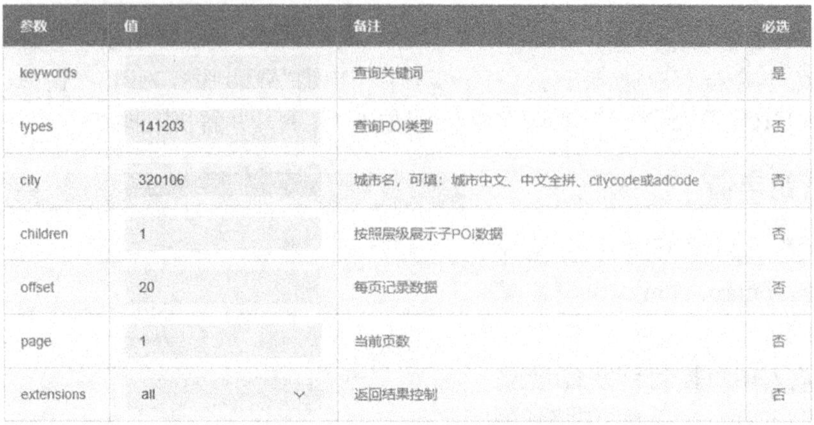

| 参数 | 值 | 备注 | 必选 |
| --- | --- | --- | --- |
| keywords | | 查询关键词 | 是 |
| types | 141203 | 查询POI类型 | 否 |
| city | 320106 | 城市名，可填：城市中文、中文全拼、citycode或adcode | 否 |
| children | 1 | 按照层级展示子POI数据 | 否 |
| offset | 20 | 每页记录数据 | 否 |
| page | 1 | 当前页数 | 否 |
| extensions | all | 返回结果控制 | 否 |

**图 4-2 “关键字搜索”功能示意**

**表 4-1 高德地图中的南京市行政区编码**

| 行政区 | 编码 | 行政区 | 编码 |
| --- | --- | --- | --- |
| 南京市 | 320100 | 南京市市辖区 | 320101 |
| 玄武区 | 320102 | 秦淮区 | 320104 |
| 建邺区 | 320105 | 鼓楼区 | 320106 |
| 浦口区 | 320111 | 栖霞区 | 320113 |
| 雨花台区 | 320114 | 江宁区 | 320115 |
| 溧水区 | 320117 | 高淳区 | 320118 |

**➢步骤 2：解析“关键字搜索 API”结构**

图 4-2 中的表单实际上辅助构造了采用关键字搜索方式获取 POI 的请求 URL，将“您的 Key”替换为步骤 1 申请的密钥，用浏览器打开替换后的 URL，可以在浏览器中看到鼓楼区小学 POI 数据的第一页(包含 20 个 POI 信息)(图 4-3)。

http://restapi.amap.com/v3/place/text? key=36259c5d9e013a3c3715596c4a0f47a9&keywords=&types= 141203&city=320106&children=1&offset=20&page=1&extensions=all

如果将请求 URL 中页面(page)的参数值“1”替换为其他 50 以内的数字，构造新的 URL，则可以在浏览器中看到其他鼓楼区小学 POI 数据；若依次遍历页数、构造 50 个 URL，则可以查看到完整的鼓楼区小学 POI 数据。同样地，如果将“141203”替换为其他类别 POI 的编码，把“320106”替换为其他行政区域编码，构造新的 URL，则可以查看其他行政区其他类别的 POI 信息。通过以上分析可知，通过“关键字搜索”方式采集 POI 数据的关键是以 POI 类别编码、行政区域编码和页码为参数变量构造不同的 URL。

**➢步骤 3：分析“关键字搜索 API”适用情况**

根据 API 文档可知每次调用“搜索 API”最多只能获得1 000个 POI 信息，每页记录数为 20 时(offset 参数为 20)，建议 page 参数填写不超过 50，否则将出现查询空集。因此，

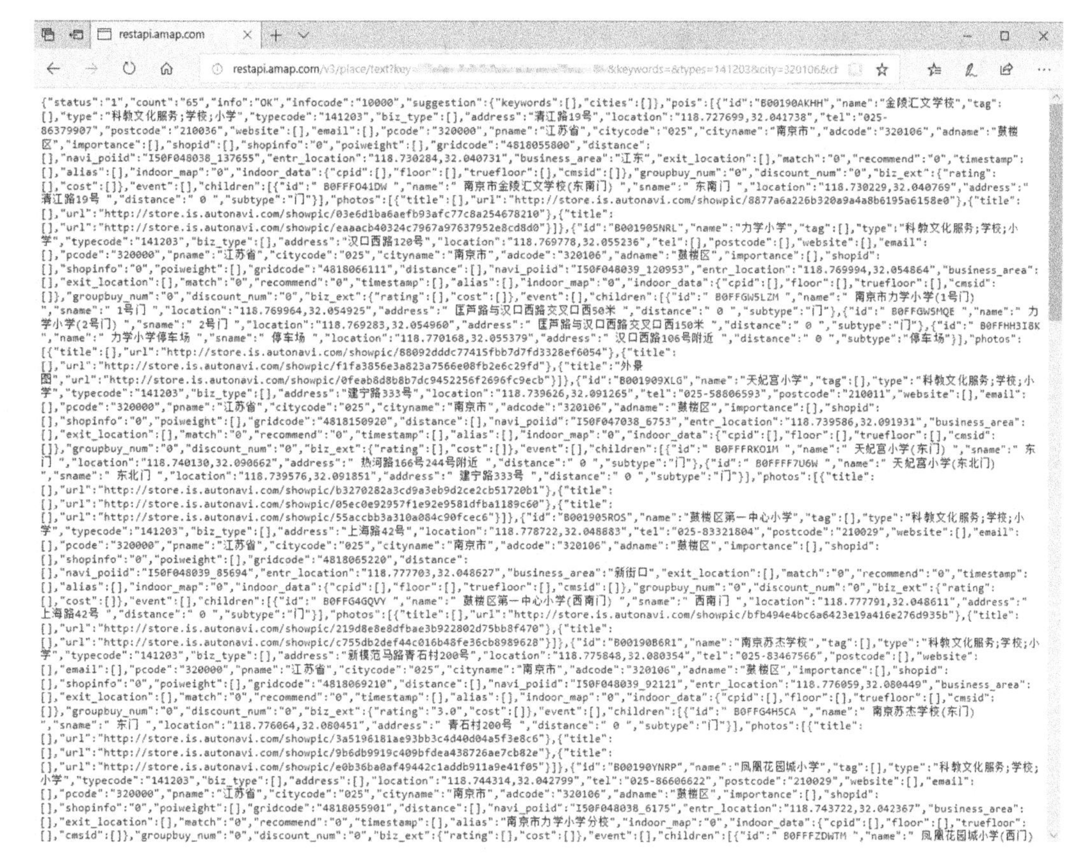


图 4-3 浏览器查看“关键字搜索”返回的 JSON 数据

“关键字搜索”方式适用于数量较少的 POI 类别，如旅游景点、高等院校等类别。若采集数量较多的 POI 类别如餐厅时采用“关键字搜索”方式，则可能出现数据获取遗漏错误，进而影响之后数据分析的准确性。

（2）多边形搜索

**➢步骤 1：分析“多边形搜索 API”请求参数**

“多边形搜索 API”在给定的多边形区域内进行搜索 POI，即我们提供所需区域的边界位置（polygon 参数，格式为一组经纬度坐标对）和 POI 类型参数（types 参数），API 返回所需区域该类型的 POI 数据。

**➢步骤 2：多边形分割**

当获取研究区域内数量较多的 POI 类别（如餐厅）时，为避免数据遗漏错误，需要将研究区域划分为多个子区域，以每个子区域作为 polygon 参数调用多边形搜索 API。

划分研究区域为子区域是使用多边形搜索 API 前的重要步骤，具体操作步骤如下：

首先，在线文档网页左侧 API 文档选项中选择“行政区域查询”选项，分析“行政区域查询 API”的请求参数、结构与返回数据。“行政区域查询 API”的请求参数是行政区域编码（citycode）（图 4-4），根据行政区域编码（citycode）可构造出获取行政区域信息的 URL：

http://restapi.amap.com/v3/config/district? key=36259c5d9e013a3c3715596c4a0f47a9&keywords=320106&subdistrict=0&extensions=all

点击"运行"后，可知"行政区域查询 API"返回的 JSON 数据主要有行政区名称(name)、行政区域边界(polyline)、行政区域中心(center)等信息(代码 4-1)。我们需要的鼓楼区行政边界便存储在"polyline"键中(更详细的"行政区域查询 API"使用方法可参见第 6 章)。

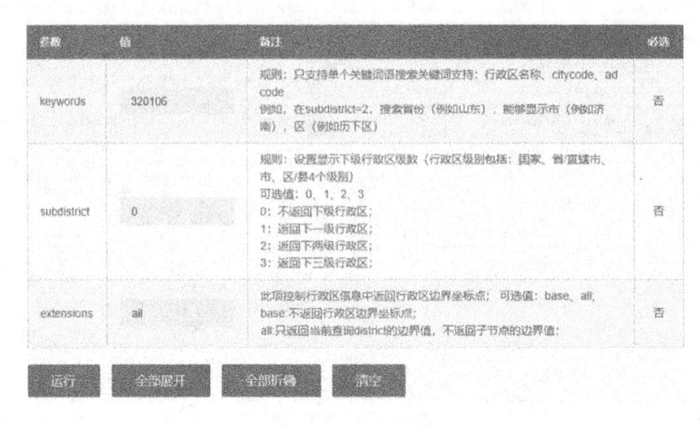

| 参数 | 值 | 备注 | 必选 |
| --- | --- | --- | --- |
| keywords | 320106 | 规则：只支持单个关键词语搜索关键词支持：行政区名称、citycode、adcode<br>例如，在subdistrict=2，搜索省份（例如山东），能够显示市（例如济南），区（例如历下区） | 否 |
| subdistrict | 0 | 规则：设置显示下级行政区级数（行政区级别包括：国家、省/直辖市、市、区/县4个级别）<br>可选值：0、1、2、3<br>0：不返回下级行政区；<br>1：返回下一级行政区；<br>2：返回下两级行政区；<br>3：返回下三级行政区； | 否 |
| extensions | all | 此项控制行政区信息中返回行政区边界坐标点；可选值：base、all;<br>base:不返回行政区边界坐标点；<br>all:只返回当前查询district的边界值，不返回子节点的边界值； | 否 |

运行　全部展开　全部折叠　清空

图 4-4 "行政区域查询 API"功能示意

```
"citycode" :"025",
"adcode" :"320106",
"name" :"鼓楼区",
"polyline" :"118.738830,32.039663;118.738815,32.039663;118.734328,32.039660;118.734054,
32.036431;118.733585,32.028941;……118.747489,32.038707;118.738830,32.039663",
"center" :"118.770182,32.066601",
"level" :"district",
"districts" :[ ]
```

代码 4-1 部分"行政区域查询 API"返回的 JSON 数据

然后，将鼓楼区划分为 4 个子区域，即鼓楼区边界(polyline)平分为四份作为子区域的外边界 subPolyline1、subPolyline2、subPolyline3 和 subPolyline4，以中心点(center)→subPolyline→中心点(center)围成的封闭曲线为子区域的边界。

最后，分别以子区域 1、子区域 2、子区域 3、子区域 4 的边界坐标对作为 polygon 参数，完成鼓楼区小学类别 POI 数据的查询。

| 参数 | 值 | 备注 | 必选 |
| --- | --- | --- | --- |
| polygon | 118.738830,32.0396 | 经纬度坐标对，矩形时可传入左上右下两顶点坐标对；其他情况首尾坐标对需相同。 | 是 |
| keywords |  | 查询关键词 | 否 |
| types | 141203 | 查询POI类型 | 否 |
| offset | 20 | 每页记录数据 | 否 |
| page | 1 | 当前页数 | 否 |
| extensions | all | 返回结果控制 | 否 |

运行　全部展开　全部折叠　清空

图 4-5 "多边形搜索"功能示意

**➢步骤 3：解析“多边形搜索 API”请求 URL**

如图 4-5 所示的鼓楼区子区域 1 小学 POI 查询实际上构造了如下的 URL：

http://restapi.amap.com/v3/place/polygon? key=36259c5d9e013a3c3715596c4a0f47a9&polygon=118.738830,32.039663|118.738815,32.039663|118.734328,32.039660|118.734054,32.036431|118.733585,32.028941|118.730011,32.029488|118.726670,32.030138|118.724678,32.030660|118.720245,32.032356|118.723228,32.037137|118.723820,32.037894|118.724221,32.038292|118.724708,32.038608|118.727412,32.039684|118.726172,32.040187|118.723354,32.041169|118.719543,32.042734|118.720746,32.044990|118.721485,32.046545|118.723448,32.049702|118.725011,32.052398|118.725468,32.053553|118.726357,32.055767|118.726998,32.057686|118.727896,32.061189|118.738830,32.039663&keywords=&types=141203&offset=20&page=1&extensions=all

如果将 polygon、types 以及 page 参数的值替换，构造出新的 URL 并将 URL 在浏览器中打开，则可以查看到不同区域、不同类别的 POI 信息。与“关键字搜索 API”类似，通过“多边形上搜索”方式采集 POI 数据的关键是以 POI 类别编码、区域边界坐标、页码为参数变量构造不同的 URL。

**➢步骤 4：分析“多边形搜索 API”的适用情况**

“多边形搜索”方式能够通过将研究区域分割为 n 个子区域、调用 n 次 API 的方式，使得返回数据小于 1 000 条，避免了数据遗漏以及错误的情况发生，因而适用于数量较多的 POI 类别，如餐厅、中小学、居住小区等类别。

### 4.2.3 “搜索 API”返回数据

不论是“关键字搜索”方式还是“多边形搜索”方式，返回结果(JSON 格式)均主要包括：请求状态为成功("status":"1"、"info":"OK")以及 20 个 POI 详细的属性信息和空间位置(图 4-6)。图 4-6 还显示了第 0 个 POI(金陵汇文学校)的经纬度和主要属性信息：ID("id":" B00190AKHH")、名称("name":"金陵汇文学校")、类型("typecode":"141203")、位置("location":"118.727699, 32.041738")。

我们能够通过直接访问 JSON 的键值得到 POI 的属性信息、空间坐标(表 4-2)。

**表 4-2　从 JSON 数据中获取 POI 重要属性信息与空间坐标(以第 0 个 POI 为例)**

| 数据 | 在 JSON 中的位置 | 值 |
|---|---|---|
| IDB00 | jsonData['pois'][0]['id'] | B00190AKHH |
| 名称 | jsonData['pois'][0]['name'] | 金陵汇文学校 |
| 类别编码 | jsonData['pois'][0]['typecode'] | 141203 |
| 位置 | jsonData['pois'][0]['location'] | 118.727699,32.041738 |
| 地址 | jsonData['pois'][0]['address'] | 清江路 19 号 |

注：此处以“jsonData”表示返回的 JSON 数据，“data['a']”表示 JSON 数据下一层级'a'键对应的值。

明确 POI 的关键信息存储位置后，我们便可以应用 Python 的 json 模块，访问“搜索

API”返回的 JSON 数据，将关键信息解码为 Python 的字典类型（dict）、列表类型（list）、字符串类型（string），最终得到我们需要的 POI 信息。


```
{
    "status" : "1",
    "count" : "65",
    "info" : "OK",
    "infocode" : "10000",
  ⊞ "suggestion" : { ... },
  ⊞ "pois" : [ ... ]
}

⊟ "pois" : [
    ⊞ "0" : { ... },
    ⊞ "1" : { ... },
    ⊞ "2" : { ... },
    ⊞ "3" : { ... },
    ⊞ "4" : { ... },
    ⊞ "5" : { ... },
    ⊞ "6" : { ... },
    ⊞ "7" : { ... },
    ⊞ "8" : { ... },
    ⊞ "9" : { ... },
    ⊞ "10" : { ... },
    ⊞ "11" : { ... },
    ⊞ "12" : { ... },
    ⊞ "13" : { ... },
    ⊞ "14" : { ... },
    ⊞ "15" : { ... },
    ⊞ "16" : { ... },
    ⊞ "17" : { ... },
    ⊞ "18" : { ... },
    ⊞ "19" : { ... }
]

⊟ "0" : {
    "id" : "B00190AKHH",
    "name" : "金陵汇文学校",
    "tag" : [ ],
    "type" : "科教文化服务;学校;小学",
    "typecode" : "141203",
    "biz_type" : [ ],
    "address" : "清江路19号",
    "location" : "118.727699,32.041738",
    "tel" : "025-86379907",
    "postcode" : "210036",
    "website" : [ ],
    "email" : [ ],
    "pcode" : "320000",
    "pname" : "江苏省",
    "citycode" : "025",
    "cityname" : "南京市",
    "adcode" : "320106",
    "adname" : "鼓楼区",
    "importance" : [ ],
    "shopid" : [ ],
    "shopinfo" : "0",
    "poiweight" : [ ],
    "gridcode" : "4818055800",
    "distance" : [ ],
    "navi_poiid" : "I50F048038_137655",
    "entr_location" : "118.730284,32.040731'
    "business_area" : "江东",
    "exit_location" : [ ],
    "match" : "0",
    "recommend" : "0",
    "timestamp" : [ ],
    "alias" : [ ],
    "indoor_map" : "0",
  ⊞ "indoor_data" : { ... },
    "groupbuy_num" : "0",
    "discount_num" : "0",
  ⊞ "biz_ext" : { ... },
    "event" : [ ],
  ⊞ "children" : [ ... ],
  ⊞ "photos" : [ ... ]
},
```


图 4-6 “搜索 API”返回的 JSON 数据

# 4.3　POI 数据的批量采集

在以获取鼓楼区小学 POI 为例，分析了“关键字搜索 API”和“多边形搜索 API”的使用思路，并以 API 返回的第 0 个 POI（金陵汇文小学）为例，分析了从返回数据中获取关键信息的思路后，我们需要将上述的思路转化为具体的 Python 代码，进而程序实现批量采集。接下来，我们以采集南京市主城区餐饮服务、购物服务、生活服务、体育休闲服务、医疗保健服务、商务住宅、科教文化服务、风景名胜、交通设施服务、金融保险服务等类别的 POI 数据为例，介绍批量采集 POI 的技术方法。

## 4.3.1　POI 的类别与编码确定

按照 4.1 介绍的方法，我们可从 POI 分类编码表（amap_poicode. xlsx）中获知各类别 POI 对应的编码，具体的编码见表 4-3：

**表 4-3　批量采集的 POI 类型及对应编码**

| POI 大类 | POI 小类 | 编码 | POI 大类 | POI 小类 | 编码 |
| --- | --- | --- | --- | --- | --- |
| 餐饮服务 | 中餐厅 | 050100 | 购物服务 | 商场 | 060100 |
| | 外国餐厅 | 050200 | | 便民商店/便利店 | 060200 |
| | 快餐厅 | 050300 | | 家电电子卖场 | 060300 |
| | 休闲餐饮场所 | 050400 | | 超级市场 | 060400 |
| | 咖啡厅 | 050500 | | 花鸟鱼虫市场 | 060500 |
| | 茶艺馆 | 050600 | | 家居建材市场 | 060600 |
| | 冷饮店 | 050700 | | 综合市场 | 060700 |
| | 糕饼店 | 050800 | | 文化用品店 | 060800 |
| | 甜品店 | 050900 | | 特色商业街 | 061000 |
| 生活服务 | 电讯营业厅 | 070600 | | 服装鞋帽皮具店 | 061100 |
| | 自来水营业厅 | 070900 | | 专卖店 | 061200 |
| | 电力营业厅 | 071000 | 体育休闲服务 | 运动场馆 | 080100 |
| | 美容美发店 | 071100 | | 高尔夫相关 | 080200 |
| | 维修站点 | 071200 | | 娱乐场所 | 080300 |
| | 洗浴推拿场所 | 071400 | | 休闲场所 | 080500 |
| | 洗衣店 | 071500 | | 影剧院 | 080600 |
| | 婴儿服务场所 | 072000 | 金融保险服务 | 银行 | 160100 |
| 科教文化服务 | 小学 | 141203 | 交通设施服务 | 公交车站 | 150700 |
| | 幼儿园 | 141204 | | 地铁站 | 150500 |
| | 美术馆 | 140400 | 风景名胜 | 公园广场 | 110100 |
| | 图书馆 | 140500 | | 风景名胜 | 110200 |
| | 科技馆 | 140600 | 医疗保健服务 | 综合医院 | 090100 |
| | 天文馆 | 140700 | | 专科医院 | 090200 |
| | 文化宫 | 140800 | | 诊所 | 090300 |
| | 博物馆 | 140100 | | 药房 | 090601 |
| | 展览馆 | 140200 | | 急救中心 | 090400 |
| 商务住宅 | 住宅区 | 120302 | | | |

将 POI 的编码写入到文本文件“poitype. txt”中，每个编码为一条记录(行)(图 4-7)。

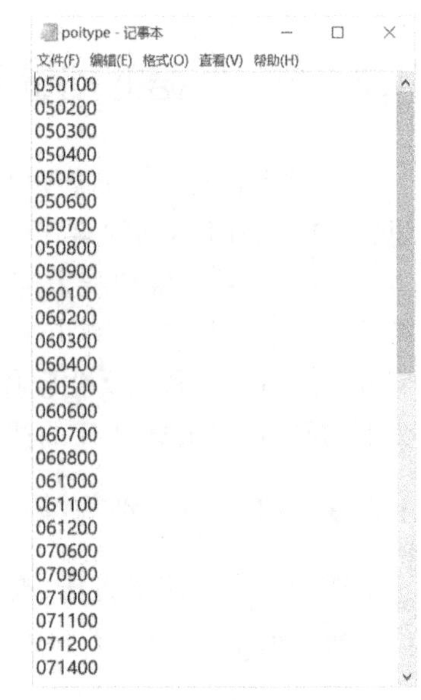

图 4-7　POI 的编码写入文本文件

### 4.3.2　程序编写

打开 PyChar，新建一个空白的 Python 文件“basics. py”。为避免重复定义类和方法，我们将经常用到的函数与类放在“basics. py”中。后续章节中新定义的公用函数与类将都将写在该文件中，我们可以通过“import basics”语句导入 basics. py 中定义的函数与类。同时，新建 Python 文件“chapter4. py”，本章的其他代码将写在该文件中。

**➢步骤 1：定义 POI 类**

POI（PointWithAttr）对象表示一个 POI，PointWithAttr 的构造函数所需参数为 POI 的 ID(id)、经度(lon)、纬度(lat)、类型(type)和名称(name)(代码 4-2)。在后续章节中用到的出发点、目的地、采样点等均是一个“点”，可以用 PointWithAttr 对象表示，因此将 POI 类的定义存储在“basics. py”文件中。

```
class PointWithAttr(object):
    def__init__(self, id, lon, lat,type,name):
        self.id = id
        self.lon = lon
        self.lat = lat
        self.type = type
        self.name = name
```

**代码 4-2　定义 POI 类(详见“basics. py”)**

**➢步骤 2：定义通过关键字搜索方式采集 POI 的函数**

定义函数 getPOIKeywords(poitype，citycode)，函数参数为 POI 类别对应的编码 poitype，行政区域编码 citycode。函数将遍历返回结果第 1 页到 45 页所有的 POI，再以密钥变量 ak、POI 类型变量 poitype、行政区域变量 citycode 以及页码变量 page 构建“关键字搜索 API”的请求 URL。

程序通过 Python 的 urllib2 模块和 JSON 模块，打开请求 URL 并下载 API 返回的 JSON 数据，按照表 4-2 所示的各项信息在返回的 JSON 数据中的位置，提取各项信息并生成 PointWithAttr 对象。函数最终返回 PointWithAttr 对象构成的列表 POIList(代码 4-3)。

```
#关键字搜索,每次最多返回 1 000 个 POI 信息,适合数量较少的 POI 类型
#给出 POI 类型(poitype)和行政区编码(citycode),获取包含所有的 POI 的列表 POIList
def getPOIKeywords(poitype,citycode):
    POIList = []
```

```
    forpage in range(1, 46):
        url = "http://restapi.amap.com/v3/place/text? key="+ ak +\
            "&keywords=&types="+ poitype + "&city="+ citycode + \
            "&children=1&offset=20&page="+ str(page) + "&extensions=all"
        #print url
        json_obj = urllib2.urlopen(url)
        json_data = json.load(json_obj)
        try:
            pois = json_data['pois']
        except Exception as e:
            print "错误",url
            print e
            continue
        if(pois! =[]):#如果第 i 页不为空
            for j in range(0, len(pois)):
                poi_j = pois[j]
                id = poi_j['id']
                lon = float(poi_j['location'].split(',')[0])
                lat = float(str(poi_j['location']).split(',')[1])
                name = poi_j['name']
                poi=basics.PointWithAttr(id,lon,lat,poitype,name)#将 type 加入
                POIList.append(poi)
return POIList
```

**代码 4-3　定义函数 getPOIKeywords(poitype,citycode)(详见"chapter4.py")**

### ➢步骤 3：定义通过多边形搜索方式采集 POI 的函数

定义函数 getPOIPolygon(poitype,citycode,num),函数参数为 POI 类型对应的编码 poitype、行政区域编码 citycode 以及要将行政区域划分成子区域的份数 num。函数执行的逻辑如 4.2.2 中的相关介绍。

首先,调用"行政区域查询 API"获取 citycode 的边界坐标对列表 pointscoords 以及中心点 center(详细的"行政区域查询 API"使用方法见第 6 章)。

然后,将 pointscoors 划分为 num 份,子区域的边界坐标对列表为 newboundry。

其次,用边界变量 newboundry、POI 类型变量 poitype、页码变量 page 和密钥变量 ak 构建多边形搜索 API 的请求 URL。

最后,和 getPOIKeywords(poitype,citycode)类似,遍历多边形搜索 API 提供的第 1 页到 45 页结果,生成 PointWithAttr 对象表示结果页中的 POI。函数最终返回所有 PointWithAttr 对象构成的列表 POIList(代码 4-4)。

```
#范围搜索,将行政区划分为 num 个子区域,用以无遗漏采集 POI
def getPOIPolygon(poitype,citycode,num):
    POIList = []
    #获取 citycode 对应的行政边界
```

```
districtBoundryUrl = "http://restapi.amap.com/v3/config/district? key="\
                    + ak + "&keywords="+ citycode + \
                    "&subdistrict=0&extensions=all"
json_obj = urllib2.urlopen(districtBoundryUrl)
json_data = json.load(json_obj)
districts = json_data['districts']
polyline = districts[0]['polyline']
center = districts[0]['center']
pointscoords = polyline.split(';')
newlinelength = len(pointscoords)/num #步长
#将行政区域划分为 num 个子区域,获得每个子区域的 poi
boundryMarks =[]#标记行政区域的划分点
for i in range(0,len(pointscoords),newlinelength):
    boundryMarks.append(i)
boundryMarks.append(len(pointscoords) - 1)
#print boundryMarks
for i in range(0,len(boundryMarks) - 1):
    firstMark = boundryMarks[i]
    lastMark = boundryMarks[i+1]
    newboundry = [center]
    for j in range(firstMark,lastMark+1):
        newboundry.append(pointscoords[j])
    newboundry.append(center)
    #newboundryStr 是多边形的边界
    newboundryStr = "|".join(newboundry)
    for page in range(1, 46):
        url = "http://restapi.amap.com/v3/place/polygon? key="+ ak + \
              "&polygon="+ newboundryStr + "&keywords=&types="+poitype \
              + "&offset=20&page="+ str(page) + "&extensions=all"
        json_obj = urllib2.urlopen(url)
        json_data = json.load(json_obj)
        try:
            pois = json_data['pois']
        except Exception as e:
            print "错误",url
            print e
            continue
        if(pois != []):  # 如果第 i 页不为空
            for j in range(0, len(pois)):
                poi_j = pois[j]
                id = poi_j['id']
                lon = float(poi_j['location'].split(',')[0])
                lat = float(str(poi_j['location']).split(',')[1])
```

```
                name = poi_j['name']
                poi = basics.PointWithAttr(id, lon, lat, poitype,name)
                POIList.append(poi)
    return POIList
```

**代码 4-4　定义函数 getPOIPolygon(poitype,citycode,num)(详见"chapter4.py")**

**➢步骤 4：定义将 POI 信息写入文本文件的函数**

步骤2、步骤3中定义的 POI 采集函数仅是将 POI 信息保存在列表变量 POIList 中，因而需要定义新的函数 writePOIs2File(POIList,outputfile)，把 POIList 中保存的信息写入到文本文件中，方便之后的分析。函数先遍历 POIList，将其写到给定的文件 outputfile 中，每个 POI 为一条记录，每条记录依次为该 POI 的 ID(id)、名称(name)、类型(type)、经度(lon)、纬度(lat)属性信息，各属性信息以分号";"分割(代码 4-5)。最终写入文本文件的数据格式如图 4-8 所示。

```
B001905PXO;金鹰国际广场;110100;118.780281;32.04124
B00190B3YG;白鹭洲公园;110100;118.795117;32.017845
B00190001E;郑和公园;110100;118.79444;32.031456
B00190ACB0;汉中门广场;110100;118.767398;32.041662
B00190BBYS;武定门公园;110100;118.795149;32.010417
B00190B58H;东水关遗址公园;110100;118.799092;32.022511
B0019067SV;午朝门公园;110100;118.817598;32.038177
B00190B9YC;仙鹤桥广场;110100;118.775974;32.025213
B00190B53F;建邺路滨河游园;110100;118.783148;32.02974
B00190B74U;南京七桥瓮生态湿地公园;110100;118.835703;32.007406
B00190CWOT;东水关滨河小游园;110100;118.799469;32.020077
B00190BTDL;雅居乐公园;110100;118.798191;32.010584
B0FFFYWJTE;太白遗址公园;110100;118.792387;32.020422
B001907GCJ;南京市社区特色文化广场;110100;118.793746;31.997908
B001911LP4;东风河游园;110100;118.799849;31.999296
B00190BVXY;东干长巷公园;110100;118.787134;32.010246
B0FFFEZ9GM;光华游园;110100;118.817241;32.02011
B00190BSO1;双桥门公园;110100;118.794334;32.006852
B001911L8U;王府东苑文化广场;110100;118.787991;32.024688
B0FFGIL9DV;集庆门游园;110100;118.76895;32.019314
B00190B6AA;科普广场;110100;118.830422;32.029673
B0FFGG4JKP;开品六朝-夫子庙西广场;110100;118.786285;32.018082
B001911M97;朝天宫广场;110100;118.774044;32.032887
B0FFFZS53M;水西门广场;110100;118.769112;32.029585
B0FFGYYD6X;东水关遗址市民广场;110100;118.796867;32.022644
B0FFHM7FQ5;江南贡院-亲水平台;110100;118.790603;32.020223
B0FFHG8IXZ;科普广场;110100;118.797485;32.036579
B0FFFX8XQS;朝天宫-西侧广场;110100;118.774427;32.034984
B0FFIMZNJ1;东瓜匙路;110100;118.799606;31.993227
B0FFIPNKV4;石榴园;110100;118.83671;32.03505
B0FFH1KS41;赏心亭-水西门广场西区;110100;118.76923;32.0296
B0FFH1AUZR;南京市社区特色文化广场;110100;118.790799;32.037807
B001911LP0;南京市市民广场;110100;118.792823;32.020154
```

**图 4-8　文本文件数据保存格式**

```
#将 poi 写入 txt 文件 ok
def writePOIs2File(POIList,outputfile):
    f = open(outputfile,'a')
    for i in range(0,len(POIList)):
        f.write(POIList[i].id + ";"+ POIList[i].name + ";"+ POIList[i].type \
```

```
            + ";"+ str(POIList[i].lon) + ";"+ str(POIList[i].lat) + "\n")
    f.close()
```

代码 4-5　定义函数 writePOIs2File(POIList,outputfile)(详见"chapter4. py")

**➢步骤 5:定义将文本文件合并的函数**

步骤 2、步骤 3 定义的 POI 采集函数的功能是采集某个区域、某种类型的 POI,故批量采集需用循环语句多次调用采集函数,以便得到研究区域所需要的所有类别的 POI。程序执行时 POIList 将被返回多次,如果每次 POIList 写入一个文本文件则生成多个文本文件,因此需要再定义一个新的函数 mergetxt(outputdirectory,finalfile)将所有的文本文件合并成一个最终的文本文件,合并后的文本文件储存有研究区域所需要的所有类别 POI 信息。

函数功能是将文件夹 outputdirectory 下的所有文本文件合并,全部存储到新文件 finalfile 中(代码 4-6)。

```
#合并文件夹 outputdirectory 下的所有文本文件到 finalfile
def mergetxt(outputdirectory,finalfile):
    f = open(finalfile,'w')
    f.close()
    f = open(finalfile,'a')
    for filename in os.listdir(outputdirectory):
        file_path = os.path.join(outputdirectory, filename)
        file1 = open(file_path, 'r')
        context = file.read()
        file1.close()
        f.write(context)
    f.close()
```

代码 4-6　定义函数 mergetxt(outputdirectory,finalfile)(详见"basics. py")

后续章节中也会遇到需要合并文件夹下所有文本文件的情况,因此将 mergetxt(outputdirectory,finalfile)写到"basics. py"。

### 4.3.3 程序运行

(1) 程序执行逻辑

运行的逻辑如下:

首先,指定采集数据保存位置 output_directory 和申请的密钥 ak,使用 foreach 语句从 poitype. txt 依次读取需要采集的 POI 类型,当前采集的类型是 poitype。

然后,同样使用 foreach 语句依次采集各个行政区域 poitype 类型的 POI,当前的行政区域是 citycode,即双重循环完成各个行政区域各类别 POI。采集 citycode 的 poitype 类型时,先采用关键字搜索方式,如果采集 POI 数量小于 900,表明数据未遗漏,将采集到的 POI 信息写入 POI 类型、行政区域命名的文本文件中(如: 050200_320111_keywords. txt,文件名表示该文件为浦口区的外国餐厅数据,keywords 表示用关键字搜索方式采集)。否则,表明数据存在遗漏,需要采用多边形搜索方式采集,将重新使用多边形搜索方式采集到的 POI

信息写入 POI 类型、行政区域命名的文本文件中(如：060300_320115_polygon.txt，文件名表示该文件为江宁区家电电子卖场数据，polygon 表明用多边形搜索方式采集)。

最后，调用“basic.py”模块的 mergetxt(outputdirectory，finalfile)函数，将所有 POI 数据合并汇总到一个文本文件 final.txt(代码 4-7)。

```
# -*- coding:utf-8 -*-
import json
import urllib2
import sys
import os
import basics
reload(sys)
sys.setdefaultencoding('utf8')
if__name__ == '__main__':
    #密钥 ak
    ak="36259c5d9e013a3c3715596c4a0f47a9"
    #将采集的 POI 数据保存在 output_directory 文件夹里
    output_directory="C:\\Users\\yfqin\\Desktop\\test\\"
    if not os.path.exists(output_directory+"poi\\"):
        os.mkdir(output_directory+"poi\\")
    try:
        typefile=open(output_directory+"poitype.txt",'r')
    except Exception ase:
        print "错误提示：请将 poitype.txt 复制到"+output_directory+"下"
    poitypeList=typefile.readlines()
    for poitype in poitypeList:
        poitype=poitype.split('\n')[0]
        #行政区域编码 citycodes
        citycodes = {'玄武区':'320102','秦淮区':'320104','建邺区':'320105',\
                     '鼓楼区':'320106','浦口区':'320111','栖霞区':'320113',\
                     '雨花台区':'320114','江宁区':'320115'}
    #citycodes={'昆山市':'320583'}
    for citycode in citycodes.values():
            # 调用关键字搜索的 getPOIKeywords 函数，获取 POI 数量较少的类别
            POIList=getPOIKeywords(poitype,citycode)
            # 关键字搜索返回 POI 数量大于 900 个，则调用多边形搜索的
            # getPOIPolygon 函数，获取 POI 数量较多的类别
            if(len(POIList)>= 900):
                POIList = []
                POIList = getPOIPolygon(poitype,citycode,6)
                outputfile1 = output_directory +"poi\\"+poitype + "_"+ citycode \
                              + "_polygon.txt"
                f = open(outputfile1, 'w')
```

```
            f.close()
            print citycode, poitype, len(POIList)
            writePOIs2File(POIList, outputfile1)
        else:
            outputfile = output_directory + "poi\\" + poitype + "_" + citycode \
                         + "_keywords.txt"
            f = open(outputfile, 'w')
            f.close()
            print citycode,poitype,len(POIList)
            writePOIs2File(POIList,outputfile)
#合并 poitype 类型的文本文件
basics.mergetxt(output_directory + "poi\\",output_directory + "final.txt")
```

**代码 4-7　主程序代码(详见“chapter4.py”)**

(2) 执行程序

完整的代码见 chapter4.py 文件。程序执行(Shift + F10)前需要更改数据保存位置变量 output_directory,并将采集类型文件 poitype.txt 复制到该文件夹下。如需采集其他区域或其他类型的 POI,则行政区域字典变量 citycodes 中包含的行政区编码以及 poitype.txt 中包含的 POI 类别编码需要修改。

程序执行的过程中会在控制台打印各行政区域的各类别 POI 数量(图 4-9)。

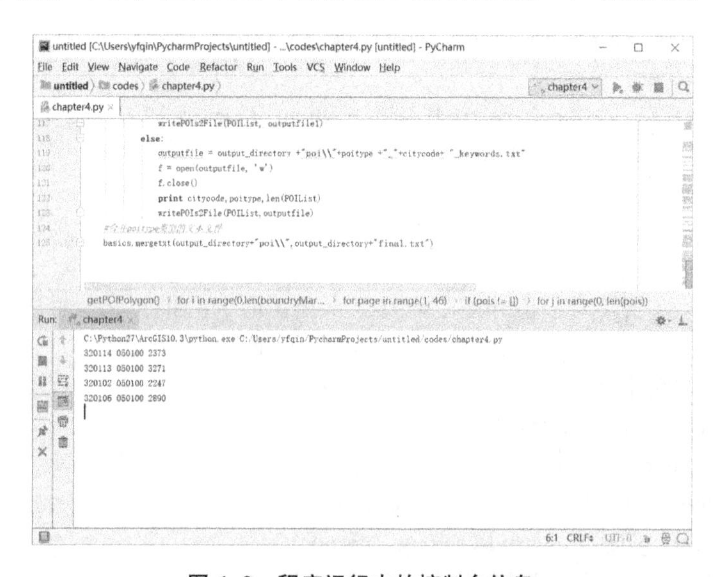


**图 4-9　程序运行中的控制台信息**

需要特别注意的是,由于 Python2.7 对中文字符的编码支持不好,为避免出错,数据保存位置最好采用英文。

### 4.3.4　数据结果

最终我们共采集了南京市 8 个行政区域 53 个小类的 117 933 个 POI,其中居住小区有

4 670 个(表 4-4)。

**表 4-4　数据采集结果**

| POI 所属大类 | 数量 | POI 所属大类 | 数量 |
| --- | --- | --- | --- |
| 餐饮服务 | 28 487 | 购物服务 | 47 147 |
| 生活服务 | 16 329 | 体育休闲服务 | 6 511 |
| 金融保险服务 | 1 287 | 科教文化服务 | 2 225 |
| 交通设施服务 | 4 864 | 医疗保健服务 | 3 836 |
| 商务住宅 | 4 670 | 风景名胜 | 2 484 |

接下来，需要将采集的 POI 数据转为 Shapefile 文件，以便数据在 ArcGIS 中打开和分析：

首先，打开 ArcMap，在工具栏中点击✚添加最终的文本文件 final. txt。

然后，在内容列表中右键点击 final. txt 图层文件，选择“Display XY Data”，弹出“Display XY Data”对话框(图 4-10)。在该对话框中指定经度 X 字段为 Field4，指定 Y 字段为 Field 5，点击“输入坐标的坐标系”右下角的“编辑”按钮来指定数据的坐标系统为 GCS WGS 1984。点击“确定”按钮，将 final. txt 文件转换为 Shapefile 格式的点文件，在 ArcMap 的视图区域出现了点数据，内容列表中也出现了临时文件“final. txt Events”。

最后，鼠标右击该临时文件“final. txt Events”图层，使用“Data”—“Export Data ...”功能，将生成的所有要素导出为名称为“allPOIs. shp”数据文件(图 4-11)，该文件中包括研究区所有采集到的 POI 点数据。

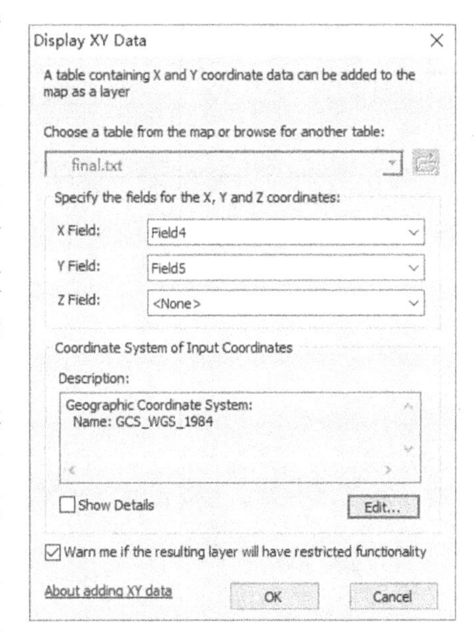


**图 4-10　“Display XY Data”对话框**

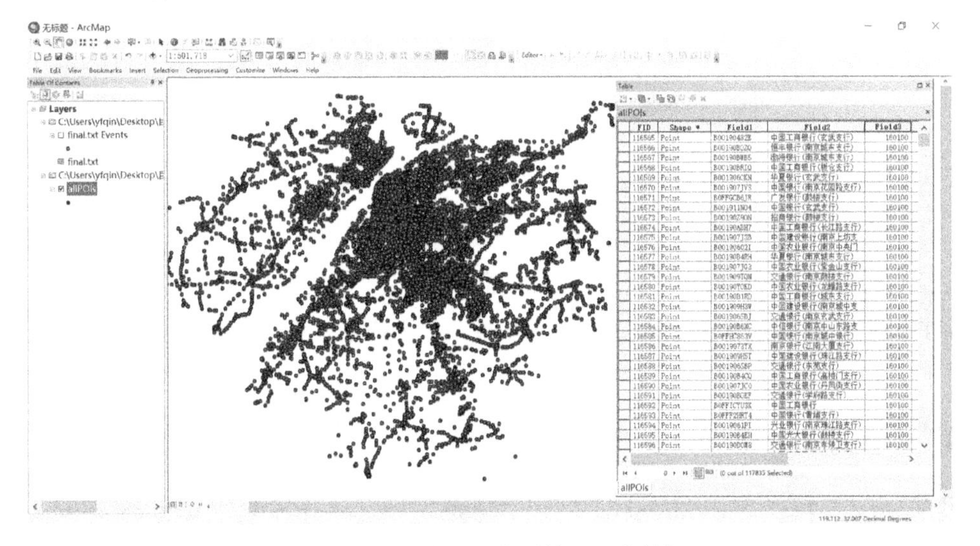


**图 4-11　研究区采集到的 POI 点数据**

## 4.4 企业类型数据采集与分析

本节的介绍主要是基于企业类型 POI 数据进行南京市主城区产业类型识别。

### 4.4.1 POI 类别与编码确定

按照 4.1 介绍的方法，打开 POI 分类编码表“amap_poicode. xlsx”，可知企业类型数据对应的 POI 类别与编码(表 4-5)。

表 4-5 企业数据对应 POI 类型与编码

| POI 大类 | POI 中类 | POI 小类 | 编码 |
| --- | --- | --- | --- |
| 公司企业 | 公司企业 | 公司企业 | 170000 |
| | 知名企业 | 知名企业 | 170100 |
| | 公司 | 公司 | 170200 |
| | | 广告装饰 | 170201 |
| | | 建筑公司 | 170202 |
| | | 医药公司 | 170203 |
| | | 机械电子 | 170204 |
| | | 冶金化工 | 170205 |
| | | 网络科技 | 170206 |
| | | 商业贸易 | 170207 |
| | | 电信公司 | 170208 |
| | | 矿产公司 | 170209 |
| | 工厂 | 工厂 | 170300 |
| | 农林牧渔基地 | 其他农林牧渔基地 | 170400 |
| | | 渔场 | 170401 |
| | | 农场 | 170402 |
| | | 林场 | 170403 |
| | | 牧场 | 170404 |
| | | 家禽养殖基地 | 170405 |
| | | 蔬菜基地 | 170406 |
| | | 水果基地 | 170407 |
| | | 花卉苗圃基地 | 170408 |

将 POI 的编码写入“poitype. txt”文本文件，每个编码为一条记录，用于之后的批量采集(图 4-12)。

### 4.4.2 数据采集与存储

用 PyCharm 打开“chapter4. py”文件，更改数据保存位置变量 output_directory，将记录有“170000”“170100”等编码的 poitype. txt 复制到该文件夹下，行政区域字典变量

citycodes 更改为“citycodes = {'玄武区':'320102','秦淮区':'320104','建邺区':'320105','鼓楼区':'320106','浦口区':'320111','栖霞区':'320113','雨花台区':'320114','江宁区':'320115'}”。

修改完参数后，点击“运行”按钮(Shift + F10)，开始采集南京市主城区工业企业相关 POI。程序的运行过程中，控制台会打印各行政区域各类企业数量的信息(图 4-13)。

最终的采集文件保存为 output_directory 文件夹下“final.txt”(图 4-14)。

最后，按照 4.3.3 介绍的方法在 ArcGIS 中打开“final.txt”并将其导出为“企业类型.shp”数据文件(图 4-15)。

图 4-12　POI 编码写入文本文件

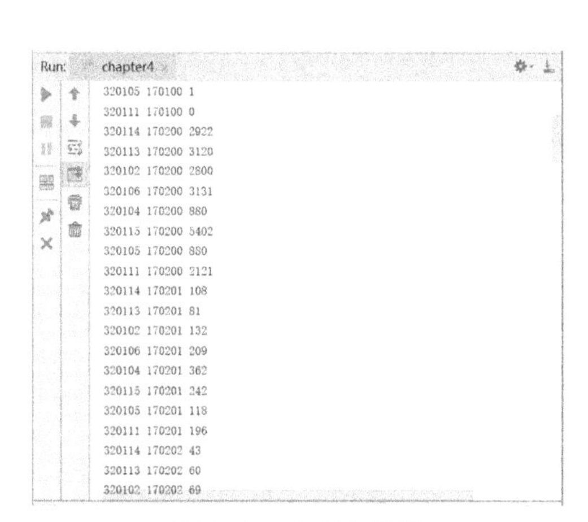


图 4-13　控制台信息

图 4-14　工业企业数据保存在“final.txt”

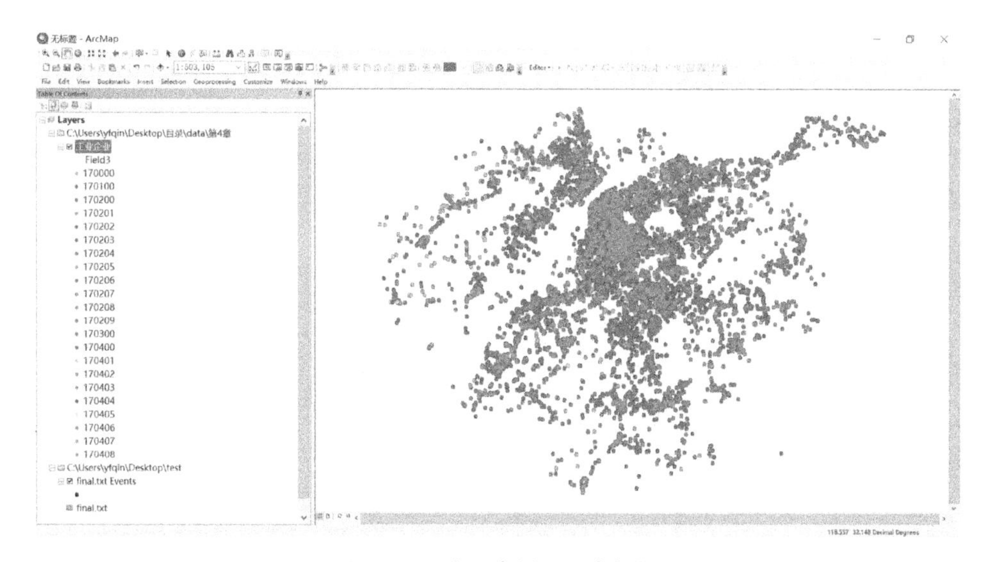

图 4-15　企业类型 POI 点数据

### 4.4.3 南京市主城区产业类型识别

产业是社会分工和生产力不断发展的产物，是具有某种同类属性的企业经济活动的集合，通过 ArcGIS 对工业企业 POI 数据的分析可以了解该地区拥有的产业类型，以及不同产业类型的空间分布情况，从而对产业的布局和规划进行合理的引导和发展。

因此，本文选择以南京的鼓楼区为例，根据当时采集到的工业企业的 POI 数据，通过莫兰指数(Moran's I)进行全局空间自相关分析，识别各产业点在空间上是否集聚，利用核密度估计法分析不同产业点分布的空间特征来识别研究区域的产业空间的分布模式和特点，为之后的规划和政策提供借鉴和参考。

**➢步骤 1：整理数据**

鼓楼区位于南京市主城中部，面积 54.18 km$^2$，东以中央路、中山路为界，与玄武区为邻；南以汉中路、汉中门大街为界，分别与秦淮区、建邺区接壤；西至长江及长江夹江，分别与浦口区、建邺区的江心洲隔水相望；东北与栖霞区相连，是南京市的中心城区，国家重要的科技创新中心和航运物流服务中心，国家东部地区的国际商务、金融、经济中心，华东地区高端产业和总部企业集聚区，南京经济、文化、教育的中心。

由于所采集的数据可能包含研究范围之外或其他非研究对象的数据，所以在分析之前需要对数据进行整理，依据研究区域和对象提取所需信息。

首先将所采集到的企业点“企业类型.shp”导入 ArcGIS 中，打开属性表，观察属性表结构，点击菜单栏中的“Selection”——“Select By Attributes”跳出对话框，选择“工业企业”图层，根据不同工业企业所表示的代码，在空白栏输入 SQL 语句“("Field3" > 170200 AND "Field3" < 170409)”选择所需数据，点击“Verify”验证语句是否正确，若正确，点击“OK”(图 4-16)。

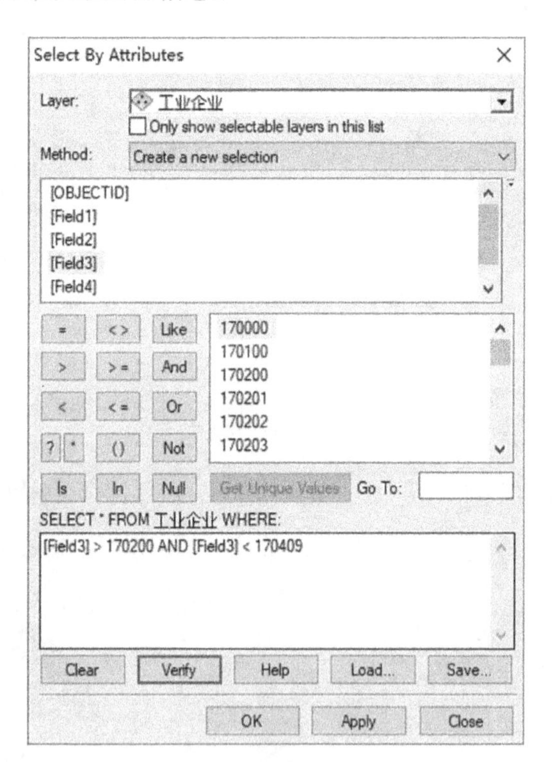


**图 4-16 按属性选择窗口**

即可选中“Field3”中编号为 170201 - 170408 包含不同公司、工厂、农业基地的要素，右键单击“企业类型”跳出快捷菜单，选择导出数据(图 4-17)。

在跳出的对话框中设置属性并导出。然后加载要素“鼓楼区.shp”，通过叠置分析中的相加(Intersect)功能获取鼓楼区公司、工厂以及农业基地，生成要素“intersect_industry”(图 4-18)。

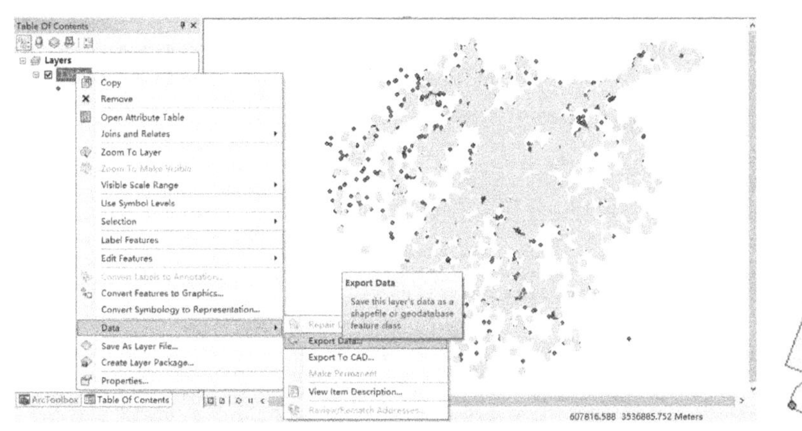


图 4-17　导出数据

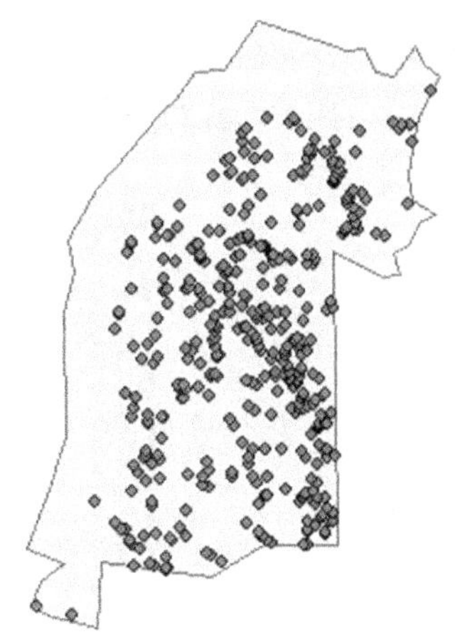

图 4-18　相交结果

说明：ArcGIS“按属性选择”使用的是简单的 SQL 语句：

① SQL 语句查询表达式的一般格式：＜字段名＞＜运算符＞＜值或字符串＞

对于组合查询，使用以下格式：＜字段名＞＜运算符＞＜值或字符串＞＜连接符＞＜字段名＞＜运算符＞＜值或字符串＞ …

② 字符串必须始终用单引号括起，注意区分大小写。

③ %表示其位置可以是任意数量的任何字符，"_"表示其位置仅有一个字符。

④ 在查询个人地理数据库时，使用通配符 * 来表示任意数量的字符，而使用？来表示一个字符。

⑤ 如果在字符串中同时使用通配符和 = 运算符，则此字符将被视为字符串的一部分，而不会将其视为通配符。

⑥ “（＜＞）”表示不等于。

⑦ 可使用 NULL 关键字来选择指定字段为空值的要素和记录，NULL 关键字的前面始终使用 IS 或 IS NOT。

**➢步骤 2：一般统计分析**

在进行空间分析之前，可以通过属性表数据对各种工业企业的数量情况进行简单的统计分析，从而为之后的分析奠定一定的基础，具体操作如下。

打开“intersect _ industry”属性表，选中“Field 3”整个字段，右击在快捷菜单中选择“Summarize”，跳出对话框，在对话框中选择进行统计的字段，勾选“FID_鼓楼区”（也可不钩选），点击 设置保存位置，文件类型“dBASE Table”点击“OK”（图 4-19），会跳出对话框提示“你是否愿意将统计的表添加到地图中”，根据需

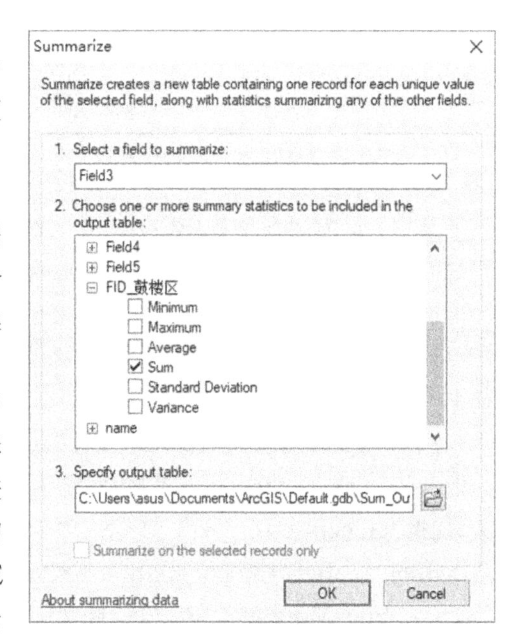


图 4-19　统计对话窗口

要选择。如果选择导入地图中，在“Table Of Contents”上方点击 ，找到表，右击在快捷菜单中选择“Open”，如图 4-20 所示。如果未选择导入地图的，可在保存的文件夹下找到.dbf 文件，用 Excel 打开。

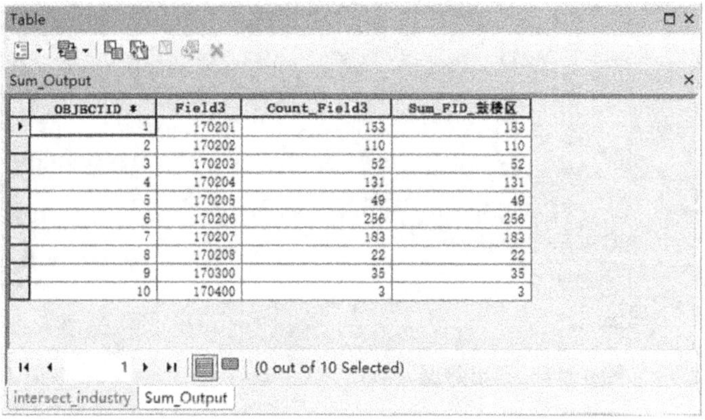

Table

Sum_Output

| OBJECTID * | Field3 | Count_Field3 | Sum_FID_鼓楼区 |
|---|---|---|---|
| 1 | 170201 | 153 | 153 |
| 2 | 170202 | 110 | 110 |
| 3 | 170203 | 52 | 52 |
| 4 | 170204 | 131 | 131 |
| 5 | 170205 | 49 | 49 |
| 6 | 170206 | 256 | 256 |
| 7 | 170207 | 183 | 183 |
| 8 | 170208 | 22 | 22 |
| 9 | 170300 | 35 | 35 |
| 10 | 170400 | 3 | 3 |

1 (0 out of 10 Selected)

intersect_industry | Sum_Output

**图 4-20　统计结果**

从表中可见 170201～170209 之间为代表的公司数量较大，170300 代表的工厂比重很小，170400 所代表的农业基地只有 3 个。而在公司类别中，以“170206”为编码的网络科技公司数量最多，其次是“170207”商业贸易和“170201”广告装饰公司。

**➢步骤 3：基于 Moran's I 指数的产业空间模式分析**

在一般统计分析结果的基础上，我们再利用空间自相关分析来分析各个产业在空间上的分布是否具有集聚性。而用于空间自相关的指数较多，常见的有 Moran's I、Geary's C、Getis、Join count 等系数，它们都是通过比较邻近空间位置观察值的相似程度来测量全局空间自相关的，而本文采用最常用的 Moran's I 指数来分析产业分布的自相关程度，具体计算公式如下：

$$I = \frac{n\sum_{i=1}^{n} w_{ij}(y_i-\bar{y})(y_j-\bar{y})}{\left(\sum_{i=1}^{n}\sum_{j=1}^{n} w_{ij}\right)\sum_{i=1}^{n}(y_i-\bar{y})^2}$$

其中：$n$ 为样本个数；$y_i$ 或$y_j$ 为$i$ 或$j$ 点的属性值，$\bar{y}$ 为所有点的均值；$w_{ij}$ 为衡量空间事物之间关系的权重矩阵，一般为对称矩阵，其中$w_{ij} = 0$ 。

Moran's I 取值范围在 −1 到 1 之间，正值表示具有该控件属性取值分布具有正相关性，负值表示该空间事物的属性取值分布具有负相关性，零值表示空间事物的属性取值不存在空间相关，及空间随机分布。具体操作如下：

点击 ，选择“Spatial Statistics Tool”——“Analyst Patterns”——“Spatial Autocorrelation (Morans I)”，选择输入要素类为“intersect_industry”，输入字段为“Field 3”，勾选“Generate Report”，其他选项保持默认状态，按“OK”键执行(图 4-21)，点击右下角跳出的“Spatial Autocorrelation (Morans I)”窗口，可看到全局自相关的计算结果，双击“Report File:Morans I_Result”，自动调用操作系统的默认浏览器，显示空间自相关报表文件(图 4-22)。

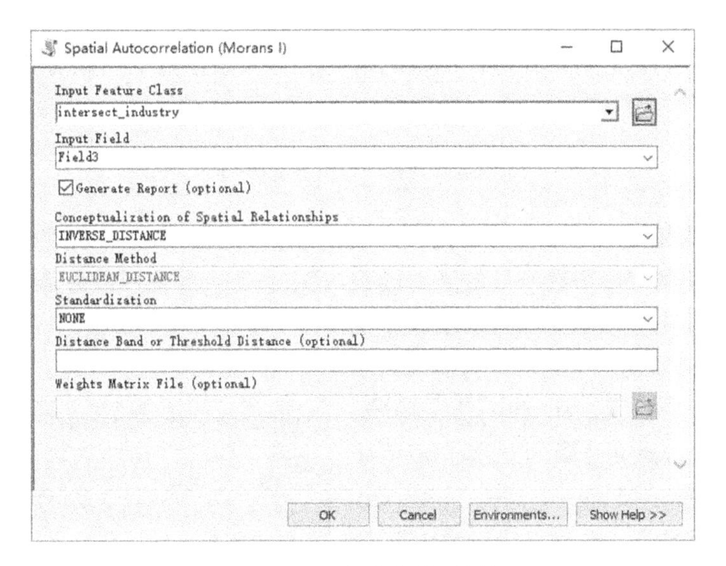


图 4-21　空间自相关对话框

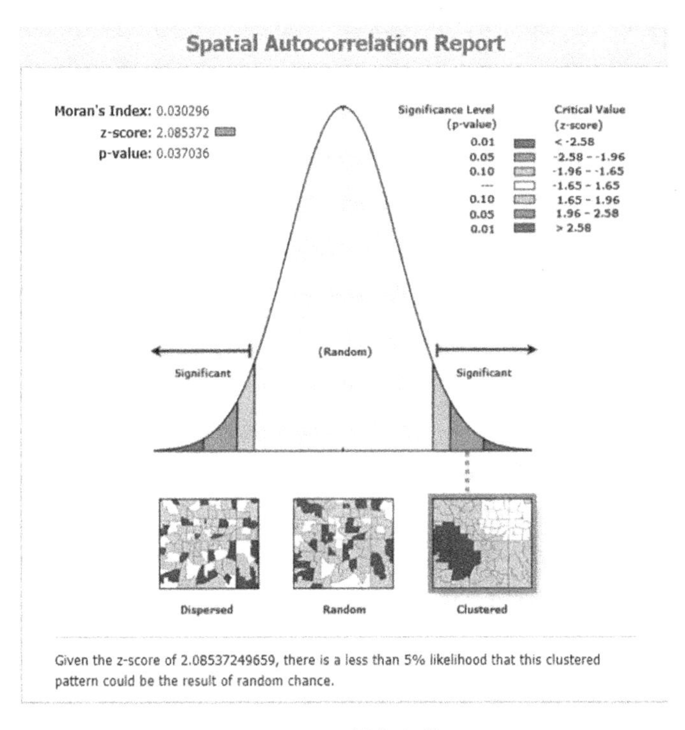


图 4-22　报表文件

由图 4-22 可知，Moran's I 指数>0，z 值为 2.085372，在 3.7%显著水平下通过假设检验，此报表上，聚集模式(Clustered)周围显示处红色，与上方示意图之间有一条连线(虚线)，说明该地区产业的总体分布为空间正相关。

**➢步骤 4：基于 KDE 的产业空间模式分析**

核密度估计(Kernel Density Estimate, KDE)认为地理事件可以发生在空间任何一个位置上，但在不同位置，其发生的概率不一样。点密集的区域事件发生的概率高，点稀疏的地方发生的概率低。因此可以用事件的空间密度分析来表示点的空间分布特征，计算公式如下：

$$f(x)=\frac{1}{n}\sum_{i=1}^{n}K\left(\frac{x-x_i}{h}\right)$$

式中：$K(\ )$为核函数；$h>0$为带宽，$x-x_i$表示估值点到事件$x_i$的距离。核函数$K$的选择通常是一个对称的单峰值在 0 处的光滑函数，其中高斯函数使用最为普遍，因此本文在进行核密度估计时使用高斯函数作为核函数。具体操作步骤如下：

按步骤 1 分别筛选出 170201～170400 的数据输出单独要素“170201. shp”“170202. shp”等，依次类推，点击“ ”，选择“Spatial Analyst Tools”——“Density”——“Kernel Density”，跳出对话框，在输入图层中选择“170201”图层，其他设置不变(图 4-23)，点击“Environments”，选择“Processing Extent”，范围选择与“鼓楼区”一样(图 4-24)。再移动滑动条，下拉找到“Raster Analysis”选择“Mask”(掩模)为“鼓楼区”(图 4-25)，点击“OK”，返回图对话框，再点击“确定”按钮，即可生成“170200”即公司的核密度分布图，叠加上南京市的道路、河流等数据，得到图 4-26，有一主中心在中山路—模范马路一带，多个次中心从北向南依次排开，形成多心成轴的局面。其他企业也可以通过该方法进行分析，得到不同产业的空间布局，如图 4-27 所示。

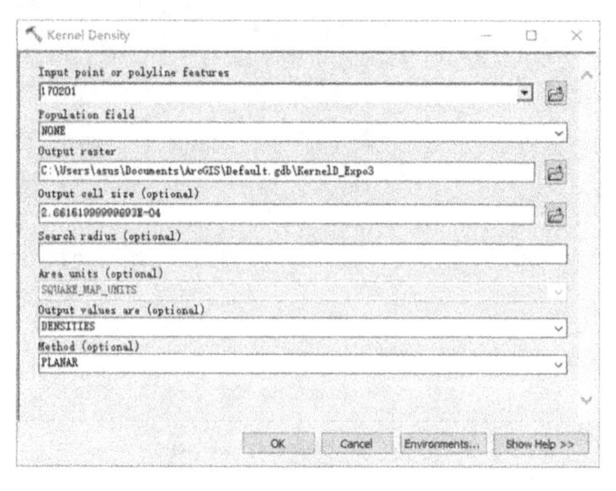


**图 4-23　核密度分析**

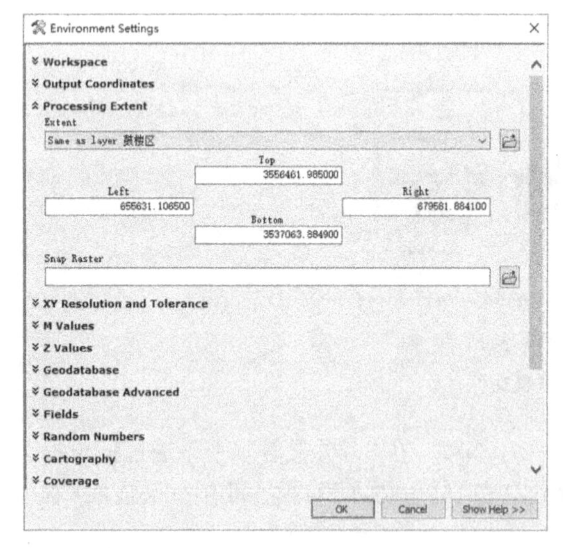


**图 4-24　设置处理范围**

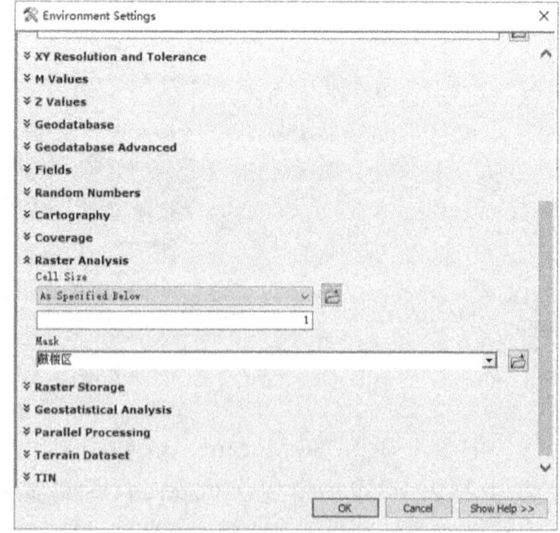


**图 4-25　设置掩模**

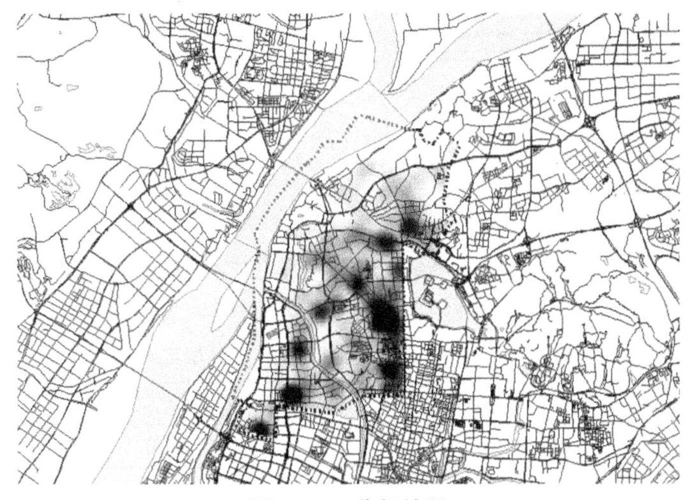

图 4-26　分析结果

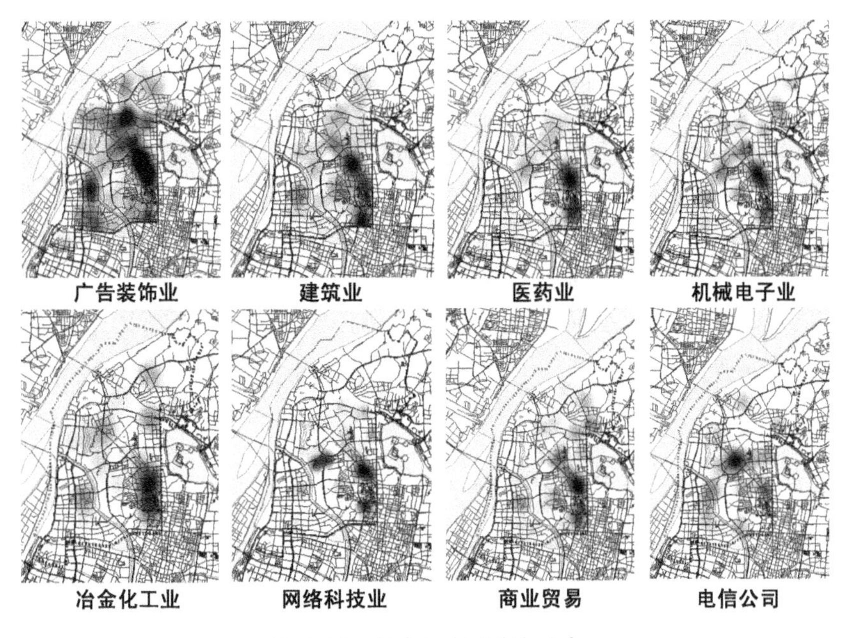


图 4-27　各产业空间分布特点

具体对比不同类型的公司分布和数量情况，可见网络科技公司数量最多，但分布比较集中，主要在模范马路、新街口、古林公园三个核心地带。商贸业主要集中在中山路附近，广告装饰业较为分散，除中山路—模范马路的核心区之外，还有金桥装饰城副中心。建筑、医药、冶金化工业、机械电子主要分布在中山路—模范马路—新街口一带。电信公司分布集中，以中山路—福建路—内环北线段为核心。

本文所用数据均保存在“industry. mbd”数据库中。除了本文介绍的莫兰指数、核密度分析法对 POI 点进行分析之外，还可以利用邻近分析、局部自相关等方法对 POI 点进行处理，也可以将点与线、面结合进行分析，通过分析现状 POI 的分布规律为规划实践提供参考和借鉴。

# 4.5 公交站点数据采集与分析

本节介绍基于公交站点数据进行昆山市公交服务范围覆盖率的分析。

## 4.5.1 POI 类别与编码确定

按照 4.1 节介绍的方法，打开 POI 分类编码表“amap_poicode.xlsx”，可知公交站点数据对应的 POI 类别与编码（表 4-6）。

表 4-6 公交站点数据对应的 POI 类型与编码

| POI 大类 | POI 中类 | POI 小类 | 编码 |
|---|---|---|---|
| 交通设施服务 | 公交车站 | 公交车站相关 | 150700 |

将 POI 的编码写入“poitype.txt”文本文件，每个编码为一条记录，用于之后的批量采集（图 4-28）。

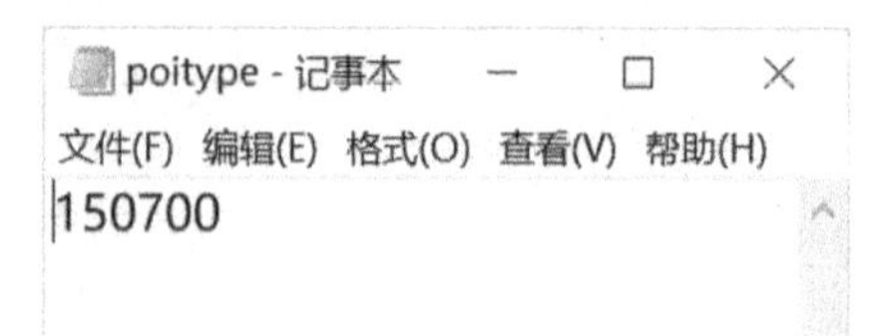
poitype - 记事本
文件(F) 编辑(E) 格式(O) 查看(V) 帮助(H)
150700

图 4-28 公交站点数据对应 POI 编码写入文本文件

## 4.5.2 数据采集与存储

用 PyCharm 打开“chapter4.py”文件，更改数据保存位置变量 output_directory，将记录有“150700”编码的 poitype.txt 复制到该文件夹下；通过查阅“城市编码表”（AMap_adcode_citycode.xlsx）可知昆山市的编码为“320583”，因此将行政区域字典变量 citycodes 更改为“citycodes = {' 昆山市 ' : '320583'}”。

修改完毕参数后，点击“运行”按钮（Shift + F10），开始采集昆山市停车场 POI 点数据。最终的采集文件保存为 output_directory 文件夹下“final.txt”（图 4-29）。

```
final - 记事本
文件(F) 编辑(E) 格式(O) 查看(V) 帮助(H)
BV11105721;玉带路晨丰路(公交站);150700;120.877579;31.334076
BV11078884;万家汇商贸城(临时站)(公交站);150700;120.92366;31.371233
BV11070701;新城路元丰路(公交站);150700;120.866356;31.328884
BV11070700;姜巷路山淞路(公交站);150700;120.899849;31.346016
BV11060603;宾科公司(公交站);150700;120.914665;31.332983
BV11059484;景村路美丰路(公交站);150700;120.891617;31.344126
BV11059483;美丰路山淞路(公交站);150700;120.896721;31.342459
BV11059482;姜巷路景村路(公交站);150700;120.896347;31.345984
BV11041666;周家角(公交站);150700;120.909653;31.361193
BV11041665;群南村(公交站);150700;120.892593;31.361658
BV11034433;鹿城路震川路(公交站);150700;120.93013;31.377535
BV11145237;山淞路美丰路(公交站);150700;120.899002;31.344845
BV11145236;山淞路姜巷路(公交站);150700;120.898949;31.347874
BV11016033;新城南路元丰路(公交站);150700;120.866348;31.329006
BV11016032;新城南路晨丰路(公交站);150700;120.866135;31.330725
BV10994235;八港桥(公交站);150700;120.883392;31.274536
BV10970280;望江桥(公交站);150700;120.884224;31.27453
BV10964263;中华园路生田路(公交站);150700;120.915184;31.361212
BV10964262;中华园路新城路(公交站);150700;120.85965;31.359161
BV10943565;赵库花园(公交站);150700;120.934753;31.374012
BV10943564;临时站(娄奥路)(公交站);150700;120.927216;31.373569
BV10943122;燕桥浜(公交站);150700;120.862267;31.366407
BV10894266;西大桥南(临时站)(公交站);150700;120.952515;31.373707
```

图 4-29 公交站点数据保存在“final.txt”

最后,按照 4.3.3 介绍的方法在 ArcGIS 中打开“final.txt”并将其导出为“昆山公交站点.shp”数据文件(图 4-30)。

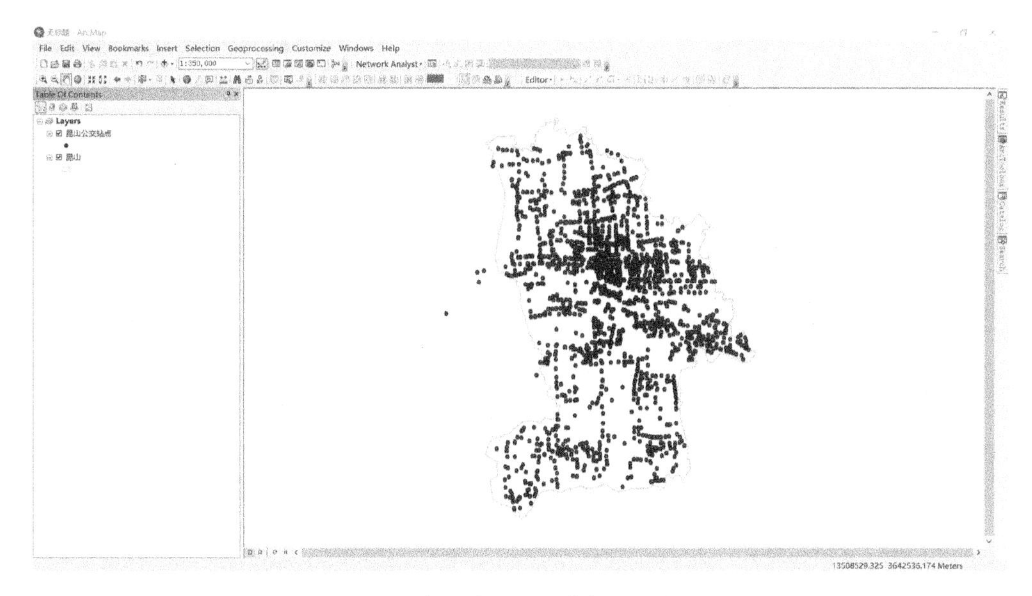

图 4-30　昆山市公交站点与昆山市边界

## 4.5.5　昆山市公交服务范围覆盖率分析

公交服务范围覆盖率指公交站点的服务范围覆盖面积占城市用地面积的百分比,是衡量公交线路规划中公交站点合理性的重要指标,同时反映了出行者利用公交出行的便利程度。指标的单位为%,服务半径通常为 300 m 和 500 m。根据《城市道路交通规划设计规范》的规定,公共交通车站服务面积以 300 m 半径计算,不得小于城市用地面积的 50%;以 500 m 半径计算,不得小于 90%。

$$F = \frac{\sum_{i=1}^{n} S}{A}$$

式中,$F$ 代表公交服务范围覆盖率,$n$ 表示公交站点的数量,$S$ 表示公交站点服务范围的覆盖面积,$A$ 为城市用地面积。公交服务范围覆盖面积之和为各个公交站点服务范围几何合并后的面积,若相邻站点的覆盖面积重叠,重叠部分只记一次。本节以昆山市公交站点为例,计算其 300 m 公交服务范围覆盖率。

**➤步骤 1: 载入数据**

首先启动 ArcMap,载入根据 4.2.4 节方法生成的“昆山公交站点.shp”与研究范围昆山市边界“昆山.shp”。为了便于面积统计,载入的数据均为投影坐标系。

**➤步骤 2: 缓冲区分析**

建立昆山市公交站点 300 m 缓冲区。在工具箱面板中,依次展开“Analysis Tools-Proximity-Buffer”,或直接在 Search 面板中选择“Local Search”并搜索“Buffer”工具,双击“Buffer”启动缓冲区工具(图 4-31)。输入要素 Input Features 为“昆山公交站点”,输出要素 Out Feature Class 为“D:\test\chapter4\300 m 缓冲区.shp”，距离选择 Linear unit，设置为 300，单位选择 Meters，融合类型 Dissolve Type 选择“All”，这一选择表明将所有缓冲区融合为单个要素，移除所有重叠，如图 4-32 所示，点击“OK”得到缓冲区范围。

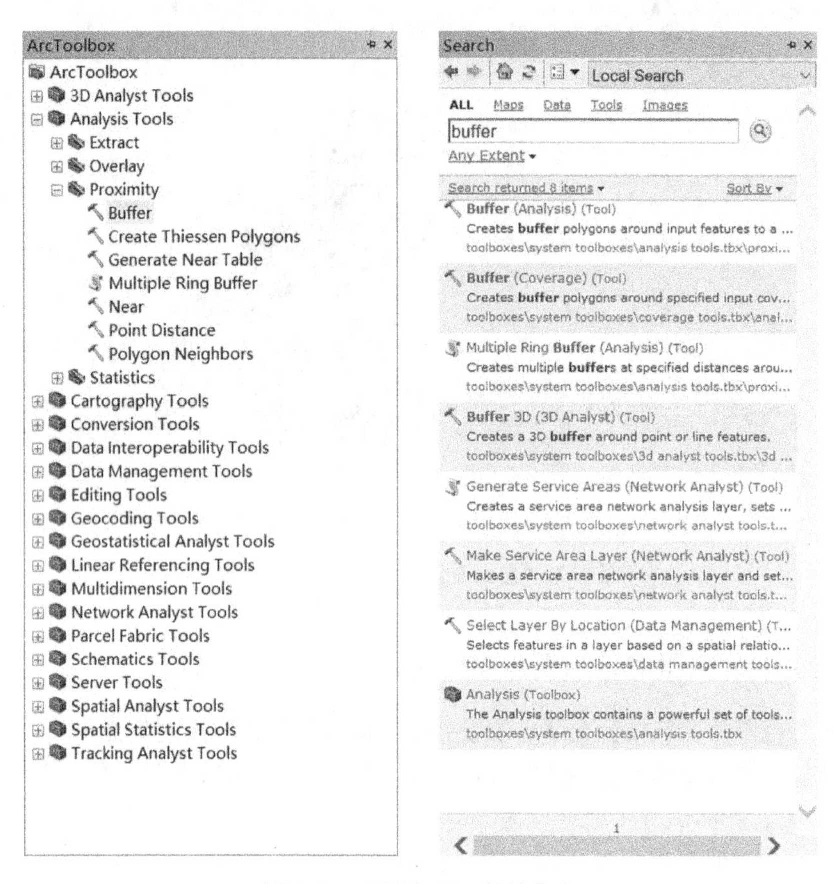


图 4-31　两种打开工具的方式

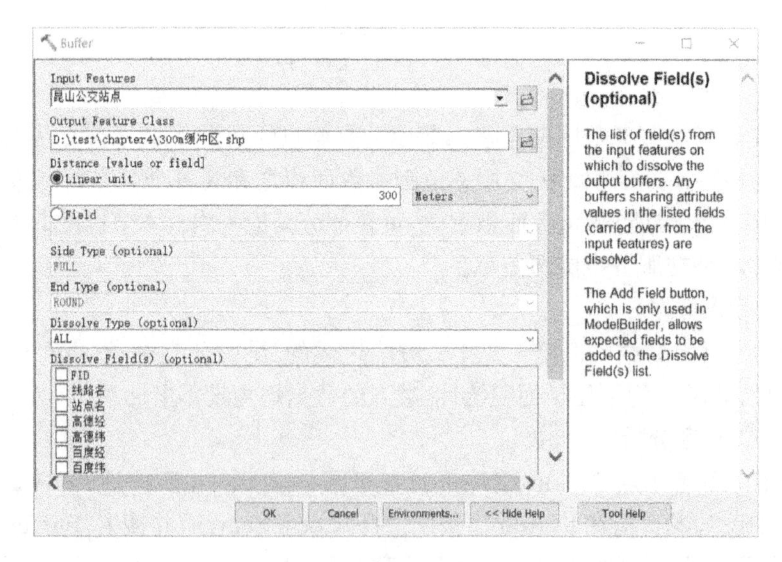


图 4-32　“Buffer”对话框

**➢步骤 3：相交分析**

将昆山市范围与步骤 2 中得到的缓冲区范围进行相交，得到有效的昆山市内公交站点覆盖范围。在 ArcToolbox 面板中依次展开“Analysis Tools-Overlay -Intersect”，点击“Intersect”打开相交分析工具。Input Features 选择“300 m 缓冲区”与“昆山”图层，Output Feature Class 为“D:\test\chapter4\300 m 缓冲区相交. shp”（图 4-33）。点击“OK”完成（图 4-34）。相交结果视图窗口如图 4-34 所示。

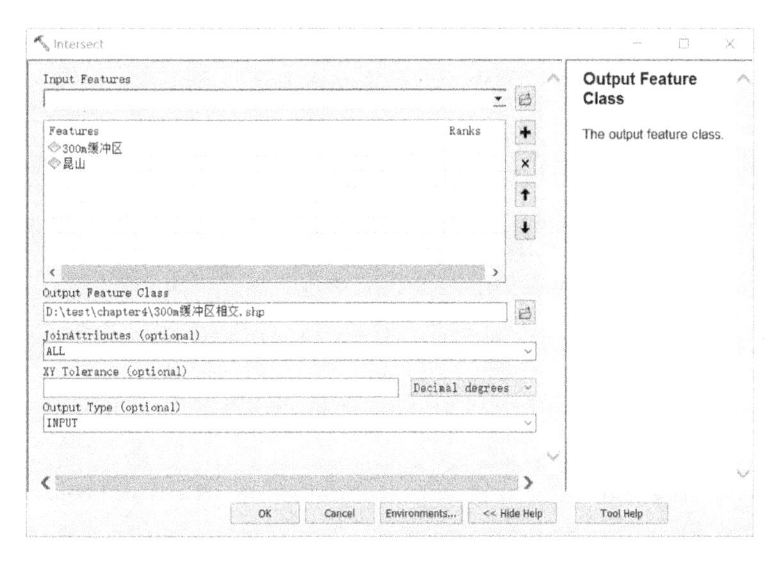


**图 4-33　“Intersect”对话框**

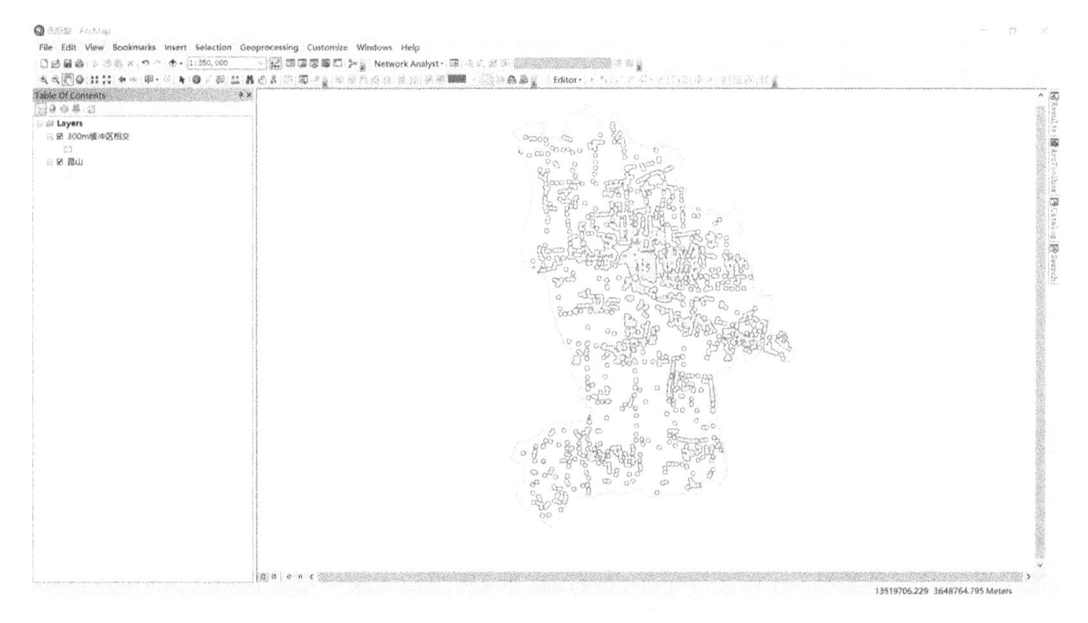


**图 4-34　相交结果视图窗口**

**➢步骤 4：公交服务范围覆盖率计算**

首先，统计昆山公交站覆盖范围与昆山市范围的面积。用鼠标右键单击数据框中“300

m 缓冲区相交”图层，点击“Open Attribute Table”打开属性表。单击表选项选择“Add Field ...”添加字段，在“Add Field”对话框中 Name 输入“Area”，Type 选择“Double”，如图 4-35 所示，点击“确定”按钮。这时，名为“Area”的字段已经添加到属性表中。右键“Area”字段，选择“Calculate Geometry”进行几何计算，在 Calculate Geometry 窗口中 Property 选择“Area”，单位选择“Square Kilometers[sq km]”，其余为默认，点击“OK”计算可得公交站覆盖范围的面积，见图 4-36、图 4-37。按照同样的步骤可得到昆山市面积。保存 mxd 文件至“D:\test\chapter4\chap4.mxd”。

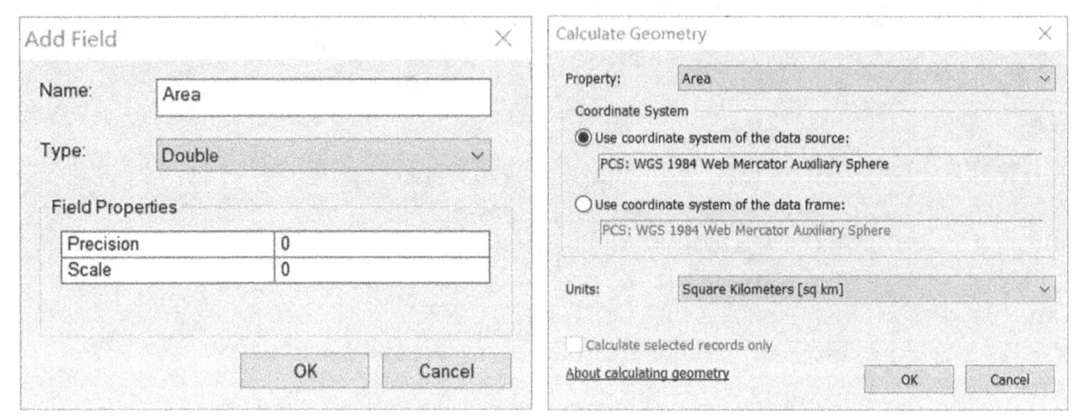


图 4-35　新建“Area”字段　　　　图 4-36　“Calculate Geometry”对话框

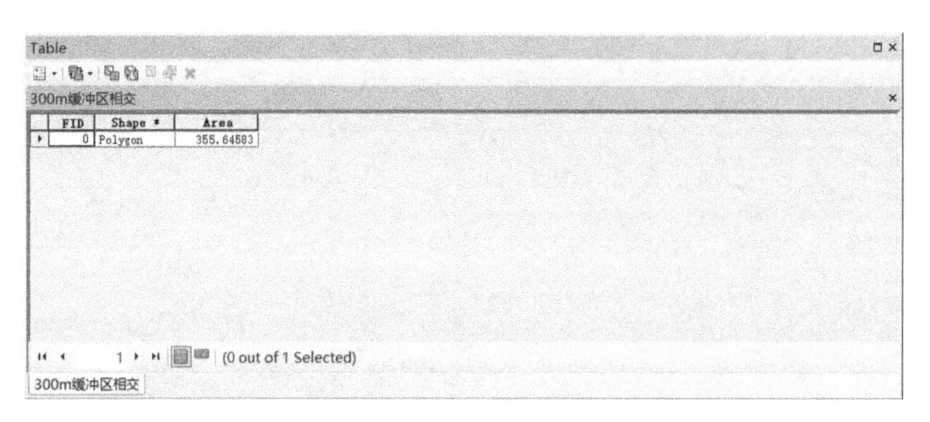


图 4-37　300 m 缓冲区相交的“Area”字段

根据公式计算可得昆山市 300 m 范围的公交站覆盖率为 28.05%，远小于规范中 50% 的要求。这一结果说明对于出行者来说昆山市整体公交出行较为不便，公交站配置不合理。可能是由于城市中心区交通出行量大，整体水平较高，而城市边缘地带公交不发达，站点设置较少，从而影响了昆山市整体水平。针对这一现象，可以分别对城市中心区与边缘地区的公交覆盖率分别进行研究，对比指标是否满足标准，从而做出相应决策。

## 4.6　快速路出入口数据采集与分析

接下来，我们按照“数据类别与编码确定—数据采集—数据存储—数据分析”的流程进行南京市快速内环出入口设置合理性的分析。

### 4.6.1　POI 类别与编码确定

按照 4.1 节介绍的方法，打开 POI 分类编码表“amap_poicode.xlsx”，可知快速内环出入口数据对应的 POI 类别与编码(表 4-7)。

表 4-7　快速内环出入口数据对应的 POI 类型与编码

| POI 大类 | POI 中类 | POI 小类 | 编码 |
| --- | --- | --- | --- |
| 地名地址信息 | 交通地名 | 城市快速路出口 | 190308 |
| 地名地址信息 | 交通地名 | 城市快速路入口 | 190309 |

将 POI 类别与编码写入“poitype.txt”文本文件，每个编码为一条记录，用于之后的批量采集(图 4-38)。

poitype - 记事本
文件(F) 编辑(E) 格式(O) 查看(V) 帮助(H)
190308
190309

图 4-38　快速路出入口数据对应的 POI 编码写入文本文件

### 4.6.2　数据采集与存储

用 PyCharm 打开“chapter4.py”文件，更改数据保存位置变量 output_directory，将记录有“190308”和“190309”编码的 poitype.txt 复制到该文件夹下，行政区域字典变量 citycodes 更改为“citycodes = {'玄武区':'320102','秦淮区':'320104','建邺区':'320105','鼓楼区':'320106','浦口区':'320111','栖霞区':'320113','雨花台区':'320114','江宁区':'320115'}”。

修改完参数后，点击“运行”按钮(Shift + F10)，开始采集南京市主城区快速路出口 POI 和入口 POI。程序的运行过程中，控制台会打印各行政区域快速路出口、入口的数量信息(图 4-39)。

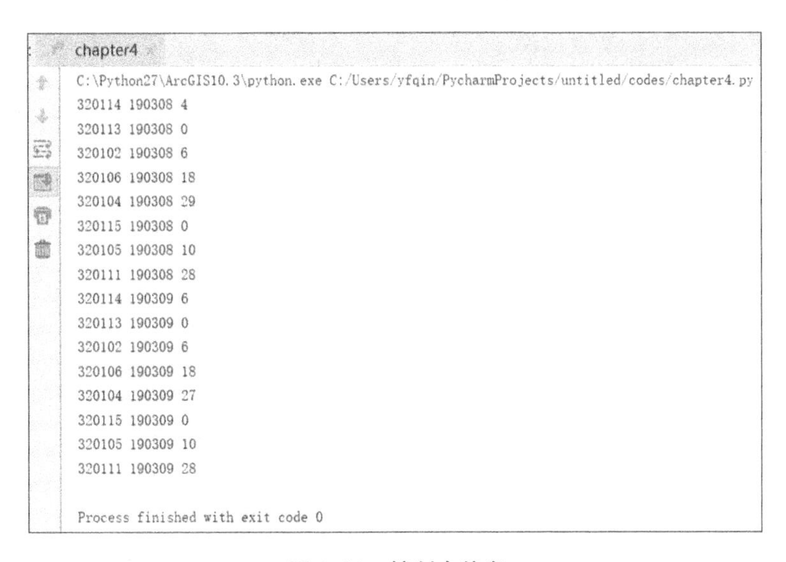


图 4-39　控制台信息

最终的采集文件保存为 output_directory 文件夹下“final.txt”(图 4-40)。

final - 记事本

文件(F) 编辑(E) 格式(O) 查看(V) 帮助(H)

B0FFGQ5DZE;内环北线出口(西向);190308;118.788319;32.07823
BZAPQF0307;内环东线出口(南向);190308;118.807698;32.053701
B0FFGQ4VAC;仙林出口(内环北线东向);190308;118.804538;32.076346
B0FFGQ7W4L;太平门出口(内环东线北向);190308;118.808249;32.054937
B0FFGQ6P48;中山东路出口(内环东线南向);190308;118.807684;32.053264
BZAPQF006D;新庄立交出口(内环东线北向);190308;118.804869;32.074393
BZAPQF01AP;水西门大街出口(内环西线北向);190308;118.768616;32.022352
BZAPQF02VY;内环西线出口(东北向);190308;118.76724;32.016576
BZAPQF020Y;龙蟠南路出口(北向);190308;118.796314;31.99923
BZAPQF01RV;内环西线出口(南向);190308;118.766751;32.016095
BZAPQF0058;内环东线出口(北向);190308;118.803461;32.035867
B0FFGQ8I36;内环东线出口(南向);190308;118.800399;32.022387
B0FFGQ792M;内环东线出口(北向);190308;118.801205;32.022434
BZAPQF02XM;应天大街高架出口(西向);190308;118.830906;32.003876
B0FFH20NSN;瑞金路出口(内环东线南向);190308;118.802931;32.035233
B0FFH0KL0R;白下路出口(内环东线北向);190308;118.800911;32.023128
BZAPQF01AO;夫子庙出口(内环东线南向);190308;118.800238;32.021474
BZAPQF01O8;建邺路出口(内环西线东南向);190308;118.767436;32.039123
BZAPQF020Z;龙蟠南路出口(龙蟠南路北向);190308;118.79646;31.999078
BZAPQF011I;汉中门大街出口(内环西线北向);190308,118.768283;32.03802
BZAPQF01PX;兴隆大街出口(内环西线南向);190308;118.766528;32.015675
BZAPQF01RK;内环东线出口(内环东线北向);190308;118.797384;32.011244
BZAPQF02VZ;赛虹桥广场出口(内环西线南向);190308;118.76632;32.015412
B0FFGQ9MC2;中山东路出口(内环东线北向);190308;118.803908;32.037344
BZAPQF02XO;大明路出口(应天大街高架西向);190308;118.814336;32.006913
BZAPQF02XP;国际路出口(应天大街高架东向);190308;118.816683;32.006433
BZAPQF02XR;石杨路出口(应天大街高架东向);190308;118.834768;32.004144
BZAPQF00V8;雨花路出口(应天大街高架东向);190308;118.770852;32.008746
B0FFGQ547J;长虹路出口(应天大街高架西向);190308;118.781658;32.00615
B0FFH4K5NF;赛虹桥广场出口(内环西线南向);190308;118.768903;32.025179

**图 4-40　快速路出入口数据保存在“final.txt”**

最后,按照 4.3.3 节介绍的方法在 ArcGIS 中打开“final.txt”并将其导出为“快速路出入口.shp”数据文件(图 4-41)。

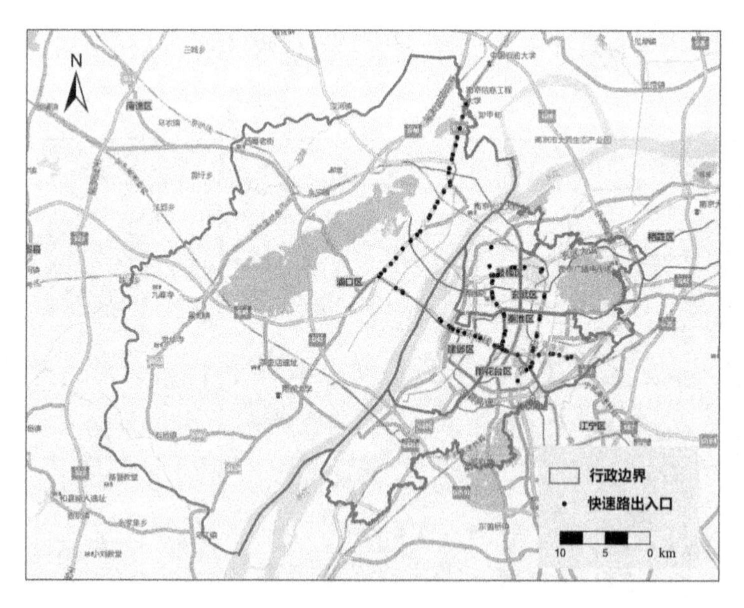


**图 4-41　快速路出入口 POI 点数据**

此外,极海地理云平台(http://geohey.com/)是由数据驱动的地理信息服务平台,可以为用户存储大量数据,提供比 ArcMap 更丰富更美观的可视化功能。由于快速路出口和入口距离较近，ArcMap 不能很好地展示出口和入口的空间位置，因此我们还可将“快速路出入口.shp”上传至极海地理云平台，使用其“数据上图功能”，将出口的颜色设置为浅灰色，入口的颜色设置为黑色，同时设置数据渲染模式为“叠加”，这样红色符号与蓝色符号重叠的部分会显示为玫红色，红色符号重叠的部分会显示为浅白色(图 4-42)。保存之后，还可选择将地图公开发布。

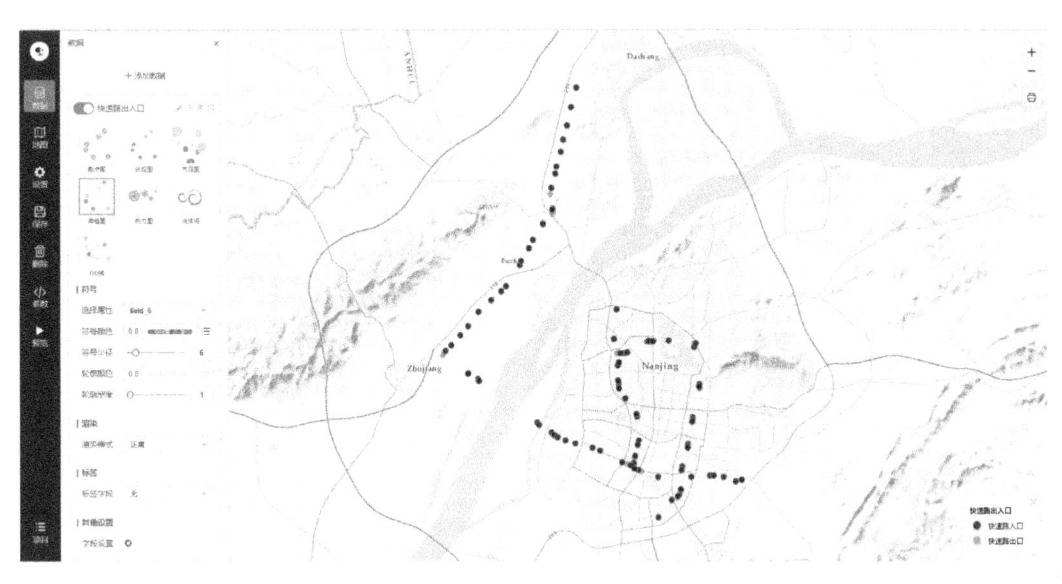


图 4-42　极海地理云平台可视化快速路出入口数据

### 4.6.3　南京市快速内环出入口设置合理性分析

南京快速内环由四条快速路构成“井”字形，见图 4-43，由内环西线、内环东线、内环北线与内环南线构成。快速内环全部由高架或隧道组成，通过古平岗立交、新庄立交、赛虹桥立交与双桥门立交实现与城市其他道路的互通(图 4-43)。南京市内环南线从双桥门到赛虹桥(即应天大街高架)并在这两处设立了互通，赛虹桥高架在西南部分连接了集庆门隧道以及内环西线的城西干道。而东南部分的双桥门高架连接了向南面城外的机场连接线，北面连接了南京的龙蟠南路和龙蟠路。快速内环南线的通车标志着理论上从城东南到城西南之间的驾车互通只需要 8 min。

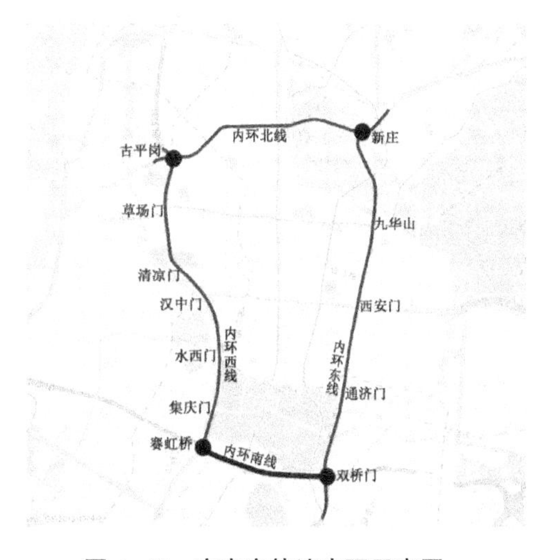


图 4-43　南京市快速内环示意图

然而，快速内环南线于 2004 年通车后交通拥堵现象频发。2018 年 7 月，高德地图联合未来交通与城市计算联合实验室、清华大学-戴姆勒可持续交通研究中心等单位发布了《2018Q2 中国主要城市交通分析报告》。从 2018 年二季度拥堵报告来看，通勤日早高峰南京最堵的道路是龙蟠南路由南向北、应天大街高架和浦口大道。其中应天大街高架二季度有 79 天拥堵，是南京拥堵天数最多的一条路。高峰时段的实时路况如图 4-44 所示，由图可看出应天大街高架在高峰时间基本为拥堵或缓行状态，拥堵程度严重。相较于晚高峰时段，早高峰时段拥堵现象更严重，西侧与东侧入口出现了“非常拥堵”路段。

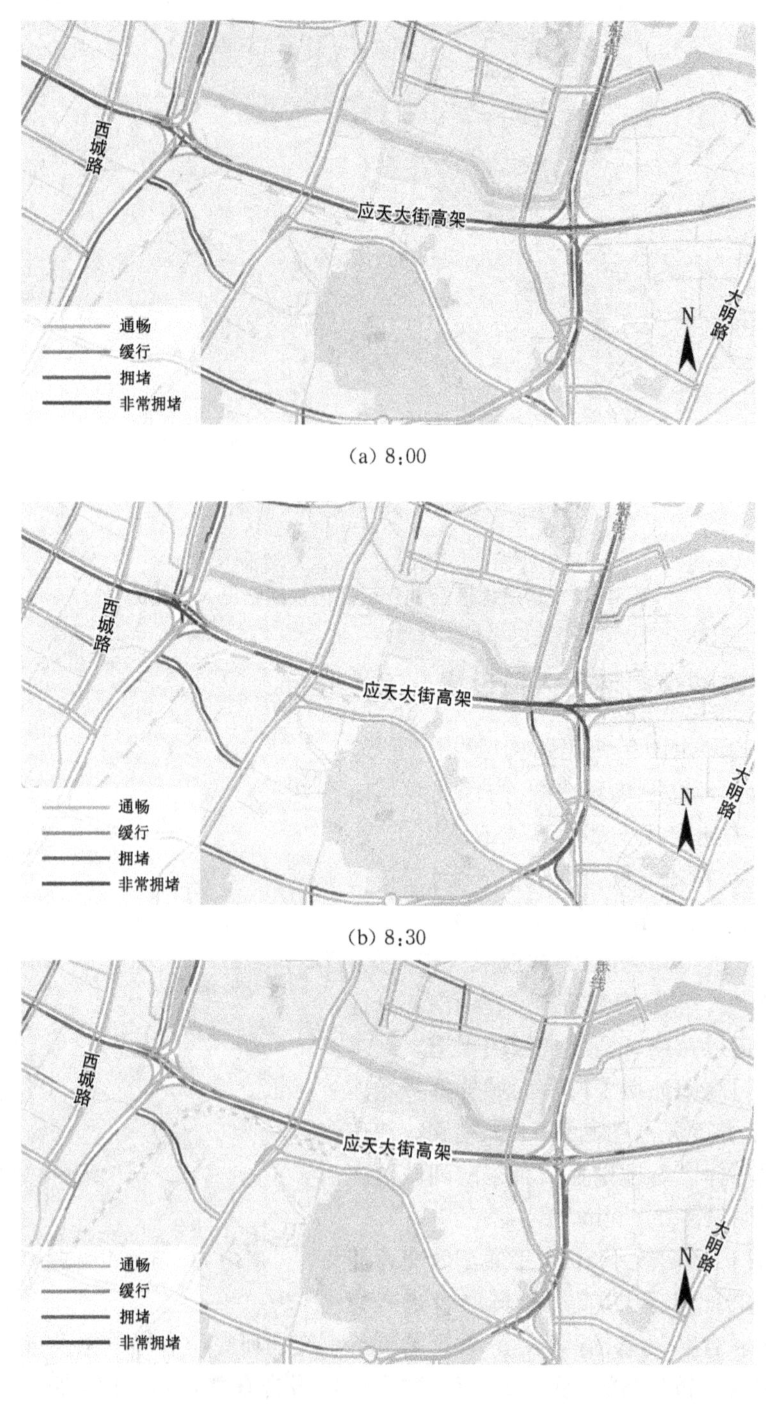


(a) 8:00

(b) 8:30

(c) 17:00

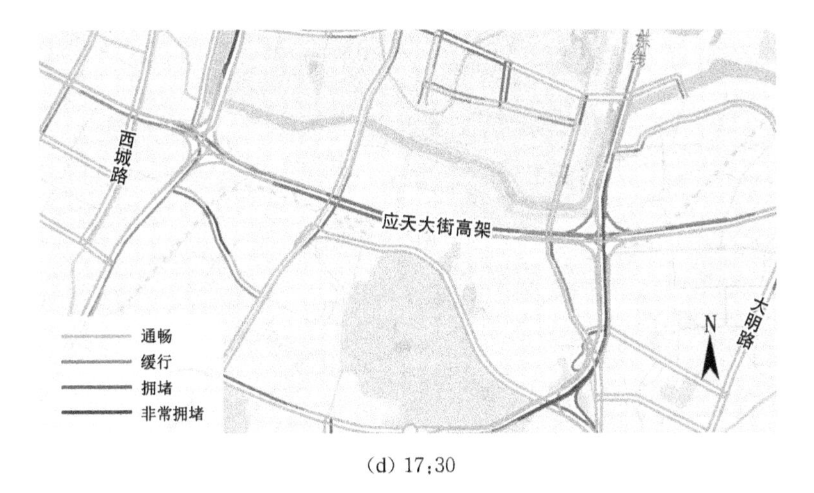


(d) 17:30

**图 4-44　高峰时段实时交通情况**

从快速内环的出入口间距来看，根据《城市道路交叉口规划规范》(GB 50647—2011)的相关规定，见表 4-8，内环南线相邻出入口距离均不满足相关规范要求(表 4-9)。南京市快速内环南线的出入口形式如图 4-45 所示，相邻出入口均为先进后出形式，西进—雨花路出、中山南路进—南京南站出、东进—中山南路出三种出入口间距分别为 350 m、750 m 与 692 m，均小于规范中的 1 020 m。由此看来，出入口间距过小是导致早晚高峰内环南线拥堵的重要因素。为了能与地方道路衔接而保留了不符合要求的出入口造成开口间距较短，而出入口处的交通流特征复杂，车辆需要经过一定长度的交织路段导致了内环南线交通流不连续，整体运行不畅，相关决策者需要面临棘手的交通拥堵和承担相应的后果。

**表 4-8　快速路主线上相邻出入口最小间距 $L$(m)**

| 主线设计车速(km/h) | 出入口形式 | | | |
|---|---|---|---|---|
| | $L$ | $L$ | $L$ | $L$ |
| 100 | 760 | 260 | 760 | 1 270 |
| 80 | 610 | 210 | 610 | 1 020 |
| 60 | 460 | 160 | 460 | 760 |

来源：GB 50647—2011《城市道路交叉口规划规范》。

**表 4-9　南京市快速内环南线相邻出入口间距 $L$(m)**

| 项　　目 | 西进—雨花路出 | 中山南路进—南京南站出 | 东进—中山南路出 |
|---|---|---|---|
| 出入口形式 | $L$ | $L$ | $L$ |
| 内环南线设计车速(km/h) | 80 | 80 | 80 |
| 出入口间距(m) | 350 | 750 | 690 |

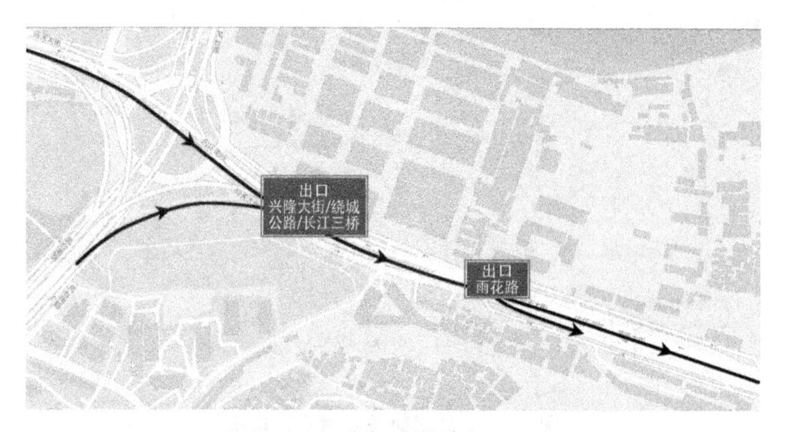


(a) 西进—雨花路出

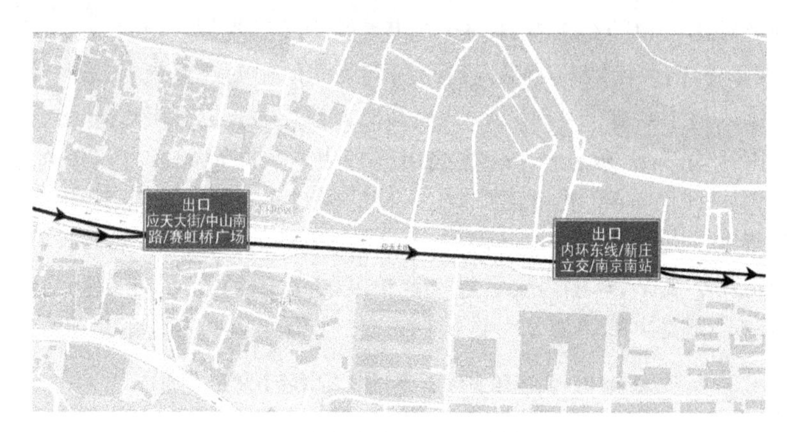


(b) 中山南路进—南京南站出

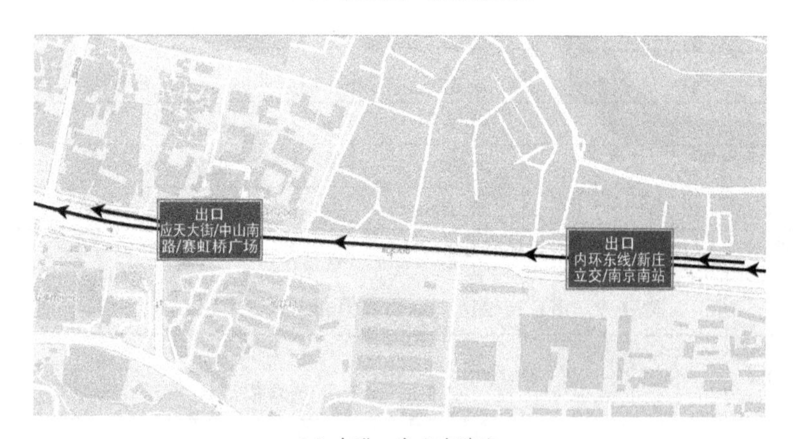


(c) 东进—中山南路出

**图 4-45　南京市快速内环南线相邻出入口示意图**

第5章

# 兴趣线数据采集与分析

上一章介绍了兴趣点数据的采集与分析，本章和下一章将依次介绍兴趣线数据和兴趣面数据的采集与分析。

## 5.1 兴趣线(LOI)概念与类别

兴趣线(Line of Interest, LOI)指地图中的线状地理实体。具体地讲，地图上的道路、公交线等均是兴趣线。路网和公交线网是进行城市空间分析的重要基础数据，在此基础上才能进行网络分析、成本栅格分析、公交可达性分析，计算公交重复系数、公交布局效益等指标。

行程车速速度是评价道路是否拥堵的指标之一，本章以高德地图为例，介绍利用Python程序批量采集具有车速和路况信息的道路数据的技术方法。此外，以百度地图为例，介绍利用JavaScript和Python程序采集公交线路数据的技术方法，并在此基础上介绍利用ArcGIS相关空间分析工具计算南京市公交面积覆盖率的思路。

## 5.2 "交通态势API"解析

高德地图通过"交通态势API"提供不同区域交通态势情况查询。"交通态势API"是指以HTTP形式提供根据用户输入的内容返回希望查询的交通态势情况，即查询指定区域或某条具体道路的实时拥堵情况。API既支持对路况进行整体评价，也支持对具体拥堵路段的详细评价，使得用户在了解道路整体拥堵情况同时，也清晰了解具体拥堵路段的位置和拥堵程度。当用户指定查询详细情况时，返回内容还将包括区域内各路段名称、方向、路径点坐标、行程车速等信息。通过"交通态势API"我们可以获取指定区域内所有路段的详细信息。

类似于POI的采集，交通态势信息的获取同样经过三个步骤：①申请"Web服务API"密钥(key)；②拼接HTTP请求URL；③接受HTTP请求返回的数据(JSON)，并解析数据。在此基础上，进行第④步骤——基于ArcPy拓展包，生成道路数据polyline类型的Shapefile。

### 5.2.1 密钥申请

密钥申请的步骤和"4.2.1'搜索API'解析"介绍的密钥申请步骤一致，即同一个密钥可应用于两种数据的采集。

### 5.2.2 “交通态势 API”请求 URL

“交通态势 API”的在线文档(https://lbs.amap.com/api/webservice/guide/api/trafficstatus)有接口详细的请求参数说明、返回结果参数说明和服务示例说明。我们以采集南京新街口附近的道路数据为例,介绍通过“交通态势 API”采集道路数据的过程。

**➢步骤 1: 分析“交通态势 API”请求参数**

“交通态势 API”需要指定的请求参数主要有密钥(key)、道路等级(level)、矩形查询区域(rectangle)与是否返回车速路况等详细信息(extensions)(表 5-1)。

表 5-1 “交通态势 API”主要请求参数

| 参数名 | 必选 | 默认值 | 含义 |
| --- | --- | --- | --- |
| key | 是 | — | 密钥 |
| level | 否 | 5 | 指定的道路等级,具体值的含义为:<br>1: 高速(京藏高速)<br>2: 城市快速路、国道(西三环、103 国道)<br>3: 高速辅路(G6 辅路)<br>4: 主要道路(长安街、三环辅路)<br>5: 一般道路(彩和坊路)<br>6: 无名道路 |
| rectangle | 是 | — | 待查询的矩形区域,格式为左下右上顶点坐标对,如: 116.351147,39.966309;116.357134,39.968727<br>注意: 指定的矩形区域对角线不能超过 10 km,否则将出现错误 |
| extensions | 否 | base | 可选值: all, base。当 extensions 的值为 all 时,将返回区域内各路段的坐标点、车速、路况等详细信息 |

**➢步骤 2: 解析“交通态势 API”结构**

依据表 5-1 的参数值可以构造出一个获取指定区域交通态势情况的 URL。我们可以从高德地图坐标拾取系统(https://lbs.amap.com/console/show/picker)获知新街口附近的两个坐标点(图 5-1),以这两个坐标点确定的矩形区域为 rectangle 参数的值(118.777784,32.036383; 118.789028,32.047223)。

图 5-1 高德地图坐标拾取系统获取坐标

再指定采集级别细致到一般道路，即 level 参数值为“5”；指定返回道路的详细信息，即 extensions 的参数为“all”，可得到获取新街口附近交通态势情况的 URL：

https://restapi.amap.com/v3/traffic/status/rectangle? key=36259c5d9e013a3c3715596c4a0f47a9&rectangle = 118. 777784, 32. 036383; 118. 789028, 32. 047223&level = 5&extensions=all

用浏览器打开构造的 URL，我们便能够在浏览器中看到“交通态势 API”返回的新街口地区附近各路段的交通情况（图 5-2），如：汉中路的莫愁路到牌楼巷路段行程车速为 10 km/h，路况为 3（拥堵）。除了行程车速、路况外，返回数据还包含许多其他信息，下一步我们详细说明每个返回值的含义。

**图 5-2　在浏览器中查看“交通态势 API”返回的数据**

如果将“118.777784，32.036383；118.789028，32.047223”替换为其他对角线不超过 10 km的矩形查询区域，道路等级“5”替换为其他数值，构造出新的 URL，则可以在浏览器中查看不同区域各路段的交通情况。因此，采集道路数据的关键点是以矩形查询区域和道路等级为参数变量构造不同的 URL。

## 5.2.3　“交通态势 API”返回数据

“交通态势 API”返回数据（JSON）主要包含：请求状态为成功（"status"："1"、"info"："OK"）、区域中畅通路段所占百分比（"expedite"："50.00%"）、缓行路段所占百分比（"congested"："40.63%"）、拥堵路段所占百分比（"blocked"："6.25%"）、未知路段所占百分比（"unknown"："3.12%"）、区域整体路况（"status"："3"）、区域路况评价（"description"："中度拥堵"）（代码 5-1）以及各个路段的名称、方向、坐标点、车速、路况等详细信息（代码 5-2）。

```
{
    "status": "1",
```

```
        "info": "OK",
        "infocode": "10000",
        "trafficinfo": {
            "description": "汉中路: 省中医院附近自东向西严重拥堵,从王府大街到...",
            "evaluation": {
            "expedite": "50.00%",
            "congested": "40.63%",
            "blocked": "6.25%",
            "unknown": "3.12%",
            "status": "3",
            "description": "中度拥堵"
        },
    ...
}
```

**代码 5-1 “交通态势 API”返回的新街口附近路况总体评价**

返回数据中表示区域整体交通态势的每个参数含义和在 JSON 中的位置如表 5-2 所示。

**表 5-2 返回数据中表示区域路况总体评价的参数**

| 参数名 | 含义 | 在 JSON 中的位置 | 值 |
|---|---|---|---|
| expedite | 区域中畅通路段所占百分比 | jsonData['trafficinfo']['evaluation']['expedite'] | 50.00% |
| congested | 缓行路段所占百分比 | jsonData['trafficinfo']['evaluation']['congested'] | 40.63% |
| blocked | 拥堵路段所占百分比 | jsonData['trafficinfo']['evaluation']['blocked'] | 6.25% |
| unknown | 未知路段所占百分比 | jsonData['trafficinfo']['evaluation']['unknown'] | 3.12% |
| status | 区域整体路况 | jsonData['trafficinfo']['evaluation']['status'] | 3 |
| description | 区域路况评价 | jsonData['trafficinfo']['evaluation']['description'] | 中度拥堵 |

注：此处以“jsonData”表示返回的 JSON 数据，“data['a']”表示 JSON 数据下一层级 'a' 键对应的值；由于交通态势数据实时更新，读者查看到的参数值可能与本章列出的值不一致。

```
"roads": [{
            "name": "汉中路",
            "status": "3",
            "direction": "从莫愁路到牌楼巷",
            "angle": "175",
            "speed": "10",
            "lcodes": "-144",
            "polyline": "118.776222,32.0423508;118.774086,32.0425072; ..."
        }, {
            "name": "秣陵路",
```

```
        "status"："3",
        "direction"："从莫愁路到王府大街",
        "angle"："335",
        "speed"："5",
        "lcodes"："1359",
        "polyline"："118.774864,32.0380058;118.775192,32.0377922; ..."
    },{
        "name"："管家桥",
        "status"："3",
        "direction"："从盔头巷到华侨路",
        "angle"："259",
        "speed"："10",
        "lcodes"："-2226",
        "polyline"："118.783287,32.047184;118.783211,32.0468254; ..."
    },{
        "name"："华侨路",
        "status"："3",
        "direction"："从管家桥到中山路",
        "angle"："343",
        "speed"："10",
        "lcodes"："1406",
        "polyline"："118.783043,32.0460129;118.784065,32.0457611; ..."
    },{
        "name"："中山东路",
        "status"："2",
        "direction"："从明故宫路到清溪路",
        "angle"："355",
        "speed"："20",
        "lcodes"："161",
        "polyline"："118.818497,32.0393028;118.820267,32.0391884; ..."
    },{
        "name"："汉中路",
        "status"："2",
        "direction"："从王府大街到莫愁路",
        "angle"："175",
        "speed"："15",
        "lcodes"："-145",
        "polyline"："118.781387,32.0419731;118.777603,32.0422516; ..."
    },{
        "name"："长江路",
        "status"："2",
        "direction"："从洪武北路到太平北路",
        "angle"："344",
```

```
        "speed": "25",
        "lcodes": "1415",
        "polyline": "118.788567,32.0446167;118.790489,32.0441704; ..."
    }, {
        "name": "长江路",
        "status": "2",
        "direction": "从洪武北路到中山路",
        "angle": "163",
        "speed": "25",
        "lcodes": "-1409",
        "polyline": "118.788498,32.0447655;118.78688,32.0451965; ..."
    }, {
        "name": "石鼓路",
        "status": "2",
        "direction": "从莫愁路到王府大街",
        "angle": "338",
        "speed": "15",
        "lcodes": "1425",
        "polyline": "118.775856,32.041172;118.776054,32.0411148; ..."
    }, {
        "name": "石鼓路",
        "status": "2",
        "direction": "从王府大街到莫愁路",
        "angle": "158",
        "speed": "25",
        "lcodes": "-1424",
        "polyline": "118.780228,32.0397263;118.780121,32.0397949; ..."
    }, {
        "name": "华侨路",
        "status": "2",
        "direction": "从慈悲社到管家桥",
        "angle": "351",
        "speed": "15",
        "lcodes": "1404",
        "polyline": "118.780121,32.0463982;118.782166,32.0461922; ..."
    }, {
        "name": "华侨路",
        "status": "2",
        "direction": "从中山路到管家桥",
        "angle": "163",
        "speed": "21",
        "lcodes": "-1406,-1404",
        "polyline": "118.784172,32.0458488;118.784073,32.0458794; ..."
```

```
    },{
        "name"："游府西街",
        "status"："2",
        "direction"："从洪武路到太平南路",
        "angle"："344",
        "speed"："20",
        "lcodes"："1761",
        "polyline"："118.787682,32.03899;118.78891,32.0387497; ..."
    },
     ......
    ]
```

**代码 5-2　“交通态势 API”返回的新街口附近各路段详细信息(部分)**

在返回 JSON 数据的 roads 列表总共存储着查询区域的 48 个路段的详细信息，由于篇幅限制，代码 5-2 仅展示前 13 个路段的信息，路径坐标点也未展示完整，此处以前两个坐标点作示意，完整的路段信息请在浏览器中查看。以“汉中路”为例，返回数据中表示路段信息的每个参数含义和在 JSON 中的位置如表 5-3 所示。

**表 5-3　返回数据中表示各路段详细信息的参数**

| 参数名 | 含义 | 在 JSON 中的位置 | 值 |
| --- | --- | --- | --- |
| name | 道路名称 | jsonData['trafficinfo']['roads'][0]['name'] | 汉中路 |
| status | 路况 | jsonData['trafficinfo']['roads'][0]['status'] | 3 |
| direction | 方向描述 | jsonData['trafficinfo']['roads'][0]['direction'] | 从莫愁路到牌楼巷 |
| angle | 车行角度 | jsonData['trafficinfo']['roads'][0]['angle'] | 175 |
| speed | 速度(km/h) | jsonData['trafficinfo']['roads'][0]['speed'] | 10 |
| polyline | 道路坐标集合。经度和纬度使用","分隔；坐标之间使用";"分隔 | jsonData['trafficinfo']['roads'][0]['polyline'] | 118.776222,32.0423508;118.774086,32.0425072;118.771683,32.0426483 |

注：此处以“jsonData”表示返回的 JSON 数据，“data['a']”表示 JSON 数据下一层级 'a' 键对应的值；由于交通态势数据实时更新，读者查看到的参数值可能与本章列出的值不一致。

## 5.3　道路数据采集与分析

在以新街口附近区域为例，分析“交通态势 API”的主要请求参数、请求 URL 结构与主要返回数据后，我们需要用 Python 编写程序批量采集道路数据，并将 API 返回的 JSON 空间坐标数据转化为能在 ArcGIS 中进行空间分析的路网 Shapefile。因此，这部分我们以采集南京市主城区为查询区域，介绍批量采集道路数据的思路与方法。

### 5.3.1　研究区域网格数据准备

由于“交通态势 API”的使用限制，矩形查询区域的对角线不能超过 10 km，否则将出现数据返回错误，因此我们在正式编写程序前需要将南京市主城区划分若干网格，保证每个网格的对角线不超过 10 km，获取每个网格的左下角坐标、右上角坐标。考虑到数据的实时性，网格的划分不宜太小，同时为了获知详细的南京主城各区域交通情况，我们将网格的大小定为 1 km×1 km。

**➢步骤 1：生成 1 km×1 km 的网格文件**

打开 ArcMap 并添加南京市主城区文件“nanjing. shp”。首先，找到工具箱中的“Create Fishnet”工具，按照图 5-3 的设置生成 1 km×1 km 的网格文件“fishnetProject. shp”。然后，使用“Select by Location”空间查询功能筛选出与南京主城区相交（intersect）的网格并生成“fishnet_selected. shp”。

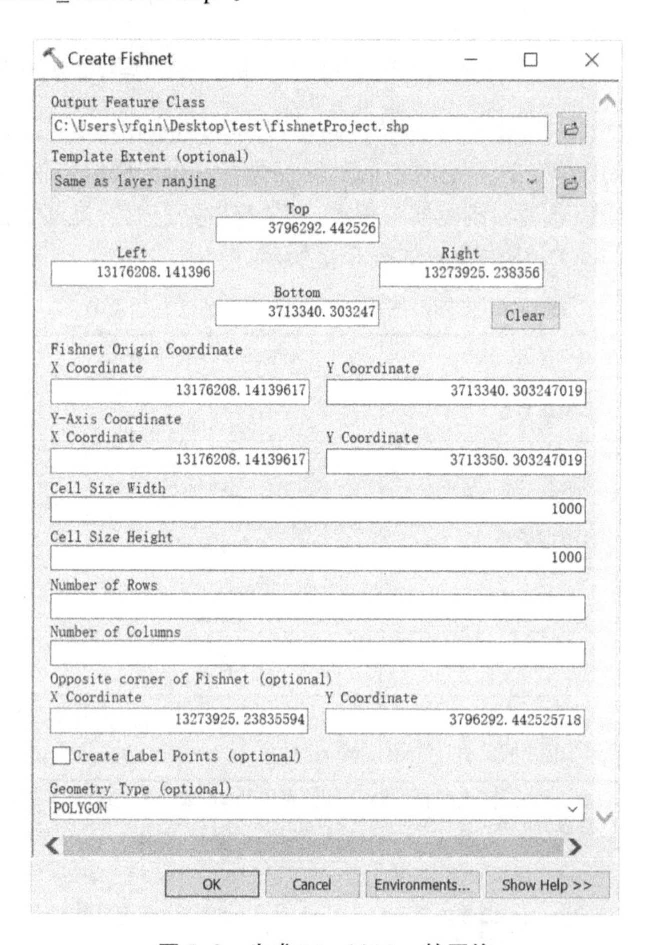


图 5-3　生成 1 km×1 km 的网格

此时，“fishnet_selected. shp”的坐标系是投影坐标，为了获得每个网格的左下角经纬度坐标、右上角经纬度坐标，还需要使用“Project”工具对数据进行坐标转换，将其转换至地理坐标，生成“fishNet84. shp”（图 5-4）。

**➢步骤 2：计算每个网格的左下角坐标、右上角坐标**

首先，为“fishNet84. shp”新建四个 Double 类型的字段“BLX”“BLY”“URX”和“URY”分别表示左下角的经度、左下角的纬度、右上角的经度、右上角的纬度，在此基础上便可以基于 ArcPy 拓展包，编写 Python 程序计算四个字段的字段值。

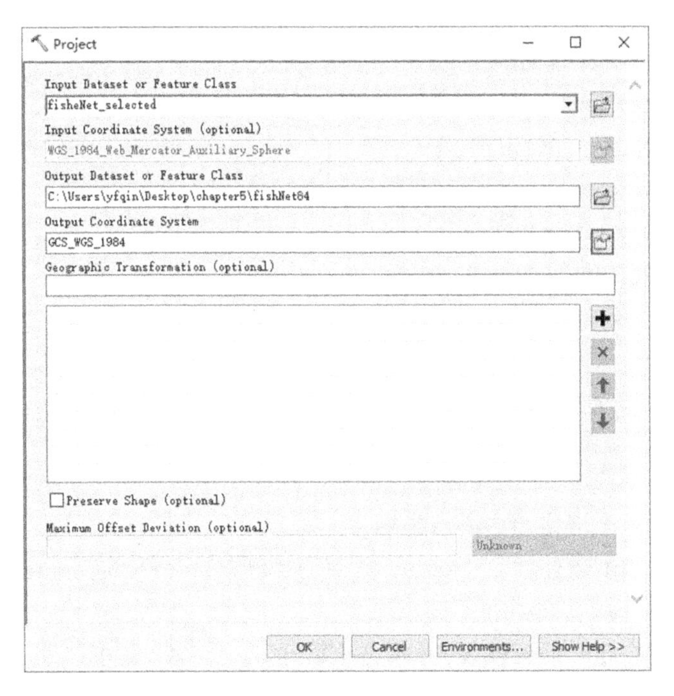


图 5-4 对网格文件进行投影转换

首先，通过 UpdateCursor 函数获得数据访问的 cursor 对象。通过 for 语句(for row in cursor)自动执行 UpdateCursor 函数的 next()方法，进而获取代表数据集中每条记录的 row 对象。

其次，根据第 2 章关于 ArcPy 的讲解，我们已了解到 GIS 中的每个空间要素就是一个几何对象，对已有的空间要素，可以通过空间要素的 shape 字段返回对应的几何对象。因而，通过 row. shape 获取每个空间要素的几何对象(polygon)。

最后，访问几何对象的范围属性(extent)，得到 extent 对象(ext)，依次通过 ext. Xmin、ext. YMin、ext. XMax、ext. YMax 语句得到几何对象左下角的经度与纬度、右上角的经度与纬度，并将以上四个值赋给新建的四个字段。需要注意，每次为字段赋值完毕，需要执行“cur. updateRow(row)”，以利用 row 更新当前对象(代码 5-3)。

```
# -*- coding:utf-8 -*-
import sys
import arcpy
reload(sys)
sys.setdefaultencoding('utf8')
outputpath = "C:\\Users\\yfqin\\Desktop\\test\\"
shp = outputpath + "fishNet84.shp"
cur = arcpy.UpdateCursor(shp)
forrow incur:
    polygon = row.shape
    ext = polygon.extent
    row.BLX = ext.XMin
```

```
        cur.updateRow(row)
        row.BLY = ext.YMin
        cur.updateRow(row)
        row.URX = ext.XMax
        cur.updateRow(row)
        row.URY = ext.YMax
        cur.updateRow(row)
del cur,row
```

**代码 5-3　计算每个网格的左下角坐标、右上角坐标(详见“chapter5_1.py”)**

执行程序前，需要更改“fishNet84.shp”的保存文件夹路径。完整的代码文件参见“chapter5_1.py”。

**➢步骤 3：计算每个网格的中心点坐标**

为“fishNet84.shp”新建两个 Double 类型的字段“centerX”、“centerY”分别表示网格中心点的经度、网格中心点的纬度。

打开“fishNet84.shp”的属性表，分别右击两个新建字段，点击“Calculate Geometry”，计算网格中心点的经度与纬度(图 5-5)。

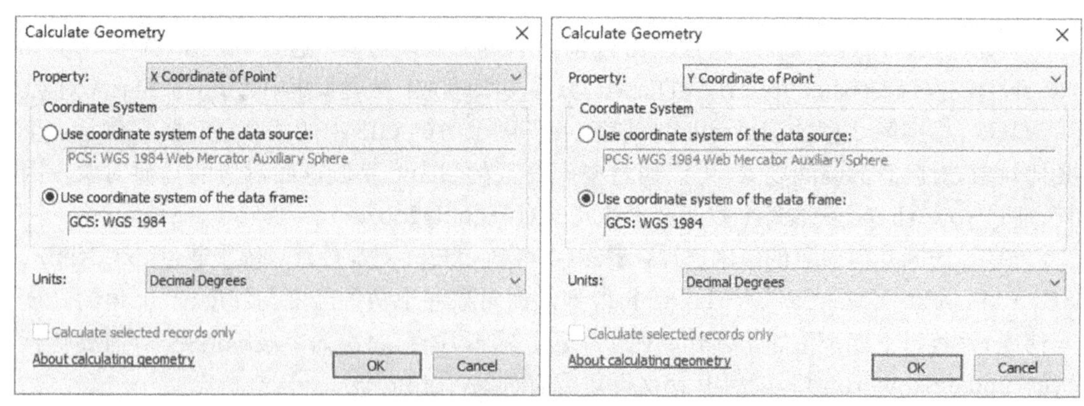


**图 5-5　计算网格中心点的经度与纬度**

**➢步骤 4：导出表格**

将“fishNet84.shp”的属性表导出为 txt 文本文件“fishNet.txt”并删除表头，每条记录(网格)表示一个查询区域(图 5-6)。至此，数据准备完毕。

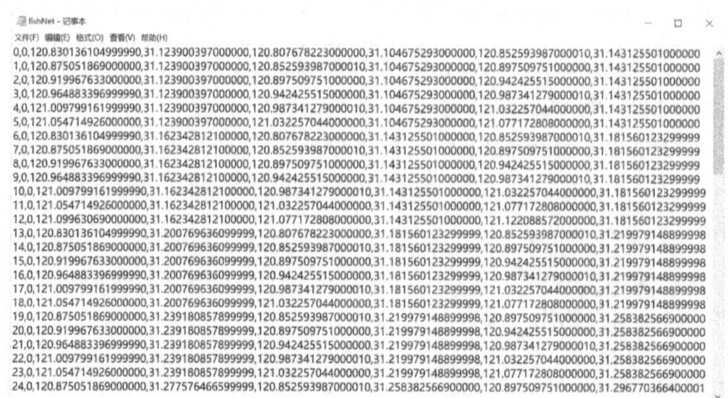

fishNet - 记事本

文件(F) 编辑(E) 格式(O) 查看(V) 帮助(H)

```
0,0,120.830136104999990,31.123900397000000,120.807678223000000,31.104675293000000,120.852593987000010,31.143125501000000
1,0,120.875051869000000,31.123900397000000,120.852593987000010,31.104675293000000,120.897509751000000,31.143125501000000
2,0,120.919967633000000,31.123900397000000,120.897509751000000,31.104675293000000,120.942425515000000,31.143125501000000
3,0,120.964883396999990,31.123900397000000,120.942425515000000,31.104675293000000,120.987341279000010,31.143125501000000
4,0,121.009799161999990,31.123900397000000,120.987341279000010,31.104675293000000,121.032257044000000,31.143125501000000
5,0,121.054714926000000,31.123900397000000,121.032257044000000,31.104675293000000,121.077172808000000,31.143125501000000
6,0,120.830136104999990,31.162342812100000,120.807678223000000,31.143125501000000,120.852593987000010,31.181560123299999
7,0,120.875051869000000,31.162342812100000,120.852593987000010,31.143125501000000,120.897509751000000,31.181560123299999
8,0,120.919967633000000,31.162342812100000,120.897509751000000,31.143125501000000,120.942425515000000,31.181560123299999
9,0,120.964883396999990,31.162342812100000,120.942425515000000,31.143125501000000,120.987341279000010,31.181560123299999
10,0,121.009799161999990,31.162342812100000,120.987341279000010,31.143125501000000,121.032257044000000,31.181560123299999
11,0,121.054714926000000,31.162342812100000,121.032257044000000,31.143125501000000,121.077172808000000,31.181560123299999
12,0,121.099630690000000,31.162342812100000,121.077172808000000,31.143125501000000,121.122088572000000,31.181560123299999
13,0,120.830136104999990,31.200769636099999,120.807678223000000,31.181560123299999,120.852593987000010,31.219979148899998
14,0,120.875051869000000,31.200769636099999,120.852593987000010,31.181560123299999,120.897509751000000,31.219979148899998
15,0,120.919967633000000,31.200769636099999,120.897509751000000,31.181560123299999,120.942425515000000,31.219979148899998
16,0,120.964883396999990,31.200769636099999,120.942425515000000,31.181560123299999,120.987341279000010,31.219979148899998
17,0,121.009799161999990,31.200769636099999,120.987341279000010,31.181560123299999,121.032257044000000,31.219979148899998
18,0,121.054714926000000,31.200769636099999,121.032257044000000,31.181560123299999,121.077172808000000,31.219979148899998
19,0,120.875051869000000,31.239180857899999,120.852593987000010,31.219979148899998,120.897509751000000,31.258382566900000
20,0,120.919967633000000,31.239180857899999,120.897509751000000,31.219979148899998,120.942425515000000,31.258382566900000
21,0,120.964883396999990,31.239180857899999,120.942425515000000,31.219979148899998,120.987341279000010,31.258382566900000
22,0,121.009799161999990,31.239180857899999,120.987341279000010,31.219979148899998,121.032257044000000,31.258382566900000
23,0,121.054714926000000,31.239180857899999,121.032257044000000,31.219979148899998,121.077172808000000,31.258382566900000
24,0,120.875051869000000,31.277576466599999,120.852593987000010,31.258382566900000,120.897509751000000,31.296770366400001
```

**图 5-6　fishNet 文本文件**

### 5.3.2　程序编写

依据5.1分析得到的构造请求URL思路与获取道路主要信息的思路，编写相应的Python程序批量采集数据、生成Shapefile文件。

**➢步骤1：定义POI类**

和第4章相同，POI类(PointWithAttr)表示一个点，其构造函数所需参数为POI的ID(id)、经度(lon)、纬度(lat)、类型(type)和名称(name)。POI类的定义存储在"basics.py"文件中。

**➢步骤2：定义LOI类**

LOI类(LineWithAttr)表示一条线(路径)，其构造函数所需参数为路径的起点(origin，PointWithAttr类型)、终点(destination，PointWithAttr对象)、距离(distance)、通行时间(duration)和路径点经纬度组成的列表(coords)(代码5-4)。LOI类的定义存储在"basics.py"文件中。

```
class LineWithAttr(object):
    def __init__(self, name, coords):
        self.name = name
        # coords 数据类型为列表
        self.coords = coords
```

**代码5-4　定义LOI类(详见"basics.py")**

**➢步骤3：定义采集道路属性信息与道路坐标点的函数**

准备后查询区域文件"fishnet.txt"后，需要定义采集所有区域道路数据的函数，该函数是程序的功能核心。

新函数getRoad(ak，bottemLeft，upRight，centerPoint，level)的参数为密钥(ak)、查询区域左下顶点的经纬度(bottemLeft)、查询区域右上顶点的经纬度(upRight)、查询区域的中心点(centerPoint，PointWithAttr对象)以及道路等级(level，具体值的含义参见表5-1)。bottemLeft和upRight确定查询区域。

首先，函数根据参数ak、bottemLeft、upRight和level构造请求URL(requesturl)。

```
url = "https://restapi.amap.com/v3/traffic/status/rectangle? key=" + ak + \
    "&rectangle=" + bottemLeft + ';'+ upRight + "&level=" + str(level) + \
      "&extensions=all"
```

然后，程序通过Python的urllib2模块和json模块，打开请求URL并下载"交通态势API"返回的json数据。按照表5-2的说明，依次从返回的json数据得到查询区域的畅通路段所占百分比(expedite)、缓行路段所占百分比(congested)、拥堵路段所占百分比(blocked)、未知路段所占百分比(unknown)、区域整体路况(status)与区域路况评价(description)，并将其作为centerPoint的属性，即可以通过访问centerPoint的属性得到以上区域整体路况信息。

json数据"roads"键对应一个存储所有路段信息的列表。接下来，创建空白列表roadObjects以保存基于各路段信息生成的LineWithAttr对象。遍历json数据"roads"键对应的列表，得到每个路段的名称(name)、当前路况(status)、方向(direction)、车行角度

(angle)以及最重要的行程车速(speed)和道路坐标集(polyline)。根据道路坐标集合名称生成 LineWithAttr 对象表示一个路段，将 status、direction、angle 和 speed 作为对象的属性，并将 LineWithAttr 对象追加至 roadObjects。

最终，函数返回 centerPoint 和 roadObjects 构成的列表(代码 5-5)。

```
#返回一个区域内所有的道路信息与坐标，centerPoint 是 PointWithAttr 对象，bottemLeft 和 upRight 是经纬度
def getRoad(ak,bottemLeft,upRight,centerPoint,level):
    roadObjects=[]
    url = "https://restapi.amap.com/v3/traffic/status/rectangle? key="+ ak + \
        "&rectangle="+ bottemLeft + ';'+ upRight + "&level="+ str(level) + \
        "&extensions=all"
    print url
    json_obj = urllib2.urlopen(url)
    mydata = json.load(json_obj)
    if mydata['info'] == "OK":
        roads=mydata['trafficinfo']['roads']
        evaluation=mydata['trafficinfo']['evaluation']
        if(evaluation['blocked'] != []):
            centerPoint.blocked = evaluation['blocked'].split('%')[0]
    else:
        centerPoint.blocked = -1
    if(evaluation['congested']!=[]):
        centerPoint.congested = evaluation['congested'].split('%')[0]
    else:
        centerPoint.congested = -1
    if(evaluation ['expedite']):
        centerPoint.expedite = evaluation['expedite'].split('%')[0]
    else:
        centerPoint.expedite = -1
    if(evaluation['unknown']!=[]):
        centerPoint.unknown=evaluation['unknown'].split('%')[0]
    else:
        centerPoint.unknown = -1
    if(evaluation['description']!=[]):
        centerPoint.description = evaluation['description']
    else:
        centerPoint.description = ''
    for road in roads:
        angle = road['angle']
        direction = road['direction']
        name = road['name']
        polyline = road['polyline']
        coords = polyline.split(';')
```

```
            status = road['status']
            try:
                speed = road['speed']
            except Exception ase:
                speed = '-1'
                roadobject = basics.LineWithAttr(name,coords)
                roadobject.angle = angle
                roadobject.direction = direction
                roadobject.speed = speed
                roadobject.status = status
                roadObjects.append(roadobject)
        else:
            print mydata['info']
            centerPoint.blocked = -1
            centerPoint.congested = -1
            centerPoint.expedite = -1
            centerPoint.unknown = -1
            centerPoint.description = 'none'
        return[centerPoint,roadObjects]
```

**代码 5-5　定义函数 getRoad (ak, bottemLeft, upRight, centerPoint, level )(详见 chapter5_2.py)**

### 5.3.3　程序运行

(1) 程序执行逻辑

程序执行的逻辑如下：

**➢步骤 1：修改变量值**

指定申请的密钥(ak)、采集道路等级(level)，以及“fishNet.txt”中左下顶点经度列号(BLX_position)、左下顶点纬度列号(BLY_position)、右上顶点经度列号(URX_position)、右上顶点纬度列号(URY_position)、中心点经度列号(centerX_position)与中心点纬度的列号(centerY_position)。再指定存储网格信息文件“fishNet.txt”、投影文件“wgs84.prj”和“wgs84project.prj”的文件夹路径 outputpath。程序会通过 arcpy.SpatialReference 方法读取投影文件，构造空间参考对象 wgs84 和 wgs84project(代码 5-6)。

最终程序生成的道路数据 Shapefile(“roads.shp”)和表示各网格整体路况信息的“roadInformation.txt”将同样存储在 outputpath 指示的文件夹下。

```
# -*- coding:utf-8 -*-
import sys
import arcpy
import basics
import json
import os
import urllib2
```

```
reload(sys)
sys.setdefaultencoding('utf8')
from arcpy import env
from arcpy import da
env.overwriteOutput = True
    if __name__ == '__main__':
    #更改的参数
    ak = "36259c5d9e013a3c3715596c4a0f47a9"
    #bottemLeft = "118.777784,32.036383"
    #upRight = "118.789028,32.047223"
    #1：高速(京藏高速)；#2：城市快速路、国道(西三环、103国道)
    #3：高速辅路(G6辅路)；#4：主要道路(长安街、三环辅路)
    #5：一般道路(彩和坊路)；#6：无名道路
    level = 5
    BLX_position = 4
    BLY_position = 5
    URX_position = 6
    URY_position = 7
    centerX_position = 2
    centerY_position = 3
    id_position = 0
    outputpath = "C:\\Users\\yfqin\\Desktop\\test\\"
    #fishNet存储着分隔好的网格经纬度信息(左下点,右上点)
    fishnetxt = outputpath + "fishNet.txt"
    wgs84file = outputpath + "wgs84.prj"
    wgs84projectfile = outputpath + "wgs84project.prj"
    #生成数据的位置
    shp_output = outputpath + "roads.shp"
    txt_output = outputpath + "roadInformation.txt"
    wgs84 = arcpy.SpatialReference(wgs84file)
    wgs84project = arcpy.SpatialReference(wgs84projectfile)
```

**代码 5-6　主程序—修改变量值(详见"chapter5_2.py")**

**➢步骤 2：创建空白的道路数据 Shapefile**

利用 ArcPy 的 CreateFeatureclass_management 工具函数创建空白的 shapefile，shapefile 的类型为"POLYLINE"，坐标系设置为投影坐标("wgs84project.prj")，名称为"roads.shp"。

利用 ArcPy 的 AddField_management 工具函数为新建的 shapefile 添加六个字段：Name、Speed、Status、Angle、Direction 和 Length，分别代表路段的名称、行程车速、路况、行车角度，方向和长度(代码 5-7)。

```
#生成道路 Shapefile
arcpy.CreateFeatureclass_management(os.path.dirname(shp_output),\
                                    os.path.basename(shp_output),\
```

```
                'POLYLINE',"","","", wgs84project)
arcpy.AddField_management(shp_output,"Name","Text")
arcpy.AddField_management(shp_output,"Speed","Double")
arcpy.AddField_management(shp_output,"Status","Text")
arcpy.AddField_management(shp_output,"Angle","Short")
arcpy.AddField_management(shp_output,"Direction","Text")
arcpy.AddField_management(shp_output,"Length","Double")
fields=["SHAPE@","Name","Speed","Status","Angle","Direction","Length"]
array=arcpy.Array()
```

**代码 5-7　主程序-创建 Shapefile(接代码 5-6,详见"chapter5_2.py")**

**➢步骤 3:批量采集道路信息,为 Shapefile 插入新空间要素并采集区域整体路况信息**

首先,读取"fishNet.txt",依次遍历文件的记录。对于每个网格 fishnet:根据 BLX_position、BLY_position、URX_position、URY_position、id_position、centerX_position、centerY_position 指示的左下顶点经度、左下顶点纬度、右上顶点经度、右上顶点纬度、网格ID、网格中心点经度与纬度在文件中的列号,为变量 bottemLeft 和 upRight 赋值,并生成 PointWithAttr 对象 centerPoint。

然后,以 bottemLeft、upRight、level、ak 和 centerPoint 为参数值调用函数 getRoad(ak, bottemLeft, upRight, centerPoint, level),得到函数返回的 centerPoint 和 roadObjects,依据每个路段的信息生成了一个 LineWithAttr 对象,存储在列表 roadObjects 中,即 roadObjects 列表存储着该查询区域(网格)的所有路段信息,每个路段是一个 LineWithAttr 对象,是 roadObjects 列表的一个元素。

其次,遍历列 roadObjects,每个 LineWithAttr 对象的路径坐标用 arcpy.Polyline(array)方法生成线几何对象。再基于 Arcpy 的数据访问模块(data access, da)依次为六个新建字段赋值,用 insertRow(row)方法为"roads.shp 添加一个新的空间要素(线要素)。最终,每条路段均转化为"roads.shp"中的一个线要素(注:GIS 中每个空间要素是一个几何对象,几何对象是空间坐标值和 ArcGIS 支持的空间数据之间转换的桥梁。ArcGIS 支持点、多点、线、多边形等几何对象。)。

此外,依次将网格 id(centerPoint.id)、网格整体路况评价(centerPoint.description)、缓行路段所占百分比(centerPoint.blocked)、拥堵路段所占百分比(centerPoint.congested)、畅通路段所占百分比(centerPoint.expedite)、未知路段所占百分比(centerPoint.unknown)写入文本文件中 txt_output("roadInformation.txt")中(代码 5-8)。

```
#读取每个区域坐标
fn = open(fishnetxt,'r')
fishnets = fn.readlines()
fn.close()
f = open(txt_output,'w')
f.close()
for i in range(0,len(fishnets)):
    fishnet = fishnets[i]
    fishnetInformation = fishnet.split(',')
```

```
    bottemLeft = fishnetInformation[BLX_position] + ','+ fishnetInformation[BLY_position]
    print bottemLeft
    upRight = fishnetInformation[URX_position] + ','+ \
            fishnetInformation[URY_position].split('\n')[0]
    print upRight
    centerPoint = basics.PointWithAttr(fishnetInformation[id_position],\
                                        fishnetInformation[centerX_position],\
                                        fishnetInformation[centerY_position],\
                                        0,fishnetInformation[id_position])
    print centerPoint.id
    results = getRoad(ak, bottemLeft, upRight, centerPoint, level)
    roadObjects = results[1]
    cur = da.InsertCursor(shp_output, fields)
    for roadObject in roadObjects:
        for i in range(0,len(roadObject.coords)):
            coord = roadObject.coords[i]
            lon,lat = coord.split(',')
            pnt = arcpy.Point(lon,lat)
            array.add(pnt)
        polyline = arcpy.Polyline(array,wgs84)
        polylinePeoject = polyline.projectAs(wgs84project)
        array.removeAll()
        newFields = [polylinePeoject,roadObject.name, float(roadObject.speed),\
                  int(roadObject.status), int(roadObject.angle), \
                    roadObject.direction, polylinePeoject.length]
        cur.insertRow(newFields)
    del cur
    #生成路况信息 txt
    f = open(txt_output,'a')
    evaluations = str(centerPoint.id) + ','+ centerPoint.description + ','\
                + str(centerPoint.blocked) + ','+ str(centerPoint.congested) \
                + ','+ str(centerPoint.expedite) + ','+ str(centerPoint.unknown) + '\n'
    f.write(evaluations)
f.close()
```

**代码 5-8 主程序-批量采集信息并为 Shapefile 添加要素(接代码 5-7,详见"chapter5_2.py")**

### ➢步骤 4: 去除 Shapefile 中重复的路段

由于同一个路段可能在不同的网格区域中被查询到,致使最终的 Shapefile 文件出现重复记录,因此需要使用 ArcPy 的 DeleteIdentical_management 工具函数去除重复的线要素(代码 5-9)。

```
print "开始去重"
arcpy.DeleteIdentical_management(shp_output, ["Shape", "Name", "Angle", \
```

```
        "Direction", "Length"])
print "完成"
```

**代码 5-9　去除 Shapefile 中重复的路段(接代码 5-8,详见"chapter5_2.py")**

(2) 运行程序

完整的代码见附录"chapter5_1.py""chapter5_2.py"文件。首先,需要按照 5.2.1 介绍先执行"chapter5_1.py",得到每个查询网格的左下顶点经纬度和右上顶点经纬度,准备好网格文件"fishnet.txt"。执行程序"chapter5_2.py"前,需要指定申请的密钥(ak)、采集道路等级(level),以及"fishNet.txt"中左下顶点经度列号(BLX_position)、左下顶点纬度列号(BLY_position)、右上顶点经度列号(URX_position)、右上顶点纬度列号(URY_position)、中心点经度列号(centerX_position)与中心点纬度的列号(centerY_position)。再指定存储网格信息文件"fishNet.txt"、投影文件"wgs84.prj"和"wgs84project.prj"的文件夹路径 outputpath。最终,程序生成的"roads.shp"存储南京市主城区一般道路及以上等级的路段,每个路段包含车速、路况、方向等说明;"roadInformation.txt"存储着南京市主城区各网格的整体路况信息、畅通路段占比、缓行路段占比、拥堵路段占比以及未知路段占比。

### 5.3.4　南京市主城区晚高峰交通拥堵情况

采集工作日早高峰时段南京主城区道路数据和各网格区域的整体路况信息,最终我们共获取了 1 743 个路段(图 5-7)。根据表示行程车速的字段"Speed"的字段值大小,采用自然间断法(Natural Breaks)将其划分为 5 个等级进行可视化,颜色越浅、越灰表示行程车速越低,颜色越深、越黑表示行程车速越高(图 5-8、图 5-9)。新街口附近的华侨路、丰富路、抄纸巷、马府西街、升州路、塘坊桥等较为拥堵,行程车速在 10 km/h 以下。

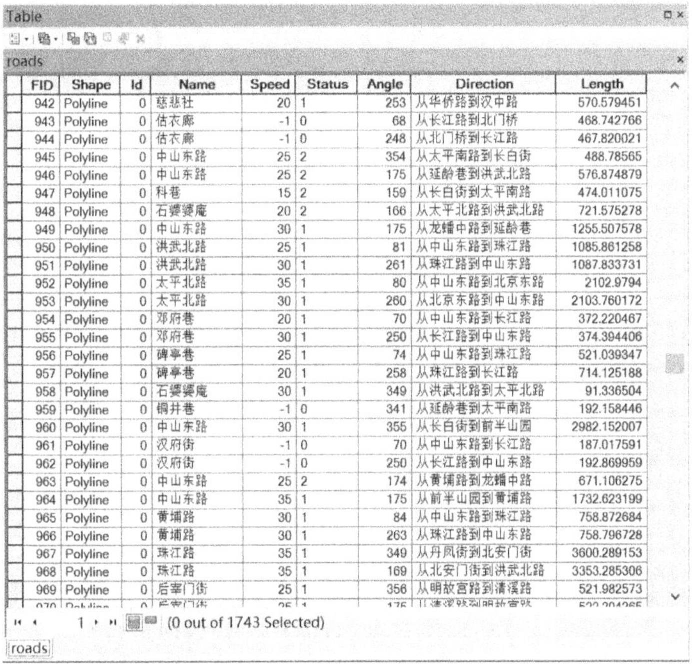

Table

roads

| FID | Shape | Id | Name | Speed | Status | Angle | Direction | Length |
|---|---|---|---|---|---|---|---|---|
| 942 | Polyline | 0 | 慈悲社 | 20 | 1 | 253 | 从华侨路到汉中路 | 570.579451 |
| 943 | Polyline | 0 | 估衣廊 | -1 | 0 | 68 | 从长江路到北门桥 | 468.742766 |
| 944 | Polyline | 0 | 估衣廊 | -1 | 0 | 248 | 从北门桥到长江路 | 467.820021 |
| 945 | Polyline | 0 | 中山东路 | 25 | 2 | 354 | 从太平南路到长白街 | 488.78565 |
| 946 | Polyline | 0 | 中山东路 | 25 | 2 | 175 | 从延龄巷到洪武北路 | 576.874879 |
| 947 | Polyline | 0 | 科巷 | 15 | 2 | 159 | 从长白街到太平南路 | 474.011075 |
| 948 | Polyline | 0 | 石婆婆庵 | 20 | 2 | 166 | 从太平北路到洪武北路 | 721.575278 |
| 949 | Polyline | 0 | 中山东路 | 30 | 1 | 175 | 从龙蟠中路到延龄巷 | 1255.507578 |
| 950 | Polyline | 0 | 洪武北路 | 25 | 1 | 81 | 从中山东路到珠江路 | 1085.861258 |
| 951 | Polyline | 0 | 洪武北路 | 30 | 1 | 261 | 从珠江路到中山东路 | 1087.833731 |
| 952 | Polyline | 0 | 太平北路 | 35 | 1 | 80 | 从中山东路到北京东路 | 2102.9794 |
| 953 | Polyline | 0 | 太平北路 | 30 | 1 | 260 | 从北京东路到中山东路 | 2103.760172 |
| 954 | Polyline | 0 | 邓府巷 | 20 | 1 | 70 | 从中山东路到长江路 | 372.220467 |
| 955 | Polyline | 0 | 邓府巷 | 30 | 1 | 250 | 从长江路到中山东路 | 374.394406 |
| 956 | Polyline | 0 | 碑亭巷 | 25 | 1 | 74 | 从中山东路到珠江路 | 521.039347 |
| 957 | Polyline | 0 | 碑亭巷 | 20 | 1 | 258 | 从珠江路到长江路 | 714.125188 |
| 958 | Polyline | 0 | 石婆婆庵 | 30 | 1 | 349 | 从洪武北路到太平北路 | 91.336504 |
| 959 | Polyline | 0 | 铜井巷 | -1 | 0 | 341 | 从延龄巷到太平南路 | 192.158446 |
| 960 | Polyline | 0 | 中山东路 | 30 | 1 | 355 | 从长白街到前半山园 | 2982.152007 |
| 961 | Polyline | 0 | 汉府街 | -1 | 0 | 70 | 从中山东路到长江路 | 187.017591 |
| 962 | Polyline | 0 | 汉府街 | -1 | 0 | 250 | 从长江路到中山东路 | 192.869959 |
| 963 | Polyline | 0 | 中山东路 | 25 | 2 | 174 | 从黄埔路到龙蟠中路 | 671.106275 |
| 964 | Polyline | 0 | 中山东路 | 35 | 1 | 175 | 从前半山园到黄埔路 | 1732.623199 |
| 965 | Polyline | 0 | 黄埔路 | 30 | 1 | 84 | 从中山东路到珠江路 | 758.872684 |
| 966 | Polyline | 0 | 黄埔路 | 30 | 1 | 263 | 从珠江路到中山东路 | 758.796728 |
| 967 | Polyline | 0 | 珠江路 | 35 | 1 | 349 | 从丹凤街到北安门街 | 3600.289153 |
| 968 | Polyline | 0 | 珠江路 | 35 | 1 | 169 | 从北安门街到洪武北路 | 3353.285306 |
| 969 | Polyline | 0 | 后宰门街 | 25 | 1 | 356 | 从明故宫路到清溪路 | 521.982573 |

(0 out of 1743 Selected)

roads

图 5-7　"roads.shp"的属性表

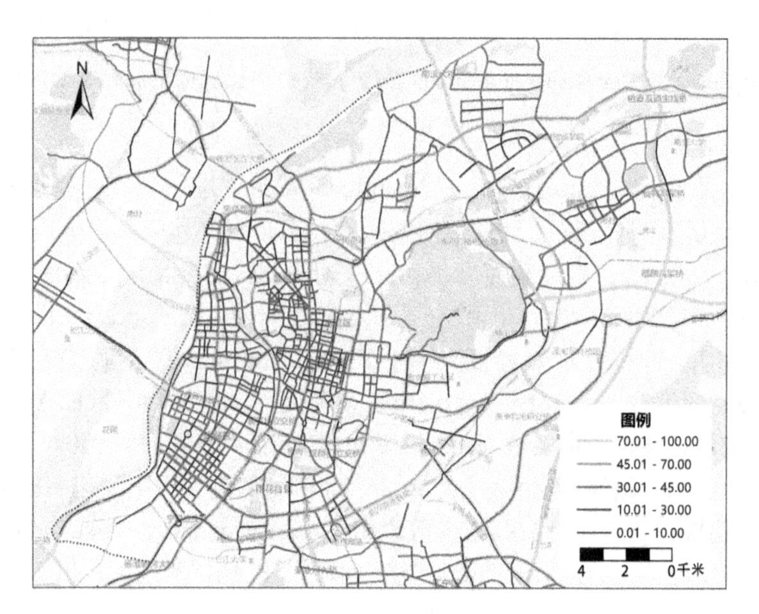


图 5-8 各路段的行程车速

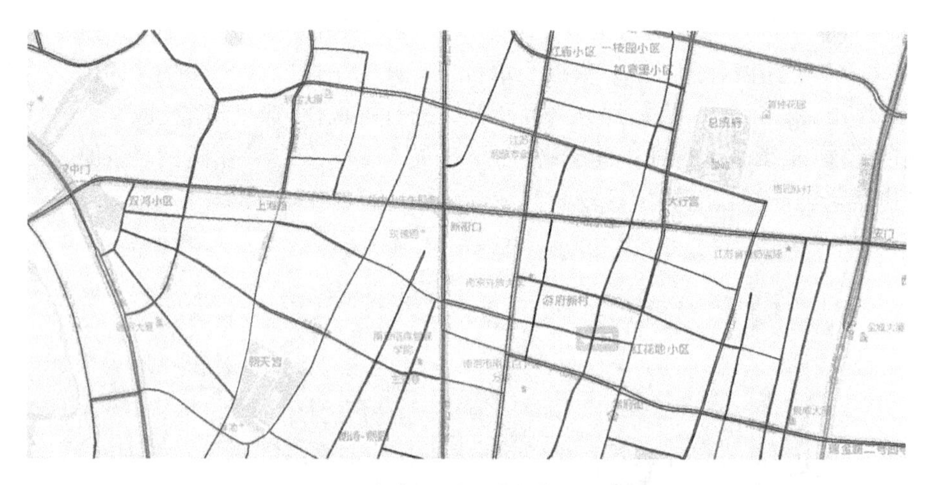


图 5-9 新街口附近路段的行程车速

此外,在 ArcMap 中右击“fishnet_selected. shp”,选择“Join and Relates — Join ...”,将存储各网格路况信息的“roadInformation. txt”基于网格的编号关联至“fishnet_selected. shp”(图 5-10)。之后,根据各网格路况的不同,对网格进行可视化,分为“整体畅通”、“轻度拥堵”、“中度拥堵”和“无数据”四类(图 5-11)。

需要指出的是,尽管互联网地图时空大数据类型丰富、更新速度快,但是互联网电子地图商出于经济成本等原因的考虑,有时候存在数据不完整的情况。例如对于本次采集,南京绕城高速与长江围合的市区道路数据较为完备,但浦口区、江宁区等郊区存在数据缺失。当我们从互联网电子地图采集完毕所需的数据后,需要检查数据是否有缺失,对缺失的数据要进行人工数字化。

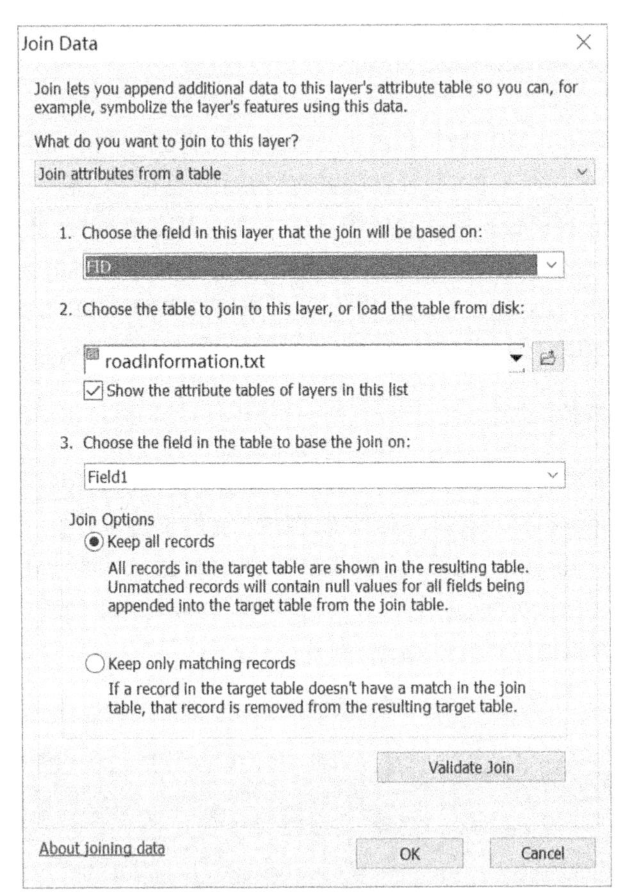


图 5-10　将“roadInformation. txt”关联至网格文件“fishnet_selected. shp”

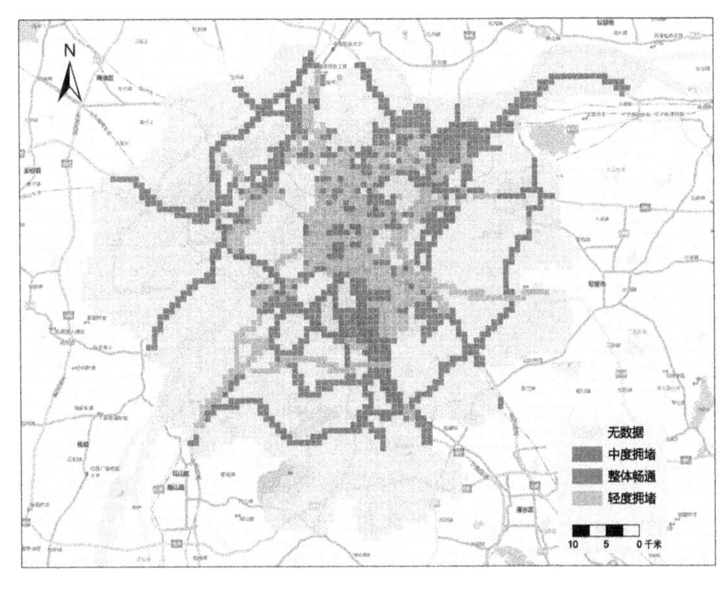


图 5-11　南京各区域的整体路况分布

## 5.4 公交线路数据的采集

百度地图“JavaScript API”是一套由 JavaScript 语言编写的前端应用程序接口，用以辅助开发者在网站中构建功能丰富、交互性强的地图应用，支持 PC 端和移动端基于浏览器的地图应用开发，且支持 HTML5 特性的地图开发。当前百度地图 JavaScript AP 支持 HTTP 和 HTTPS，并且免费对外开放。“JavaScript API”的公交检索服务能够查询公交、地铁线路起终点、途经点（线路）、首末班车时间等详细信息，因此这部分我们以南京市主城区的公交线路数据为例，介绍使用“JavaScript API”采集线路数据的过程与方法。

### 5.4.1 公交线路查询

打开百度地图开放平台“JavaScript API”的介绍页面（http://lbsyun.baidu.com/index.php?title=jspopular），点击左侧导航栏的“示例 DEMO”栏（图 5-12），进入地图 API 示例页面（http://lbsyun.baidu.com/jsdemo.htm#a1_2），再点击左侧导航栏的“查询公交、地铁线路”，之后显示页面“源代码编辑器”中的 JavaScript 代码为我们展示了如何使用“JavaScript API”查询城市的公交线路（图 5-13）。

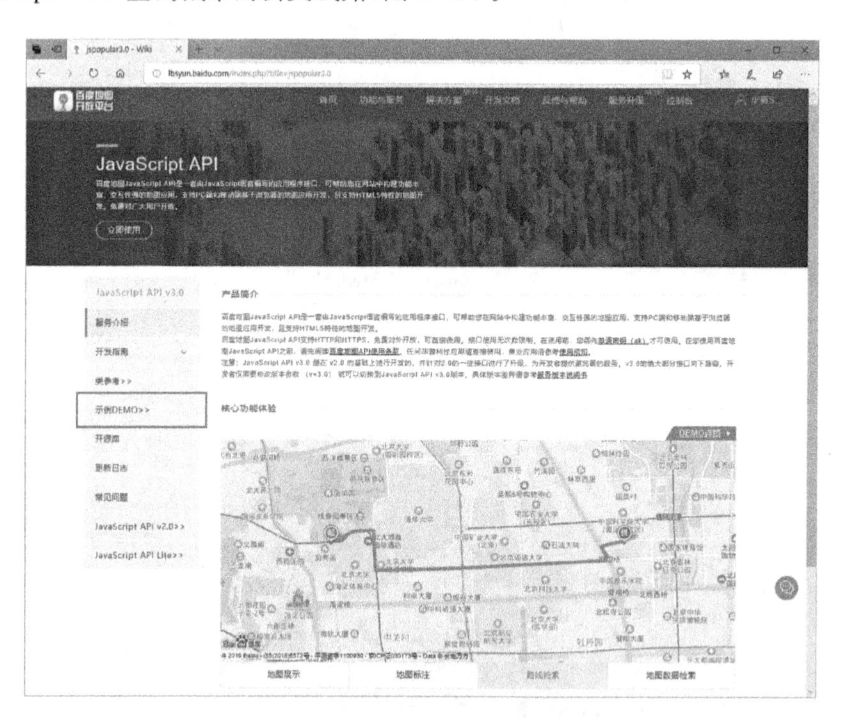


图 5-12 百度地图“JavaScript API”介绍

如果更改“源代码编辑器”的地图显示中心点坐标（map.centerAndZoom(new BMap.Point(116.404, 39.915), 12)），更改公交名称（var busName = 331），便可在页面右侧的显示窗口查看不同城市不同线路的信息。例如，将地图显示中心更改为南京市中心的坐标（118.783353,32.058859），公交名称改为“南京 11 路”后，点击“源代码编辑器”右上方的“运行”按钮，右侧显示页面出现了 11 路的站点、线路、首末班车与所属公司信息（图 5-14）。

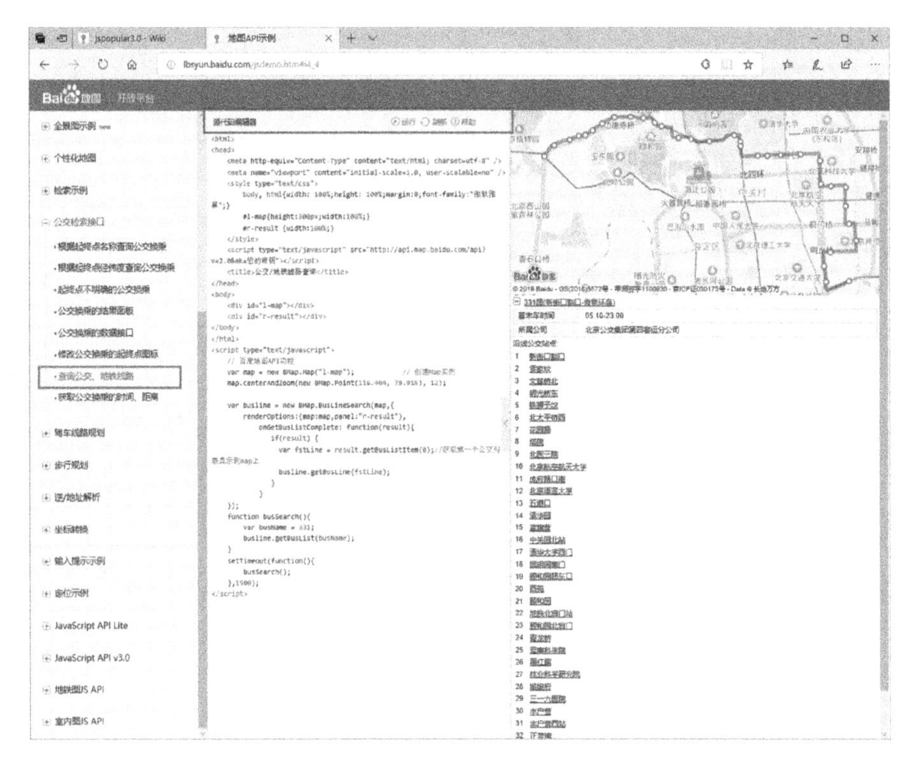

图5-13 示例DEMO中的公交线路查询(一)

## 5.4.2 公交线路数据的批量采集

经过5.3.1的分析,可知若要批量采集公交线路,我们需要在百度地图开放平台给出的DEMO源代码基础上,修改JavaScript脚本程序与“JavaScript API”交互,使程序的功能从查询一条线路变为批量查询若干条线路。不同于python代码,由于JavaScript代码在用户浏览器中执行,因此采集过程的主要逻辑均需要写在JavaScript脚本中。另一方面,线路仅仅在页面显示是不够的,还需要基于ArcPy拓展包编写Python程序,使得展示的线路能够保存为本地的Polyline类型的Shapefile,以便之后的空间分析。

**➢步骤1:布局页面**

为方便操作和简化代码的考虑,我们定义将采集到的线路数据写在页面,这样在浏览器中便可查看到已采集数据。因此,需要使用HTML进行页面布局,使得之后数据能够按照统一的格式显示。

首先,通过<title>标签定义文档的标题,即浏览器打开页面时显示的标题,为“公交路径点采集”。

然后,通过<script>标签加载引用百度地图“JavaScript API”。

最后,定义页面内容。由于<body>元素定义了HTML文档的主体,即可见的页面内容,需要在这部分布局页面内容:①使用<input type = "text">定义两个用于文本输入的单行输入字段,用以表示查询的城市与公交线路名称,两者通过<p>标签分割;②使用<table>标签定义一个表格,表格的id为“data”表名称为“公交信息”,列名称分别为“名

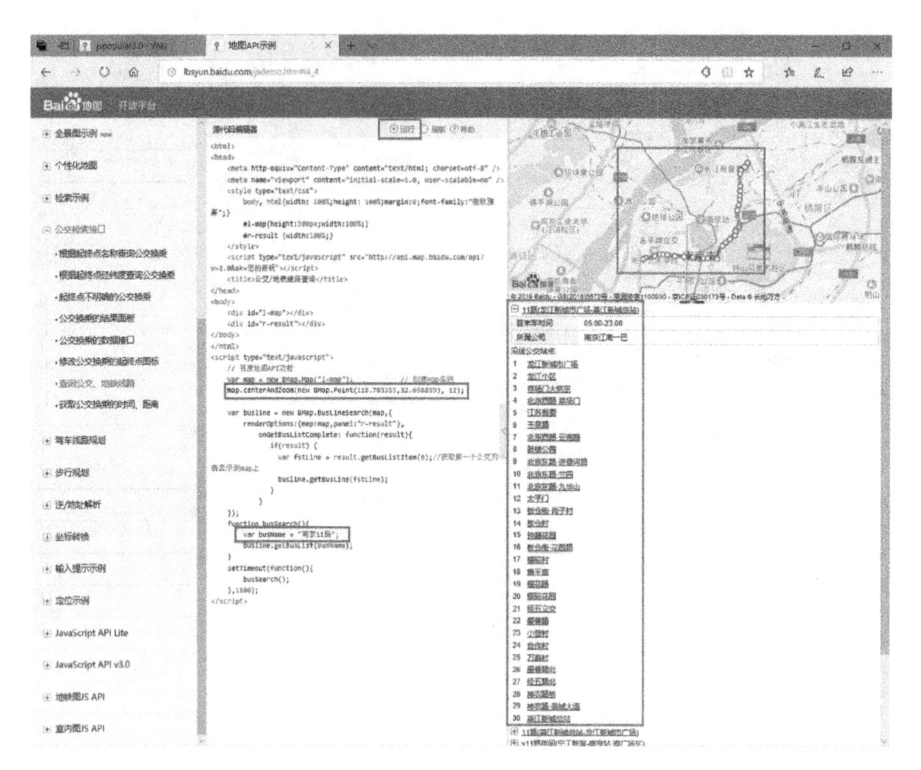

图 5-14　示例 DEMO 中的公交线路查询(二)

称”、“开始时间”、“结束时间”、“公交公司”、“站台数”与“轨迹点”；③使用<input type = "button">标签定义一个按钮，按钮上显示的文本为“查询”，按钮被点击时执行主函数 busSearch()（代码 5-10）。

```
<!DOCTYPE html>
<html lang="en">
<head>
    <meta charset="UTF-8">
    <script type="text/javascript" src="http://api.map.baidu.com/api?v=2.0&ak=wmgu5Zd6PftzQGq5MO8uGKXKgFxZVYov"></script>
    <title>公交路径点采集</title>
</head>
<body>
    <p>
        城市名称: <input type="text" value="南京" id="cityName" />
    </p>
    <p>
        公交名称: <input type="text" value="11路" id="busId" /><input type="button" value="查询" onclick="busSearch();" /> (多条线路查询用逗号分割)
    </p>
        <div>
        <table  id="data">
            <thead>
              <tr style="text-align:center;width:100%;">
                  <td colspan="7" style="font-size:larger;">公交信息</td>
              </tr>
              <tr style="text-align:left;width:100%;">
                  <td colspan="7" style="font-size:larger;">名称,开始时间,结束时间,公交公司,站台数,轨迹点</td>
              </tr>
            </thead>
            <tbody id="tabledata" style="height:100%;width:100%;padding:0;"></tbody>
        </table>
    </div>
</body>
</html>
```

代码 5-10　布局页面(详见 chapter5_3. py)

**➢步骤 2：改写百度 DEMO 的 JavaScript 代码**

接下来，我们要在<script type = "text/javascript">与</script>标签中改写百度地图开放地图“查询公交、地铁线路”DEMO 中的 JavaScript 脚本源代码。该步骤中用到的“JavaScript API”中的服务类、属性与方法见表 5-4，更详细的介绍需要在百度地图开放平台“JavaScript API v2.0. 类参考”页面查看(http://lbsyun.baidu.com/cms/jsapi/reference/jsapi_reference.html#a7b38)。

**表5-4 采集公交线数据用到的类**

<table>
<tr><th>类名称</th><th>构造函数</th><th colspan="2">描述</th></tr>
<tr><td rowspan="4">BusLineSearch<br>公交路线搜索类</td><td>BusLineSearch(location: Map | Point | String, options: BusLineSearchOptions)</td><td colspan="2">创建公交线搜索类。其中 location 表示检索区域,其类型可为地图实例、坐标点或城市名称的字符串。当参数为地图实例时,检索位置由当前地图中心点确定;当参数为坐标时,检索位置由该点所在位置确定;当参数为城市名称时,检索会在该城市内进行</td></tr>
<tr><td>方法</td><td>返回值</td><td>描述</td></tr>
<tr><td>getBusList(keyword: String)</td><td>none</td><td>在用户配置的回调函数中返回公交列表结果,其类型为 BusListResult</td></tr>
<tr><td>getBusLine(busLstItem: BusListItem)</td><td>none</td><td>在用户配置的回调函数中返回该条线路的公交信息,其类型为 BusLine 类型</td></tr>
<tr><th>类名称</th><th>属性</th><th>类型</th><th>描述</th></tr>
<tr><td rowspan="2">BusLineSearchOptions<br>此类表示 BusLineSearch 类的可选参数,没有构造参数,可以通过对象字面量表示</td><td>onGetBusListComplete</td><td>Function</td><td>设置公交列表查询后的回调函数。参数: rs: BusListResult 类型</td></tr>
<tr><td>onGetBusLineComplete</td><td>Function</td><td>设置公交线路查询后的回调函数。参数: rs: BusLine 类型</td></tr>
<tr><th>类名称</th><th>方法</th><th>返回值</th><th>描述</th></tr>
<tr><td>BusListResult<br>公交列表查询成功回调函数的参数对象</td><td>getBusListItem(i: Number)</td><td>BusListItem</td><td>获取某一个具体的公交列表中的对象。0 表示上行,1 表示下行</td></tr>
<tr><th>类名称</th><th>属性</th><th>类型</th><th>描述</th></tr>
<tr><td>BusListItem<br>一个具体公交对象</td><td>name</td><td>String</td><td>线路名称</td></tr>
<tr><th>类名称</th><th>属性</th><th>类型</th><th>描述</th></tr>
<tr><td rowspan="7">BusLine<br>表示公交线路结果的公交线,没有构造函数,通过检索回调函数获得</td><td>name</td><td>String</td><td>线路名称</td></tr>
<tr><td>startTime</td><td>String</td><td>首班车时间</td></tr>
<tr><td>endTime</td><td>String</td><td>末班车时间</td></tr>
<tr><td>company</td><td>String</td><td>公交线路所属公司</td></tr>
<tr><td>方法</td><td>返回值</td><td>描述</td></tr>
<tr><td>getNumBusStations()</td><td>Number</td><td>获取公交站点个数</td></tr>
<tr><td>getPath()</td><td>Array <Point></td><td>返回公交线地理坐标点数组</td></tr>
</table>

第一步,构造一个公交线路搜索类(BusLineSearch)的对象。通过 document.getElementById 方法获取以页面中文本框(id 为“cityName”)的城市名称,并将其作为 BusLineSearch 构造函数的参数,创建一个公交线路搜索类 BusLineSearch 的对象 busline。

第二步,编写主函数 busSearch(),页面中的按钮被点击时,将执行该函数。函数通过 document.getElementById 从页面文本框(id 为“busId”)获取文本框中的公交线路名称。由于需要查询多条公交线路,因此函数将遍历每个公交线路的名称,并以每个公交名称为参数,调用 busline 的 getBusList(keyword: String)方法进行公交列表查询,在该方法的回调函数 OnGetBusListComplete 中返回 BusListResult 类型的公交列表结果，其中公交列表结果类型为 BusListResult。

第三步，完善回调函数 OnGetBusListComplete。OnGetBusListComplete 是公交列表查询后的回调函数，回调函数从 result（BusListResult 类型）得到一个具体的公交对象 fstLine（BusListItem 类型），fstLine 表示在某个公交线路名称对应的公交线路对象。然后，以 fstLine 为参数，调用 busline 的 getBusLine（busLstItem：BusListItem）方法，在该方法的回调函数 onGetBusLineComplete 中返回该条线路的公交信息，其中线路的公交信息为 BusLine 类型。

第四步，完善回调函数 onGetBusLineComplete。onGetBusLineComplete 是公交线路查询后的回调函数，回调函数从 busline（BusLine 类型）得到公交线路的运营开始时间（startTime）、运营结束时间（endTime）、公交客运公司（company）、公交站点数量（numBusStations）、公交名称（name）以及线路轨迹的坐标点（path）。最后，将上述公交信息拼接为字符串 dataHtml，并通过 document. getElementById（" tabledata "）. innerHTML = dataHtml 语句，将公交信息显示在页面中（代码 5-11）。

```
var busline
var dataHtml = ''
busline = new BMap. BusLineSearch(document. getElementById("cityName"). value, {
    onGetBusListComplete: function (result) {
        if (result) {
            lineNum = result. getNumBusList()
            //去程公交
            var fstLine = result. getBusListItem(0);
            busline. getBusLine(fstLine);
        }
    },
    onGetBusLineComplete: function (busline) {
        if (busline) {
            //公交信息
            var startTime = busline. startTime;
            var endTime = busline. endTime;
            var company = busline. company;
            var numBusStations = busline. getNumBusStations();
            var name = busline. name
            var data = name + ';' + startTime + ';' + endTime + ';'
                + company + ';' + numBusStations + "<br>";
            dataHtml + = data
            //公交轨迹点信息
            var points = busline. getPath();
            var path = "";
            var linedata = "";
            for (var i = 0; i<points. length; i+ +) {
```

```
                path + = points[i].lng;
                path + = ",";
                path + = points[i].lat;
                path + =";";
            }
            dataHtml =dataHtml + path + "<br>";
            document.getElementById("tabledata").innerHTML = dataHtml;
        }
    }
});
function busSearch() {
    tabledataHtml = ''
    tabledataPath = ''
    var busName = document.getElementById("busId").value;
    if (busName ! = '') {
        var list = busName.split(/[,,]/); //正则表达式
        if (list.length> 0) {
            for (var kk = 0; kk <list.length; kk+ + ) {
                busline.getBusList(list[kk]);
            }
        }
    }
    else {
        alert('请输入查询公交名称')
    }
```

**代码 5-11　<Script>标签中的代码(接代码 5-10,详见"chapter5_3.py")**

至此,采集公交线路数据的代码完成,完整的代码请查看"chapter5_3.html"。

**➢步骤 3: 准备公交线路名称文件**

在正式采集南京市主城区公交线路数据前,我们需要准备公交线路名称文件,即确定南京市主城区有哪些公交线路、需要采集哪些线路的数据,将需要采集线路的名称写在文本文件中。

8684 公交查询网(https://www.8684.cn/)提供了全国各大城市公交名称的查询(图 5-15)。根据 8684 公交查询网的列表导航,依次按照字母和数字的顺序将需要查询的线路的名称写在文本文件"南京公交名称.txt"中,名称之间以逗号","隔开(图 5-16)。

**➢步骤 4: 采集数据**

通过浏览器打开"chapter5_3.html",浏览器将显示页面"公交路径点采集",复制步骤3准备的"南京公交名称.txt"中的内容。将复制的内容粘贴到"公交路径点采集"页面中公交名称对应的文本框中,并将城市名称对应的文本框内容修改为"南京"。最后点击"查询"按钮,南京市主城区公交线路的各项信息便显示在了页面中(图 5-17)。

待查询完毕后，复制“公交路径点采集”页面上的公交信息到文本文件“busInformation_BD.txt”中(图 5-18)。至此，公交线数据采集完毕。

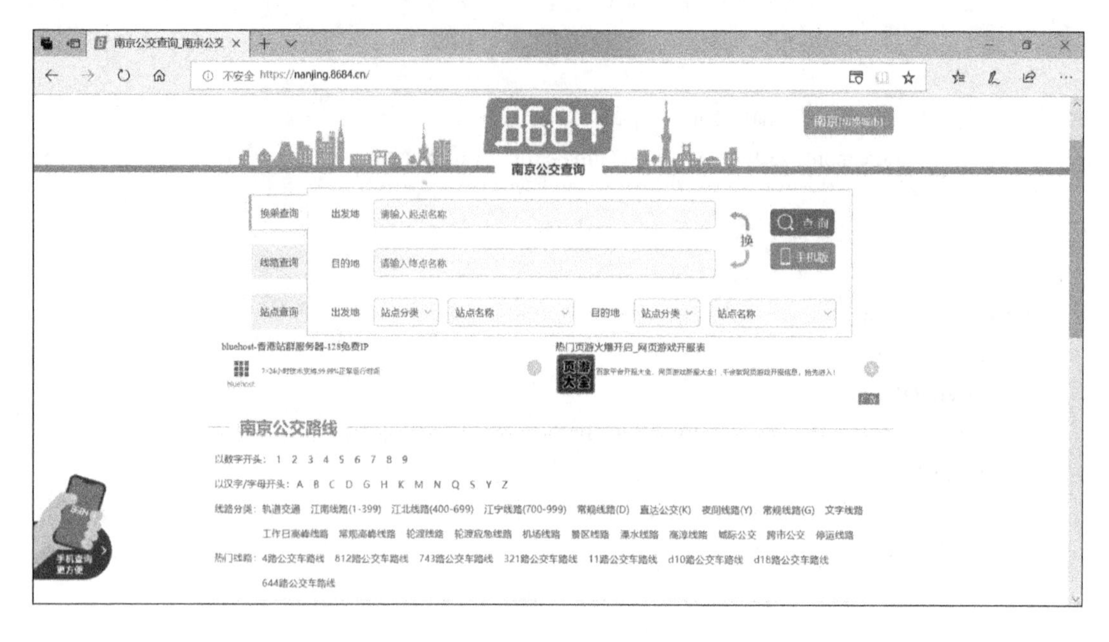


图 5-15　南京市公交线路名称查询

南京公交名称 - 记事本

文件(F) 编辑(E) 格式(O) 查看(V) 帮助(H)

190路,195路,1路,10路,11路,12路,13路,14路,16路,17路,18路,19路,100路,107路,109路,110路,111路,112路,113路,114路,115路,117路,118路,121路,101路,125路,126路,129路,130路,133路,134路,138路,139路,140路,141路,142路,153路,158路,197路,146路,194路,147路,160路,162路,165路,170路,169路,196路,171路,178路,179路,145路,182路,115路地铁专线,186路,116路,198路,199路,184路,136路,176路,163路,159路,135路,164路,108路,179路高峰巴士,186路高峰巴士,103路,180路,196路区间,127路,140路高峰巴士,181路,130路区间,118路高峰巴士,166路,105路,131路,191路区间,191路,183路,102路,104路,100路区间,206路,207路,208路,202路,2路,204路,205路,20路,21路,22路,23路,25路,26路,27路,28路,29路,200路,202路区间,29路高峰巴士,24路,20路区间,3路,30路,31路,32路,33路,34路,35路,36路,37路,39路,331路,301路,302路,303路,304路,305路,306路,307路,308路,309路,310路,311路,313路,315路,316路,317路,318路,339路,322路,324路,325路,326路,334路,321路,323路,327路,333路,328路,329路,330路,335路,336路,337路,320路,34路区间,314路,332路,338路,340路,31路区间,321路区间,300路,312路,4路,40路,41路,42路,43路,44路,45路,46路,47路,48路,430路,431路,400路,428路,408路,423路,427路,405路,417路,406路,424路,414路,403路,475路,474路,401路,415路,422路,402路,418路,416路,483路,484路,440路,441路,442路,443路,444路,468路,449路,456路,455路,463路,458路,445路,472路,450路,452路,454路,448路,461

图 5-16　南京市公交线路名称

图 5-17　浏览器显示查询到的公交线路信息

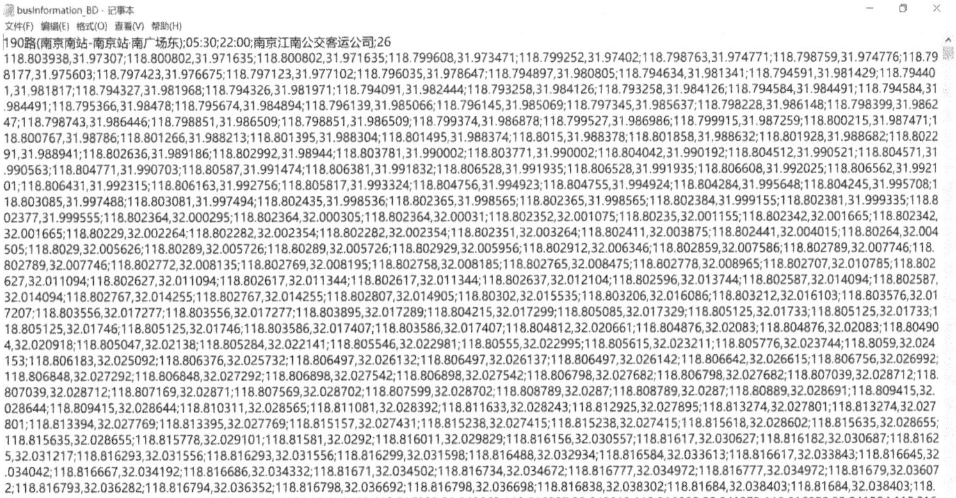

busInformation_BD - 记事本

文件(F)　编辑(E)　格式(O)　查看(V)　帮助(H)

190路(南京南站-南京站·南广场东);05:30;22:00;南京江南公交客运公司;26
118.803938,31.97307;118.800802,31.971635;118.800802,31.971635;118.799608,31.973471;118.799252,31.97402;118.798763,31.974771;118.798759,31.974776;118.79
8177,31.975603;118.797423,31.976675;118.797123,31.977102;118.796035,31.978647;118.794897,31.980805;118.794634,31.981341;118.794591,31.981429;118.79440
1,31.981817;118.794327,31.981968;118.794326,31.981971;118.794091,31.982444;118.793258,31.984126;118.793258,31.984126;118.794584,31.984491;118.794584,31
.984491;118.795366,31.98478;118.795674,31.984894;118.796139,31.985066;118.796145,31.985069;118.797345,31.985637;118.798228,31.986148;118.798399,31.9862
47;118.798743,31.986446;118.798851,31.986509;118.798851,31.986509;118.799374,31.986878;118.799527,31.986986;118.799915,31.987259;118.800215,31.987471;1
18.800767,31.98786;118.801266,31.988213;118.801395,31.988304;118.801495,31.988374;118.8015,31.988378;118.801858,31.988632;118.801928,31.988682;118.8022
91,31.988941;118.802636,31.989186;118.802992,31.98944;118.803781,31.990002;118.803771,31.990002;118.804042,31.990192;118.804512,31.990521;118.804571,31
.990563;118.804771,31.990703;118.80587,31.991474;118.806381,31.991832;118.806528,31.991935;118.806528,31.991935;118.806608,31.992025;118.806562,31.9921
01;118.806431,31.992315;118.806163,31.992756;118.805817,31.993324;118.804756,31.994923;118.804755,31.994924;118.804284,31.995648;118.804245,31.995708;1
18.803085,31.997488;118.803081,31.997494;118.802435,31.998536;118.802365,31.998565;118.802365,31.998565;118.802384,31.999155;118.802381,31.999335;118.8
02377,31.999555;118.802364,32.000295;118.802364,32.000305;118.802364,32.00031;118.802352,32.001075;118.80235,32.001155;118.802342,32.001665;118.802342,
32.001665;118.80229,32.002264;118.802282,32.002354;118.802282,32.002354;118.802351,32.003264;118.802411,32.003875;118.802441,32.004015;118.80264,32.004
505;118.8029,32.005626;118.80289,32.005726;118.80289,32.005726;118.802929,32.005956;118.802912,32.006346;118.802859,32.007586;118.802789,32.007746;118.
802789,32.007746;118.802772,32.008135;118.802769,32.008195;118.802758,32.008185;118.802765,32.008475;118.802778,32.008965;118.802707,32.010785;118.802
627,32.011094;118.802627,32.011094;118.802617,32.011344;118.802617,32.011344;118.802637,32.012104;118.802596,32.013744;118.802587,32.014094;118.802587,
32.014094;118.802767,32.014255;118.802767,32.014255;118.802807,32.014905;118.80302,32.015535;118.803206,32.016086;118.803212,32.016103;118.803576,32.01
7207;118.803556,32.017277;118.803556,32.017277;118.803895,32.017289;118.804215,32.017299;118.805085,32.017329;118.805125,32.01733;118.805125,32.01733;1
18.805125,32.01746;118.805125,32.01746;118.803586,32.017407;118.803586,32.017407;118.804812,32.020661;118.804876,32.02083;118.804876,32.02083;118.80490
4,32.020918;118.805047,32.02138;118.805284,32.022141;118.805546,32.022981;118.80555,32.022995;118.805615,32.023211;118.805776,32.023744;118.8059,32.024
153;118.806183,32.025092;118.806376,32.025732;118.806497,32.026132;118.806497,32.026137;118.806497,32.026142;118.806642,32.026615;118.806756,32.026992;
118.806848,32.027292;118.806848,32.027292;118.806898,32.027542;118.806898,32.027542;118.806798,32.027682;118.806798,32.027682;118.807039,32.028712;118.
807039,32.028712;118.807169,32.02871;118.807569,32.028702;118.807599,32.028702;118.808789,32.0287;118.808789,32.0287;118.80889,32.028691;118.809415,32.
028644;118.809415,32.028644;118.810311,32.028565;118.811081,32.028392;118.811633,32.028243;118.812925,32.027895;118.813274,32.027801;118.813274,32.027
801;118.813394,32.027769;118.813395,32.027769;118.815157,32.027431;118.815238,32.027415;118.815238,32.027415;118.815618,32.028602;118.815635,32.028655;
118.815635,32.028655;118.815778,32.029101;118.81581,32.0292;118.816011,32.029829;118.816156,32.030557;118.81617,32.030627;118.816182,32.030687;118.8162
5,32.031217;118.816293,32.031556;118.816293,32.031556;118.816299,32.031598;118.816488,32.032934;118.816584,32.033613;118.816617,32.033843;118.816645,32
.034042;118.816667,32.034192;118.816686,32.034332;118.81671,32.034502;118.816734,32.034672;118.816777,32.034972;118.816777,32.034972;118.81679,32.03607
2;118.816793,32.036282;118.816794,32.036352;118.816798,32.036692;118.816798,32.036698;118.816838,32.038302;118.81684,32.038403;118.81684,32.038403;118.
816837,32.039033;118.816833,32.039783;118.816831,32.040153;118.816827,32.040863;118.816827,32.040913;118.816825,32.041273;118.816823,32.041584;118.816

图 5-18　复制到文本文件中的公交线路信息

### 5.4.3 基于"坐标转换 API"转换坐标

接下来，要进行坐标转换操作，将公交轨迹点从百度坐标系(bd0911)转换为 GCJ02 坐标系，以便公交线能够和 POI、道路等数据正确叠置。高德地图"坐标转换 API"是一类简单的 HTTP 接口，能够将用户输入的非高德坐标(GPS 坐标、mapbar 坐标、baidu 坐标)转换成高德坐标(即 GCJ02 坐标)，这里我们使用高德地图的"坐标转换 API"来实现坐标转换操作。

**➢步骤 1：高德地图"坐标转换 API"请求参数与结构**

高德地图"坐标转换 API"的请求参数主要有密钥(key)、原坐标点(locations)、原坐标点的坐标系(coordsys)(表 5-5)。根据上述参数可以构造出一个坐标转换的请求 URL：http://restapi.amap.com/v3/assistant/coordinate/convert? key=36259c5d9e013a3c3715596c4a0f47a9&locations=116.481499,39.990475&coordsys=baidu

表 5-5 高德地图"坐标转换 API"主要请求参数

| 参数名 | 必选 | 默认值 | 含义 |
|---|---|---|---|
| key | 是 | — | 密钥 |
| locations | 是 | — | 需转换的源坐标，经度和纬度用","分割，例如：116.481499，39.990475 |
| coordsys | 否 | autonavi | 源坐标类型：<br>gps(GPS 设备获取的角度坐标，WGS84 坐标)；<br>baidu(百度地图采用的经纬度坐标)；<br>mapbar(mapbar 地图坐标)；<br>autonavi(不进行转换) |

若替换 locations 的经纬度坐标对，构造一个新的 URL，那么可以对其他点进行坐标转换。

**➢步骤 2：高德地图"坐标转换 API"返回数据**

在浏览器中打开步骤 1 中构造的 URL，可查看接口返回的 JSON 数据(代码 5-12)：


```
{
    "status":"1",
    "info":"ok",
    "infocode":"10000",
    "locations":"116.4748955248,39.984717169345"
}
```


代码 5-12 高德地图"坐标转换 API"返回的 JSON 数据

接口返回的 JSON 数据中各参数的具体含义如表 5-6 可知，我们需要的信息'locations'键值对应的字符串。若定义返回的 JSON 数据为 jsonData，"jsonData['a']"表示 JSON 数据下一层级 'a' 键对应的值，那么转换后的坐标所在位置为 jsonData['locations']。

**表 5-6　高德地图“坐标转换 API”返回结果参数说明**

| 参数名 | 含义 |
| --- | --- |
| status | 返回状态，值为 0 或 1。1：成功；0：失败 |
| info | 返回的状态信息，status 为 1 时，返回“OK” |
| locations | 转换之后的坐标，即国测局(GCJ02)坐标( google 地图、soso 地图、aliyun 地图、mapabc 地图和 amap 地图所用坐标) |

### ➢步骤 3：编写转换坐标的函数

在“basics. py”中定义新函数 BDtoGCJ(ak，oldPoint)，函数的参数为密钥(ak)以及原坐标(oldPoint)。函数根据 ak 和 oldPoint 构造出坐标转换的请求 url，从接口返回的 JSON 数据中获取转换后的坐标(newPoint)。最后，函数返回转换后的新坐标 newPoint(代码 5-13)。

```
#百度坐标系转换为国测局坐标(火星坐标,高德坐标,腾讯坐标)
def BDtoGCJ(ak,oldPoint):
    url = "http://restapi.amap.com/v3/assistant/coordinate/convert? key = " + ak \
        + "&locations = " + oldPoint.lon + "," + oldPoint.lat + "&coordsys = baidu"
    json_obj = urllib2.urlopen(url)
    mydata = json.load(json_obj)
    if mydata['info'] == "ok":
        newLon,newLat = mydata['locations'].split(',')
        newPoint = PointWithAttr(0,newLon,newLat,"GCJ02","GCJ02")
    else:
        print mydata['info']
        newPoint = '-1'
    return newPoint
```

**代码 5-13　百度坐标到国测局(火星坐标、高德坐标)(详见“basics. py”)**

### ➢步骤 4：批量进行坐标转换

我们通过多次调用步骤 3 中定义的函数 BDtoGCJ(ak，oldPoint)，把采集数据“busInformation_BD. txt”中的路径轨迹点从百度坐标系转换至国测局(火星坐标、高德坐标系)。

首先，为变量申请的密钥(ak)、存储公交信息文件“busInformation_BD. txt”的文件夹路径 outputpath 赋值，并在该文件夹下新建文本文件“busInformation_GD. txt”，用以存储坐标转换后的公交信息。

然后，程序依次读取“busInformation_BD. txt”的每一行，若是该行是存储公交名称、开始运营时间、结束运营时间、公交客运公司以及公交站点数量的记录，那么把该行内容追加至“busInformation_GD. txt”；若是该行是存储公交轨迹路径点的记录，那么把每个路径点坐标作为参数调用函数 BDtoGCJ(ak，oldPoint)，得到转换后的新坐标，并将新坐标追加至“busInformation_GD. txt”(代码 5-14)。

```
# -*- coding:utf-8 -*-
import sys
import basics
reload(sys)
sys.setdefaultencoding('utf8')
```

```
# 更改的参数
ak = "fe71714e13768d1d6623b829ca81b526"
outputpath = "C:\\Users\\yfqin\\Desktop\\test\\"
busInformationTxt = outputpath + "busInformation_BD.txt"
newbusInformation = outputpath + "busInformation31.txt"
# 批量进行坐标转换
f = open(busInformationTxt, 'r')
buslines = f.readlines()
f.close()
f = open(newbusInformation,'a')
for i in range(0,len(buslines)):
    busline = buslines[i]
    busInformation = busline.split(';')
    if(len(busInformation)) == = 5:
        f.write(busline)
    else:
        for j in range(0,len(busInformation) - 1):
            coord = busInformation[j]
            oldLon = coord.split(',')[0]
            oldLat_ = coord.split(',')[1]
            oldLat = oldLat_.split('\n')[0]
            #坐标系转换
            oldPoint = basics.PointWithAttr(0, oldLon, oldLat, "BD", "BD")
            newPoint = basics.BDtoGCJ(ak,oldPoint)
            print newPoint.lon + ','+ newPoint.lat + ';'
            f.write(newPoint.lon+','+newPoint.lat+';')
        f.write('\n')
    print i
f.close()
```

**代码 5-14　批量进行百度坐标到国测局坐标的转换(详见"chapter5_4.py")**

最终,outputpath 指示的文件夹下的"busInformation_GD.txt"存储了经过坐标转换后的公交信息(图 5-19)。

完整的代码参见"chapter5_4.py"文件。

### 5.4.4　数据文件生成

最后,进行文本文件到 Shapefile 数据文件的转换操作。我们要根据"busInformation_GD.txt"存储的公交名称、运营起始时间、运营结束时间、公交客运公司、站点个数以及轨迹点坐标信息,生成公交线路 Shapefile,使得能够在 ArcGIS 中对公交线路进行可视化和空间分析。生成 Polyline 类型的 Shapefile 需要借助 ArcPy 拓展包。在前面定义好 PointWithAtrr 类和 LineWithAttr 类的基础上:

**➢步骤 1:修改变量值**

执行程序前,需要先把"busInformation_GD.txt"、投影文件"wgs84.prj"以及

```
busInformation_GD - 记事本
文件(F) 编辑(E) 格式(O) 查看(V) 帮助(H)
190路(南京南站-南京站·南广场东);05:30;22:00;南京江南公交客运公司;26
118.797520715919,31.966713274915;118.794380327993,31.965290314081;118.794380327993,31.965290314081;118.793185814126,31.967133820267;118.79282961
6222,31.967685319103;118.792340306994,31.968439943148;118.792336303341,31.968444973455;118.791753824157,31.96927656083;118.790999112466,31.97035
4959647;118.790698800948,31.970784646682;118.789609530002,31.972340050457;118.788470494902,31.974510145;118.788207262977,31.975049102836;118.788
164224385,31.975137591909;118.787974049521,31.975527770693;118.787899979732,31.975679627138;118.787898979734,31.975682638986;118.787663745641,31
.97615838643;118.786829845624,31.977850477185;118.786829845624,31.977850477185;118.788160267273,31.978200454977;118.788160267273,31.978200454977
;118.788944773796,31.978481271983;118.789253724352,31.978592186857;118.789720119183,31.978759679198;118.789726137655,31.978762622429;118.7909296
33798,31.979319880113;118.791815086061,31.979823803242;118.791986539519,31.979921512999;118.792331430207,31.980117997111;118.792439704455,31.980
180229449;118.792439704455,31.980180229449;118.792964057128,31.980545679168;118.79311744017,31.980652687913;118.793506384607,31.980923270645;118
.793807090007,31.981133497468;118.794360327628,31.981519453911;118.79486038116,31.9818699493;118.79498964289,31.981960340021;118.79508984229,31.9
82029878422;118.795094852697,31.982033855724;118.79545354838,31.982286283722;118.79552368087,31.982335990704;118.795887347226,31.98259354621;118
.796232947533,31.982837290046;118.796589535478,31.983090114118;118.797379718494,31.983649943838;118.797369711632,31.983649969459;118.79764107758
3,31.983839359766;118.798111665381,31.984167471476;118.798170735697,31.98420937534;118.798370964783,31.984349074061;118.799471033844,31.98511911
5343;118.799982419751,31.985477071159;118.800129517733,31.985580105693;118.800129517733,31.985580105693;118.800209601546,31.985670142204;118.800
163677486,31.985746153734;118.800032887869,31.985960197099;118.799765305013,31.986401338097;118.799419809475,31.986969621935;118.798359990913,31
.988570173787;118.798358991398,31.988571175636;118.797888416003,31.989296214473;118.797849448045,31.989356310007;118.796690172972,31.99113981207
2;118.796686174598,31.991145826324;118.796040428538,31.992190341741;118.795970379297,31.992219619746;118.795970379297,31.992219619746;118.795989
874524,31.992809671162;118.795987014135,31.99298972059;118.795983182949,31.993209781924;118.79597073908,31.993949983338;118.795970746649,31.9939
59985338;118.795970750432,31.993964986338;118.79595930603,31.994730183557;118.79595736211,31.994810206788;118.79594971898 8,31.995320334778;118.7
95949718988,31.995320334778;118.795898080108,31.995919650718;118.795890132899,31.996009698835;118.795890132899,31.996009698835;118.795959808431,
31.996919584746;118.796020256536,31.997530452749;118.796050373667,31.997670359897;118.796249868435,31.998159692895;118.796510749427,31.999279945
114;118.796500794237,31.999379993403;118.796500794237,31.999379993403;118.796539952079,31.99960989367;118.796523138652,32.000000004518;118.79647
0685542,32.001240342728;118.796400691859,32.001400604467;118.796400691859,32.001400604467;118.796383844689,32.001789708773;118.79638086725,32.00
1849726044;118.796369852604,32.001839763725;118.796376979688,32.002129770844;118.7963901862,32.002619776399;118.796319735757,32.004440191079;118
.796239746149,32.004749503825;118.796239746149,32.004749503825;118.796229804123,32.004999558306;118.796229804123,32.004999558306;118.79625001027
1,32.005759534242;118.796209270168,32.007399763382;118.796200307104,32.007749808577;118.796200307104,32.007749808577;118.796380500818,32.0079101
64017;118.796380500818,32.007910164017;118.796420601104,32.008560040174;118.796633834272,32.009189330217;118.796820011116,32.009739741489;118.79
6826016391,32.00975672298;118.797190287367,32.010859656764;118.797170269446,32.010929710895;118.797170269446,32.010929710895;118.797509505753,32
.010940830862;118.79782970129,32.010950102505;118.79870009697,32.010978626009;118.798740110397,32.010979575872;118.798740110397,32.010979575872;
118.798740103593,32.011109573966;118.798740103593,32.011109573966;118.79720028515,32.011059626736;118.79720028515,32.011059626736;118.7984265388
```

**图 5-19　经过坐标转换的公交线路信息**

"wgs84project. prj"放在同一个文件夹中。第一步，修改变量值，即为密钥(ak)变量以及存放"busInformation_GD. txt"的文件夹路径(outputpath)变量赋值。程序会通过 arcpy. SpatialReference 方法读取投影文件，构造空间参考对象 wgs84 和 wgs84project。

最终程序生成的公交线路 Shapefile 也将会保存在 outputpath 指示的文件夹下(代码 5-15)。

```
# -*- coding:utf-8 -*-
import sys
import arcpy
from arcpy import da
from arcpy import env
import os
reload(sys)
sys.setdefaultencoding('utf8')
env.overwriteOutput = True
#基于公交信息文本文件,生成公交 Shapefile
ak = "fe71714e13768d1d6623b829ca81b526"
outputpath = "C:\\Users\\yfqin\\Desktop\\test\\"
busInformationTxt = outputpath + "busInformation_GD.txt"
shp_output = outputpath + "bus.shp"
wgs84file = outputpath + "wgs84.prj"
wgs84projectfile = outputpath + "wgs84project.prj"
wgs84 = arcpy.SpatialReference(wgs84file)
wgs84project = arcpy.SpatialReference(wgs84projectfile)
```

**代码 5-15　修改变量值(详见 chapter5_5. py)**

**➢步骤 2：创建空白的公交线路 Shapefile**

第一步，利用 ArcPy 的 CreateFeatureclass_management 工具函数创建空白的 shapefile，shapefile 的类型为"POLYLINE"，坐标系设置为投影坐标("wgs84project.

prj”)，名称为“bus. shp”。

第二步，利用 ArcPy 的 AddField_management 工具函数为新建的 shapefile 添加六个字段：Name、StartTime、EndTime、BusCompany、StationNum 和 Length，分别代表公交线路的名称、运营开始时间、运营结束时间、公交客运公司、公交站点数量以及线路的长度(代码 5-16)。

```
#生成公交 Shapefile
arcpy.CreateFeatureclass_management(os.path.dirname(shp_output), \
                                    os.path.basename(shp_output), \
                                    'POLYLINE', "", "", "", wgs84project)
arcpy.AddField_management(shp_output, "Name", "Text")
arcpy.AddField_management(shp_output, "StartTime", "Text")
arcpy.AddField_management(shp_output, "EndTime", "Text")
arcpy.AddField_management(shp_output, "BusCompany", "Text")
arcpy.AddField_management(shp_output, "StationNum", "Text")
arcpy.AddField_management(shp_output, "Length", "Double")
fields = ["SHAPE@", "Name", "StartTime", "EndTime", "BusCompany",\
          "StationNum", "Length"]
array = arcpy.Array()
```

**代码 5-16　创建 Shapefile(接代码 5-15，详见“chapter5_5. py”)**

**➢步骤 3：为 Shapefile 插入新空间要素**

第一步，遍历“busInformation_GD. txt”的每一行，将每行以“，”分割，判断分割后的字符串数量。若数量为 5，表明该行存储公交线路的属性信息，进而得到公交线路的名称(变量 busName)、运营开始时间(变量 StartTime)、运营结束时间(EndTime)、公交客运公司(BusCompany)、公交站点数量(StationNum)；若数量大于 5，表明该行存储公交线路的轨迹点。依据各轨迹点的坐标，使用 arcpy. Polyline(array)方法生成线几何对象。

第二步，基于 ArcPy 的数据访问模块(data access，da)依次为“bus. shp”的六个新建字段赋值，用 insertRow(row)方法为“bus. shp”添加一个新的空间要素(线要素)。每条公交线路均转化为“bus. shp”中的一个线要素(代码 5-17)。

```
#读取 busInformationTxt
f = open(busInformationTxt,'r')
buslines = f.readlines()
cur = da.InsertCursor(shp_output, fields)
for j in range(0,len(buslines)):
    busline = buslines[j]
    busInformation = busline.split(';')
    if(len(busInformation)) == 5:
        busName = busInformation[0]
        startTime = busInformation[1]
        endTime = busInformation[2]
        busCompany = busInformation[3]
        stationNum = busInformation[4]
```

```
    elif(len(busInformation)) > 5:
        for i in range(0,len(busInformation) - 1):
            coord = busInformation[i]
            oldLon = coord.split(',')[0]
            oldLat_ = coord.split(',')[1]
            oldLat = oldLat_.split('\n')[0]
            pnt = arcpy.Point(oldLon, oldLat)
            array.add(pnt)
        polyline = arcpy.Polyline(array, wgs84)
        polylinePeoject = polyline.projectAs(wgs84project)
        array.removeAll()
        newFields = [polylinePeoject, busName, startTime, endTime, \
                    busCompany, stationNum, polylinePeoject.length]
        cur.insertRow(newFields)
del cur
f.close()
```

**代码 5-17　为 Shapefile 插入新空间要素(接代码 5-16,详见"chapter5_5.py")**

完整代码参见"chapter5_5.py"文件。程序执行完毕后,可在 outputpath 指示的文件下查看生成的公交线路"bus.shp"。

### 5.4.5　数据结果

最终,我们从百度地图采集到了南京市鼓楼区、玄武区、秦淮区、建邺区、江宁区、雨花台区、浦口区以及六合区的 683 条公交线路。在 ArcGIS 中打开是"bus.shp"后,查看其属性表(图 5-20),我们可以根据公交客运公司的不同,即字段"BusCompany"的不同,对公交线路进行可视化,可将地铁线路设置为深色(图 5-21、图 5-22)。

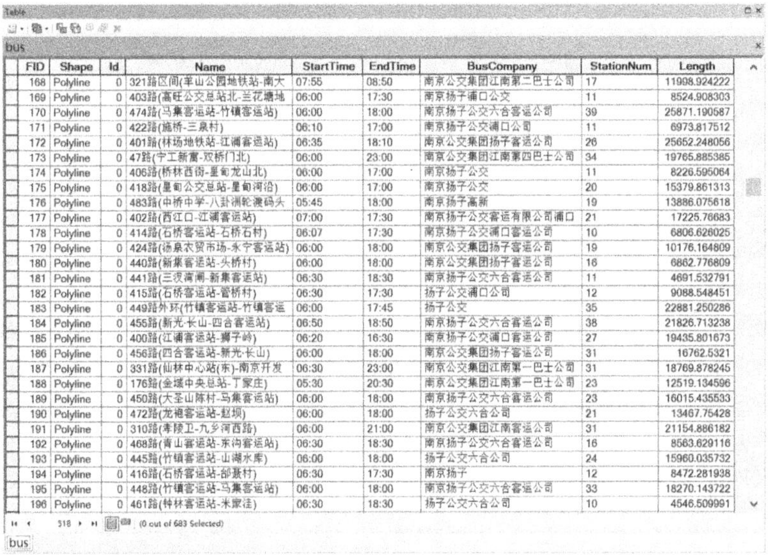

Table

bus

| FID | Shape | Id | Name | StartTime | EndTime | BusCompany | StationNum | Length |
|---|---|---|---|---|---|---|---|---|
| 168 | Polyline | 0 | 321路区间(羊山公园地铁站-南大 | 07:55 | 08:50 | 南京公交集团江南第二巴士公司 | 17 | 11908.924222 |
| 169 | Polyline | 0 | 403路(高旺公交总站北-兰花塘地 | 06:00 | 17:30 | 南京扬子浦口公交 | 11 | 8524.908303 |
| 170 | Polyline | 0 | 474路(马集客运站-竹镇客运站) | 06:00 | 18:00 | 南京扬子公交六合客运公司 | 39 | 25871.190587 |
| 171 | Polyline | 0 | 422路(施桥-三泉村) | 06:10 | 17:00 | 南京扬子公交浦口公司 | 11 | 6973.817512 |
| 172 | Polyline | 0 | 401路(林场地铁站-江浦客运站) | 06:35 | 18:10 | 南京公交集团扬子客运公司 | 26 | 25652.248056 |
| 173 | Polyline | 0 | 47路(宁工新寓-双桥门北) | 06:00 | 23:00 | 南京公交集团江南第四巴士公司 | 34 | 19765.885385 |
| 174 | Polyline | 0 | 406路(桥林西街-星甸龙山北) | 06:00 | 17:00 | 南京扬子公交 | 11 | 8226.595064 |
| 175 | Polyline | 0 | 418路(星甸公交总站-星甸河沿) | 06:00 | 17:00 | 南京扬子公交 | 20 | 15379.861313 |
| 176 | Polyline | 0 | 483路(中桥中学-八卦洲轮渡码头 | 05:45 | 18:00 | 南京扬子高新 | 19 | 13886.075618 |
| 177 | Polyline | 0 | 402路(西江口-江浦客运站) | 07:00 | 17:30 | 南京扬子公交客运有限公司浦口 | 21 | 17225.76683 |
| 178 | Polyline | 0 | 414路(石桥客运站-石桥石村) | 06:07 | 17:30 | 南京扬子公交浦口客运公司 | 10 | 6806.626025 |
| 179 | Polyline | 0 | 424路(汤泉农贸市场-永宁客运站) | 06:00 | 18:00 | 南京公交集团扬子客运公司 | 19 | 10176.164809 |
| 180 | Polyline | 0 | 440路(新集客运站-头桥村) | 06:00 | 18:00 | 南京公交集团扬子客运公司 | 16 | 6862.776809 |
| 181 | Polyline | 0 | 441路(三汊湾闸-新集客运站) | 06:30 | 18:30 | 南京扬子公交六合客运公司 | 11 | 4691.532791 |
| 182 | Polyline | 0 | 415路(石桥客运站-管桥村) | 06:30 | 17:30 | 扬子公交浦口公司 | 12 | 9088.548451 |
| 183 | Polyline | 0 | 449路外环(竹镇客运站-竹镇客运 | 06:00 | 17:45 | 扬子公交 | 35 | 22881.250286 |
| 184 | Polyline | 0 | 455路(新光·长山-四合客运站) | 06:50 | 18:50 | 南京扬子公交六合客运公司 | 38 | 21826.713238 |
| 185 | Polyline | 0 | 400路(江浦客运站-狮子岭) | 06:20 | 16:30 | 南京扬子公交浦口客运公司 | 27 | 19435.801673 |
| 186 | Polyline | 0 | 456路(四合客运站-新光·长山) | 06:00 | 18:00 | 南京公交集团扬子客运公司 | 31 | 16762.5321 |
| 187 | Polyline | 0 | 331路(仙林中心站(东)-南京开发 | 06:30 | 23:00 | 南京公交集团江南第一巴士公司 | 31 | 18769.878245 |
| 188 | Polyline | 0 | 176路(金城中央总站-丁家庄) | 05:30 | 20:30 | 南京公交集团江南第一巴士公司 | 23 | 12519.134596 |
| 189 | Polyline | 0 | 450路(大圣山陈村-马集客运站) | 06:00 | 18:00 | 南京扬子公交六合客运公司 | 23 | 16015.435533 |
| 190 | Polyline | 0 | 472路(龙袍客运站-赵坝) | 06:00 | 18:00 | 扬子公交六合公司 | 21 | 13467.75428 |
| 191 | Polyline | 0 | 310路(孝陵卫-九乡河西路) | 06:00 | 21:00 | 南京公交集团江南客运公司 | 31 | 21154.886182 |
| 192 | Polyline | 0 | 468路(青山客运站-东沟客运站) | 06:30 | 18:30 | 南京扬子公交六合客运公司 | 16 | 8563.629116 |
| 193 | Polyline | 0 | 445路(竹镇客运站-山湖水库) | 06:00 | 18:00 | 扬子公交六合公司 | 24 | 15960.035732 |
| 194 | Polyline | 0 | 416路(石桥客运站-郘聂村) | 06:30 | 17:30 | 南京扬子 | 12 | 8472.281938 |
| 195 | Polyline | 0 | 448路(竹镇客运站-马集客运站) | 06:00 | 18:00 | 南京扬子公交六合客运公司 | 33 | 18270.143722 |
| 196 | Polyline | 0 | 461路(钟林客运站-米家洼) | 06:30 | 18:30 | 扬子公交六合公司 | 10 | 4546.509991 |

318 (0 out of 683 Selected)

bus

图 5-20　公交线路数据"bus.shp"的属性表

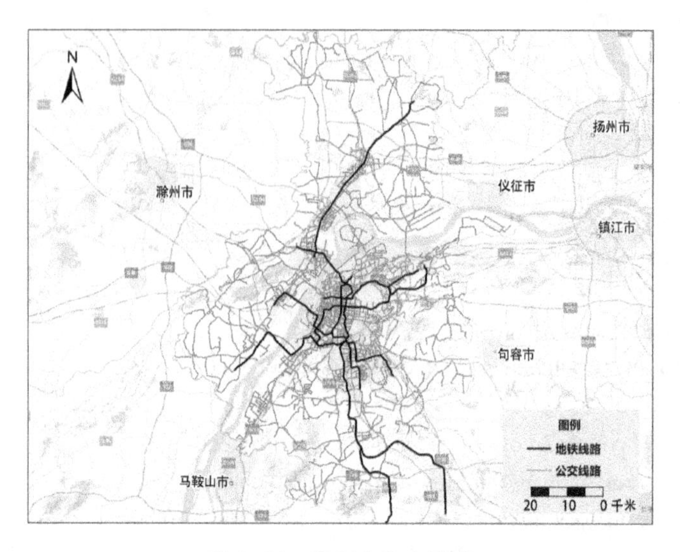


图 5-21 南京市公交线路

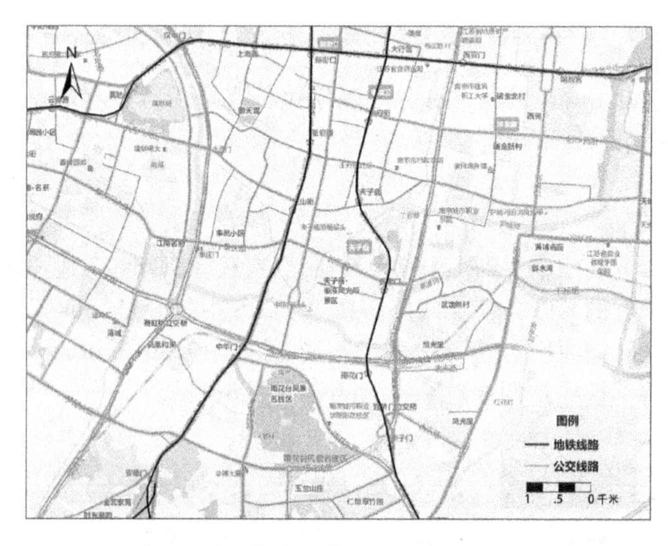


图 5-22 南京“夫子庙-秦淮风光带”附近公交线路

## 5.5 南京市公交面积覆盖率分析

面积覆盖系数指的是公交理想覆盖面积(未叠加的公交覆盖面积)与实际覆盖面积的比值。公交线路布局既要最大可能地服务整个地域,又要最小程度地避免服务区域相互重叠。面积覆盖系数能有效衡量覆盖地域的重合度,重合度越高,比值越高,公交布局效益越低。理想覆盖面积为各条公交线路 500 m 缓冲区面积不叠加时之和,实际覆盖面积为叠加后的总面积。

$$C_a = \frac{A_{b理}}{A_b}$$

式中,$C_a$ 为面积覆盖系数,$A_b$ 为公交实际覆盖面积,$A_{b理}$ 为公交理想覆盖面积。本节以南京市为例，对其各行政区面积覆盖系数进行分析。

**➢步骤1：载入数据**

首先启动ArcMap，载入根据5.3.5节方法生成的“南京公交线”与南京行政区边界“南京.shp”。为了便于面积统计，载入的数据为投影坐标系，若数据为地理坐标系需先转换为投影坐标系。

**➢步骤2：建立500 m未叠加缓冲区**

建立南京公交线500 m缓冲区。在工具箱面板中，依次展开“Analysis Tools-Proximity-Buffer”，双击“Buffer”启动缓冲区工具。输入要素Input Features为“南京公交线”，输出要素Out Feature Class为“D:\test\chapter5\500 m缓冲区none.shp”，距离选择Linear unit，设置为500，单位选择Meters，融合类型Dissolve Type选择“NONE”，表明不会将所有缓冲区融合(图5-23)，点击“OK”得到缓冲区范围(图5-24)。

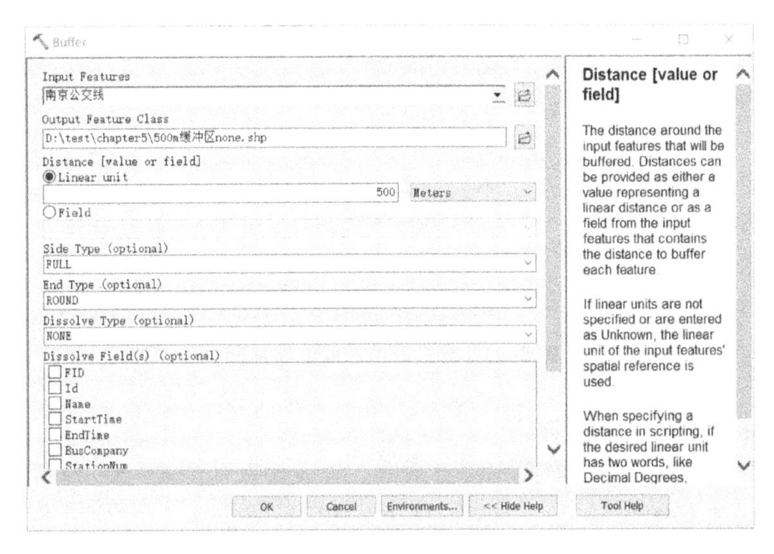


图5-23　“buffer”对话框

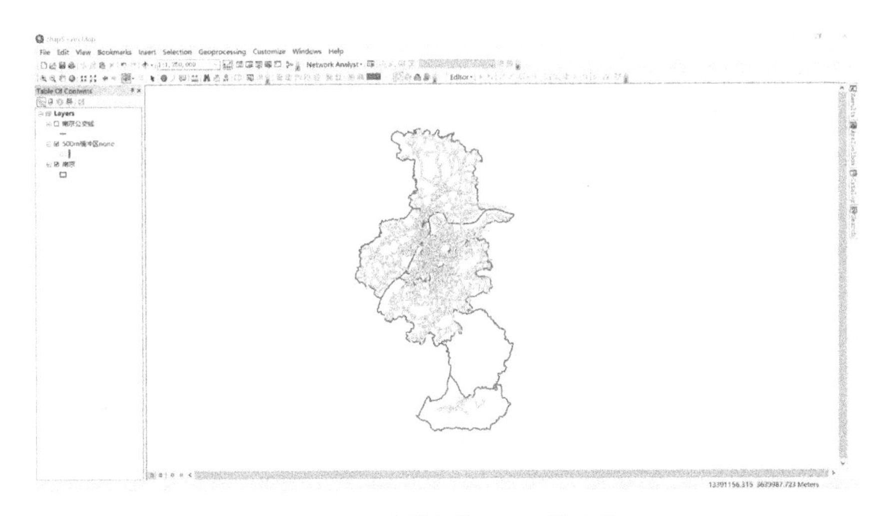

图5-24　未叠加的500 m缓冲区

**➢步骤 3：建立 500 m 叠加后缓冲区**

建立未叠合的南京市公交线 500 m 缓冲区。重复步骤 2 打开“Buffer”对话框，输出要素 Out Feature Class 为“D:\test\chapter5\500 m 缓冲区.shp”融合类型 Dissolve Type 选择“ALL”，其余不变，这一选择表明将所有缓冲区融合为单个要素，移除所有重叠，点击“OK”得到缓冲区范围(图 5-25)。

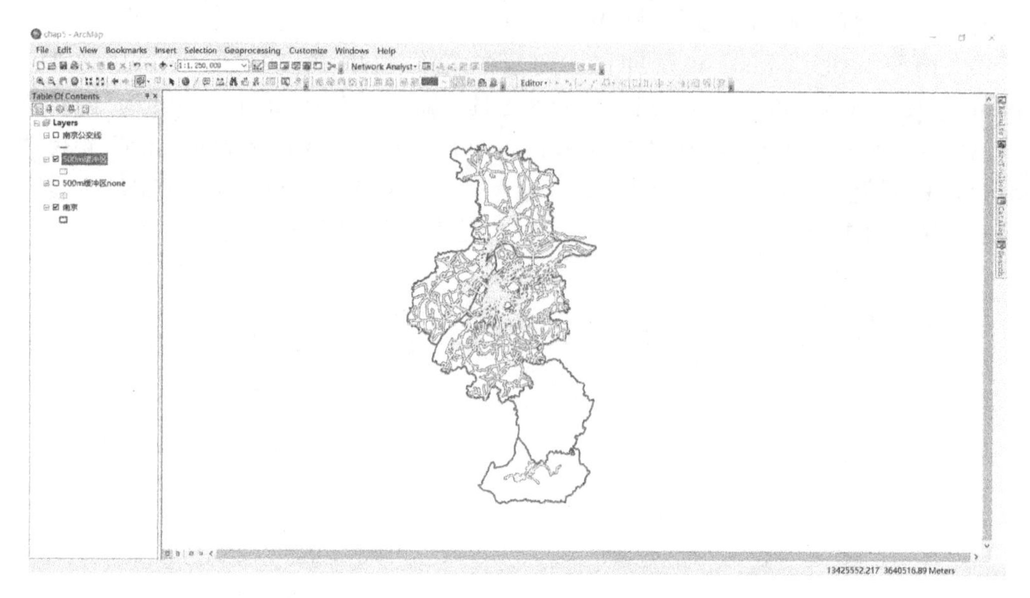


图 5-25　叠加后的 500 m 缓冲区

**➢步骤 4：提取行政区内缓冲区**

本节主要以鼓楼区为例获取面积覆盖系数。将鼓楼区范围与“500 m 缓冲区 none”相交得到鼓楼区内的未叠加缓冲区。首先应选中鼓楼区行政边界。在数据视图中的菜单栏中选择 ，并单击选中“南京.shp”图层中的鼓楼区，或右键单击“南京”图层，点击“Open Attribute Table”打开属性表，找到区县名为“鼓楼区”的一行，在最前方空白处单击选中，见图 5-26。然后，在 ArcToolbox 面板中依次展开“Analysis Tools -Overlay -Intersect”，点击“Intersect”打开相交分析工具。Input Features 选择“500 m 缓冲区 none”与“南京”图层，Output Feature Class 为“D:\test\chapter5\鼓楼区 none.shp”，如图 5-27 所示，点击“OK”完成。按照同样的方法可得到鼓楼区内叠加后的缓冲区，命名为“鼓楼区”。

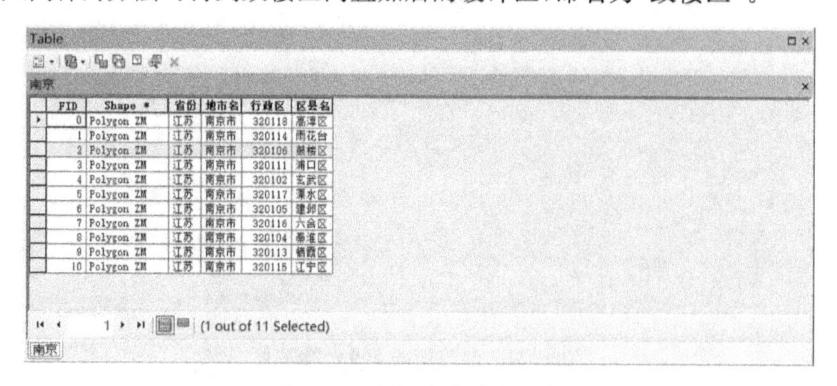
Table
南京

| FID | Shape * | 省份 | 地市名 | 行政区 | 区县名 |
|---|---|---|---|---|---|
| 0 | Polygon ZM | 江苏 | 南京市 | 320118 | 高淳区 |
| 1 | Polygon ZM | 江苏 | 南京市 | 320114 | 雨花台 |
| 2 | Polygon ZM | 江苏 | 南京市 | 320106 | 鼓楼区 |
| 3 | Polygon ZM | 江苏 | 南京市 | 320111 | 浦口区 |
| 4 | Polygon ZM | 江苏 | 南京市 | 320102 | 玄武区 |
| 5 | Polygon ZM | 江苏 | 南京市 | 320117 | 溧水区 |
| 6 | Polygon ZM | 江苏 | 南京市 | 320105 | 建邺区 |
| 7 | Polygon ZM | 江苏 | 南京市 | 320116 | 六合区 |
| 8 | Polygon ZM | 江苏 | 南京市 | 320104 | 秦淮区 |
| 9 | Polygon ZM | 江苏 | 南京市 | 320113 | 栖霞区 |
| 10 | Polygon ZM | 江苏 | 南京市 | 320115 | 江宁区 |

1 (1 out of 11 Selected)
南京

图 5-26　属性表内选中要素

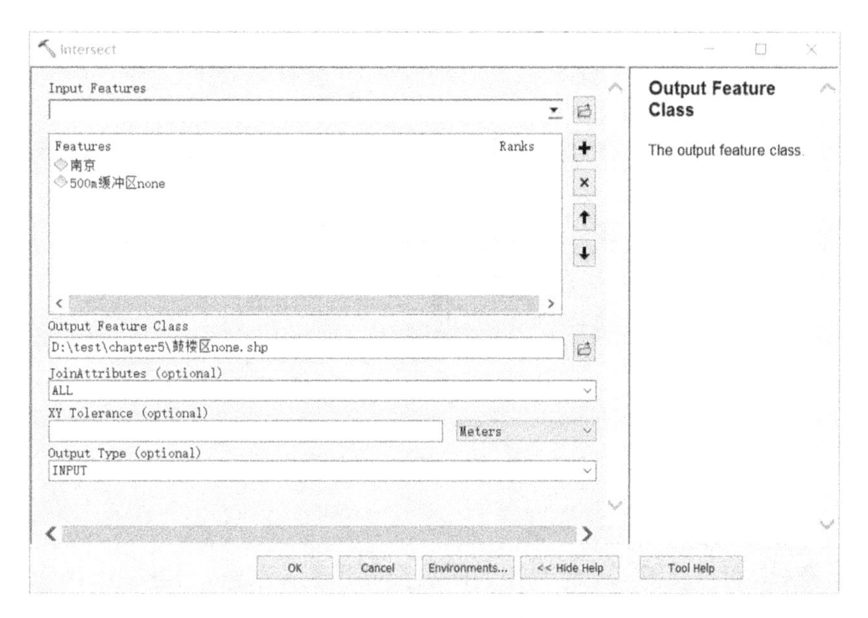


图 5-27　“Intersect”对话框

**➢步骤 5：公交面积覆盖系数计算**

右键单击“鼓楼区 none”图层打开属性表，在属性表中添加“Area”字段，类型为“Double”，并统计各要素的面积，得到图 5-28。同理，在“鼓楼区”图层的属性表中统计其面积，得到叠加后的缓冲区面积。

Table

鼓楼区none

| StationNum | Length | BUFF_DIST | FID_南京 | 省份 | 地市名 | 行政区 | 区县名 | Area |
|---|---|---|---|---|---|---|---|---|
| 25 | 18735.2994 | 500 | 2 | 江苏 | 南京市 | 320106 | 鼓楼区 | 15.514478 |
| 25 | 18735.2994 | 500 | 2 | 江苏 | 南京市 | 320106 | 鼓楼区 | 651.087546 |
| 25 | 18735.2994 | 500 | 2 | 江苏 | 南京市 | 320106 | 鼓楼区 | 3.998378 |
| 25 | 18735.2994 | 500 | 2 | 江苏 | 南京市 | 320106 | 鼓楼区 | 14.973616 |
| 25 | 18735.2994 | 500 | 2 | 江苏 | 南京市 | 320106 | 鼓楼区 | 1939.036246 |
| 25 | 18735.2994 | 500 | 2 | 江苏 | 南京市 | 320106 | 鼓楼区 | 2.422985 |
| 25 | 18735.2994 | 500 | 2 | 江苏 | 南京市 | 320106 | 鼓楼区 | 668.430745 |
| 25 | 18735.2994 | 500 | 2 | 江苏 | 南京市 | 320106 | 鼓楼区 | 158172.851752 |
| 25 | 18735.2994 | 500 | 2 | 江苏 | 南京市 | 320106 | 鼓楼区 | 318.746171 |
| 25 | 18735.2994 | 500 | 2 | 江苏 | 南京市 | 320106 | 鼓楼区 | 10.182982 |
| 25 | 18735.2994 | 500 | 2 | 江苏 | 南京市 | 320106 | 鼓楼区 | 796.443404 |
| 25 | 18735.2994 | 500 | 2 | 江苏 | 南京市 | 320106 | 鼓楼区 | 0.00451 |
| 25 | 18735.2994 | 500 | 2 | 江苏 | 南京市 | 320106 | 鼓楼区 | 275182.998011 |
| 25 | 18735.2994 | 500 | 2 | 江苏 | 南京市 | 320106 | 鼓楼区 | 0.793993 |
| 25 | 18735.2994 | 500 | 2 | 江苏 | 南京市 | 320106 | 鼓楼区 | 47.340914 |
| 25 | 18735.2994 | 500 | 2 | 江苏 | 南京市 | 320106 | 鼓楼区 | 2.522881 |
| 25 | 18735.2994 | 500 | 2 | 江苏 | 南京市 | 320106 | 鼓楼区 | 136.685561 |
| 25 | 18735.2994 | 500 | 2 | 江苏 | 南京市 | 320106 | 鼓楼区 | 110.281021 |
| 25 | 18735.2994 | 500 | 2 | 江苏 | 南京市 | 320106 | 鼓楼区 | 0.010977 |
| 25 | 18735.2994 | 500 | 2 | 江苏 | 南京市 | 320106 | 鼓楼区 | 117.843972 |
| 25 | 18735.2994 | 500 | 2 | 江苏 | 南京市 | 320106 | 鼓楼区 | 114.931364 |
| 25 | 18735.2994 | 500 | 2 | 江苏 | 南京市 | 320106 | 鼓楼区 | 44.303462 |
| 25 | 18735.2994 | 500 | 2 | 江苏 | 南京市 | 320106 | 鼓楼区 | 1.070708 |

0 (0 out of 141834 Selected)

鼓楼区none

图 5-28　属性表中各要素缓冲区的面积

打开“鼓楼区 none”的属性表，右键点击“Area”字段，单击选择“Statistics ...”，关于“Area”的统计数据如图 5-29 所示，包含字段的个数、最小值、最大值与总计等。“Sum”为所有缓冲区的面积之和，由此根据公式即可得出鼓楼区公交面积覆盖系数。

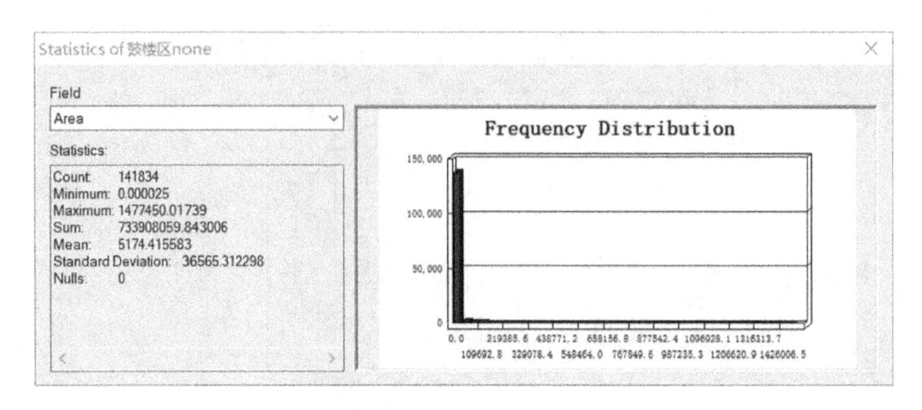


图 5-29 “Area”字段的统计值

**➢步骤 6：公交面积覆盖系数分析**

重复步骤 4、5 可以获得其他行政区内的公交面积覆盖系数，利用“Intersect”工具与主城区范围提取得到主城区范围内行政区的 $C_a$ 分布，见图 5-30。保存 mxd 文件至“D:\test\chapter5\chap5. mxd”。本文选择雨花台区与秦淮区进行比较，雨花台区公交面积覆盖系数为 8.1，秦淮区公交面积覆盖系数为 14.06。秦淮区内公交面积覆盖系数高于雨花台区，同处于主城区范围内但空间分布不均衡，说明了秦淮区实际覆盖面积重叠较多，公交的重合度较高，公交线路较为密集，有利于居民出行。但当线路过于密集，会降低公交的覆盖效益，造成公共资源浪费，公交面积覆盖系数应维持在一个稳定的区间内，但这一区间仍需实践确定。

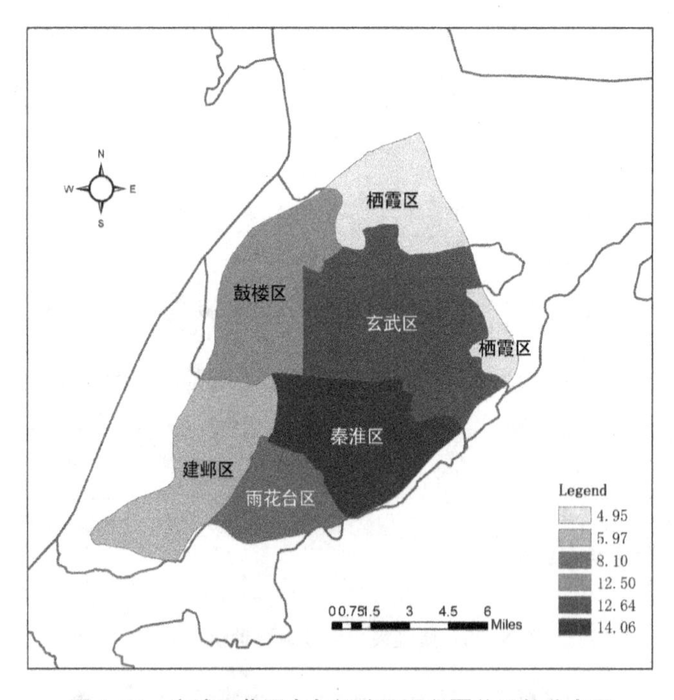


图 5-30 主城区范围内各行政区面积覆盖系数分布图

# 第6章

# 兴趣面数据采集与分析

本章将演示如何使用高德地图“行政区域查询 API”获得区县级别的行政区划边界信息并将其生成行政区划图层。此外，本章以南京市的公园绿地为例，演示如何从高德地图采集公园绿地的边界信息并将其生成为公园绿地面图层，大学校园边界、居住小区边界、风景名胜边界等数据可按照相同方法采集。最后，基于采集的南京市公园绿地数据分析并评价南京市主城区公园绿地的社会服务功能。

## 6.1 兴趣面(AOI)概念与类别

兴趣面（Area of Interest，AOI）指地图中的面状地理实体，具体地讲居住区、公园绿地等的边界信息是兴趣面。在大数据浪潮下，互联网地图有丰富的基础地理信息数据如水系、绿地、道路、建筑物等。以公园绿地为例，在互联网地图搜索公园绿地名称或编码，可以查询到公园绿地面（图 6-1）。

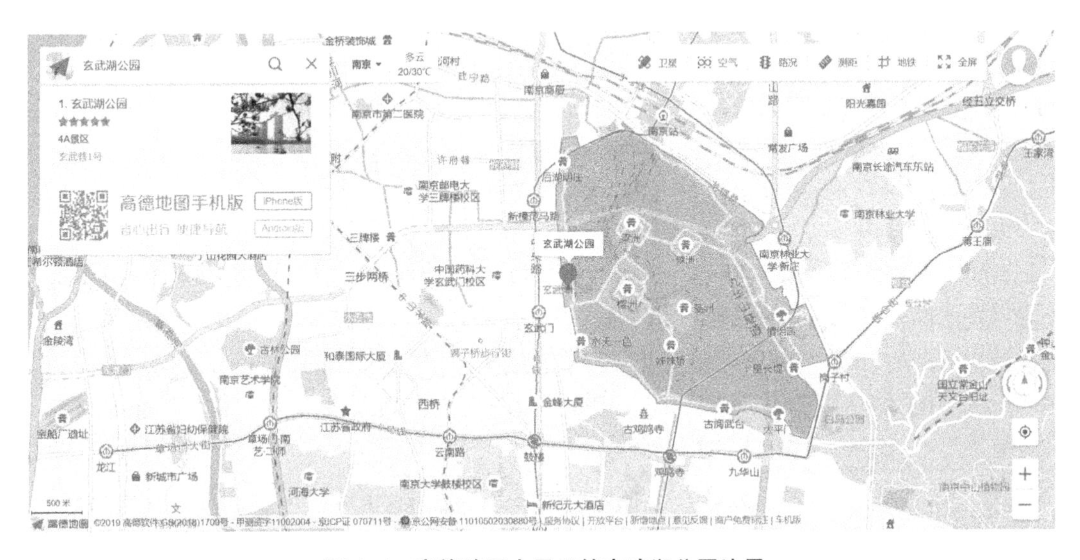


图 6-1　高德地图中显示的玄武湖公园边界

互联网地理信息数据有采集快、更新快、错误少以及移动互联网参与程度高的优点，尤其在特大城市、大城市，是城市与区域规划有价值的数据源。相较于公园绿地中心点，基于公园绿地面生成的缓冲区作为公园绿地的服务质量与服务范围要更为精确，但由于互联网地图当前不提供采集公园绿地、居住区、水系等面状地理实体边界信息的 API，因而需要构造网络爬虫加以获取。

## 6.2 行政区划面数据的采集

行政区划矢量边界常常用作图件的底图，是制作完整地图不可缺少的基础数据。我们通常采取数字化行政区划图的方式获得行政区划边界的矢量数据，但这样传统的数字化方式费时费力。高德地图开放平台通过"行政区域查询 API"公开全国乡镇、街道级别每小时更新的信息，提供具体到区级别的边界数据。行政区域查询是一类简单的 HTTP 接口，根据用户输入的搜索条件可以帮助用户快速的查找特定的行政区域信息。类似于 LOI 的采集，行政区划边界的采集分为四个部分：①申请"Web 服务 API"密钥(key)；②拼接 HTTP 请求 URL；③接受并解析 HTTP 返回的数据(JSON)；④利用 ArcPy 将边界数据生成 Shapefile 格式数据。

### 6.2.1 密钥申请

密钥申请的步骤和 4.2.1 节介绍的密钥申请步骤一致，即同一个密钥可应用于两种数据的采集。

### 6.2.2 "行政区域查询 API"分析

我们在 4.2.2"多边形搜索"部分中采用将研究区域划分为子区域的方式采集 POI，已接触到使用"行政区域查询 API"获取研究区域的边界。本节中，我们要在采集到行政区划信息的基础上，将 JSON 格式的数据转化生成为 Shapefile。

"行政区域查询 API"的在线服务文档(https://lbs.amap.com/api/webservice/guide/api/district)有该 API 详细的请求参数、返回结果参数说明和服务示例。我们以采集南京市鼓楼区为例，介绍使用"行政区域查询 API"采集行政区划边界的过程。

**➢步骤 1：分析"行政区域查询 API"请求参数**

我们可以运用在线文档的服务示例功能理解"行政区域查询 API"的请求参数，功能运行示意的表单最右的"必选"说明了该参数是否必填参数(图 6-2)。在表单中，keywords 参数填写鼓楼区的城市代码"320106"，extensions 参数填写"all"，其中城市代码(adcode)可以在高德地图"Web 服务 API 相关下载"页面(https://lbs.amap.com/api/webservice/download)的"城市编码表"查询，南京市各个区的代码见表 6-1。点击"运行"查看 API 返回的结果。

**表 6-1 高德地图中的南京市行政区编码**

| 行政区 | 编码 | 行政区 | 编码(adcode) |
|---|---|---|---|
| 南京市 | 320100 | 南京市市辖区 | 320101 |
| 玄武区 | 320102 | 秦淮区 | 320104 |
| 建邺区 | 320105 | 鼓楼区 | 320106 |
| 浦口区 | 320111 | 栖霞区 | 320113 |
| 雨花台区 | 320114 | 江宁区 | 320115 |
| 溧水区 | 320117 | 高淳区 | 320118 |

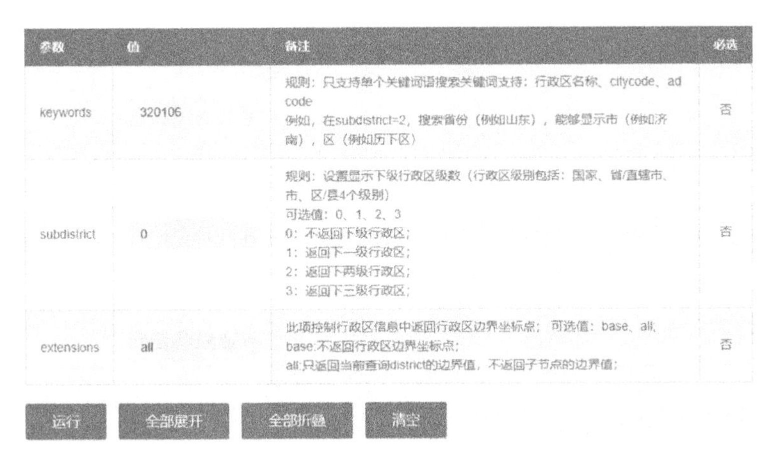

| 参数 | 值 | 备注 | 必选 |
| --- | --- | --- | --- |
| keywords | 320106 | 规则：只支持单个关键词语搜索关键词支持：行政区名称、citycode、adcode<br>例如，在subdistrict=2，搜索省份（例如山东），能够显示市（例如济南），区（例如历下区） | 否 |
| subdistrict | 0 | 规则：设置显示下级行政区级数（行政区级别包括：国家、省/直辖市、市、区/县4个级别）<br>可选值：0、1、2、3<br>0：不返回下级行政区；<br>1：返回下一级行政区；<br>2：返回下两级行政区；<br>3：返回下三级行政区； | 否 |
| extensions | all | 此项控制行政区信息中返回行政区边界坐标点；可选值：base、all;<br>base:不返回行政区边界坐标点；<br>all:只返回当前查询district的边界值，不返回子节点的边界值； | 否 |



**图 6-2　“行政区域查询 API”功能示意**

“行政区域查询 API”需要指定的参数主要有密钥(key)、行政区编码(keywords)与是否返回边界信息(extensions)。

**➢步骤 2：解析“行政区域查询 API”结构**

步骤 1 中“行政区域查询 API”主要的请求参数可以构造一个请求 URL：https//restapi.amap.com/v3/config/district? key=36259c5d9e013a3c3715596c4a0f47a9&keywords=320106&subdistrict=0&extensions=all。

若将 key 参数替换为先前步骤中申请的密钥，keywords 参数替换为其他行政区的编码，则可以构造出新的 URL。采集不同行政区边界信息的关键是根据行政区的编码构造不同的 URL。

**➢步骤 3：“行政区域查询 API”返回数据**

在浏览器中打开步骤 2 构造的请求 URL，便可以在浏览器中查看 API 返回的代表鼓楼区行政边界信息的 JSON 数据(代码 6-1)：

```
{
    "status" : "1",
    "info" : "OK",
    "infocode" : "10000",
    "count" : "1",
    "suggestion" : {...},
    "districts" : [
        "0" : {
            "citycode" : "025",
            "adcode" : "320106",
            "name" : "鼓楼区",
            "polyline" :
              "118.764737,32.041741;118.763612,32.041246;118.763638,32.04118;
              118.763618,32.041168;…118.765684,32.042259;118.765686,32.042226;
              118.765655,32.042243;118.764737,32.041741",
            "center" : "118.769739,32.066966",
            "level" : "district",
```

```
                "districts" : []
            }
        ]
    }
```


**代码 6-1　高德地图"行政区域查询 API"返回的 JSON 数据**

"行政区域查询 API"返回的 JSON 数据中主要参数的具体含义、值如表 6-2 所示，其中 citycode、name 和 polyline 三项正是我们需要的信息。

**表 6-2　高德地图"行政区域查询 API"返回结果参数说明**

| 参数名 | 含义 | 在 JSON 中的位置 | 值 |
| --- | --- | --- | --- |
| status | 返回结果状态值，值为 0 或 1。0 表示失败；1 表示成功 | jsonData['status'] | 1 |
| info | 返回状态说明。status 为 1 时，返回"OK" | jsonData['info'] | OK |
| districts | 行政区列表 | jsonData['districts'] | 列表 |
| citycode | adcode 编码 | jsonData['districts'][0]['adcode'] | 320106 |
| name | 行政区名称 | jsonData['districts'][0]['name'] | 鼓楼区 |
| polyline | 行政区边界坐标点 | jsonData['districts'][0]['polyline'] | 118. 764737, 32. 041741; 118. 763612,32.041246… |
| center | 行政区中心点 | jsonData['districts'][0]['center'] | 118.769739,32.066966 |

注：此处定义返回的 JSON 数据为 jsonData，"jsonData['a']"表示 JSON 数据下一层级 'a' 键对应的值。

## 6.2.3　行政区域面数据的采集

明确"行政区域查询 API"的请求参数、请求 URL 结构和返回数据后，我们便要使用 Python 程序采集 API 返回的 JSON 数据，并将 JSON 数据转换为 Polygon 类型的 Shapefile。相信有了第五章中读取 JSON 数据、文本文件数据并利用 ArcPy 生成线(Polyline)类型的 Shapefile 的基础，本章中将 JSON 数据生成面(Polygon)类型的 Shapefile 对读者来说并不是难事。后续章节中，我们仍会用到将 JSON 数据、文本文件数据生成点、线类型 Shapefile 的知识。

这部分我们以采集南京主城区(鼓楼区、玄武区、秦淮区、建邺区、江宁区、鼓楼区和栖霞区)行政区域边界为例，演示采集行政区边界信息的方法。

**➢步骤 1：定义 AOI 类**

AOI(BoundrWithAttr)对象表示一个面，其构造函数所需参数为 POI(PointWithAttr 对象)和边界坐标所构成的列表(boundrycoords)。和 POI 与 LOI 的定义类似，AOI 的定义同样存放在"basics. py"文件中(代码 6-2)。

```
class BoundryWithAttr(object):
    def__init__(self, point, boundrycoords):
        self.point = point
        self.boundrycoords = boundrycoords
```

**代码 6-2　定义 AOI 类(详见"baiscs. py")**

**➢步骤 2：定义采集行政区边界的函数**

新函数 getDistrictBoundry(ak,citycode)的参数是密钥(ak)和待采集行政区的编码(citycode)，函数功能为采集参数对应的行政区域的边界信息。

首先，函数根据两个参数构造请求 URL(districtBoundryUrl)：

```
districtBoundryUrl = "http://restapi.amap.com/v3/config/district? key="+ ak + \
                     "&keywords="+ citycode+ "&subdistrict=0&extensions=all"
```

然后，程序通过 Python 的 urllib2 模块和 json 模块，打开请求 URL 并下载"行政区域查询 API"返回的 json 数据。

接下来，按照表 6-2 中所示各重要信息在返回 json 数据中的位置，依次得到行政区对应的中心点经度(centerLon)、中心点纬度(centerLat)和行政区边界(polyline)并以 citycode、centerLon、centerLat、polyline 等变量值生成一个相对应的 BoundryWithAttr 对象(districtBoudry 变量)。

最后，函数返回存储行政区域各项信息的 BoundryWithAttr 对象(districtBoudry 变量)(代码 6-3)。

```
#功能：采集行政区域边界
#返回保存边界信息的 BoundryWithAttr 对象
def getDistrictBoundry(ak,citycode):
    districtBoundryUrl = "http://restapi.amap.com/v3/config/district? key="\
                         + ak + "&keywords="+ citycode + \
                         "&subdistrict=0&extensions=all"
    print districtBoundryUrl
    json_obj = urllib2.urlopen(districtBoundryUrl)
    json_data = json.load(json_obj)
    districts = json_data['districts']
    try:
        polyline = districts[0]['polyline']
        centerLon = districts[0]['center'].split(',')[0]
        centerLat = districts[0]['center'].split(',')[1]
    except Exception ase:
        print "错误"
    pointscoords = polyline.split(';')
    point = basics.PointWithAttr(0, centerLon, centerLat, '行政区域', citycode)
    districtBoundry = basics.BoundryWithAttr(point, pointscoords)
    return districtBoundry
```

**代码 6-3　定义函数 getDistrictBoundry(ak, citycode)(详见"chapter6_1.py")**

**➢步骤 3：编写主程序代码**

主程序的功能是根据给定的行政区编码字典(citycodes)，通过多次调用函数 getDistrictBoundry(ak, citycode)得到行政区域对应的 BoundryWithAttr 对象，根据 BoundryWithAttr 对象的属性向 Shapefile 中插入一个面空间要素(Polygon)，最终生成行政区的编码如表 6-1 所示。

首先，为密钥变量(ak)、存储输出 Shapefile 的文件夹变量(output_directory)、行政区域编码字典(citycodes)以及输出 Shapefile 的名称变量(outshp)赋值。其中字典 citycodes 的一个键值对表示一个行政区域名称与其对应的编码。

然后，在 output_directory 指定的文件夹下创建空白的 Polygon 类型 Shapefile，Shapefile 的名称是变量 outshp 的值。为 Shapefile 新建"Citycodes"和"Name"两个字段。

之后，运用循环语句遍历字典 citycodes，针对每一个行政区域编码(citycode)，以其为参数调用函数 getDistrictBoundry(ak，citycode)，得到存储该行政区域信息的 BoundryWithAttr 对象(districtBoudry)。访问 districtBoudry 的属性得到行政区域的边界坐标点并运用 arcpy.Polygon(array)方法生成面几何对象。再基于 ArcPy 的数据访问模块(data access，da)依次为 Shapefile 新建的两个字段赋值，运用 insertRow(row)方法为 Shapefile 插入一个新的面空间要素。

最后，字典 citycodes 每个键值对表示的行政区域均转换为 Shapefile 中的一个面要素(代码 6-4)。

```
# -*- coding:utf-8 -*-
import json
import urllib2
import sys
import os
import basics
import arcpy
reload(sys)
sys.setdefaultencoding('utf8')
from arcpy import env
from arcpy import da
env.overwriteOutput = True
    if __name__ == '__main__':
    #密钥 ak
    ak = "36259c5d9e013a3c3715596c4a0f47a9"
    #数据保存在 output_directory 文件夹里
    output_directory = "C:\\Users\\yfqin\\Desktop\\test\\"
    #citycodes = {'昆山市': '320583'}
    citycodes = {'玄武区': '320102', '秦淮区': '320104', '建邺区': '320105',\
                 '鼓楼区': '320106', '浦口区': '320111', '栖霞区': '320113',\
                 '雨花台区': '320114', '江宁区': '320115'}
    outshp = output_directory + "nanjing.shp"
    # 创建空白 shapefile
    arcpy.CreateFeatureclass_management(os.path.dirname(outshp), \
                                        os.path.basename(outshp), "POLYGON")
    arcpy.AddField_management(outshp, "Citycodes", "Text", "", "", "")
    arcpy.AddField_management(outshp, "Name", "Text", "", "", "")
```

```
fields = ["SHAPE@", "Citycodes", "Name", ]
for citycode in citycodes.keys():
    districtBoundry = getDistrictBoundry(ak, citycode)
    cur = da.InsertCursor(outshp, fields)
    array = arcpy.Array()
    boundrycoords = districtBoundry.boundrycoords
    for coordPair in boundrycoords:
        try:
            lon, lat = coordPair.split(',')
        except Exception ase:
            coordPair1 = coordPair.split('|')
            for one in coordPair1:
                lon, lat = one.split(',')
                pnt = arcpy.Point(float(lon), float(lat))
                array.add(pnt)
            continue
        pnt = arcpy.Point(float(lon), float(lat))
        array.add(pnt)
    polygon = arcpy.Polygon(array)
    array.removeAll()
    newFields = [polygon, citycode, citycodes[citycode]]
    cur.insertRow(newFields)
    del cur
```

**代码 6-4　主程序代码(详见“chapter6_1.py”)**

**➢步骤 4：运行程序**

完整的代码参见附录“chapter6_1.py”文件。执行“chapter6_1”较为简单，需要更改密钥变量 ak、输出数据的存放文件夹位置变量 output_directory 和行政区域编码字典变量 citycodes，将待采集的行政区域名称(鼓楼区、玄武区、秦淮区、建邺区、江宁区、鼓楼区与栖霞区)和对应编码写入字典 citycodes 中。同时，指定输出 Shapefile 的名称(例如：nanjing.shp)。最终生成的 Shapefile(nanjing.shp)将保存在 output_directory 指示的文件夹下。

### 6.2.4　数据结果

最终，我们采集到南京市鼓楼区、玄武区、秦淮区、建邺区、江宁区和栖霞区六个行政区的边界(图 6-3)。南京行政区划边界 Shapefile(nanjing.shp)的属性表中存储了每个行政区的名称、编码，若使用 ArcGIS 的 Project 投影工具将“nanjing.shp”由地理坐标系转换至投影坐标系，我们还可以应用属性表中的“Calculate Geometry”工具计算每个行政区的实际面积。

按照相同的办法，将字典 citycodes 中的键值对替换为昆山市和对应的城市编码(320583)，我们可以采集到昆山的行政区域 Shapefile(kunshan.shp)(图 6-4)。

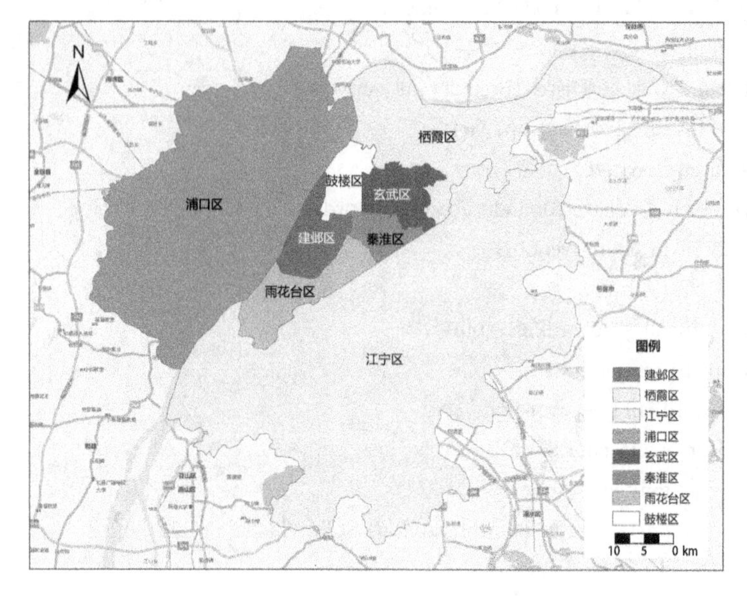


图 6-3　南京市主要城区行政区划面

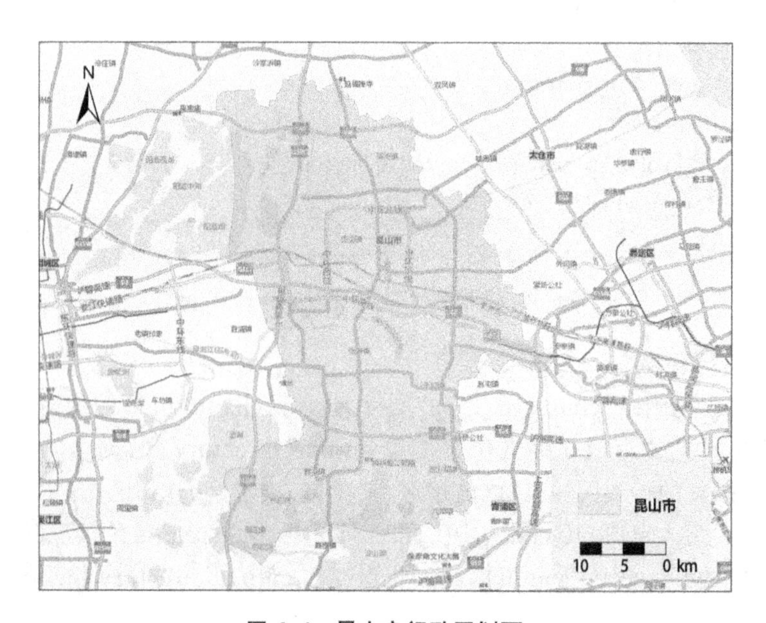


图 6-4　昆山市行政区划面

## 6.3　公园绿地数据采集与分析

### 6.3.1　地图响应页面分析

互联网地图网站高德地图(https://www.amap.com/)属于动态网站,我们无法在网站上直接看到公园绿地面等信息,也无法从网站直接获取数据,这是由于网站采用了 Ajax

(Asynchronous JavaScript and XML)技术。Ajax 中文名称定义为异步的 JavaScript 和 XML，Ajax 技术不必刷新整个页面，只需要对页面的局部进行更新，只取回一些必需的数据，从而提高访问速度和用户体验。具体地讲，高德地图网站主页采取了使用了动态加载技术，网站页面在打开后不会展现完整的数据，但当我们点击搜索“玄武湖公园”后，网页会进行局部更新，即地图上新出现玄武湖公园相关属性信息和边界轮廓(图 6-1)。因此我们需要对高德地图网站的数据加载流程进行分析，确定包含公园绿地请求信息的链接。

**➢步骤 1：确定并分析请求链接**

首先，按 F12 打开浏览器的开发人员工具，点击开发者工具“网络”开始监听网络。在会话窗口可以看到有内容类型为“application/json”的请求 URL(https://www.amap.com/detail/get/detail? id=B00190BBCZ)，右侧其响应正文为玄武湖公园的相关信息(类型、地址、面积、边界、介绍等)，可以判定这是所需的请求链接与相应的响应内容(图 6-5)。

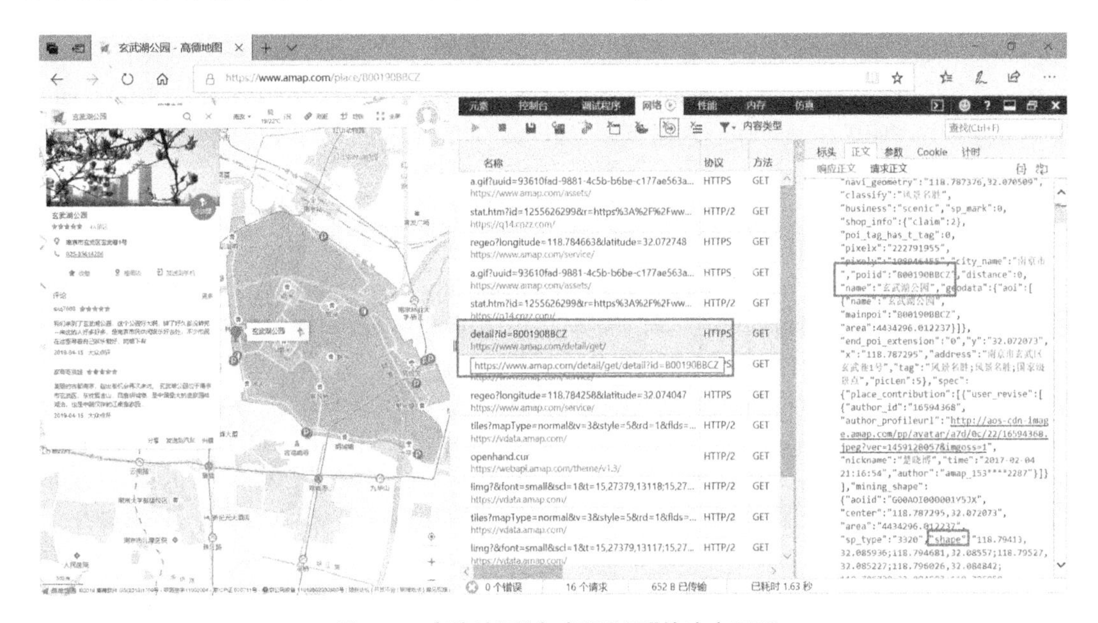


图 6-5　高德地图“玄武湖公园”的响应页面

在确定所需的 URL 和响应信息之后，我们需要分析请求 URL 的参数和结构特征，以便构造出请求任意一公园绿地的 URL。右侧的响应内容显示玄武湖公园的 poiid 键的值为 B00190BBCZ("poiid":"B00190BBCZ")，而 URL 的 id 参数即为玄武湖公园的 poiid，因此判定请求 URL 格式为：https://www.amap.com/detail/get/detail? id=公园绿地 poiid。

**➢步骤 2：分析响应内容**

由响应内容可知，玄武湖公园的边界坐标点信息存储在“shape”键中，面积信息存储在“area”键中，类别信息存储在“classify”键中，评分存储在“src_star”键中(图 6-5，代码 6-5)。同样地，需要使用 Python 的 json 库对相关数据加以提取。

{"status":"1","data":{"base":{"poi_tag":"","code":"320102","importance_vip_flag":0,"city_adcode":"320100","telephone":"025-83614286","new_type":"110202","new_keytype":"风景名胜;风景名胜;国家级景点","checked":"1","title":"风景名胜","cre_flag":0,"std_t_tag_0_v":"4A 景区",

"navi_geometry":"118.787376,32.070509","classify":"风景名胜","business":"scenic","sp_mark":0,"shop_info":{"claim":2},"poi_tag_has_t_tag":0,"pixelx":"222791955","pixely":"108946455","city_name":"南京市","poiid":"B00190BBCZ","distance":0,"name":"玄武湖公园","geodata":{"aoi":[{"name":"玄武湖公园","mainpoi":"B00190BBCZ","area":4434296.012237}]},"end_poi_extension":"0","y":"32.072073","x":"118.787295","address":"南京市玄武区玄武巷1号","tag":"风景名胜;风景名胜;国家级景点","picLen":5},"spec":{"place_contribution":[{"user_revise":[{"author_id":"16594368","author_profileurl":"http://aos-cdn-image.amap.com/pp/avatar/a7d/0c/22/16594368.jpeg?ver=1459128057&imgoss=1","nickname":"楚晓博","time":"2017-02-04 21:16:54","author":"amap_153****2287"}]}],"mining_shape":{"aoiid":"G00AOI000001Y5JX","center":"118.787295,32.072073","area":"4434296.012237","sp_type":"3320","shape":"118.79413,32.085936;118.794681,32.08557;118.79527,32.085227;118.796026,32.084842;118.796739,32.084503;118.796958,32.08433;118.797125,32.084234;118.798608,32.083592;118.799247,32.083277;118.799714,32.083003;118.800597,32.082436;118.801585,32.081806;118.802463,32.08125;118.804377,32.080148;118.806216,32……118.79307,32.086677;118.79413,32.085936","level":14,"type":"0"},"sp_pic":[]},"pic_cover":{"url":"http://store.is.autonavi.com/showpic/e8e4297594410d684ba71d12eb2c17cd"},"pic":[{"weight":1001,"srcheight":10000,"url":"http://store.is.autonavi.com/showpic/e8e4297594410d684ba71d12eb2c17cd?type=pic","text_sensibility":"2","iscover":1,"srcwidth":10000},{"url":"http://store.is.autonavi.com/showpic/ff2f4114639e0110ae96ae76ad0c0287?type=pic","text_sensibility":"2","weight":999},{"url":"http://store.is.autonavi.com/showpic/9f0f7eb07983ba51e9dc3a7e24ed32c4?type=pic","text_sensibility":"2","weight":997,"title":"玄武湖公园"},{"url":"http://store.is.autonavi.com/showpic/adcbb344cdf7878e2cab8eba33194ffd?type=pic","text_sensibility":"2","weight":996,"title":"玄武湖公园"}],"scenic":{"s_duration":"2-3小","src_type_mix":"scenic_rlt_info;gaode_qunar;deep_opentime_fix;cms_deep_fix;scenic_bk_api;scenic_17u_api;sm_mfw_info;scenic_mfw_api;bdly_m_info;scenic_xrkj_info;bdly_pc_info;dp_api;scenic_travel_info","have_in_spots":1,"src_id":"B00190BBCZ","src_star":"4.9","business":"scenic","first_travel_line":"玄武门->台城烟柳->玄武湖公园-姊妹桥(二道桥)->月季园->莲湖水苑->童子拜观音石->樱洲长廊->米芾拜石->梁洲->玄武湖公园-翠洲","season":[],"price":"淡季:20元;旺季:30元","level":"4A景区","have_rec_food":0,"rec_sports":[],"intro":"玄武湖公园是江南最大的城内公园。巍峨的明城墙、秀美的九华山、古色古香的鸡鸣寺环……"}

**代码 6-5 "https://www.amap.com/detail/get/detail?id=B00190BBCZ"请求的响应内容**

## 6.3.2 公园绿地面数据的批量采集

在以玄武湖公园为例,确定了公园绿地边界的请求链接参数与结构特征、返回的相应信息特征之后,接下来我们开始编写 Python 程序,批量构造出南京市所有公园绿地的请求链接并从返回的 JSON 数据中提取我们需要的公园绿地名称、ID、面积、评分、边界坐标等信息。批量采集 AOI 数据将基于 urllib2、json 内置模块以及 Arcpy 拓展包。

**➢步骤 1:定义从文本文件中读取 POI 的函数**

在第 4 章中,我们定义了 writePOIs2File(POIList,outputfile)函数,并将 POI 列表写入文本文件中,每个 POI 按照 ID、名称、类型、经度和纬度的格式依次以分号(;)分割为一条记录,例如图 6-6 所示记录公园绿地的文本文件。在此之外,我们还需要定义从文本文件中将 POI 重新读取的函数 createpoint(filename,idindex,lonindex,latindex,nameindex, name1index)，读取到的 POI 的边界信息将被采集。

根据参数 CSV 文件的存储路径(filename)、采样点的 ID 位于记录的列号数(idindex)、经度位于记录的列号数(lonindex)、纬度位于记录的列号数(latindex)、英文名称位于记录的列号数(nameindex)、中文名称位于记录的列号数(name1index)，函数的功能为从记录 POI 信息的文件(filename)中读取 POI，每条记录为一个 POItWithAttr 对象，函数最终返回 POI 组成的列表 POIList。后续章节还将用该函数读取采样点(POItWithAttr 对象)、公交出行的起点与终点(POItWithAttr 对象)，故该函数定义在“basics. py”中(代码 6-6)。

parks1 - 记事本
文件(F) 编辑(E) 格式(O) 查看(V) 帮助(H)
B001905DFY,红山森林动物园,110100,118.803013,32.091897
B00190827M,南京海底世界,110100,118.845005,32.053667
B0019067HC,玄武湖-情侣园,110100,118.810015,32.069664
B00190517A,白马公园,110100,118.816952,32.060574
B001907K76,南京中山植物园,110100,118.83116,32.054451
B001909J4F,和平公园,110100,118.797155,32.057503
B00190001A,九华山公园,110100,118.807313,32.059806
B00190ABT2,下马坊遗址公园,110100,118.84563,32.039382
B001909FSW,鼓楼市民广场,110100,118.78581,32.05897
B00190535A,钟山风景区-山顶公园,110100,118.842284,32.070515
B001904615,神策门公园,110100,118.787345,32.088915
B00190BBVD,北极阁公园,110100,118.790731,32.059706
B00190BRY5,东南大学四牌楼校区桃李园,110100,118.795028,32.056358
B001900017,钟山风景区-灵谷公园,110100,118.866704,32.054089
B00190BBWV,大钟亭公园,110100,118.784638,32.060426
B00190ZDUG,南京聚宝山公园,110100,118.878323,32.096796
B00190001C,中山门广场,110100,118.829384,32.03947
B0FFFVODB4,玄武湖公园-太平门,110100,118.809691,32.061015
B00190B5GX,明城墙公园,110100,118.787783,32.069164
B0FFG9AM3C,龟山外郭遗址公园,110100,118.905494,32.090288
B001917WBY,南京站北广场,110100,118.797923,32.088379
B0FFFS03H8,营盘山公园,110100,118.81701,32.065665
B0FFIW5RBE,象山公园,110100,118.905924,32.089904
B0FFH8XLZ0,沧波览胜,110100,118.89173,32.028082
B0FFHVNYOF,龟山公园,110100,118.905891,32.089848
B0FFH9RXXI,钟山足球公园,110100,118.867233,32.028794
B0FFFDC98X,南京农业大学文化广场,110100,118.845638,32.035585

**图 6-6　存储公园绿地 POI 信息的文本文件**

```
#从文本文件读取点数据并生成 PointWithAttr 对象
def createpoint(filename,idindex,lonindex,latindex,nameindex,name1index):
    doc = open(filename, 'r')
    lines = doc.readlines()
    doc.close()
    points = []
    for line in lines:
        linesplit = line.split(',')
        id = linesplit[idindex]
        lon = linesplit[lonindex]
        lat = linesplit[latindex].replace("\n", "")
        name = linesplit[nameindex]
```

```
            name1 = linesplit[name1index]
            point = PointWithAttr(id, lon, lat,name,name1)
            points.append(point)
    return points
```

代码 6-6 定义函数 createpoint(filename, idindex, lonindex, latindex, nameindex, name1index)(详见"basics.py")

**➢步骤 2: 定义采集 AOI 的函数**

采集 AOI 信息的关键定义采集函数 getBoundry (POIList , poitype, writeboundryfile, starti),每个待采集的 AOI 中心点为 AOI 对应的 POI,函数参数为待采集 AOI 对应的 POI 列表(POIList)、POI 类型(poitype)、存储采集到的 AOI 数据的文本文件(writeboundryfile)以及从列表中开始采集数据的序号(参数 i,即函数从第 i 各 POI (POIList[i])开始采集)。函数的逻辑大致步骤如下:

首先,构造请求 URL,通过 urllib2 的 request 模块抓取该 URL 并返回响应信息。URL 即字符串: "https://www.amap.com/detail/get/detail? id = "与 POI 的 ID(poi.id)的拼接。

然后,通过 json 模块将返回的响应信息解码为 Python 的字典、列表等对象,提取面积('area')、评分('src_star')、边界 ('shape')信息后,将 POI 的 ID(poi.id)、类型(poi.type)、经度(poi.lon)、纬度(poi.lat)和以上数据依次写入文件 writeboundryfile 中,数据之间以分号(;)分隔(代码 6-7)。由于郊区的一些公园绿地的边界信息高德地图未收纳,这些公园绿地边界信息将无法被采集。

值得注意的是,采集 AOI 并没有直接的 API 供调用,为了防止爬虫被网站禁封,需要模拟成浏览器发送 URL 请求,这是和 POI 采集的重要不同之处。具体来讲,需要设置请求头(headers),加入 User-Agent、Referer、Host、Cookie 等参数,从而让网站识别为浏览器在发送请求而非脚本程序。这些参数信息同样在浏览器(Edge 浏览器为例)中可以查看: F12 开发者工具→网络→右侧"标头"。设置参数 i 的原因是由于程序执行过程中可能遭遇网站提示访问过快而导致的中断,下次重新启动程序时便可直接从列表的第 i 各元素(POI)开始采集,而不必完全重新采集。

```
def getBoundry(POIList,poitype,writeboundryfile,starti):
    for i in range(starti,len(POIList)):
        poi = POIList[i]
        send_headers = {…}
        url = "https://www.amap.com/detail/get/detail? id=" + poi.id
        print i,poi.id,url
        req = urllib2.Request(url,headers=send_headers)
        json_obj = urllib2.urlopen(req)
        json_data = json.load(json_obj)
        poidata = json_data['data']
        try:
            spec = poidata['spec']
```

```
except Exception as e:
    print poi.id,poidata
    continue
try:
    mining_shape = spec['mining_shape']
except Exception as e:
    print poi.id,"无边界"
    continue
else:
    shape = mining_shape['shape']
    coords = shape.split(';')
    coords1 = str("|".join(coords))
try:
    area = mining_shape['area']
except Exception as e:
    area = '-1'
    print "无面积"
# 如果是居住小区,poi增加容积率和绿化率的字段
if(poitype == "120302"):
    try:
        poi.volume_rate = str(poidata['deep']['volume_rate'])
    except Exception as e:
        poi.volume_rate = ""
    try:
        poi.green_rate = str(poidata['deep']['green_rate'])
    except Exception as e:
        poi.green_rate = ""
    try:
        poi.service_parking = poidata['deep']['service_parking']
    except Exception as e:
        poi.service_parking = ""
    bf = open(writeboundryfile, 'a')
    bf.write(poi.id + ";"+ poi.type + ";"+ poi.lon + ";"+ poi.lat + \
             ";"+ poi.volume_rate + ";"+ poi.green_rate + ";"+ \
             poi.service_parking + ";"+ coords1 + "\n")
    bf.close()
# 如果是公园绿地,poi增加面积、评分字段
if(poitype == '110100' or poitype == '110101' or poitype == "110102"or\
    poitype == "110103" or poitype == "110104"or poitype == "110105"\
    or poitype == "110202" or poitype == "110203"):
try:
    star = poidata['deep']['src_star']
except Exception as e:
```

```
            print poi.id, "无评分"
            star = "-1"
        poi.star = star
        poi.area = area
        bf = open(writeboundryfile, 'a')
        bf.write(poi.id + ";"+ poi.type + ";"+ poi.lon + ";"+ poi.lat \
                    + ";"+ poi.star + ";"+ poi.area + ";"  + coords1 + "\n")
        bf.close()
    time.sleep(1)
```

**代码 6-7　定义函数 getBoundry(POIList, poitype, writeboundryfile, starti)(详见"chapter6_2.py")**

**➢步骤 3：定义从文本文件中读取 AOI 的函数**

步骤 2 的采集函数将 AOI 的 ID、类型、经纬度、面积、评分、绿化率、容积率等信息写入了文本文件中，因此需要定义从文本文件中将 AOI 信息重新读取的函数 readFileBoundry(sourcefile, poitype)。

不同类型(poitype)的 AOI 各项信息在文本文件中的排列方式不同，函数会依据 poitype 参数值，从记录 AOI 信息的文本文件(sourcefile)中读取 AOI，每条记录为一个 BoundryWithAttr 对象，最终函数返回 BoundrWithAttr 对象构成的列表 boundryList(代码 6-8)。

```
#从 sourcefile 中读取兴趣面的各项信息
def readFileBoundry(sourcefile,poitype):
    f = open(sourcefile, 'r')
    boundrys_obj = f.readlines()
    boundryList = []
for boundryobj in boundrys_obj:
    print boundryobj
    # 如果是居住小区,poi 增加容积率和绿化率的字段
    if(poitype == "120302"):
        id, type, lon, lat, volume, green, park, coords11 = \
            boundryobj.split(';')
        coords1 = coords11.split('\n')[0]
        coords = coords1.split('|')
        name = ""
        poi = basics.PointWithAttr(id, lon, lat, type, name)
        poi.volume_rate = volume
        poi.green_rate = green
        poi.service_parking = park
        boundry = basics.BoundryWithAttr(poi,coords)
        boundryList.append(boundry)
    # 如果是公园绿地,poi 增加面积和评分字段
    if(poitype == '110100' or poitype == '110101'or poitype == "110102"\
            or poitype == "110103" or poitype == "110104"or poitype == "110105"\
```

```
            or poitype = = "110202" or poitype = = "110203"):
        id,type,lon,lat,star,area,coords11 = boundryobj.split(';')
        coords1 = coords11.split('\n')[0]
        coords = coords1.split('|')
        name = ""
        poi = basics.PointWithAttr(id, lon, lat, type, name)
        poi.star = star
        poi.area = area
        boundry = basics.BoundryWithAttr(poi,coords)
        boundryList.append(boundry)
f.close()
    return boundryList
```

**代码 6-8 定义函数 readFileBoundry(sourcefile, poitype)(详见"chapter6_2.py")**

### ➢步骤 4：定义 AOI 生成 Shapefile 的函数

步骤 2、步骤 3 采集的边界信息仅以 BoundrWithAttr 对象的形式存储在列表 boundryList 中，故需要新定义 Boundry2Polygon(boundryList, outputfile)函数，依据 boundryList 中每个 BoundrWithAttr 对象的属性信息，生成 ArcPy 支持的 polyline 几何对象，进而生成 Shapefile 数据文件。和第 5 章生成道路 Shapefile 数据和公交 Shapefile 类似，新函数同样主要基于 Arcpy 拓展包实现。

首先，利用 CreateFeatureclass_management 工具函数新建空白 Shapefile，同时通过 arcpy.SpatialReference 方法读取投影文件，构造空间参考对象 wgs84。

然后，利用 AddField_management 工具函数为新建的 shapefile 添加五个字段：resiID、Type、Name、Attr1、Attr2，分别代表 AOI 的 ID、类型、名称、其他属性 1、其他属性 2。

再次，遍历 boundryList，每个 boundry 的边界坐标用 arcpy.Polyline(array, wgs84)方法生成面几何对象，面几何对象的空间参照设置为"WGS 1984"，用 polygon.projectAs(wgs84project)方法将空间参照由"WGS84"投影转换至相应的投影坐标系。

接下来，基于 Arcpy 的数据访问模块(data access, da)，依次为五个字段赋值，用 insertRow(row)方法为 Shapefile 插入一个新空间要素。

最后，每个 AOI 都转化为 shapefile 中的一个公园绿地面。注：GIS 中每个空间要素是一个几何对象，几何对象是空间坐标值和 ArcGIS 支持的空间数据之间转换的桥梁(代码 6-9)。

```
#遍历列表 boundryList,将其中的每个 BoundryWithAttr 对象转换为 Shapefle 的一个面
#空间要素
def Boundry2Polygon(boundryList,outputfile):
    # 创建空白 shapefile
    arcpy.CreateFeatureclass_management(os.path.dirname(outputfile),\
                                        os.path.basename(outputfile),\
                                        'POLYGON',"", "", "", wgs84project)
    arcpy.AddField_management(outputfile, "resiID", "Text", "", "", "")
```

```
arcpy.AddField_management(outputfile, "Type", "Text", "", "", "")
arcpy.AddField_management(outputfile, "Name", "Text", "", "", "")
arcpy.AddField_management(outputfile, "Attr1", "Text", "", "", "")
arcpy.AddField_management(outputfile, "Attr2", "Text", "", "", "")
arcpy.AddField_management(outputfile, "Attr3", "Text", "", "", "")
fields = ["SHAPE@", "resiID", "Type", "Name", "Attr1", "Attr2", "Attr3"]
cur = da.InsertCursor(outputfile, fields)
array = arcpy.Array()
for boundry in boundryList:
    boundrycoords = boundry.boundrycoords
    poi = boundry.point
    boundryID = poi.id
    boundryName = poi.name
    boundryType = poi.type
    for coordPair in boundrycoords:
        lon,lat = coordPair.split(',')
        pnt = arcpy.Point(float(lon),float(lat))
        array.add(pnt)
    polygon = arcpy.Polygon(array,wgs84)
    polygonProject = polygon.projectAs(wgs84project)
    array.removeAll()
    # 如果是居住小区,poi 增加容积率和绿化率的字段
    if(poitype == "120302"):
        newFields = [polygonProject, boundryID,boundryType, boundryName, \
                     poi.volume_rate, poi.green_rate, poi.service_parking]
# 如果是公园绿地,poi 增加面积和评分字段
    if(poitype == '110100' or poitype == '110101'or poitype == "110102"or\
          poitype == "110103" or poitype == "110104"or poitype == "110105"\
          or poitype == "110202" or poitype == "110203"):
        newFields = [polygonProject, boundryID, boundryType, boundryName,\
                      poi.star, poi.area, ""]
    cur.insertRow(newFields)
    print "done!"
del cur
```

**代码 6-9　定义函数 Boundry2Polygon(boundryList,outputfile)(详见“chapter6_2.py”)**

**➢步骤 5：执行程序**

① 程序执行逻辑

程序基本逻辑如下：

首先,指定数据保存位置 output_directory,保存公园绿地 POI 信息的“parks.csv”、投影文件“wgs84.prj”和“wgs84project”在该文件夹下。程序通过 arcpy.SpatialReference 方法读取两个投影文件并生成空间参照对象 wgs84 和空间参照对象 wgs84project。

然后，程序调用函数 createpoint(filename, idindex, lonindex, latindex, nameindex, name1index)读取“parks.csv”中的信息，返回 PointWithAttr 对象构成的列表 POIList。再以 POIList 为参数，调用 getBoundry(POIList, poitype, writeboundryfile, starti)函数，从 starti 指示的位置开始采集 AOI 信息。采集到的 AOI 信息保存在 writeboundryfile 变量表示的文本文件中。需要特别指出的是，程序执行函数 getBoundry(POIList, poitype, writeboundryfile, starti)可能会因网站对本地 IP 的暂时禁封而中断，导致仅 POIList 中的部分 POI 边界得到采集。如果这一情况发生，则需要为本地计算机更换 IP，修改参数 starti 为中断时的程序打印的变量值 I，然后重新运行程序“chapter6_1.py”，从中断的位置继续开始采集，将采集到的信息继续追加到变量 writeboundryfile 表示的文本文件中，直到将 POIList 中所有 PointWithAttr 对象代表的 AOI 全部采集完毕。

待所有公园绿地面采集完毕，我们可以通过修改变量 toShapefile 为 True，依次调用函数 readFileBoundry(writeboundryfile, poitype)和函数 Boundry2Polygon(boundryList, outshp)生成公园绿地面“parks.shp”(代码 6-10)。

```
# -*- coding:utf-8 -*-
import json
import urllib2
import sys
import arcpy
import os
from arcpy import env
from arcpy import da
import basics
import time
reload(sys)
sys.setdefaultencoding('utf8')
env.overwriteOutput = True
if __name__ == '__main__':
    # AOI 采集完毕后需要修改为 True
    toShapefile = False
    collectData = True
    # 将采集的 POI 数据保存在 output_directory 文件夹里
    output_directory = "C:\\Users\\yfqin\\Desktop\\test\\"
    # 把保存有公园绿地 POI 信息的文本文件 parks.txt 复制到文件夹 output_directory 里
    parksfile = output_directory + "parks.csv"
    #在 output_directory 文件夹新建文本文件 boundry,txt,该文件记录边界信息
    writeboundryfile = output_directory + "boundry.txt"
    #投影文件放置在 output_directory 指示的文件夹下
    wgs84file = output_directory + "wgs84.prj"
    wgs84projectfile = output_directory + "wgs84project.prj"
    wgs84 = arcpy.SpatialReference(wgs84file)
    wgs84project = arcpy.SpatialReference(wgs84projectfile)
```

```
#输出的 Shapefile
outshp = output_directory + "parks.shp"
#公园绿地类型为 110100,110101,110102,110103,110104,110105
poitype = "110100"
if(collectData == True):
    POIList = basics.createpoint(parksfile, 0, 3, 4, 2, 1)
    getBoundry(POIList, poitype, writeboundryfile, 0)
if(toShapefile == True):
    boundryList = readFileBoundry(writeboundryfile, poitype)
    Boundry2Polygon(boundryList, outshp)
```

**代码 6-10　主程序代码(详见“chapter6_2.py”)**

② 运行程序

完整的代码见附录“chapter6_2.py”。首先,将完整代码拷贝到 py 文件中,执行前需要在数据保存目录 output_directory 下新建文本文件“parks.txt”和文本文件“boundry.txt”,并将“final.txt”中的公园绿地部分复制到“parks.txt”中。需要注意的是,为避免出错,数据保存路径最好是英文路径。

成功采集到的公园绿地面信息保存在文本文件“boundry.txt”中应如图 6-7 所示:

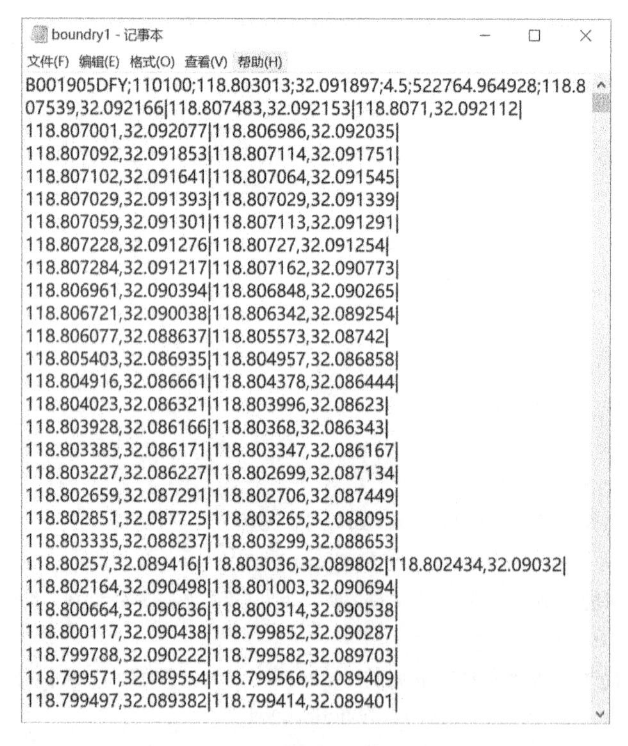


**图 6-7　采集到的公园绿地面信息**

待 AOI 采集完毕后,将 toShapefile 参数修改为“True”,再次运行程序“chapter6_2.py”,完成相应的公园绿地 Shapefile 数据文件的生成。生成的“parks.shp”可在 output_directory 指示的文件夹下查看到。另外,频繁的访问会导致高德地图返回明显错误的边界

(图 6-8)。在 ArcMap 中打开生成的边界 Shapefile,若存在明显的错误,则需要删掉该空间要素并将错误空间要素对应的 POI 信息标注在文本文件中。隔一段时间后,以该文本文件为输入参数,重新采集出现错误的绿地边界数据。最后将所有的“parks.shp”通过 ArcGIS 的 Merge 工具合并一个总的文件“parks_merge.shp”。

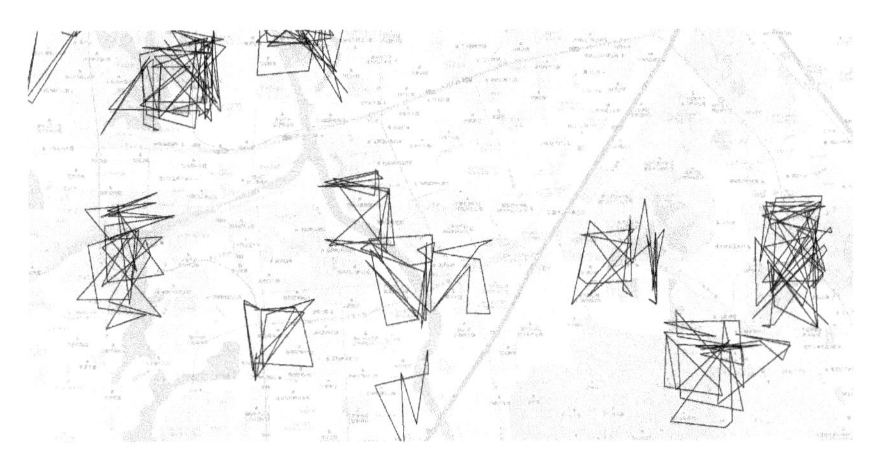

图 6-8　访问频繁时高德地图返回的错误边界

## 6.3.3　数据结果

最终,程序共采集南京市主要城区 360 个公园绿地,公园绿地的类型、面积、名称、大众点评分数存储在“parks_merge.shp”的属性表中(图 6-9、图 6-10),其中公园绿地的面积和评分可作为其自身服务能力的评价指标。

Table

parks_merge

| FID | Shape | Id | resiID | Type | Name | Area | Star | Type1 |
|---|---|---|---|---|---|---|---|---|
| 0 | Polygon | 0 | B001905DF | 11010 | 红山森林动物园 | 522764.964928 | 4.5 | 公园广场 |
| 1 | Polygon | 0 | B00190827 | 11010 | 南京海底世界 | 19178.797108 | 4.6 | 公园广场 |
| 2 | Polygon | 0 | B00190517 | 11010 | 白马公园 | 232889.792566 | 4.1 | 公园广场 |
| 3 | Polygon | 0 | B001907K7 | 11010 | 南京中山植物园 | 1524613.34039 | 4.3 | 公园广场 |
| 4 | Polygon | 0 | B001909J4 | 11010 | 和平公园 | 14192.6219 | 4.2 | 公园广场 |
| 5 | Polygon | 0 | B00190001 | 11010 | 九华山公园 | 108179.919 | 4.2 | 公园广场 |
| 6 | Polygon | 0 | B00190ABT | 11010 | 下马坊遗址公园 | 67957.8339 | -1 | 公园广场 |
| 7 | Polygon | 0 | B001909FS | 11010 | 鼓楼市民广场 | 18720.840389 | 3.5 | 公园广场 |
| 8 | Polygon | 0 | B001904615 | 11010 | 神策门公园 | 68967.88514 | 4.9 | 公园广场 |
| 9 | Polygon | 0 | B00190BBV | 11010 | 北极阁公园 | 131242.463226 | 3.5 | 公园广场 |
| 10 | Polygon | 0 | B00190BB | 11010 | 大钟亭公园 | 3179.503898 | 4.2 | 公园广场 |
| 11 | Polygon | 0 | B00190001 | 11010 | 中山门广场 | 8524.01904 | 1.3 | 公园广场 |
| 12 | Polygon | 0 | B0FFFS03H | 11010 | 营盘山公园 | 3341.754828 | 3.5 | 公园广场 |
| 13 | Polygon | 0 | B0FFH9RX | 11010 | 钟山足球公园 | 8436.488633 | -1 | 公园广场 |
| 14 | Polygon | 0 | B00190BA7 | 11010 | 中国人寿大行宫市民广 | 15628.138991 | 4 | 公园广场 |
| 15 | Polygon | 0 | B00191809Z | 11010 | 520学生运动纪念广场 | 2731.663118 | 3.5 | 公园广场 |
| 16 | Polygon | 0 | B0FFFT9N | 11010 | 滨湖广场(阳光路) | 6176.183693 | -1 | 公园广场 |
| 17 | Polygon | 0 | B0FFIN98P | 11010 | 新庄广场 | 6413.159698 | 3.5 | 公园广场 |
| 18 | Polygon | 0 | B0019146A | 11010 | 仙鹤门公园 | 36074.013059 | 4 | 公园广场 |
| 19 | Polygon | 0 | B0019146A | 11010 | 仙鹤门公园 | 36074.013059 | 4 | 公园广场 |
| 20 | Polygon | 0 | B00190B3Y | 11010 | 白鹭洲公园 | 130960.71 | -1 | 公园广场 |
| 21 | Polygon | 0 | B00190001 | 11010 | 郑和公园 | 19867.7367 | 4.1 | 公园广场 |
| 22 | Polygon | 0 | B00190ACB | 11010 | 汉中门广场 | 25128.079782 | 4.2 | 公园广场 |
| 23 | Polygon | 0 | B00190BBY | 11010 | 武定门公园 | 39928.3771 | 4.6 | 公园广场 |
| 24 | Polygon | 0 | B00190B58 | 11010 | 东水关遗址公园 | 48208.639745 | 4.5 | 公园广场 |
| 25 | Polygon | 0 | B0019067S | 11010 | 午朝门公园 | 29768.4837 | 4.4 | 公园广场 |
| 26 | Polygon | 0 | B00190B53 | 11010 | 建邺路滨河游园 | 2329.309935 | 3.5 | 公园广场 |
| 27 | Polygon | 0 | B00190B74 | 11010 | 南京七桥瓮生态湿地公 | 238259.127 | 4.4 | 公园广场 |
| 28 | Polygon | 0 | B00190CW | 11010 | 东水关滨河小游园 | 1630.591129 | 2.9 | 公园广场 |

(0 out of 360 Selected)

parks_merge

图 6-9　南京市公园绿地“parks_merge.shp”的属性表

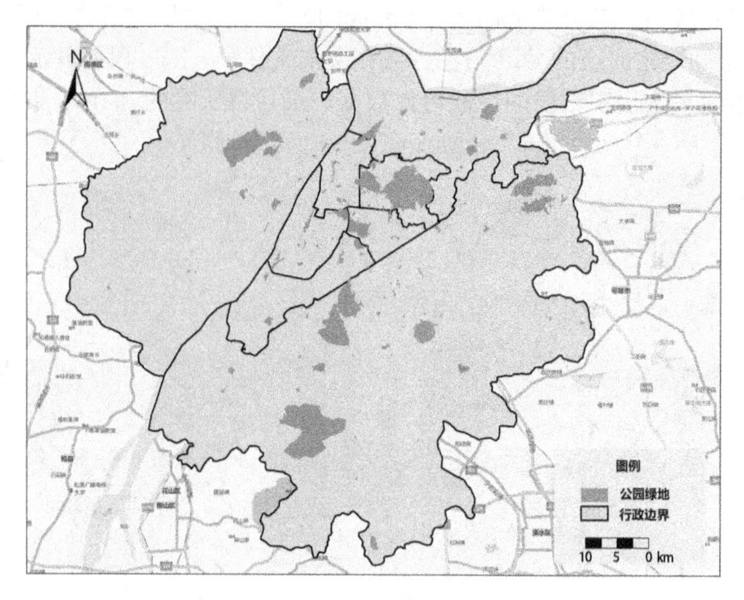


图 6-10　南京市公园绿地“parks_merge. shp”的属性表

同时应该看到，尽管我们从高德地图采集了南京主要城区大部分的公园绿地数据，但仍有一小部分未包含其中，表明互联网地图提供了丰富多样数据，大大减少数据获取的时间成本和经济成本，但这些数据并非完完全全贴合城市现状。因此，我们采集数据之后需要进行检查并手动增添缺失的少部分公园绿地空间要素，以得到更加全面准确的数据。

## 6.4　南京市主城区公园绿地社会服务功能分析

城市公园绿地的社会服务功能是城市绿地系统生态服务功能的重要组成；评价其社会服务功能需同时考虑服务的公平性和有效性。本节运用公园绿地服务范围覆盖率、公园绿地服务重叠度和单位面积公园绿地服务人口数 3 项指标来评价南京市(除溧水区、高淳区与六合区外)绿地公园社会服务能力。

### 6.4.1　研究数据与方法

本例基于前述获取的公园绿地矢量数据，在 ArcGIS 中运用缓冲区分析法、叠置分析以及拓扑分析法对南京市绿地公园的覆盖率、重叠度以及服务人口三方面进行公园绿地社会服务功能评价研究。除城市绿地外，城市医疗、教育、养老等设施同样可以借鉴本例的方法进行研究，本例仅提供一种分析城市公共服务设施服务功能的一般思路及方法。

### 6.4.2　公园绿地服务范围覆盖率分析

公园绿地服务范围分析基于公园绿地的可达性进行。可达性是指居民克服距离、旅行时间和费用等阻力到达一个服务设施或活动场所的愿望和能力的定量表达，是衡量城市服务设施空间布局合理性的一个重要标准。在 GIS 系统中，缓冲区分析法是计算可达性最简单和普遍的方法。本文基于缓冲区分析法，利用公园绿地服务范围的覆盖率定量分析公园绿地服务范围对居住区的覆盖程度。公园绿地服务范围覆盖率定义如下：R = As/Ar，其中 As 指该区域内公园绿地服务范围覆盖居住区的面积；Ar 指该区域内的居住区面积。

**➢步骤 1：生成每个公园绿地的缓冲区**

加载 Parks_merge.shp 数据，以公园绿地数据为源地，以 500 m 为半径生成缓冲区，获得每个公园绿地的服务范围。点击 ArcToolbox>Analysis Tools>Proximity>Buffer，出现下图对话框，设置 500 m 缓冲区半径，点击 OK 得到每个公园绿地的服务范围(图 6-11、图 6-12)。

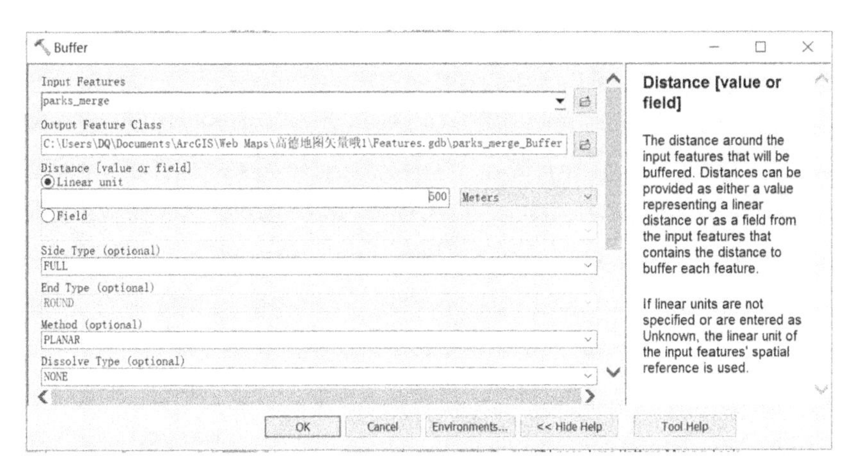


**图 6-11　生成公园绿地缓冲区参数设置**

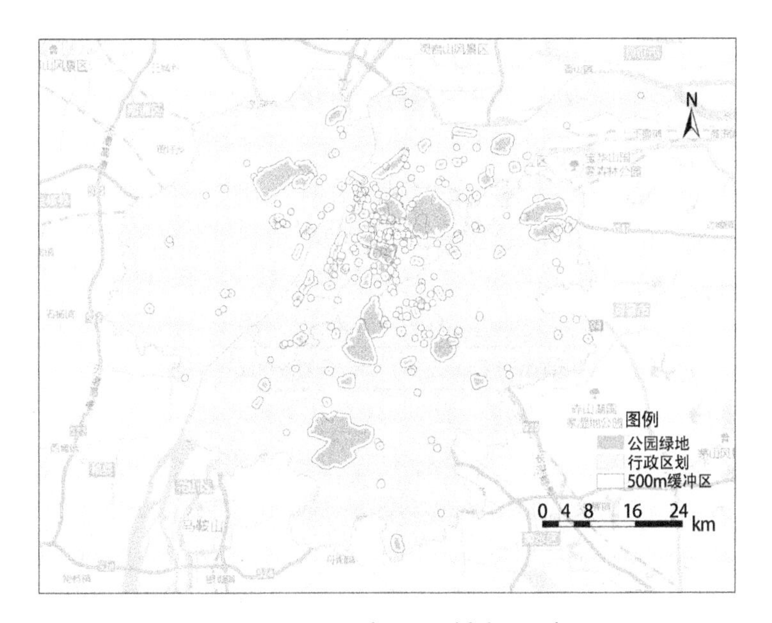


**图 6-12　公园绿地 500 m 缓冲区示意图**

**➢步骤 2：合并缓冲区**

合并缓冲区，去除重叠部分，获得公园绿地的服务范围。点击 Editor——Start editor，选中缓冲区所有要素，点击 Editor 工具条下的 Merge 工具，合并所有要素。

**➢步骤 3：计算绿地覆盖范围与行政区划交集**

加载各个行政区划 shp 数据，与步骤 2 得到的数据取交集，得到每个行政区划中的公园绿地的覆盖范围。

**➢步骤 4：计算公园绿地覆盖的居住区面积**

加载居住小区“resident.shp”数据，先运用 Feature to Polygon 工具转为面要素，命名“居住用地.shp”，将步骤 3 中得到的覆盖范围图层与居住用地图层进行交集运算，得到各区覆盖范围与居住用地的交集图层，即为公园绿地的覆盖面积 As(图 6-13)。

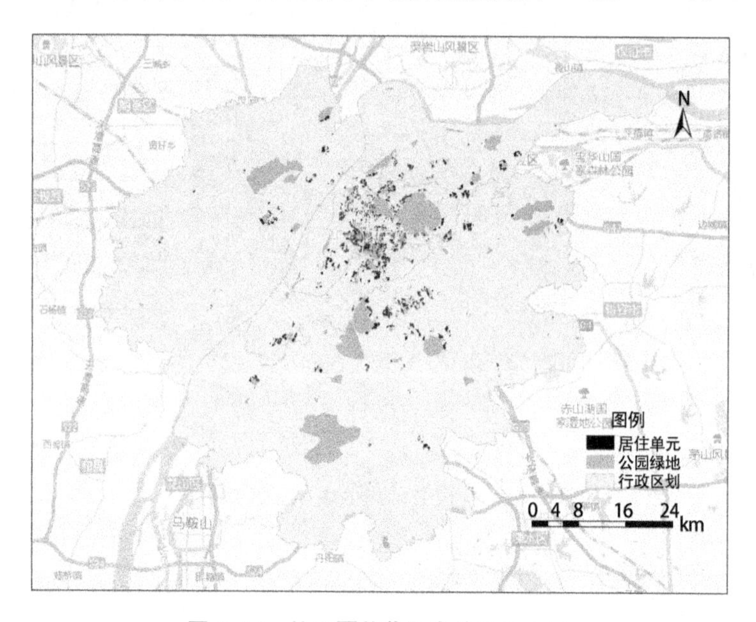


图 6-13　处于覆盖范围内的居住小区

**➢步骤 5：计算绿地公园覆盖率**

计算覆盖率。将步骤 4 中的各区绿地覆盖面积 As 与各区居住用地面积 Ar 进行比值，得到各区绿地公园的覆盖率值(表 6-3)，进而在 Excel 中可视化展示(图 6-14)。

表 6-3　各区绿地覆盖率数值

| 区名 | 居住用地面积($km^2$) | 绿地覆盖面积($km^2$) | 覆盖率 |
|---|---|---|---|
| 鼓楼区 | 10.20 | 4.44 | 0.43 |
| 建邺区 | 9.28 | 3.20 | 0.34 |
| 江宁区 | 36.97 | 10.65 | 0.29 |
| 浦口区 | 20.29 | 3.02 | 0.15 |
| 栖霞区 | 16.49 | 5.19 | 0.31 |
| 秦淮区 | 10.74 | 6.57 | 0.61 |
| 玄武区 | 8.86 | 4.47 | 0.50 |
| 雨花台区 | 11.03 | 3.51 | 0.32 |

根据计算结果，公园绿地的覆盖率秦淮区最高，为 0.61，其次为玄武区，为 0.50，绿地覆盖率最低的为浦口区，为 0.15。

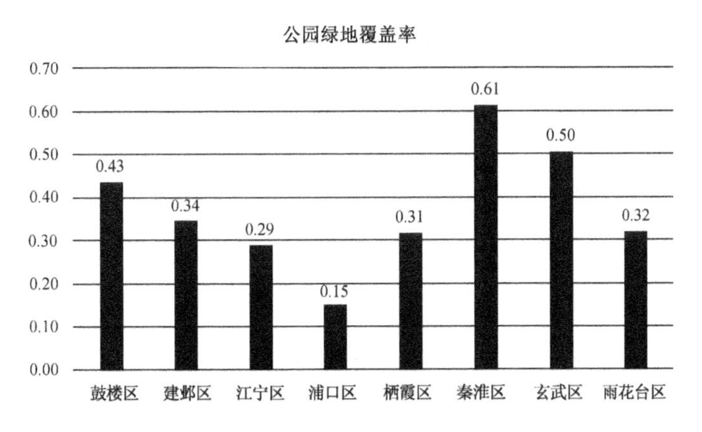


图 6-14　各区覆盖率柱状图

### 6.4.3　公园绿地服务重叠度分析

对于居民而言，除了考虑周边是否有公园绿地之外，还特别关注周边公园绿地的可选择性，即希望周边有尽量多的公园绿地；对于绿化管理部门而言，为了保证公园绿地服务的公平性，在进行城市绿化林业管理和新建绿地规划时，除了考虑公园绿地服务范围的覆盖情况，也需要考虑现有公园绿地的重复服务状况。

本例提到的公园绿地服务重叠度，用于定量分析某个居住区对于服务范围内公园绿地的可选择性，其定义为：在一定的服务范围内，可服务某个居住区单元的公园绿地数量。

**➢步骤 1：生成居住区单元**

对南京市居住区数据进行离散网格化处理，将居住区转换为居住区单元。利用 GIS 工具转换生成居住区栅格数据，每个栅格的大小为居住区单元的大小。栅格大小可自定义，本文采用了 30 m 网格进行离散处理。

点击 Feature to Raster 工具，出现下图对话框，输入居住区面，栅格大小设成 30 m。点击“OK”按钮(图 6-15)。

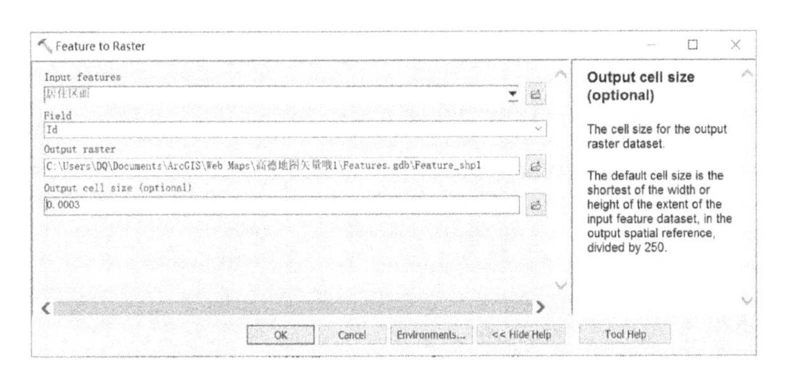


图 6-15　居住用地栅格化处理参数设置

点击 Raster to Polygon 工具，输入上一步得到的居住区栅格数据，使得每一个居住区栅格转换为有唯一 ID 的面要素(图 6-16)。

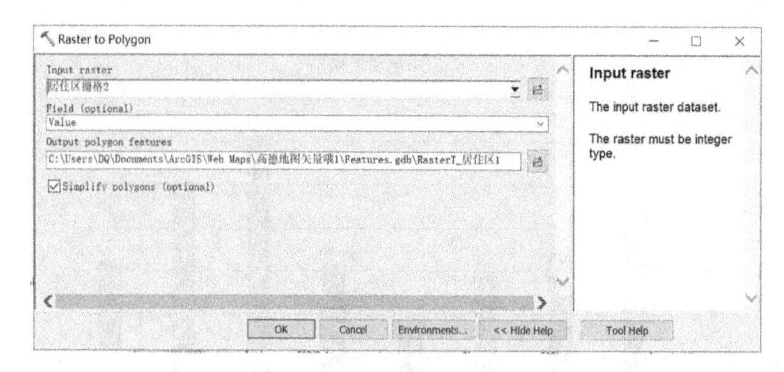


图 6-16　居住用地栅格转面参数设置

**➢步骤 2：获取每块公园绿地的服务范围**

以 500 m 为半径生成公园绿地的服务范围，每个公园绿地的服务范围为独立的多边形区域，且有唯一的编号 ID，多个公园绿地的服务范围重叠区域予以保留。

**➢步骤 3：将居住区单元与公园绿地服务范围相关联**

将步骤 1 得到的居住区单元与步骤 2 得到的公园绿地的服务范围区交集，以此判断居住区单元是否位于公园绿地的服务范围内，并得到处于服务范围内的居住区单元图层。点击 Intersect 工具，输入居住区单元图层与公园绿地的服务范围图层。点击“OK”按钮得到位于服务区范围内的居住区单元图层(图 6-17)。

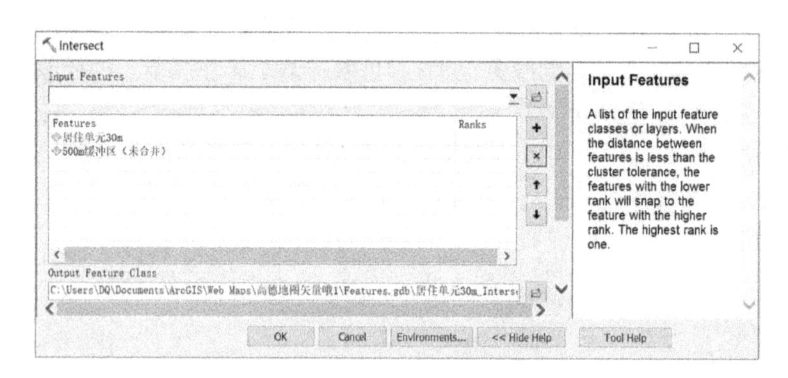


图 6-17　居住小区与服务范围交集处理

然后点击 Spatial Join 工具，按照下图输入数据，将位于服务范围内的居住区单元编号与公园绿地服务范围编号相关联，得到居住单元 30m_Intersect_SpatialJoi 图层(图 6-18)。

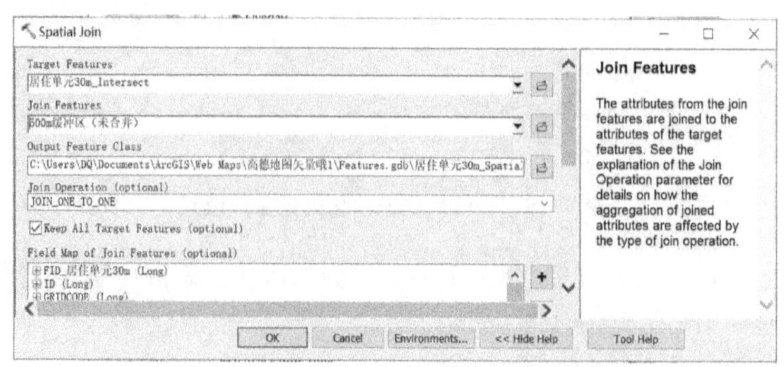


图 6-18　居住小区单元与服务范围空间关联

**➢步骤 4：计算居住区单元的公园绿地服务重叠度**

步骤 3 得到每个居住区单元所位于多少个公园绿地服务范围中，即字段 Join_Count 对应的值，此值即为居住区单元的公园绿地重叠度值(图 6-19)。

Table

居住单元30m_Intersect_SpatialJoi

| FID * | Shape * | Join_Count | TARGET_FID | FID_居住单元30m | ID | GRIDCODE | FID |
|---|---|---|---|---|---|---|---|
| 576 | Polygon | 1 | 576 | 1116 | 1117 | 0 | |
| 577 | Polygon | 3 | 577 | 1117 | 1118 | 0 | |
| 578 | Polygon | 2 | 578 | 1117 | 1118 | 0 | |
| 580 | Polygon | 1 | 580 | 1120 | 1121 | 0 | |
| 581 | Polygon | 2 | 581 | 1121 | 1122 | 0 | |
| 582 | Polygon | 3 | 582 | 1122 | 1123 | 0 | |
| 583 | Polygon | 2 | 583 | 1122 | 1123 | 0 | |
| 584 | Polygon | 1 | 584 | 1125 | 1126 | 0 | |
| 589 | Polygon | 2 | 589 | 1131 | 1132 | 0 | |
| 590 | Polygon | 1 | 590 | 1133 | 1134 | 0 | |
| 591 | Polygon | 2 | 591 | 1134 | 1135 | 0 | |
| 596 | Polygon | 1 | 596 | 1138 | 1139 | 0 | |
| 597 | Polygon | 2 | 597 | 1140 | 1141 | 0 | |
| 598 | Polygon | 3 | 598 | 1140 | 1141 | 0 | |
| 601 | Polygon | 1 | 601 | 1146 | 1147 | 0 | |
| 602 | Polygon | 1 | 602 | 1147 | 1148 | 0 | |
| 603 | Polygon | 1 | 603 | 1149 | 1150 | 0 | |
| 604 | Polygon | 1 | 604 | 1150 | 1151 | 0 | |
| 606 | Polygon | 1 | 606 | 1153 | 1154 | 0 | |
| 608 | Polygon | 3 | 608 | 1154 | 1155 | 0 | |

0 (0 out of 4378 Selected)

各区　居住单元30m_Intersect_SpatialJoi

Table　ArcToolbox

**图 6-19　重叠度分析结果属性表**

根据分析结果，各区公园绿地的重叠度如下图所示，从高到低分别是鼓楼区、秦淮区、玄武区、浦口区、建邺区、江宁区、雨花台区以及栖霞区(图 6-20)。

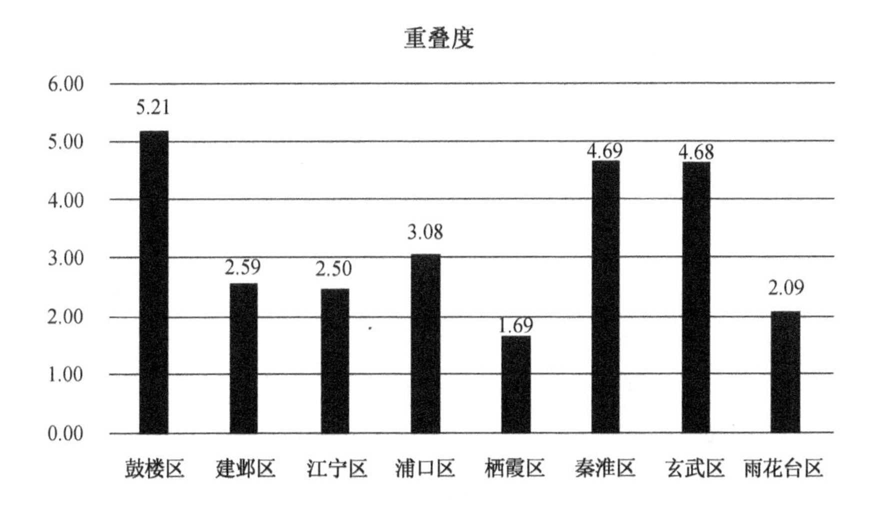


**图 6-20　各区绿地重叠度柱状图**

## 6.4.4　单位面积公园绿地服务人口数分析

本例利用单位面积公园绿地服务人口数作为衡量指标，用于判断一块公园绿地是否被充分利用，并可以用于定量分析居民在接受公园绿地服务时候的舒适程度。单位面积绿地公园服务人口 P 定义如下：$P = Ps/Ag$，式中 Ps 指该公园绿地主要服务的人口数，Ag 是该公园绿地的面积。

服务人口分析与重叠度分析类似，前三步骤与重叠度分析相同。在此不重复赘述。

➢**步骤 4：计算居住区单元的人口数**

假设每个区的人口均匀分布，将每个行政区划总人口平均分配到居住用地中得到每个区的人口密度。将每个区的人口密度值赋值到步骤3中处于绿地服务范围内的居住小区单元（居住单元30m_Intersect_SpatialJoi）中，并计算每个居住小区单元人口数。然后右击 parks_merge 图层，点击 Join，按照图 6-21 进行关联，得到每个公园绿地服务的人口数。然后，新建服务人口字段，用字段计算器计算，服务人口数 = 服务人口/公园面积。最终得到每个区公园绿地平均服务人口数（图 6-22）。

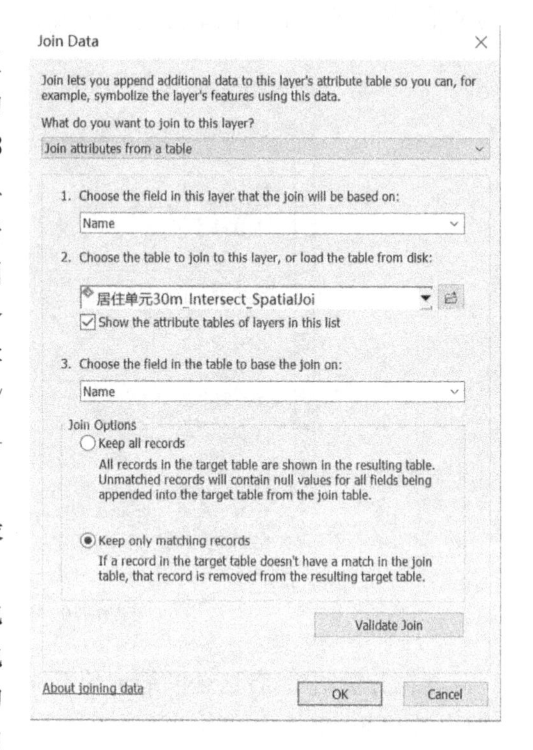


**图 6-21　居住单元人口与公园绿地图层属性关联**

根据计算结果，建邺区服务人口的平均值最高，为 0.34 人/m²，最少为江宁区，为0.09 人/m²。

城市公园绿地的社会服务功能是城市绿地系统生态服务功能的重要组成。城市公园绿地的建设不仅需要考虑城市公园绿地服务范围的覆盖率，其公平性和有效性也应是规划的重要内容。本例运用公园绿地服务范围覆盖率、公园绿地服务重叠度和单位面积公园绿地服务人口数等 3 项指标，用于定量评价城市公园绿地部分社会服务功能。如果对某城市公园绿地的服务能力进行精确的评价，还需更多精确的数据支撑，更多精细化的处理步骤。

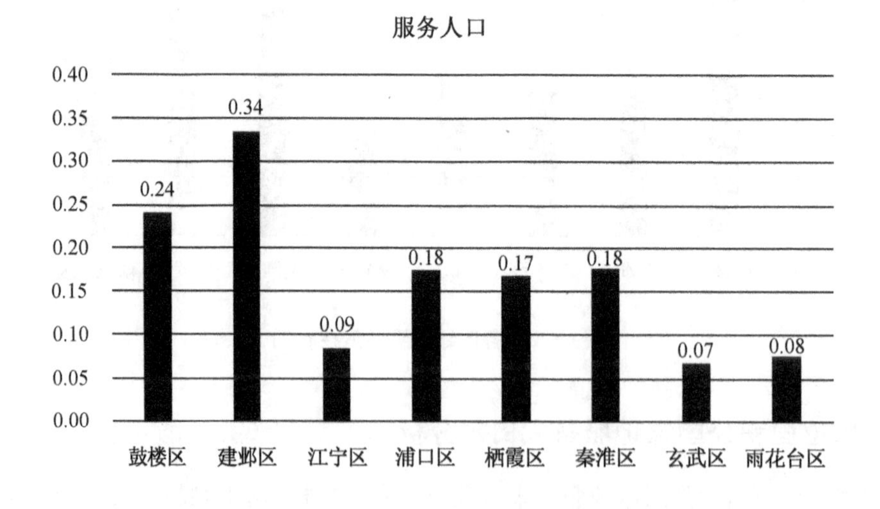


**图 6-22　各区服务人口柱状图**

# 栅格数据采集与分析篇

第7章

# 街景图片采集与分析

由于腾讯地图街景获取的应用程序接口目前仅针对企业开发者开放，本章我们以百度地图为例，介绍利用 Python 程序快速批量采集街景地图的技术以及在 ArcGIS 批量制作城市规划现状探勘图的方法。

## 7.1 街景图片简介

街景，即街道的实景图片，以行人的视角详细系统地记录了城市街道级别的景象。近年来，百度、腾讯、谷歌等各大互联网电子地图推出覆盖越来越全面、多时相、高分辨率的街景展示功能，国内常见的街景图像有百度街景（Baidu Street View）和腾讯街景（Tencent Street View）。当用户在使用街景地图时，在地图上可以看到附近的绿化、餐饮、娱乐等的分布情况。

在城市规划领域，传统的城市环境评价通常采取现场调研的方式，难以开展大尺度、精细化的评估，而街景图片不但具有覆盖范围广、获取成本低等优点，还能够提供丰富的街道景观、城市立面等信息。当前许多学者将街景图片作为重要的数据源，结合人工判别、图像处理技术与机器学习方法，用于识别包含街道绿视率、车道数、沿街立面设计、街道铺装、店面招牌等在内的街道环境变量，进而开展街道绿化品质评价、街道环境评价、街道空间品质变化分析、街道步行可达性分析、公共空间安全感评价等方面。

## 7.2 “全景静态图 API”解析

百度地图开放平台通过“全景静态图 API”提供 JPG 格式的街景图片下载。“全景静态图 API”是指以 HTTP 形式提供街景图片查询与缓存的接口，允许用户在网页及其他应用中直接嵌入一张全景图片。用户只需要给定场景位置、视角等参数，构造请求 URL，即可得到“全景静态图 API”返回的相应街景图片。类似于 POI 的采集，街景图片的获取同样分为三个步骤：①申请“Web 服务 API”密钥（key）；②拼接 HTTP 请求 URL；③接受并存储 HTTP 请求返回的图片（JPG）。

### 7.2.1 密钥申请

首先，登录百度地图开放平台（http://lbsyun.baidu.com/），注册百度地图开发者账号。

然后，点击页面右上角的“控制台”进入控制台界面，点击“创建应用”（图 7-1）。应用名称为“pictures”，应用类型为“服务端”，启动服务中勾选“全景静态图”，点击“提交”完成创建新的应用(图 7-2)。

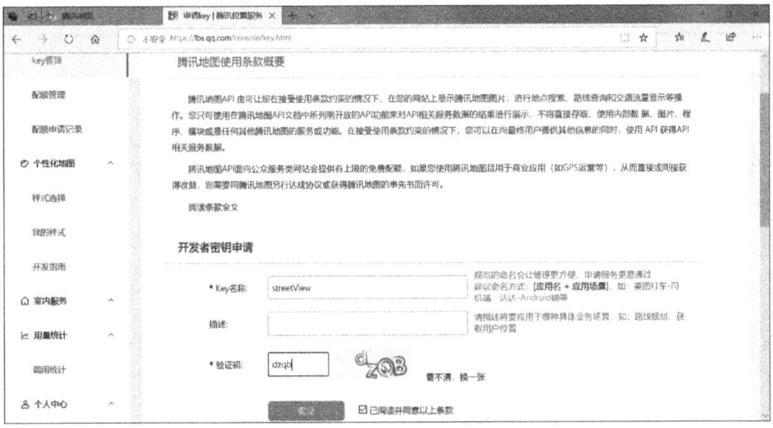

图 7-1　创建应用与密钥申请

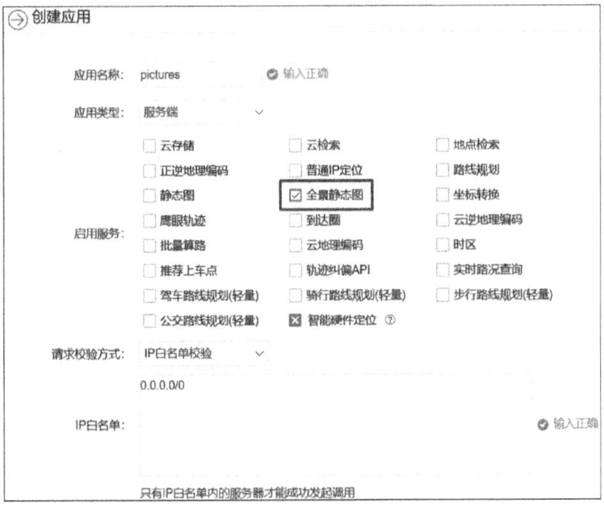

图 7-2　创建应用于密钥申请

最后,"访问应用(AK)"栏显示的一串字符即为申请到的密钥,该串字符后面将为Python 程序的密钥变量赋值(图 7-1)。

## 7.2.2　"全景静态图 API"请求 URL

"全景静态图 API"的在线服务文档(http://lbsyun.baidu.com/index.php?title=viewstatic)有完整的接口介绍、请求参数说明、返回结果参数说明。我们以采集南京市上海路(云南路)与北京西路交叉口处的街景图片为例,介绍通过"全景静态图 API"采集街景图片的过程。

**➢步骤 1: 分析"全景静态图 API"请求参数**

"全景静态图 API"需要指定的请求参数主要有密钥(ak)、需要获取街景图的位置所在经纬度(location)、街景图片的宽度(width)与高度(height)、水平视角(heading)、垂直视角(pitch)与水平方向范围(fov)。如果经纬度数据来源于 GPS 设备(即 WGS84 坐标系),还需要指定坐标系参数为(coordtype)(表 7-1)。

**表 7-1 "全景静态图 API"主要请求参数**

| 参数名 | 必选 | 默认值 | 含义 |
|---|---|---|---|
| ak | 是 | — | 密钥 |
| location | 是 | — | 街景所在位置的经纬度,例如:116.313393, 40.047783 |
| width | 否 | 400 | 图片宽度,范围[10, 1024] |
| height | 否 | 300 | 图片高度,范围[10, 512] |
| coordtype | 否 | bd09ll | 坐标系,目前仅支持 bd09ll(百度坐标)和 wgs84ll(GPS 坐标) |
| heading | 否 | 0 | 水平视角,范围[0, 360] |
| pitch | 否 | 0 | 垂直视角,范围[0, 90] |
| fov | 否 | 90 | 水平方向范围,范围[10, 360],fov = 360 即可显示整幅全景图 |

非常关键的一点是,正确的坐标系是获取街景图片的前提,读者需要在百度坐标拾取系统(http://api.map.baidu.com/lbsapi/getpoint/index.html)或极海地图的数据上图功能(http://geohey.com/)中确认需要获取街景图的位置是否能够无误地叠置至百度地图(图 7-3)。若坐标点能够正确叠置至百度地图,coordtype 参数无需指定或指定为"bd09ll";若坐标点不能正确叠置至百度地图,但能够正确在谷歌地图、高德地图、腾讯地图等显示,表明数据的坐标系为 GCJ02,由于"全景静态图 API"暂不支持基于 GCJ02 坐标系的数据,因此使用"全景静态图 API"前需要先通过百度地图开放平台的标准坐标转换接口(http://lbsyun.baidu.com/index.php? title = webapi/guide/changeposition)将数据的坐标转化为百度坐标系(bd09ll)。

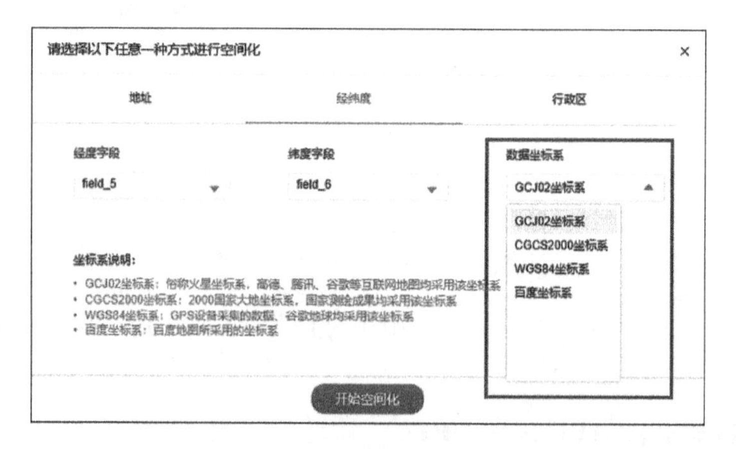


图 7-3 极海地图的数据上图功能

**➤步骤 2:解析"全景静态图 API"结构**

依据表 7-1 的参数值可以构造一个获取某位置街景图的请求 URL,例如从百度坐标拾取系统可获知南京市上海路与北京西路交叉口位置为"118.781111, 32.065235",再指定图片的长宽分别 1024,512,水平视角和垂直视角分别为 90°,0°,水平方向范围为 120°,可得到 URL:http://api.map.baidu.com/panorama/v2? ak = QK0EzoqLuDtT4YcDi44tYG53UUdPEaOv&width = 1024&height = 512&coordtype = bd09ll&location = 118.7810030190,32.0650763658

&heading = 90&pitch = 0&fov = 120

用浏览器打开构造的请求 URL，我们便能够在浏览器看到南京市上海路与北京西路交叉口位置水平视角为 90°、范围为 120°的街景图片(图 7-4)。

图 7-4 浏览器查看“全景静态图 API”返回的 118.781111，32.065235 位置的街景图片

如果将“118.781111，32.065235”替换为其他覆盖有街景图片的位置(location)，水平方向视角“90”替换为其他视角(heading)，构造出新的 URL，则可以在浏览器中查看不同位置、不同视角的街景图片。因此，采集街景图的关键是以经纬度位置、视角、水平方向范围为参数变量构造不同的 URL。

街景图片的采集无需对返回数据(图片)进行进一步的解析，直接将返回图片存储即可，故街景图片采集较 POI、出行等数据的采集相对简单。

## 7.3 街景图片的批量采集

在以获取上海路与北京西路交叉口处街景图片为例，分析“全景静态图 API”的主要请求参数与请求 URL 结构后，我们需要将图片采集思路用 Python 实现，进而基于编写的程序进行批量采集。在这部分，我们以南京市上海路的“北京西路-广州路”段为例，每隔 50 m 设立街景图采样点，介绍通过“全景静态图 API”批量采集街景图片的思路与方法。

### 7.3.1 采样点数据准备

**➤步骤 1：新建 Shapefile**

打开 ArcMap，在 Catalog 中新建一个 Polyline 类型的 Shapefile，将其名为“线.shp”，用于存储上海路的“北京西路-广州路”段，坐标系设置为地理坐标系“GCS_WGS_1984”。同时，新建一个 Point 类型的 Shapefile，将其命名为“采样点.shp”，用于存储采样点，坐标系设置为地理坐标系“GCS_WGS_1984”。

**➤步骤 2：添加底图**

点击“File—ArcGIS Online ...”，在弹出的对话框中输入“谷歌”，打开一幅影像地图作为数字化道路的底图(图 7-5)。点击“File—Save As ...”，将底图存储为“chapter7.mxd”。

图 7-5　从 ArcGIS Online 添加影像图

**➢步骤 3：编辑数据**

点击✚为 chapter7. mxd 添加数据“线. shp”“点. shp”，之后打开 Editor 工具条，开始编辑“线. shp”和“采样点. shp”。首先，依照地图数字化上海路的“北京西路-广州路”段；其次，选中刚刚画好的道路，在 Editor 工具条下拉选项中选择“Construct Points ...”，在弹出的“Construct Points”对话框中选择“Construct Options”下方的“Distance”，并在“Distance”右方的文本框中填写“50”(图 7-6)；最后，点击“OK”按钮，软件将生成沿着上海路“北京西路-广州路”段、每隔 50 m 的 26 个采样点(图 7-7)。

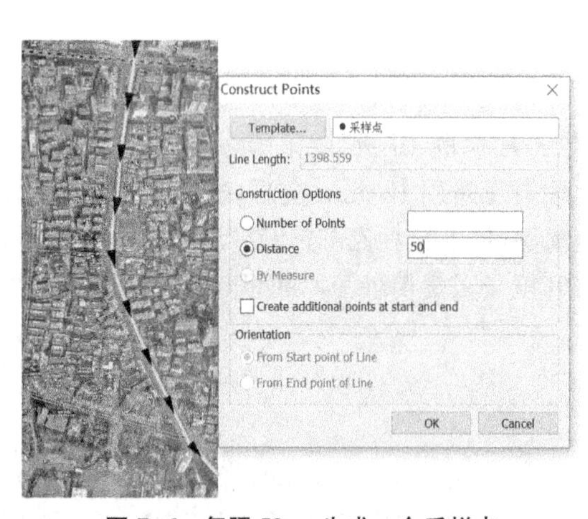


图 7-6　每隔 50 m 生成一个采样点

图 7-7　编辑完毕的“线. shp”与“采样点. shp”

**➢步骤 4：计算采样点的经纬度**

打开“采样点. shp”的属性表，为“采样点. shp”添加 Double 类型字段“LON”和“LAT”，分别在属性表中右击两个新建字段，点击“Calculate Geometry”，计算各个采样点的经度与纬度(图 7-8)。

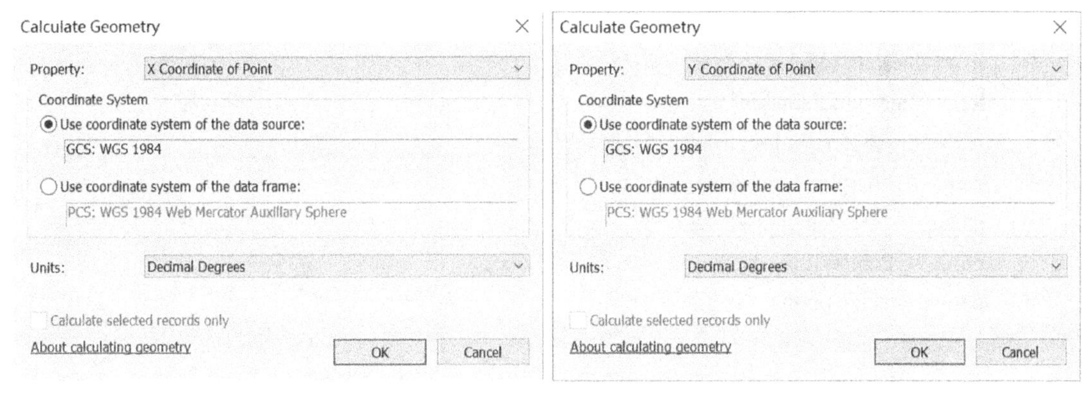


**图 7-8　计算各采样点的经度(左)与纬度(右)**

最后,将“采样点. shp”的属性表导出为 csv 文本文件“points. csv”,并将“points. csv”字段名称行(首行)删除(图 7-9)。

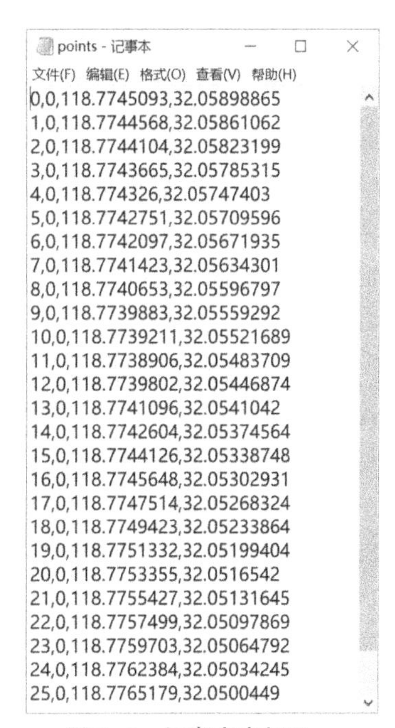
points - 记事本
文件(F) 编辑(E) 格式(O) 查看(V) 帮助(H)

```
0,0,118.7745093,32.05898865
1,0,118.7744568,32.05861062
2,0,118.7744104,32.05823199
3,0,118.7743665,32.05785315
4,0,118.774326,32.05747403
5,0,118.7742751,32.05709596
6,0,118.7742097,32.05671935
7,0,118.7741423,32.05634301
8,0,118.7740653,32.05596797
9,0,118.7739883,32.05559292
10,0,118.7739211,32.05521689
11,0,118.7738906,32.05483709
12,0,118.7739802,32.05446874
13,0,118.7741096,32.0541042
14,0,118.7742604,32.05374564
15,0,118.7744126,32.05338748
16,0,118.7745648,32.05302931
17,0,118.7747514,32.05268324
18,0,118.7749423,32.05233864
19,0,118.7751332,32.05199404
20,0,118.7753355,32.0516542
21,0,118.7755427,32.05131645
22,0,118.7757499,32.05097869
23,0,118.7759703,32.05064792
24,0,118.7762384,32.05034245
25,0,118.7765179,32.0500449
```

**图 7-9　记事本中打开“points. csv”**

## 7.3.2　程序编写

**➢步骤 1: 定义 POI 类**

和第 4 章类似,POI 类(PointWithAttr)表示一个采样点,其构造函数所需参数为采样点的 ID(id)、经度(lon)、纬度(lat)、类型(type)和名称(name)。POI 类的定义存储在“basics. py”文件中。

**➢步骤 2: 定义从文本文件中读取 POI 的函数**

在 7.2.1 中我们将采样点信息保存在 CSV 文件中,因而需要定义新的函数 createpoint(filename, idindex, lonindex, latindex, nameindex, name1index),从 CSV 文件中读取采样点的信息并将每个采样点(CSV 文件的一条记录)生成为一个 PointWithAttr 对象。函数的参数为:CSV 文件的存储路径(filename)、采样点的 ID 位于记录的列号数(idindex)、经度位于记录的列号数(lonindex)、纬度位于记录的列号数(latindex)、英文名称位于记录的列号数(nameindex)、中文名称位于记录的列号数(name1index)。最终,函数返回 PointWithAttr 对象组成的采样点列表 points(代码 7-1)。

新函数 createpoint (filename, idindex, lonindex, latindex, nameindex, name1index)由于在后续的章节中重复用到,故存储在“basics. py”中。

```
#从文本文件读取点数据并生成 PointWithAttr 对象
def createpoint(filename,idindex,lonindex,latindex,nameindex,name1index):
    doc = open(filename, 'r')
    lines = doc.readlines()
    doc.close()
    points = []
    for line in lines:
```

```
        linesplit = line.split(',')
        id = linesplit[idindex]
        lon = linesplit[lonindex]
        lat = linesplit[latindex].replace("\n", "")
        name = linesplit[nameindex]
        name1 = linesplit[name1index]
        point = PointWithAttr(id, lon, lat,name,name1)
        points.append(point)
    return points
```

**代码 7-1 定义函数 createpoint(filename, idindex, lonindex, latindex, nameindex, name1index)(详见"basics.py")**

**➢步骤 3：对采样点的坐标进行转换**

在第5章中，我们使用了高德地图开放平台的"坐标转换 API"(https://lbs.amap.com/api/webservice/guide/api/convert)将公交轨迹点从百度坐标系(bd09ll)转换至了GCJ02坐标。在这部分，由于基于 ArcGIS Online 得到采样点的坐标属于由 WGS84 坐标系一次加密后的 GCJ02 坐标，因此我们需要通过百度开放平台的标准坐标转换接口(http://lbsyun.baidu.com/index.php?title=webapi/guide/changeposition)将其转换至百度坐标系(bd09ll)。接下来我们通过调用百度坐标转换 API 对采样点坐标进行转换操作：

首先，分析百度地图"坐标转换 API"的请求参数与结构(表 7-2)。百度地图"坐标转换 API"的请求参数有待转换坐标(coords)、待转换坐标的坐标系编码(from)、需转换到的坐标系编码(to)以及密钥(ak)。根据以上参数可以构造出一个坐标转换的请求 URL：http://api.map.baidu.com/geoconv/v1/?coords=118.7745093,32.05898865&from=3&to=5&ak=QK0EzoqLuDtT4YcDi44tYG53UUdPEaOv

**表 7-2 百度地图"坐标转换 API"主要请求参数**

| 参数名 | 必选 | 默认值 | 含义 |
|---|---|---|---|
| ak | 是 | — | 密钥 |
| coords | 是 | — | 需转换的源坐标，例如：116.313393，40.047783 |
| from | 否 | 1 | 源坐标类型：<br>1：GPS 设备获取的角度坐标，WGS84 坐标；<br>2：GPS 获取的米制坐标、sogou 地图所用坐标；<br>3：google 地图、soso 地图、aliyun 地图、mapabc 地图和 amap 地图所用坐标，国测局(GCJ02)坐标；<br>4：3 中列表地图坐标对应的米制坐标；<br>5：百度地图采用的经纬度坐标；<br>6：百度地图采用的米制坐标；<br>7：mapbar 地图坐标；<br>8：51 地图坐标 |
| to | 否 | 5 | 目标坐标类型：<br>5：bd09(百度经纬度坐标)；<br>6：bd09mc(百度米制经纬度坐标) |

然后，分析"坐标转换 API"返回的数据。在浏览器中打开构造的 URL，可查看接口返回的 JSON 数据(代码 7-2)：

```
{
    "status":0,
    "result":[
    0:{
    "x":118.78100299001604,"y":32.06507636999925
}
  ]
}
```


代码 7-2 百度地图"坐标转换 API"返回的 JSON 数据

若定义返回的 JSON 数据为 jsonData,"jsonData['a']"表示 JSON 数据下一层级 'a' 键对应的值。可知转换后的经度(x)在 JSON 数据中的位置为 jsonData['result'][0]['x'],转换后的纬度(y)在 JSON 数据中的位置为 jsonData ['result'][0]['y']。

接下来,编写程序批量转换坐标。调用函数 createpoint(filename,idindex,lonindex,latindex,nameindex,name1index)读取 points.csv,得到采样点的列表 samplingPoints,之后运用循环语句对 samplingPoints 中的每个采样点的坐标进行转换(代码 7-3)。

```
import urllib2
import json
import basics
samplingPointsFile = "C:\\Users\\yfqin\\Desktop\\test\\points.csv"
samplingPoints= basics.createpoint(samplingPointsFile, 0, 2, 3, 0, 0)
ak = "QK0EzoqLuDtT4YcDi44tYG53UUdPEaOv"
for point in samplingPoints:
    lon = point.lon
    lat = point.lat
    url = "http://api.map.baidu.com/geoconv/v1/? coords= "\
        + lon + "," + lat + "&from=3&to=5&ak=" + ak
    json_obj = urllib2.urlopen(url)
    mydata = json.load(json_obj)
    lon_bd = mydata['result'][0]['x']
    lat_bd = mydata['result'][0]['y']
    print str(lon_bd) + "," + str(lat_bd)
```

代码 7-3 坐标转换(详见"chapter7_1.py")

最后,为"采样点.shp"新建两个 Double 类型的字段,字段名称为"LON_BD"和"LAT_BD",表示转换后的经度、纬度,将转换后的坐标经纬度为新字段赋值(图 7-10)。将新的属性表重新导出为文本文件"points.csv"。

至此,坐标转换步骤完成,转换后的坐标(LON_BD、LAT_BD)属于百度坐标系,将为"全景静态图 API"请求 URL 中的 location 参数赋值。

**➢步骤 4:定义采集街景图片的函数**

在步骤 2、步骤 3 中我们已经得到包含坐标、编号等信息的采样点"points.csv",以及从 CSV 文件中读取采样点信息的函数,因而接下来需要定义新函数以采集每个采样点街景图

Table

采样点

| FID | Shape * | Id | LON | LAT | LON_BD | LAT_BD |
|---|---|---|---|---|---|---|
| 0 | Point | 0 | 118.774509 | 32.058989 | 118.781003 | 32.065076 |
| 1 | Point | 0 | 118.774457 | 32.058611 | 118.780951 | 32.064697 |
| 2 | Point | 0 | 118.77441 | 32.058232 | 118.780904 | 32.064318 |
| 3 | Point | 0 | 118.774366 | 32.057853 | 118.78086 | 32.063938 |
| 4 | Point | 0 | 118.774326 | 32.057474 | 118.78082 | 32.063558 |
| 5 | Point | 0 | 118.774275 | 32.057096 | 118.780769 | 32.063179 |
| 6 | Point | 0 | 118.77421 | 32.056719 | 118.780703 | 32.062801 |
| 7 | Point | 0 | 118.774142 | 32.056343 | 118.780636 | 32.062424 |
| 8 | Point | 0 | 118.774065 | 32.055968 | 118.780559 | 32.062047 |
| 9 | Point | 0 | 118.773988 | 32.055593 | 118.780482 | 32.061671 |
| 10 | Point | 0 | 118.773921 | 32.055217 | 118.780415 | 32.061293 |
| 11 | Point | 0 | 118.773891 | 32.054837 | 118.780385 | 32.060913 |
| 12 | Point | 0 | 118.77398 | 32.054469 | 118.780474 | 32.060546 |
| 13 | Point | 0 | 118.77411 | 32.054104 | 118.780602 | 32.060184 |
| 14 | Point | 0 | 118.77426 | 32.053746 | 118.780752 | 32.059828 |
| 15 | Point | 0 | 118.774413 | 32.053387 | 118.780903 | 32.059472 |
| 16 | Point | 0 | 118.774565 | 32.053029 | 118.781054 | 32.059117 |
| 17 | Point | 0 | 118.774751 | 32.052683 | 118.78124 | 32.058774 |
| 18 | Point | 0 | 118.774942 | 32.052339 | 118.781429 | 32.058433 |
| 19 | Point | 0 | 118.775133 | 32.051994 | 118.781619 | 32.058092 |
| 20 | Point | 0 | 118.775335 | 32.051654 | 118.78182 | 32.057755 |
| 21 | Point | 0 | 118.775543 | 32.051316 | 118.782026 | 32.057421 |
| 22 | Point | 0 | 118.77575 | 32.050979 | 118.782232 | 32.057087 |
| 23 | Point | 0 | 118.77597 | 32.050648 | 118.782451 | 32.05676 |
| 24 | Point | 0 | 118.776238 | 32.050342 | 118.782717 | 32.056459 |
| 25 | Point | 0 | 118.776518 | 32.050045 | 118.782995 | 32.056167 |
| 26 | Point | 0 | 118.776817 | 32.049761 | 118.783293 | 32.055888 |

1 (0 out of 27 Selected)

采样点

图 7-10 “采样点.shp”的属性表

片的函数。该函数是程序的功能核心。

新函数 dowloadPictures(name,lon,lat,degree1,degree2,ak,coordtype,outputpath)的功能是下载经纬度(lon,lat)所在位置的两幅街景图,两幅街景图的拍摄角度分别为 degree1 和 degree2,函数的参数为密钥(ak)、采样点经度(lon)与纬度(lat)、采样点编号(name)、两幅影像图的水平视角(degree1,degree2)、采样点坐标系类型(coordtype)以及街景图的存储文件夹位置(outputpath)。

函数将依据参数 ak、lon、lat、degree1/degree2、coordtype 构造请求两个请求 URL:

```
url1 = "http://api.map.baidu.com/panorama/v2? ak=" + ak + \
    "&width=1024&height=512&coordtype=" + coordtype + \
    "&location=" + lon + "," + lat + "&heading=" + degree1 \
    + "&pitch=0&fov=120"

url2 = "http://api.map.baidu.com/panorama/v2? ak=" + ak + \
    "&width=1024&height=512&coordtype=" + coordtype + \
    "&location=" + lon + "," + lat + "&heading=" + degree2 \
    + "&pitch=0&fov=120"
```

两幅影像图的文件名分别命名为“编号+(1).jpg”(如:1(1).jpg)以及“编号+(2).jpg”(如:1(2).jpg),然后程序通过 Python 的 urllib 模块,下载两幅影像图并将其存储至 outputpath 中(代码 7-4)。

```
#函数功能：下载经纬度(lon,lat)所在位置的两幅街景图
#两幅街景图的拍摄角度分别为 degree1 和 degree2
def dowloadPictures(name,lon,lat,degree1,degree2,ak,coordtype,outputpath):
    url1 = "http://api.map.baidu.com/panorama/v2? ak="+ ak + \
           "&width=1024&height=512&coordtype="+ coordtype + \
           "&location="+ lon + ","+ lat + "&heading="+ degree1 \
           + "&pitch=0&fov=120"
    print url1
    url2 = "http://api.map.baidu.com/panorama/v2? ak="+ ak + \
           "&width=1024&height=512&coordtype="+ coordtype + \
           "&location="+ lon + ","+ lat + "&heading="+ degree2 \
           + "&pitch=0&fov=120"
    print url2
    outputPicture1 = os.path.join(outputpath, "%s(1).jpg"% name)
    outputPicture2 = os.path.join(outputpath, "%s(2).jpg"% name)
    urllib.urlretrieve(url1, outputPicture1)
    urllib.urlretrieve(url2, outputPicture2)
```

**代码 7-4　定义函数 dowloadPictures(name,lon,lat,degree1,degree2,ak,coordtype,outputpath)(详见“chapter7_2.py”)**

### 7.3.3　程序运行

(1) 程序执行逻辑

程序执行的逻辑如下：

首先，为变量密钥(ak)、保存影像图的文件夹位置(outputpath)、“points.csv”存储位置(samplingPointsFile)、街景图的水平拍摄视角(degree1、degree2)以及采样点坐标系类型(coordtype)赋值。

然后，检验文件夹路径(outputpath)是否存在。若不存在，则创建该路径。

接下来，以 samplingPointsFile 为参数，调用函数 createpoint(filename, idindex, lonindex, latindex, nameindex, name1index)读取“points.csv”，得到采样点列表 samplingPoints。

最后，通过循环语句，以列表 samplingPoints 中的每个元素(采样点)为参数，即依据每个样本点的经纬度位置，依次调用函数 dowloadPictures (name, lon, lat, degree1, degree2, ak, coordtype, outputpath)，得到每个采样点处左(degree1°)、右(degree2°)两个方向水平视角为 120°的街景图片(代码 7-5)。

```
# -*- coding:utf-8 -*-
import os
import urllib
import sys
import basics
reload(sys)
```

```
sys.setdefaultencoding('utf8')
    if__name__ == '__main__':
    ak = "QK0EzoqLuDtT4YcDi44tYG53UUdPEaOv"
    samplingPointsFile = "C:\\Users\\yfqin\\Desktop\\test\\points.csv"
    #水平视角
    degree1 = str(90)
    degree2 = str(270)
    #坐标系类型
    coordtype = "bd09ll"
    outputpath = "C:\\Users\\yfqin\\Desktop\\test\\pictures\\"
    if not os.path.exists(outputpath):
        os.makedirs(outputpath)
    samplingPoints = basics.createpoint(samplingPointsFile,0,4,5,0,0)
    for point in samplingPoints:
        id = point.id
        lon = point.lon
        lat = point.lat
        dowloadPictures(id, lon, lat, degree1, degree2, ak, coordtype, outputpath)
        print "%s号采样点的街景图下载完毕"%(id)
```

**代码 7-5　主程序代码(详见"chapter7_2.py")**

(2) 执行程序

完整的代码见"chapter7_1.py"、"chapter7_2.py"。执行程序"chapter7_1.py"前,需要更改"points.csv"存储位置(samplingPointsFile),设定密钥(ak)并在调用 createpoint 函数的语句中设定采样点编号、经度、纬度位于 CSV 文件的列号;执行程序"chapter7_2.py"前,需要更改保存影像图的文件夹位置(outputpath)、"points.csv"存储位置(samplingPointsFile)、街景图的水平拍摄视角(degree1、degree2)以及采样点坐标系类型(coordtype),同时设定密钥(ak)并在调用 createpoint 函数的语句中设定采样点编号、经度、纬度位于 CSV 文件的列号。最后,所有街景图片将保存在 outputpath 所指示的位置。

最终,我们共采集了南京市上海路"北京西路-广州路"段 26 个采样点处 52 张街景图(图 7-11)。

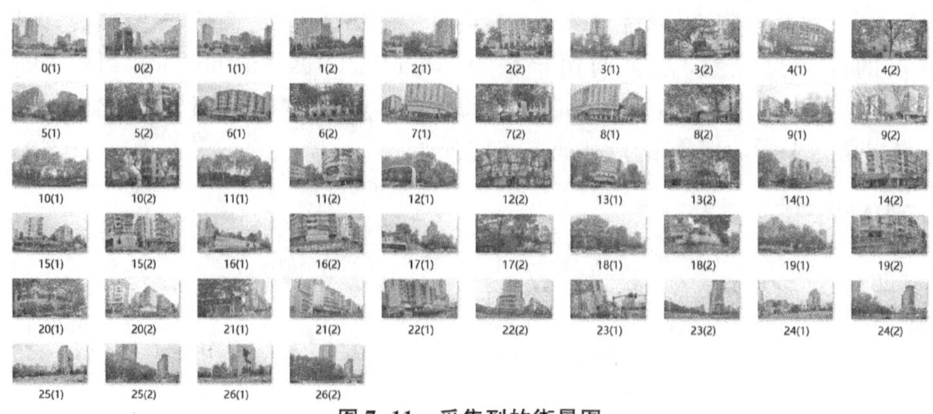


**图 7-11　采集到的街景图**

# 7.4　基于街景图片的现状图批量制作

在城市规划领域，现状调研往往需要进行现场踏勘，而基于街景图片的现状图集对提高踏勘效率有着必不可少的作用。在以往现状调研和踏勘前，我们通常采取在互联网电子地图中人工截取的方式获取街景图片以制作现状图集，但直接截取图片不仅耗费时间精力，还会导致方向箭头、logo 等多余信息包含在图片中，并且不能保证截取的图片大小保持一致，也不能保证图片的清晰度。在这部分，我们仍以南京市上海路的“北京西路-广州路”段为例，每隔 50 m 设立街景图的采样点为例，介绍如何利用 ArcPy 包和 ArcGIS 平台，使用 Python 实现现状图集的批量制作。

## 7.4.1　ArcMap 图版视图下图纸要素设置

**➢步骤 1：切换视图**

打开“chapter7.mxd”并软件点击下方的 ，将 ArcMap 由数据视图(Data View)切换至图版视图(Layout View)。出图操作前需要在 Layout View 下设置并调整图纸要素。

**➢步骤 2：调整 DataFrame 位置**

依次点击“File—Page and Print Setup”，在弹出的对话框中，将纸张的方向(Orientation)设置为水平(Landscape)(图 7-12)。之后，调整包含“采样点.shp”“线”以及底图(basemap)的 Data Frame 在图版中的位置。

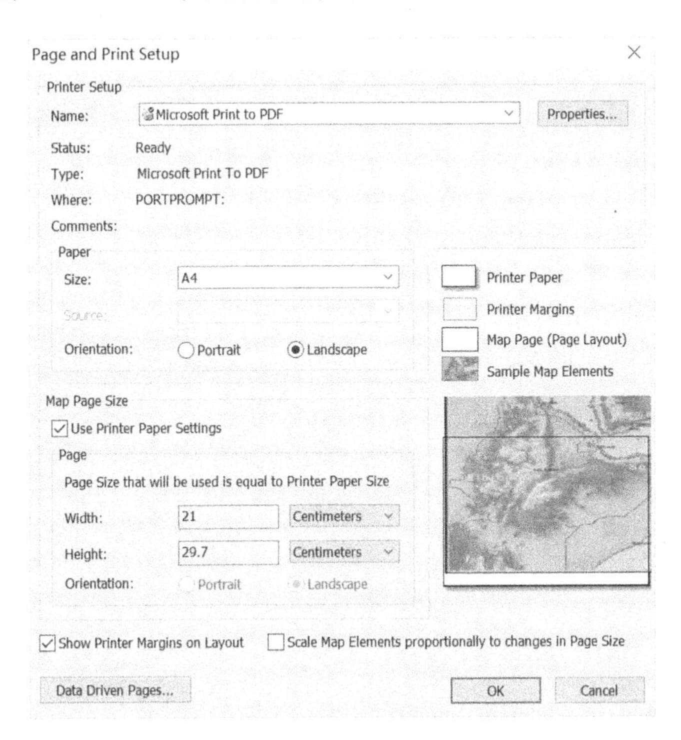


图 7-12　设置纸张方向

### ➢步骤 3：添加其他地图要素

首先，添加地图要素。点击“Insert”，依次添加图名（Title）、比例尺（Scale Bar ...）、指北针（North Arrow ...）、两张街景图片（Picture）、两个文本框（Text）。其中街景图片可任意选择两张，因为在后面的批量出图过程中，图片会被替换掉。

然后，设置各要素的名称与内容。将标题的名称和文本设为“title”（图 7-13），两个图片要素的名称分别设为“picture1”、“picture2”（图 7-14、图 7-15），两个文本框的名称分别设为“picture1”、“picture2”（图 7-16、图 7-17），两个文本框的文本分别设为“picture1”、“picture2”（图 7-18、图 7-19）。

设置完毕后，按照实际项目的要求，调整各个元素在图版中的位置（图 7-20）。

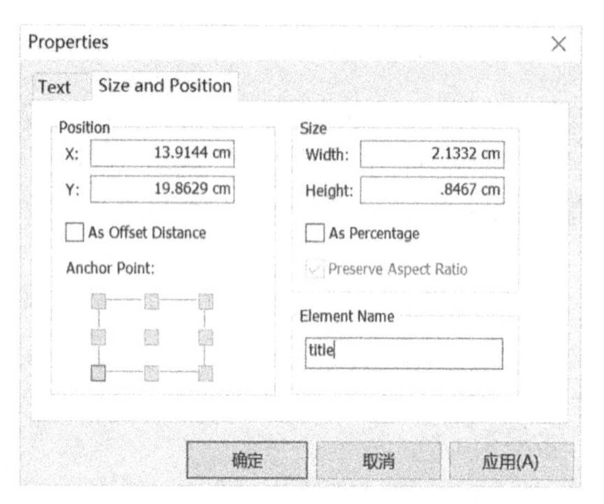


**图 7-13 设置标题要素的名称为“title”**

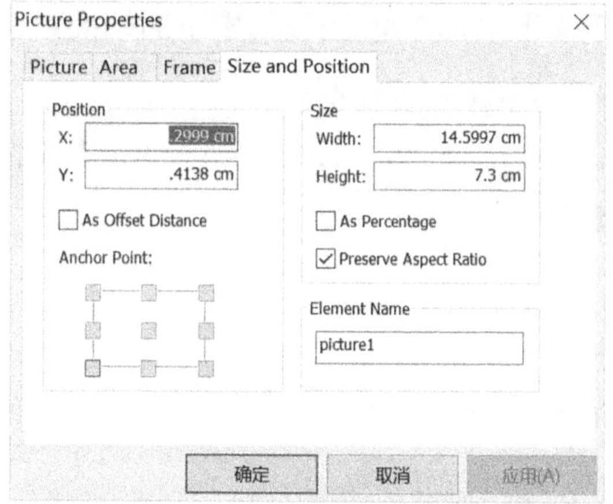


**图 7-14 设置第一个图片要素的名称为“picture1”**

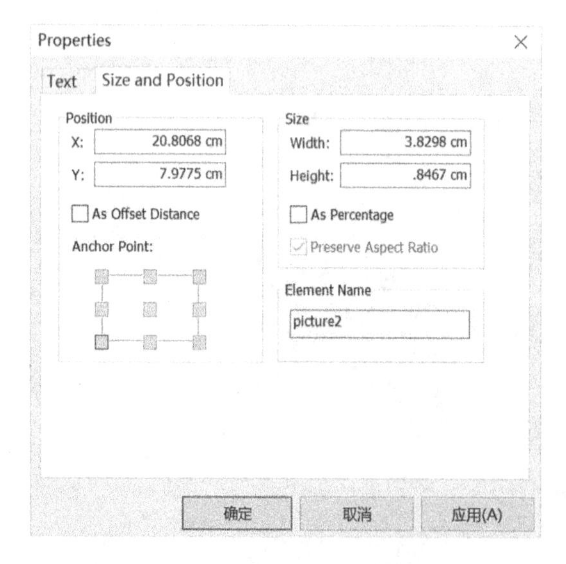


**图 7-15 设置第二个图片要素的名称为“picture2”**

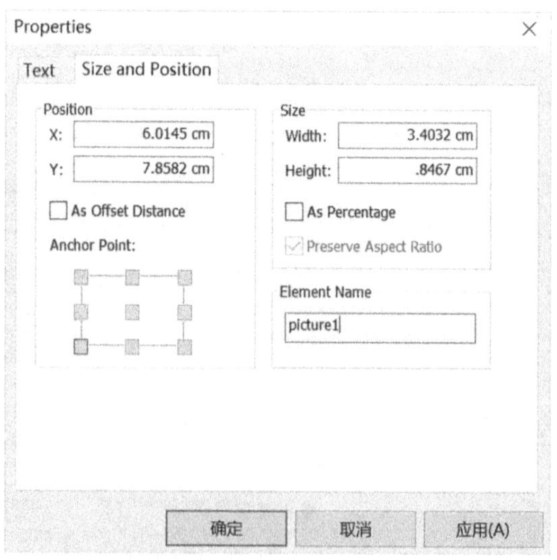


**图 7-16 设置第一个文本框的名称为“picture1”**

图 7-18　设置第一个图片要素的文本为“picture1”

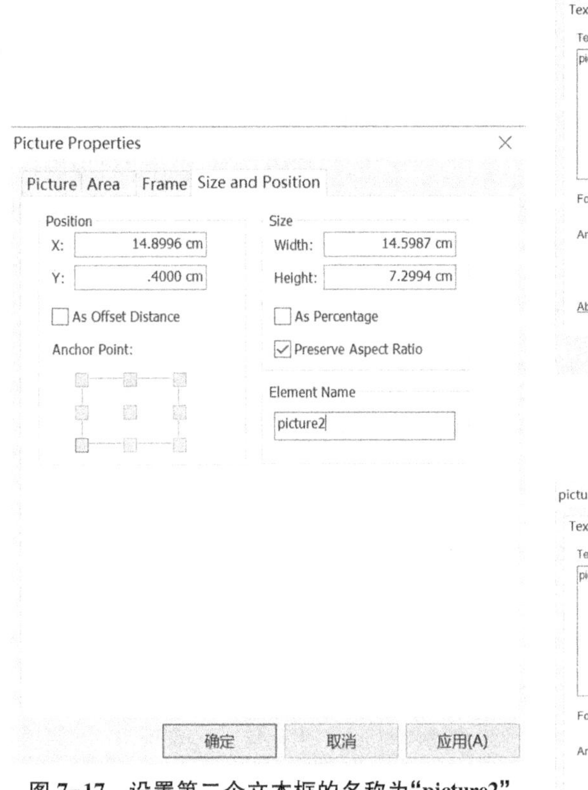


图 7-17　设置第二个文本框的名称为“picture2”

图 7-19　设置第二个图片要素的文本为“picture2”

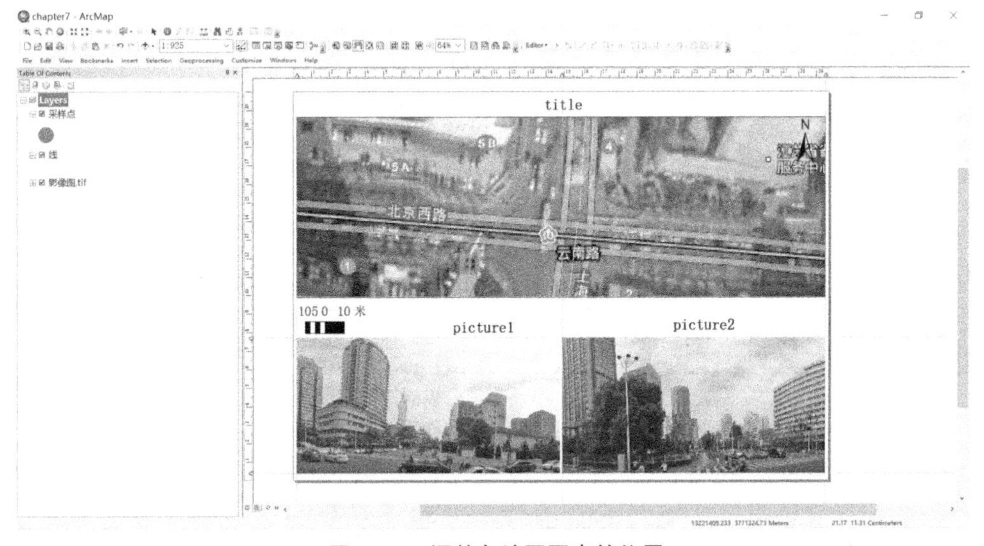


图 7-20　调整各地图要素的位置

### 7.4.2 ArcPy 的制图模块简介

地图制图功能的实现需要借助 ArcPy 拓展包的制图(mapping)模块。制图(mapping)模块的名称为 mapping,主要是用于操作现有地图文档(.mxd)和图层文件(.lyr)中不同对象类型的各种方法和属性。此外,制图模块还提供自动执行导出和打印的功能,如:自动执行地图生产、导出至 PDF 文档、创建和管理 PDF 文档,制图模块是构建完整地图册所必需的。制图模块常见的应用有:①把要素类加到已有的 mxd 文档中,与 mxd 文档中已有数据叠置输出地图。②动态更新 mxd 文档中专题图层的源数据并输出地图。③批处理输出不同范围的地图。④批处理输出不同时间的地图。

(1) 主要的类

制图模块主要的类有:①MapDocument 类;②DataFrame 类;③Layer 类;④Layout 元素类等。四个类的简介以及本章应用到各类的对象的属性、方法介绍见表 7-3。

表 7-3 制图模块中的函数

| 类 | 介绍 |
| --- | --- |
| MapDocument | 访问地图文档中的其他对象(如,数据框、图层、页面布局元素)的属性,获得地图文档中的其他对象。MapDocument 对象通常通过:mxd = arcpy.mapping.MapDocument(mxdPath)语句得到 |
| DataFrame | 用于访问地图文档中数据框架的属性,并且 DataFrame 对象只能通过 ListDataFrames 函数获得。本章用到 DataFrame 对象的属性为:scale,用以获得或设置活动数据框架的当前比例尺。本章用到 DataFrame 对象的方法为:zoomToSelectedFeatures,用以将视图缩放至选中的对象 |
| Layer | Layer 对象提供访问图层的属性。Layer 对象可以通过引用 layer 文件(或 Layer 名)来创建,也可以利用 ListLayers 函数获得,如:pointshp = arcpy.mapping.ListLayers(mxd, "采样点", df)[0] |
| Layout 元素 | Layout 元素包含数据框(DATAFRAME_ELEMENT)、图例(LEGEND_ELEMENT)、图片(PICTURE_ELEMENT)、文本框(TEXT_ELEMENT)。Layout 元素对象通常通过 ListLayoutElements 函数获得,如:picture1 = arcpy.mapping.ListLayoutElements(mxd, "PICTURE_ELEMENT", "pictureName")[0] |

(2) 主要的函数

制图模块主要的函数有:①创建对象的函数;②返回对象列表的函数;③文档管理的函数;④输出和打印地图的函数。本章中应用到制图模块中的函数见表 7-4。

表 7-4 制图模块中的函数

| 函数 | 功能 |
| --- | --- |
| MapDocument (mxd_path) | 引用一个 mxd 文件,函数返回 MapDocument 对象 |
| PDFDocumentCreate (pdf_path) | 创建一个 PDF 文档对象 |
| ListDataFrames (map_document, {wildcard}) | 返回地图文档中数据框架对象的列表 |
| ListLayers (map_document_or_layer, {wildcard}, {data_frame}) | 返回地图文档或数据框架中图层列表 |
| ListLayoutElements (map_document, {element_type}, {wildcard}) | 返回地图文档中图版元素列表。element_type 包括:<br>DATAFRAME_ELEMENT<br>GRAPHIC_ELEMENT<br>LEGEND_ELEMENT<br>MAPSURROUND_ELEMENT<br>PICTURE_ELEMENT<br>TEXT_ELEMENT |

（续表）

| 函数 | 功能 |
| --- | --- |
| ExportToPDF(map_document, out_pdf, {data_frame}, {df_export_width}, {df_export_height}) | 输出地图到 PDF |

更多关于 ArcPy 制图模块各函数与类的信息请查阅 ArcGIS 的帮助文档(http://desktop.arcgis.com/zh-cn/arcmap/10.3/analyze/arcpy-mapping/introduction-to-arcpy-mapping.htm)。

(3) 简单的例子

我们通过以下两个简单的小例子领会各类与函数的功能、制图模块的作用。

➢例子 1：输出不同比例尺的地图(代码 7-6)

```
from arcpy import mapping
#获取 MapDocument 对象 mxd
mxd = mapping.MapDocument("C:\\Users\\yfqin\\Desktop\\test\\chapter7.mxd")
#获取 DataFrame 对象 df
df = mapping.ListDataFrames(mxd)[0]
for i in range(1,6):
    #设置 DataFrame 的比例尺
    df.scale = i * 10000000
    fileName = "C:\\Users\\yfqin\\Desktop\\test\\" + str(i)
    #将地图输出为 PDF 文档,文档名称为 fileName
    mapping.ExportToPDF(mxd,fileName)
del mxd
```

**代码 7-6　基于制图模块输出不同比例尺的地图**

➢例子 2：打印地图文档中文本框要素的内容(代码 7-7)

```
from arcpy import mapping
#获取 MapDocument 对象 mxd
mxd = mapping.MapDocument("C:\\Users\\yfqin\\Desktop\\test\\chapter7.mxd")
for element in mapping.ListLayoutElements(mxd,"TEXT_ELEMENT"):
    #打印每个文本框要素的内容
    print element.text
```

**代码 7-7　基于制图模块打印地图文档中文本框要素的内容**

### 7.4.3　现状图的批量制作

了解了 ArcPy 制图模块的基本应用后，我们回到基于街景图片的现状图批量制作，开始用 Python 实现批量出图的功能。程序的运行逻辑分为三个步骤(步骤 1～步骤 3)：

**➢步骤 1：为各初始变量赋值**

为变量地图文档 chapter7.mxd 存放位置以及名称(mxdPath)、现状图集的存放位置

(outputpath)、图集文件的路径及名称(finalpdf_path)、街景图所在文件夹的位置(picturePath)、采样点个数(points_num)、街景图的水平视角(degree1、degree2)赋值(代码7-8)。

```
# -*- coding:utf-8 -*-
import sys
import arcpy
import os
reload(sys)
sys.setdefaultencoding('utf8')
from arcpy import env
env.overwriteOutput = True
outputpath = "C:\\Users\\yfqin\\Desktop\\test\\"
finalpdf_path = "C:\\Users\\yfqin\\Desktop\\test\\final_pdf.pdf"
# 采样点的个数
points_num = 26
# 水平视角
degree1 = 90
degree2 = 270
```

**代码 7-8　为各初始变量赋值(详见"chapter7_3.py")**

### ➢步骤 2:获取 MapDocument、DataFrame 以及 Layer 对象

首先,通过语句 mxd = arcpy.mapping.MapDocument(mxdPath)获得 MapDocument 对象 mxd;然后,以 mxd 为参数,通过语句 df = arcpy.mapping.ListDataFrames(mxd)[0]获得 DataFrame 对象 df,通过语句 pointshp = arcpy.mapping.ListLayers(mxd, "采样点", df)[0]获得代表"采样点.shp"的 Layer 对象 pointshp(代码 7-9)。

```
# 获取各个对象
mxdPath = os.path.join(outputpath, "chapter7.mxd")
picturePath = os.path.join(outputpath, "pictures//")
mxd = arcpy.mapping.MapDocument(mxdPath)
df = arcpy.mapping.ListDataFrames(mxd)[0]
pointshp = arcpy.mapping.ListLayers(mxd, "采样点", df)[0]
```

**代码 7-9　获取 MapDocument、DataFrame 以及 Layer 对象(接代码 7-8,详见 chapter7_3.py)**

### ➢步骤 3:批量出图

通过循环语句,地图依次缩放至每个采样点。假设当前已缩放至第 i 各采样点,通过制图模块的 ListLayoutElements 函数,得到标题对象、图片对象以及文本框对象,将标题修改为"南京市上海路第 i 各采样点",将名称为"picture1"的文本框元素的内容修改为"第 i 各采样点方向 90 度",名称为"picture2"的文本框的内容修改为"方向 270 度",将名称为"picture1"的图片元素的图片来源设置为 picturePath 位置下名称为"i(1).jpg"的街景图,将名称为"picture2"的图片元素的图片来源设置为 picturePath 位置下名称为"i(2).jpg"的街景图。最后,生成采样点 i 位置处的现状图,将其导出为名称是"i.pdf"的 PDF 文档(代码

7-10)。

```
# 开始批量出图
pdfpaths = []
for i in range(0,points_num+1):
    arcpy.SelectLayerByAttribute_management(pointshp, "NEW_SELECTION",\
                                            "FID="+ str(i))
    # 缩放至选中要素
    df.zoomToSelectedFeatures()
    # 地图的比例
    df.scale = 600
    #清空选中要素
    arcpy.SelectLayerByAttribute_management(pointshp, "CLEAR_SELECTION")
    #设置标题
    title = arcpy.mapping.ListLayoutElements(mxd, "TEXT_ELEMENT", "title")[0]
    title.text = "南京市上海路第%d 个采样点"% (i)
    # 设置第一张街景图
    picture1 = arcpy.mapping.ListLayoutElements(mxd, "PICTURE_ELEMENT", \
                                        "picture1")[0]
    picture1 caption = arcpy.mapping.ListLayoutElements(mxd, "TEXT_ELEMENT",\
                                        "picture1")[0]
    picture1 caption.text = "第%d 个采样点方向%d 度"%(i, degree1)
    picture1.sourceImage = os.path.join(picturePath,"%d(1).jpg"%(i))
    #设置第二张街景图
    picture2 = arcpy.mapping.ListLayoutElements(mxd, "PICTURE_ELEMENT",\
                                            "picture2")[0]
    picture2caption = arcpy.mapping.ListLayoutElements(mxd, "TEXT_ELEMENT",\
                                            "picture2")[0]
    picture2caption.text = "方向%d 度"% (degree2)
    picture2.sourceImage = os.path.join(picturePath, "%d(2).jpg"% (i))
    #批量出图
    arcpy.mapping.ExportToPDF(mxd, os.path.join(outputpath, "%s.pdf"% (str(i))))
    pdfpaths.append(os.path.join(outputpath, "%s.pdf"% (str(i))))
    print "第%d 个采样点:出图完毕"%(i)
```

**代码 7-10　批量出图(接代码 7-9,详见“chapter7_3.py”)**

**➢步骤 4:合并字 PDF 为完整的 PDF 图集**

通过制图模块的 PDFDocumentCreate 创建空白的 PDF 文档 finalpdf,依次将步骤 3 中生成的各 pdf 合并至 finalpdf,最后通过 finalpdf.saveAndClose()语句保存 finalpdf(代码 7-11)。

```
# 合并各个 pdf
finalpdf = arcpy.mapping.PDFDocumentCreate(finalpdf_path)
# 循环每一个 PDF 文档,并将其合并
```

```
for pdfpath in pdfpaths:
    finalpdf.appendPages(pdfpath)
finalpdf.saveAndClose()
del finalpdf
```

**代码 7-11　合并字 PDF 为完整的 PDF 图集(接代码 7-10,详见"chapter7_3. py")**

完整的代码参见"chaper7_3. py"文件,最终的图集保存在 finalpdf_path 指定的路径(图 7-21)。

**图 7-21　批量生成的图集**

除了制作本章介绍的现状图为外地项目的踏勘做准备,我们还可以利用 Python 和街景图片,通过在请求 URL 中设置街景图的水平视角(固定)和垂直视角(设为 0),批量获取街道平移的多张街景图片。之后,将街景图片导入 Photoshop 软件中,对街景图片进行拼合,进而可获取建筑的立面信息。立面图的获取对于建筑的立面改造有着重要的作用。需要指出的是,这种方法同时存在一定的局限性,由于设置的垂直视角为 0°,因此建筑层高过高的街道的立面截取出来将会不完整。但是,由于历史街区内多为低层建筑,这种方法也有着存在的必然价值。

第 8 章

# 热力图片采集与分析

人是城市经济社会活动的载体和城市化进程中最活跃的因素，人口分布空间格局是城市规划研究的重要课题，而互联网地图的热力图作为新兴的大数据产品，基于上亿级手机用户地理位置数据，能够对实时的人群集聚度、人口分布进行可视化表达。尽管热力图不能替代实际的人口密度数据，但热力图一定程度上反映了每小时甚至每分钟人群在城市空间的相对集聚区域和分布趋势，对城市研究和城市规划提供了全新的视角，对于理解城市空间的运作以及对城市空间进行布局十分有益。

本章将介绍从手机客户端获取百度地图热力图的方法，并介绍通过腾讯地图的位置大数据平台采集全球位置数据的相关技术。

## 8.1 百度地图热力图

### 8.1.1 百度地图热力图简介

百度地图的热力图基于获取的移动端用户的定位信息，以不同的颜色表达人口聚集程度的相对高低，颜色越暖(如：红色、橘色)的城市空间表示该区域人口分布相对密集，而颜色越冷(如：紫色、蓝色)的城市空间表示该区域人口分布越稀少，通常以 15 分钟的更新，快速且准确地反映了人口在连续时空尺度上的分布特征。

百度地图热力图已经成功地作为研究工具应用到了城市与区域规划研究，如：结合空间句法探究城市的人口分布空间格局；通过分析城市滨水区域人群集聚变化，研究到滨水活力的动态活力模式；结合实时路况分析城市交通拥堵等。

在具体的使用方法上，采集到的热力图片往往在 ArcGIS 中进行处理。先对热力图片进行重分类操作，即对不同颜色赋予不同的热力值，以热力值衡量人口密度的高低，热力值越高表示人口聚集程度越高；之后，对热力图进行矢量化操作，将相同热力值的栅格合并为一个矢量多边形，从而以高热区和次热区表示人口集聚程度相对较高的城市空间。具体操作步骤与使用的工具参见 8.3 节的案例分析部分。

### 8.1.2 百度地图热力图的采集

目前，百度地图热力图功能仅支持手机移动端的使用，尚不支持 PC 端的使用，即我们仅能够在手机移动端的“百度地图 APP”中查看实时的热力图。因此，百度地图热力图主要通过截取手机屏幕的方式获取。

由于大部分研究需要的热力图片数量往往在几十张以下并且截取的时间间隔通常以小时计数，因而截取热力图片最便捷的方式便是在研究时段，打开手机“百度地图”APP 手动截取实时的图片。具体操作为：

打开“百度地图”APP 后，点击按钮添加“热力图”图层后(图 8-1)，点击 APP 界面的空白区域使得搜索框、右侧导航栏以及下方的城市探索、小度助手、路线功能隐藏，以便截取的图片没有遮挡。最后，点击手机的截屏快捷键，截取实时的热力图片(图 8-2)。

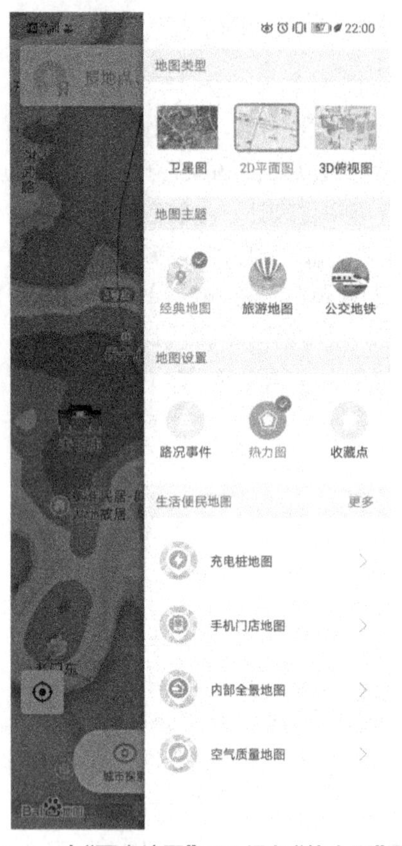


图 8-1　在“百度地图”APP 添加“热力图”图层

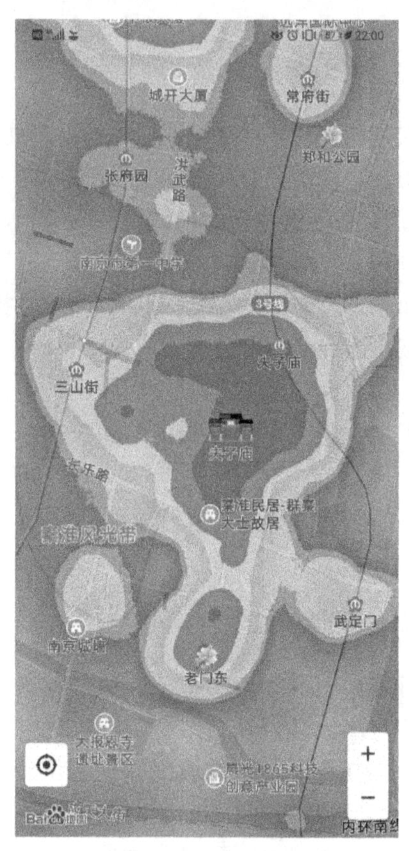


图 8-2　南京秦淮风光带夜间(22:00)热力图

以 Android 为例，编写定时截取任意范围热力图片的程序涉及 Wireshark 网络分析工具、Android 模拟器等 Android 开发知识，其时间成本较高，由于我们在大部分情况下并不需要以上功能，故在此不多做介绍。感兴趣的读者可以尝试编写截取任意范围热力图片的程序。

## 8.2　腾讯位置大数据

### 8.2.1　腾讯位置大数据简介

类似于百度热力图的数据来源，腾讯位置大数据(https://heat.qq.com/index.php)基于海量的腾讯系产品的用户定位次数信息，发布不同区域的热力图、人口迁移数据和位置流量趋势数据。在腾讯位置大数据的首页展示了不同区域的实时的定位人数，反映了人群的相对集聚区和人口的分布趋势，其中各地的定位数量近似地表示了人口数量的相对高低(图 8-3)。

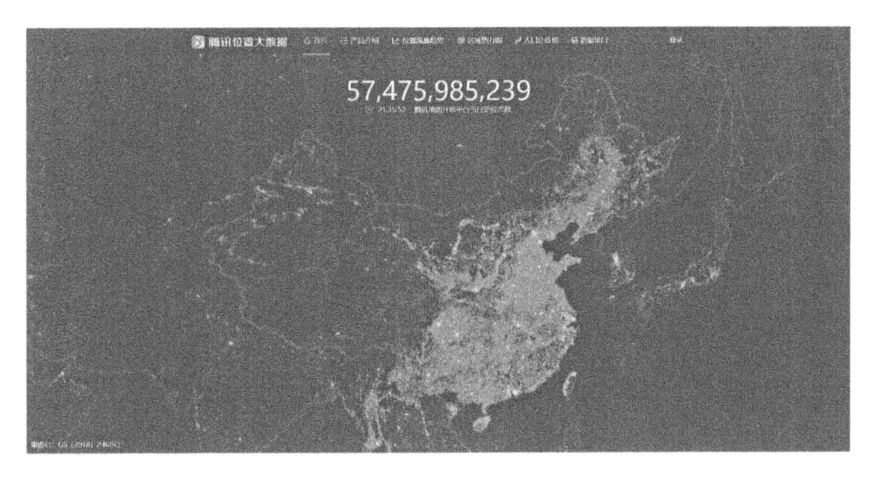


图 8-3　腾讯位置大数据首页

在腾讯位置大数据的“区域热力图”功能页面，我们可以免费查询全国不同城市的热门区域实时和连续历史时段的热力图，如南京的秦淮河、马拉松-奥体东门广场和雨花台风景区；上海的虹桥国际机场和浦东国际机场。图 8-4 和图 8-5 即为腾讯位置大数据秦淮河连续两天同一时段的热力图。

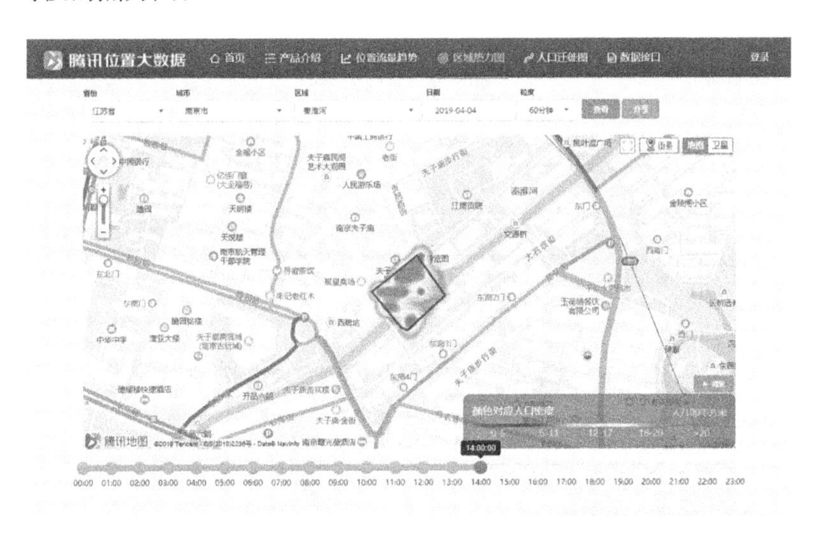


图 8-4　南京秦淮河工作日下午(13:00)热力图

腾讯位置大数据的“位置流量趋势”功能免费开放不同城市热门区域实时和历史时段人流指数的查询。如：图 8-6 为南京秦淮河工作日和节假日两天的人流指数逐小时变化情况。

城市热门地点以外区域实时和历史时段热力图、人流和人数的查询需要调用腾讯位置大数据接口。遗憾的是，现阶段腾讯位置大数据接口仅仅面向商业合作客户，尚不免费向个人开发者开放。感兴趣的读者可以尝试邮件联系腾讯工作人员，提交项目需求，申请开发权限。位置大数据接口的调用方法和前面章节“搜索 API”“路径规划 API”“全景静态图 API”的过程非常类似，即“分析 API 请求参数和结构”→“分析 API 返回数据”→“编写程序批量调用”，通过提供查询区域、查询开始时间、查询结束时间和时间间隔信息，获得请求区域的

**图 8-5　南京秦淮河节假日下午(13:00)热力图**

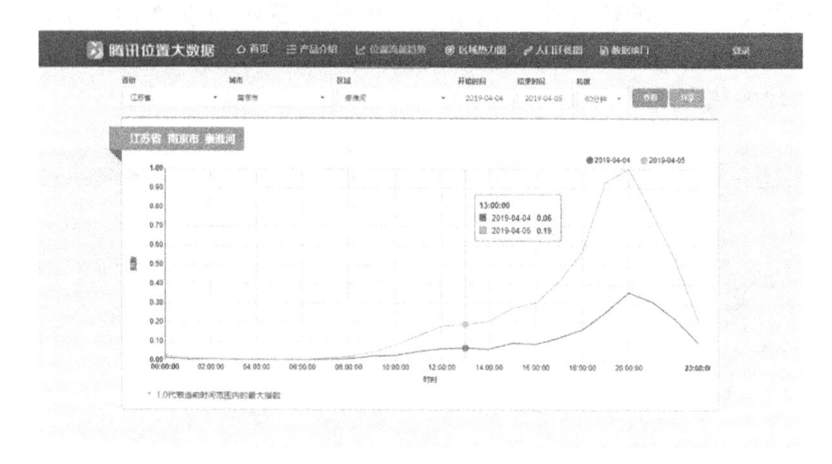


**图 8-6　南京秦淮河工作日和节假日人流指数变化**

热力图、人数和人流数据。

## 8.2.2　定位人数数据的采集

百度地图热力图是经过处理的定位数量数据的可视化表达，我们仅仅可以通过对少量几种颜色赋值的方式粗略地获知区域的热力情况；而腾讯位置大数据平台以 0.1°的经纬度间隔展示原始数据，每 5 min 更新一次，细致地描述了各位置的定位人次数，较百度地图热力图数据更加精确、更具有应用价值。位置大数据接口当前仅面向商业用合作项目开放，是否意味着我们无法获取原始的定位次数数据？答案是否定的。尽管我们无法通过商业接口获知历史时段城市不同位置的定位人数，但仍可通过分析位置大数据平台页面的数据加载流程采集实时的定位人数数据，从而探究人群的实时空间分布特征。

➢ **步骤 1：分析请求链接和响应内容**

首先，在浏览器打开腾讯位置大数据平台页面（https://heat.qq.com/index.php）后，按 F12 打开开发人员工具并点击开发者工具导航栏中的“网络”。

然后，在会话窗口可以看到名称为“https://xingyun. map. qq. com/api/getXingyunPoints”、请求方法为 POST 类请求 URL(图 8-7)。

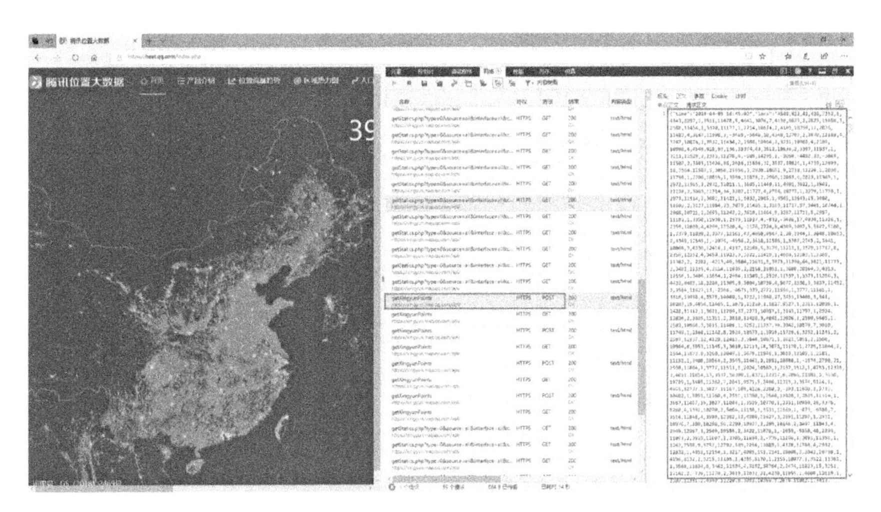

**图 8-7　请求 URL 与响应正文**

右侧其相应内容正文为(代码 8-1)：

{"time":"2019-04-05 16:45:02","locs":"4549,922,42,420,7352,5,4343,8297,1,3511,11478,5,4641,3076,2,4139,6923,2,2823,11656,3,2588,11454,1,3320,11177,1,2714,10874,2,4105,10759,12,2836,11483,4,3167,11998,3,-3469,-5846,10,4349,12707,2,3970,12189,4,3767,10874,1,3932,11434,2,2888,10564,2,3231,10968,4,2189,10998,6,4549,918,93,136,10374,43,2612,10836,2,3397,11937,1,3211,11529,2,2313,11278,4,-585,14295,1,-2069,-4482,23,-3049,11507,2,3605,11436,88,2626,11666,32,3537,10524,1,4739,12699,18,3564,11587,5,3058,11656,3,2930,10651,9,2719,11224,1,2838,11796,1,2706,10835,1,3986,11878,2,2990,12063,6,2819,11363,1,2972,11565,2,2971,12011,1,……,3087,10724,1,"}

**代码 8-1　请求 URL 的相应内容**

响应内容是 JSON 格式的数据，“"time":"2019-04-05 16:45:02"”表示该返回数据的时间是 4 月 5 号的 16 点 45 分；“locs”对应的“4549,922,42,……3511,11478,5……3087,10724,1”表示位置(9.22°,34.49°)此刻的定位人数是 42,位置(114.78°,35.11°)的定位人数是 5,位置(107.24°,30.87°)的人数是 1,纬度信息、经度信息和定位人数依次排列,其中纬度信息和经度信息对应的数字除以 100。由此,可以判定以上请求连接和相应的返回数据正是我们所需要的。由于位置大数据平台每 5 min 更新一次数据,该链接需要打开页面 5 min 之后才能看到。

**➢ 步骤 2:将响应内容生成 Shapefile**

首先,复制步骤 1 中的响应内容到文本文件“data1. txt”,响应内容的数据量在 2～3 MB(兆)左右。

然后,编写 Python 程序,根据经度、纬度以及定位人数的排列规律,将响应数据从

JSON 组织格式转换为"经度,纬度,人数"的记录,一条记录表示一个位置(代码 8-2)。

```
    # -*- coding:utf-8 -*-
import sys
import json
reload(sys)
sys.setdefaultencoding('utf8')
outputpath = "C:\\Users\\yfqin\\Desktop\\test\\"
dataNames = ["data1"]
for dataName in dataNames:
    data = outputpath + dataName + ".txt"
    f = open(data, 'r')
    content = f.read()
    f.close()
    dictData = json.loads(content)
    time = dictData['time']
    locs = dictData["locs"].split(',')
    #原始数据
    newdata = outputpath + dataName + "new.txt"
    f = open(newdata, 'w')
    f.close()
    f = open(newdata, 'a')
    f.write(str(time) + '\n')
    for i in range(len(locs)/3):
        lat = str(float(locs[0 + 3 * i])/100)
        lon = str(float(locs[1 + 3 * i])/100)
        count = locs[2 + i * 3]
        f.write(lon + ',' + lat + ',' + count + '\n')
    f.close()
```

**代码 8-2 数据转换为"经度,纬度,人数"格式(详见"chapter8_1.py")**

程序需要指定"data1.txt"的存储路径 outputpath,最终生成的新文件"data1_new.txt"将保存在 outputpath 所指示的文件夹中(图 8-8)。完整的代码参见"chapter8_1.py"文件。

**➢ 步骤 3:从文本文件到 Shapefile 文件,ArcGIS 中生成定位人数 Shapefile 文件**

打开 ArcMap,按照第 4 章从在 ArcMap 打开存储 POI 文本文件的方法,生成位置点 Shapefile,即:点击添加按钮—添加文本文件—Table of Content 中右击文本文件—点击"Display XY Data"—在弹出的对话框中设置经纬度所在字段、设置坐标系—将 Events 临时文件导出为 Shapefile。操作完毕后,ArcMap 的数据视图页面会显示全球各位置点,Shapefile 的属性表中存储各位置的定位人数(图 8-9)。

但是,将定位人数数据放大后可发现,每 5 min 更新的数据并非全部的定位点,因此我们需要同时保存相邻时间的响应信息,如:16:40 时更新的响应信息,16:45 时更新的响应信息,16:50 时更新的响应信息以及 16:55 时更新的响应信息。通常连续的 4 个更新时间即可包含 0.1°经纬度间隔的位置点。之后，利用“Toolbox—Data Management Tools—General—Merge”工具将连续的响应信息生成的 Shapefile 进行合并，生成“mergedata.shp”(图 8-10)。

合并之后，由于同一个位置点可能在“mergedata.shp”中重复出现，因而需要将重复位置点的定位人数求和，再求取平均值。ArcGIS 工具箱中的要素融合 Disslve 工具能够基于指定的字段值聚合要素（Toolbox—Data Management Tools—Generalization—Dissolve），将融合字段(Dissolve Field(s))设为“mergedata.shp”的经度(LON)和纬度(LAT)，统计字段(Statistics Fields)设为定位人数(NUM)并将统计类型(Statistic Type)设为平均值(MEAN)，生成“dissolve.shp”(图 8-11)。

最后，使用工具箱中的裁剪 Clip 工具(Toolbox—Analysis Tools—Extract—Clip)，以南京主城区行政范围(nanjing.shp)裁剪定位数据(dissolve.shp)，得到最终南京市 4 月 4 日 14:25—14:55 时段的定位人数分布(April 4.shp)(图 8-12)。

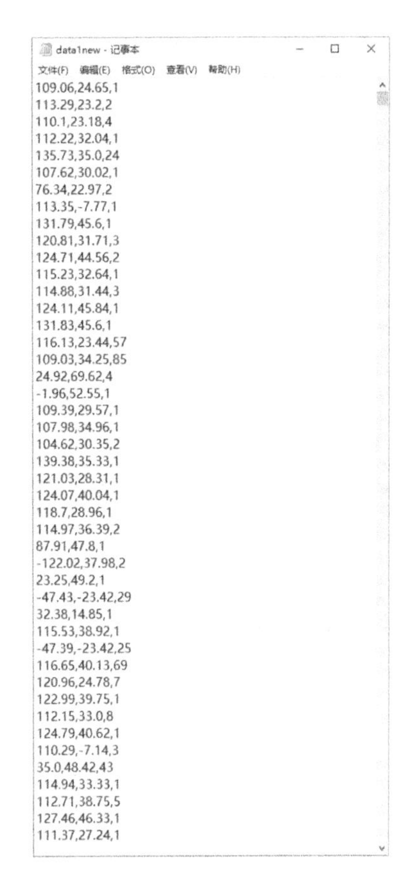
data1new - 记事本
文件(F) 编辑(E) 格式(O) 查看(V) 帮助(H)
109.06,24.65,1
113.29,23.2,2
110.1,23.18,4
112.22,32.04,1
135.73,35.0,24
107.62,30.02,1
76.34,22.97,2
113.35,-7.77,1
131.79,45.6,1
120.81,31.71,3
124.71,44.56,2
115.23,32.64,1
114.88,31.44,3
124.11,45.84,1
131.83,45.6,1
116.13,23.44,57
109.03,34.25,85
24.92,69.62,4
-1.96,52.55,1
109.39,29.57,1
107.98,34.96,1
104.62,30.35,2
139.38,35.33,1
121.03,28.31,1
124.07,40.04,1
118.7,28.96,1
114.97,36.39,2
87.91,47.8,1
-122.02,37.98,2
23.25,49.2,1
-47.43,-23.42,29
32.38,14.85,1
115.53,38.92,1
-47.39,-23.42,25
116.65,40.13,69
120.96,24.78,7
122.99,39.75,1
112.15,33.0,8
124.79,40.62,1
110.29,-7.14,3
35.0,48.42,43
114.94,33.33,1
112.71,38.75,5
127.46,46.33,1
111.37,27.24,1

图 8-8　转换后的“data1_new.txt”

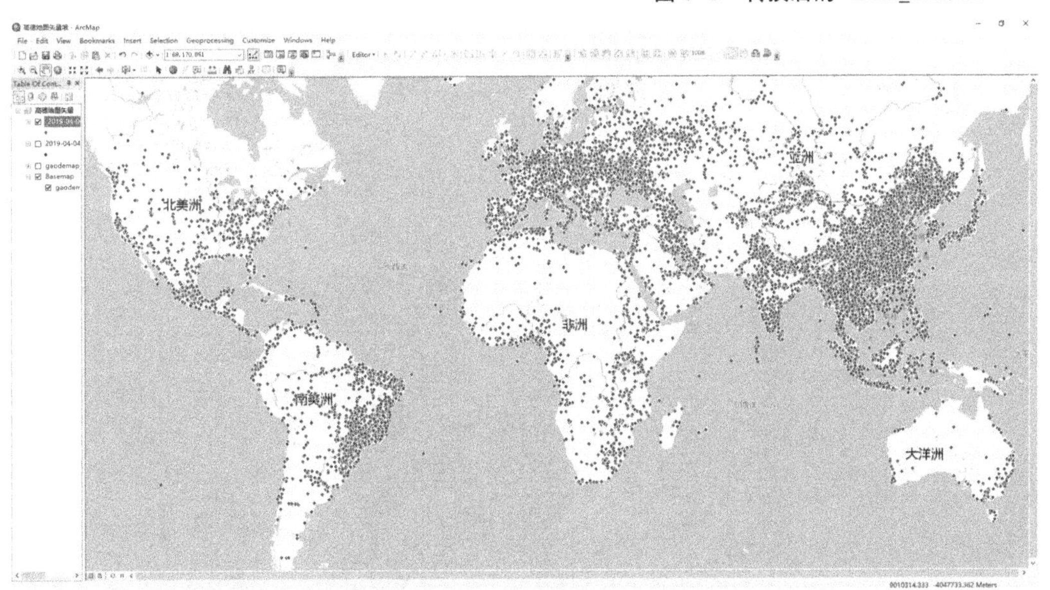


图 8-9　ArcMap 中显示定位点

需要说明的是，步骤 3 中的添加数据、设置坐标系和经纬度、数据合并与融合均基于 ArcMap 软件，每处理 1 个更新时间的响应数据需要操作一遍。若仅仅处理 4 个更新时间

(间隔 5 分钟)的响应数据任务量不大,但若存储的响应数据数量较多时,重复的软件操作枯燥乏味且将耗费许多时间。接下来的步骤 4,我们介绍如何基于 ArcPy 拓展包,使用 Python 程序实现步骤 3 中的所有操作。

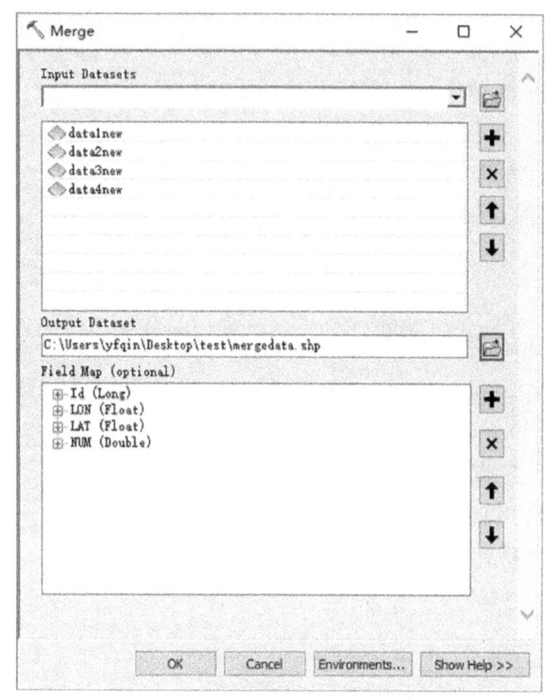


图 8-10 Merge 工具合并四个相邻时刻的 Shapefile

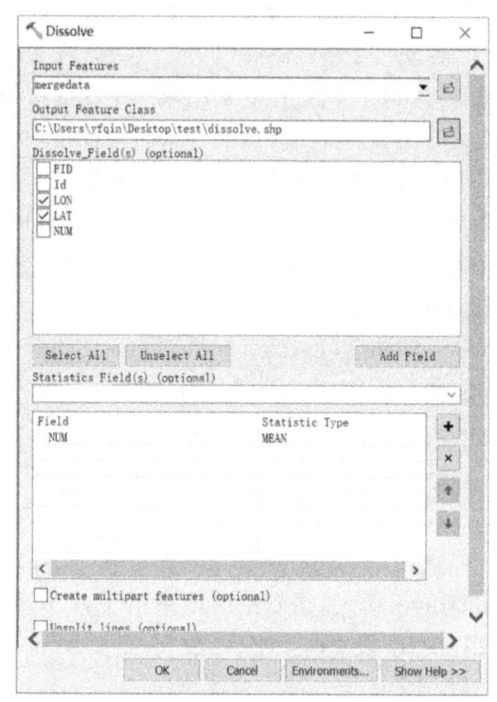


图 8-11 Dissolve 工具求相同位置点的定位人数的平均值

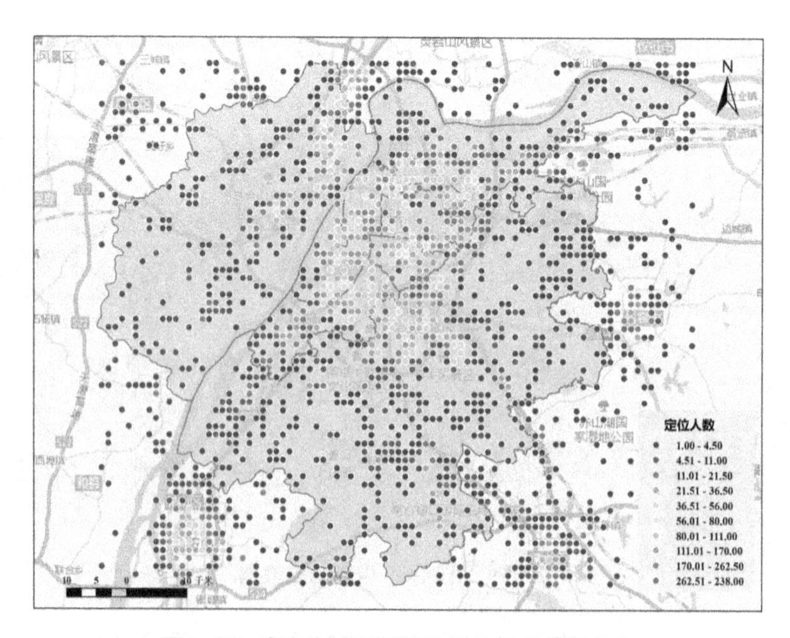


图 8-12 南京主城区不同位置的定位人数分布

➢ **步骤 4:从文本文件到 Shapefile 文件,基于 Arcpy 生成 Shapefile 文件**

① 程序运行逻辑

程序的执行逻辑如下:

首先,为存放处理后的响应数据的路径变量(outputpath)赋值。通过 env 对象设置当前的工作空间(workspace)为 outputpath,设置当前输出的 Shapefile 可以覆盖已有的相同名称文件,数据的处理范围(extent)为南京主城的行政边界(nanjing. shp)。转换后的响应文件名称(如:“data1_new. txt”、“data2_new. txt”、“data3_new. txt”和“data4_new. txt”)写在列表 dataNames 中。

然后,通过 arcpy. Describe 数据描述函数获取南京主城行政边界的空间范围(extent 变量),通过 arcpy. SpatialReference 函数获得投影对象。

接下来,创建 Shapefile,并为 Shapefile 插入新的空间要素。遍历列表 dataNames,其中每一个元素(元素名称是转换后的响应信息文件的名称),将生成一个相同名称的 Shapefile(如:依据“data1_new. txt”文件名生成“data1_new. shp”),为新生成的 Shapefile 新增三个表示位置点经度(LON)、纬度(LAT)和定位人数(NUM)的字段。再进行如下操作:a. 遍历文件,依次读取文件的每一条记录,即依次读取每个位置点的信息,得到该位置点经度(lon 变量)、纬度(lat 变量)和(count 变量);b. 判断该位置点的空间位置是否在 extent 指示的空间范围内,如果该位置点落在 extent 的空间范围内,使用 arcpy. PointGeometry 方法生成点集合对象;c. 基于 ArcPy 的数据访问模块(data access, da)依次为 Shapefile 的三个新建字段赋值,用 insertRow(row)方法为 Shapefile 添加一个新的空间要素(点要素)。每条位置点均转化 Shapefile 中的一个点要素。

最后,利用 arcpy. Merge_management 工具函数将生成的所有 Shapefile 合并为“merge. shp”,利用 arcpy. Dissolve_management 工具函数对“merge. shp”进行融合操作,融合字段为“LON”和“LAT”,统计字段为“NUM”,统计类型为求取平均数(“MEAN”)(代码 8-3)。

```
    # -*- coding:utf-8 -*-
import sys
import arcpy
from arcpy import env
from arcpy import da
import os
reload(sys)
sys.setdefaultencoding('utf8')
env.overwriteOutput = True
#修改参数
outputpath = "C:\\Users\\yfqin\\Desktop\\test\\"
env.workspace = outputpath
dataNames = ["data1new","data2new","data3new","data4new"]
final_shp = outputpath + "April4.shp"
clipShp = outputpath + "district.shp"
env.extent = "district.shp"
```

```
env.mask = "district.shp"
#获取空间范围
desc  =  arcpy.Describe(clipShp)
clipextent = desc.extent
xmin = clipextent.XMin
xmax = clipextent.XMax
ymin = clipextent.YMin
ymax = clipextent.YMax
#  wgs84 为空间参照对象
wgs84file = outputpath + "wgs84.prj"
wgs84 =  arcpy.SpatialReference(wgs84file)
#遍历列表,处理每个文本文件
shpnames = []
for dataName in dataNames:
    print dataName
    data = outputpath + dataName + ".txt"
    f = open(data,'r')
    content = f.readlines()
    f.close()
    #开始生成 shp 数据
    shp_output = outputpath + dataName + ".shp"
    shpnames.append(shp_output)
        arcpy.CreateFeatureclass_management(os.path.dirname(shp_output),\
                                            os.path.basename(shp_output), \
                                            'POINT',"", "", "", wgs84)
    arcpy.AddField_management(shp_output, "LON", "FLOAT")
    arcpy.AddField_management(shp_output, "LAT", "FLOAT")
    arcpy.AddField_management(shp_output, "NUM", "DOUBLE")
    fields  =  ["SHAPE@","LON", "LAT","NUM"]
    cur  =  da.InsertCursor(shp_output, fields)
    for line in content:
        pntInfor = line.split(',')
        if(len(pntInfor)  = =  3):
            lon  =  float(pntInfor[0])
            lat  =  float(pntInfor[1])
            if(xmin<=  lon and lon<=  xmax and ymin<=  lat and lat<=  ymax):
                count  =  float(pntInfor[2].split('\n')[0])
                pnt  =  arcpy.Point(lon, lat)
                pointGeometry  =  arcpy.PointGeometry(pnt,wgs84)
                newFields  =  [pointGeometry,lon,lat,count]
                cur.insertRow(newFields)
    del cur
#合并、剪裁、融合
```

```
arcpy.Merge_management(shpnames,outputpath + "merge.shp")
arcpy.Dissolve_management (outputpath + "merge.shp", final_shp, \
                    ["LON","LAT"], [["NUM","MEAN"]])
```

**代码 8-3　主程序代码(详见"chapter8_2.py")**

② 执行逻辑

完整的代码参见"chapter8_2.py"文件。在完成步骤 2 的基础上,执行程序需要更改工作空间变量 outputpath,将步骤 2 中生成的转换后的响应数据文本文件,如:"data1_new.txt"、"data2_new.txt"、"data3_new.txt"、"data4_new.txt"、南京主城行政边界"nanjing.shp"以及投影文件"wgs84.prj"复制到 outputpath 指示的文件夹下。此外,修改列表 dataNames 中字符串元素,每个元素更改为转换后的响应数据文本文件的文件名,如:dataNames = ["data1new","data2new","data3new","data4new"]。执行程序后,最终生成和步骤 3 一致的"dissolve.shp"。

### 8.2.3　南京主城区人群分布趋势分析

从位置大数据平台采集南京市主城区工作日 14:25—14:55 时段的定位人数数据,对原始数据进行合并、融合等数据处理操作后,最终我们共获取个 1 624 定位点的人数信息。

离散的定位点难以表征人群的空间分布趋势,因此需要空间分析、生成人流热度的空间分布趋势面。市中心的定位点依照 0.1°×0.1°经纬度间隔排列,分布密集且完整,市郊定位点分布较市中心略显稀疏,但足够在 ArcGIS 中通过核密度分析、空间插值分析呈现人流热度分布趋势。

(1) 空间插值

空间插值是用已知点来估算其他点数值的过程,常用于将离散点的测量数据转换为连续的数据曲面,以表达连续场分布的地理实体。依据"地理实体离得越近,其值越相似"的地理学第一定律,空间插值假定估算点的数值受到邻近已知点的影响比距离较远的已知点的影响更大。对于某个已知点,根据其估算值是否与已知点数值相同,空间插值可分为精确插值与非精确插值,其中精确插值生成的连续曲面在该已知点的估算值与实际值相同。

反距离权重插值(Inverse Distance Weighting, IDW)是一种精确的插值方法,假设未知点 $Z_0$ 处属性值是局部邻域内中所有数据点的距离加权平均值,即以插值点和样本点之间的距离为权重进行加权平均,离插值点越近的样本点赋予的权重越大。其通用方程为:

$$Z_0 = \frac{\sum_i Z_i \dfrac{1}{d_i^k}}{\sum_i \dfrac{1}{d_i^k}}$$

式中, $Z_0$ 是点 0 处的估计值, $Z_i$ 是已知点 $i$ 的 $z$ 值, $d_i$ 是已知点 $i$ 与点 0 间的距离, $k$ 是距离的幂值。幂值设定越高,表明邻近数据对位置点的影响越大,插值结果面区域不平滑。

克里金插值(Kriging)是基于地统计学,利用区域化变量的原始数据和变异函数的结构特点,对未采样点的区域化变量进行线性无偏最优估计的空间插值方法,假设空间中连续变化的属性(区域化变量)是不规则的,不能用简单的平滑数学曲面进行模拟,应使用随机表面给予恰当的描述。克里金法认为空间变异包含:①空间相关部分,代表区域化变量;②结构部分,代表趋势;③随机误差,以半方差函数(semi-variance)检验自相关,并通过拟合半方差图得到的数学模型估计任意给定距离的半方差函数,从而用以计算空间权重。

(2) 核密度估计

核密度估计和空间插值类似,均可用于呈现空间分布的态势和空间分布趋势。核密度估计可以得到人群密度变化的图示,其中空间变化是连续的,"波峰"和"波谷"强化了空间分布模式的现实。核密度估计方法的几何意义是"密度分布在每个 xi 点中心位置处最高,向外不断降低,当距离中心达到一定阈值范围处密度为 0"。

空间插值和核密度分析均可以借助 ArcGIS 的空间分析(Spatial Analyst)中的工具实现。以南京市主城区各定位点的人数信息为数据,将数据掩膜(Mask)和数据处理范围(Processing Extent)设置为南京市主城区行政范围(nanjing. shp)(图 8-13),分别运用 IDW 插值工具(图 8-14)、Kriging 插值工具和 Kernel Density 核密度分析工具(图 8-15)进行分析。

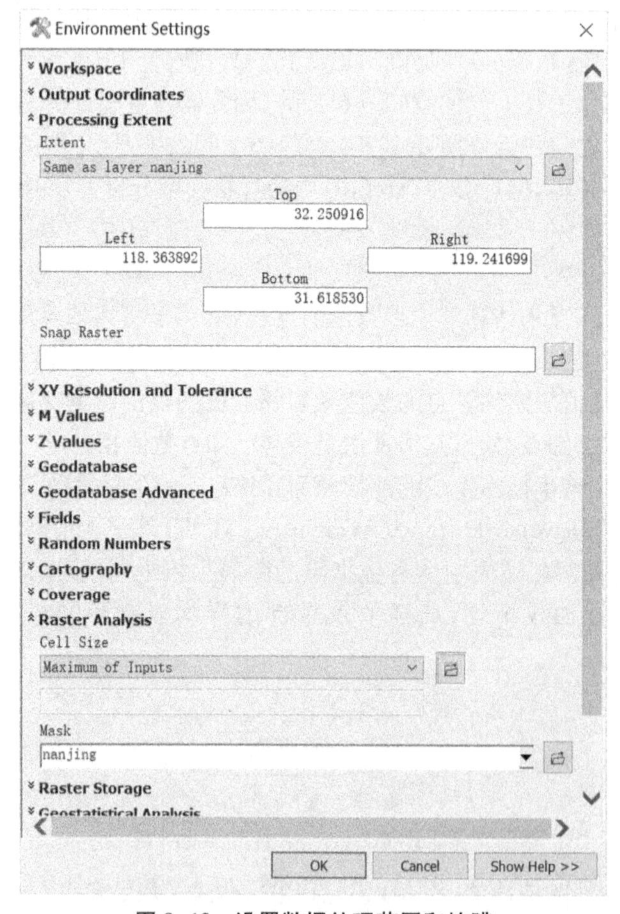


图 8-13 设置数据处理范围和掩膜

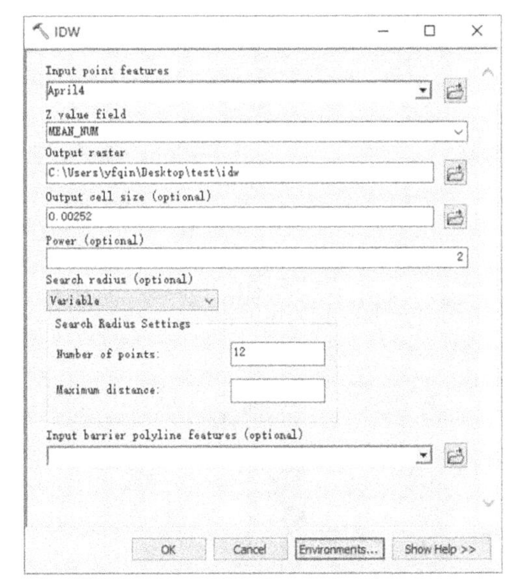


图 8-14　IDW 空间插值

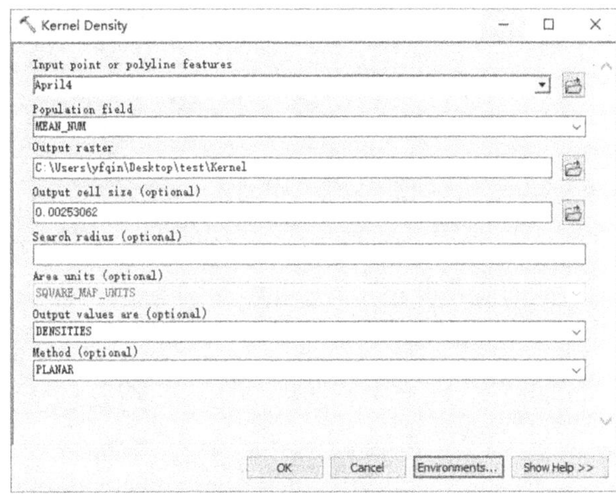


图 8-15　核密度分析

图 8-16 核密度分析图中定位人数的分布为连续的面，现实了波峰和波谷的分布态势，图 8-17 和图 8-18 的插值分析图不仅展示了定位人数分布的趋势，连续趋势面上的值还具有实际意义，即表征该处拟合出的定位人数。密度值高的城市空间表示人群分布相对集中，密度值低的城市空间表示人群分布相对疏散。由图可知长江南部的南京市中心人群分布密集，尤以新街口附近为甚，以新街口为中心的区域形成了连片的高密度值区。此外，江宁区的南京南站、南京航空航天大学将军路校区、秦淮绿洲小区—竹山路地铁站沿线，以及长江北部浦口区的柳州北路、弘阳旭日上城—东南大学成贤学院沿线同为人群分度相对集中的区域。中心城区的商业中心主要是新街口、城南、河西、江北。

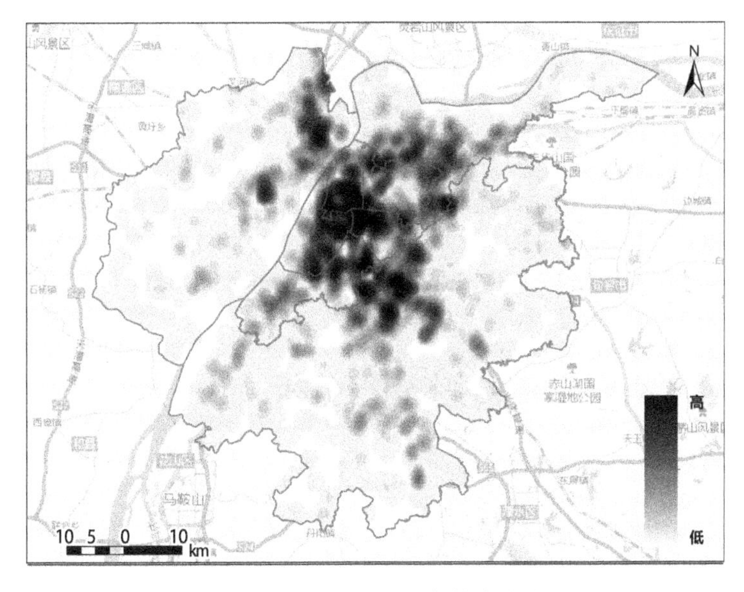


图 8-16　南京主城区人数核密度分析

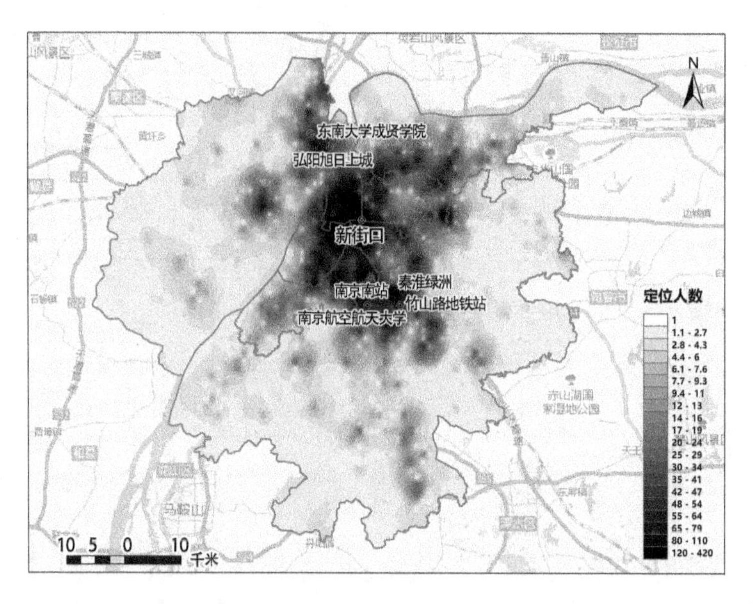


图 8-17　南京主城区定位人数 IDW 空间插值

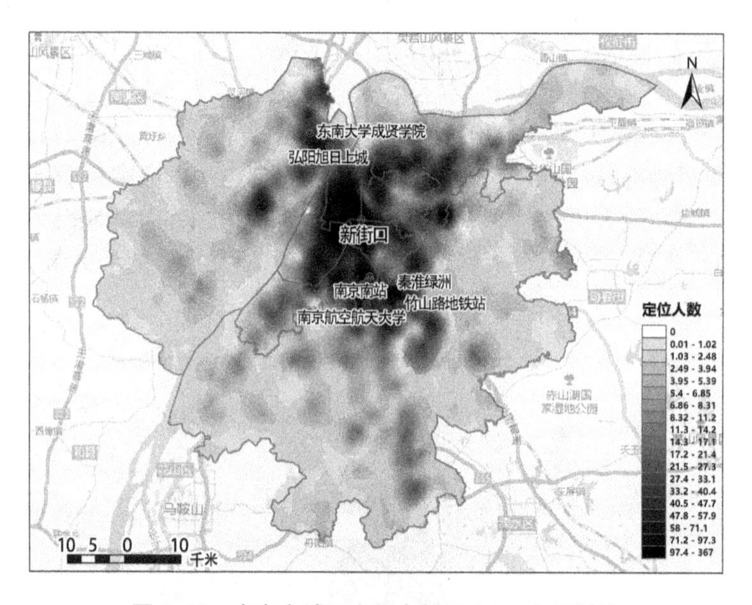


图 8-18　南京主城区定位人数 Kriging 空间插值

## 8.3　南京主城区人群聚集时空特征分析

研究城市人群时空行为特征可以剖析城市空间对人群行为的制约，从而为优化城市空间结构、配置城市公共服务提供参考。一般而言，人群的活动通常以周为单位，具有周期性活动规律。通过对一日内不同时刻人流高热度区域的变化进行分析，可以看出南京中心城区人群一日时空聚集状态；此外，基于特定时间点的人群分布热力度可以衡量热力图反映的密度情况，热力度越高表明人群在城市空间聚集程度越高，以此可以识别城市的就业中心、居住中心及商业中心。并以此将实际空间与规划空间进行对比，为南京市城市规划提供决策参考。这种方式有效弥补了传统城市空间规划的主观性，对优化城市空间结构具有重要意义。

### 8.3.1　研究数据与方法

本节分别于工作日（2019 年 4 月 25 日）和周末（2019 年 4 月 27 日）自 8:00 至 23:00 时间段内每隔 3 h 采集一次腾讯位置大数据平台南京中心城区的实时定位人数数据，即8:00、11:00、14:00、17:00、20:00 及 23:00 六个时间点，两天共计 12 个时间点的定位数据，作为本次案例研究的基础数据。然后基于 ArcGIS 平台进行数据处理及可视化，以对比工作日与周末南京市中心城区不同时刻、不同区域的人口聚集情况，分析其人口活动规律与特征。

### 8.3.2　职住中心的识别

通过对特定时间点的活力空间的分析可以识别出就业中心与居住中心，本节中基于工作日 11:00 人流密度分布来识别就业中心，基于工作日 23:00 人流密度分布来识别大型居住中心。

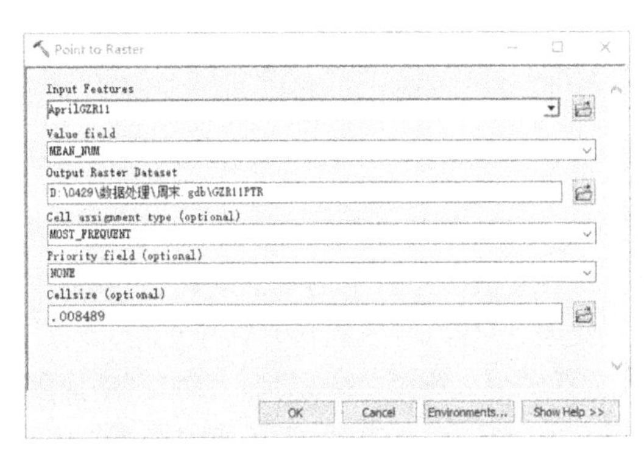


图 8-19　设置输入要素与值字段

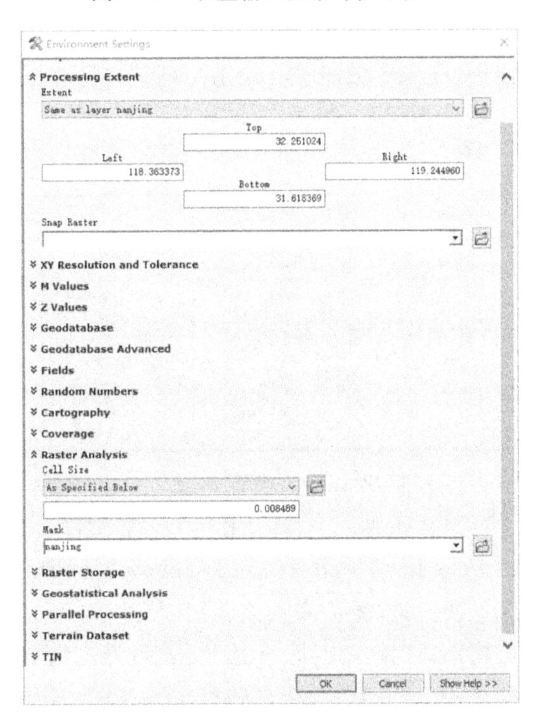


图 8-20　设置像元大小

（1）就业中心的识别

将按 8.2.2 节方法所采集到的工作日 11:00 的定位人数数据导入 ArcGIS 中，然后使用 Point to Raster（点转栅格）工具，这样能够更为直观地显示定位人数的分布情况。点击“转换工具”—“转为栅格”—“点转栅格”，弹出对话框如图 8-19，“输入要素”选择“工作日 11 点”，“值字段”选择“定位人数”；并设置像元大小与定位人数点的栅格像元一致（图 8-20），然后点击“OK”。可根据情况在“图层属性—符号系统”中对显示结果进行重分类，这里将输出的栅格数据采用自然间断点分级法（Jenks）分为 10 个类别，得到输出结果如图 8-21 所示。

此时图中反映出的人群分布特征仅代表区域相对热度，并不是在区域活动的精确人数。这能够将我们所获得的数据以最直观的方式展现出来。由图 8-21 可知，南京市中心城区形成了“一主四副”的就业地等级结构。主要就业中心是以新街口为核心的区域，这也是南京市的中心区，在此聚集了在众多企业

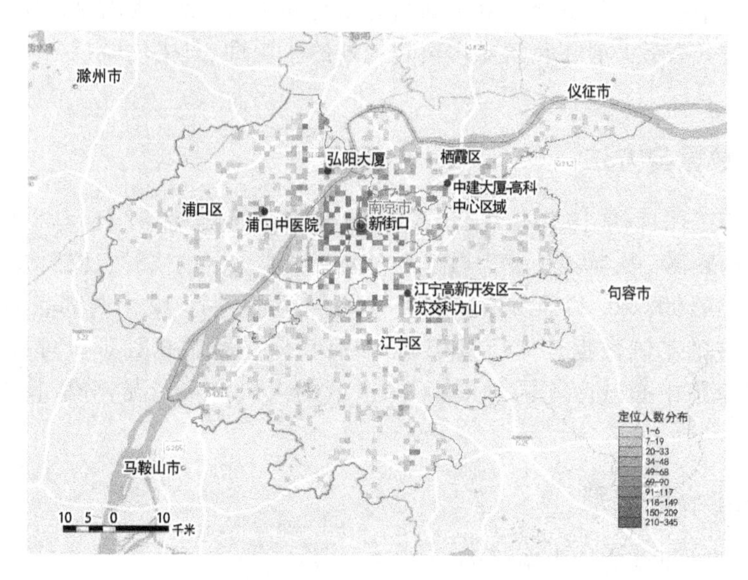


**图 8-21 工作日 11:00 人群分布特征**

(国信证券、戴德梁行、华东电子信息科技等),涵盖金融、房地产、科技等各个领域,办公人群日常在此进行丰富的商务活动;次要就业中心包括栖霞区中建大厦—高科中心区域(中建安装集团、中建八局三建等)、江宁区南京江宁高新开发区—苏交科方山研发基地区域及周边(包括多个工业园及研究院)、浦口区中医院周边(三磊贸易、旭日建筑)及弘阳大厦附近(宏轩金属材料、荣程电器、江苏省食品集团、威孚金宁等)。根据图 8-21 可整理汇总出表 8-1。

《南京市城市总体规划(2018—2035)》中确定南京两个中心城区,由江南主城和江北新主城构成,规划建设高能级的中心城区,以提升城市首位度。但目前来看,江北新主城建设滞后,尚未形成能够与江南主城核心区相同等级的城市中心,大部分就业岗位仍集中在江南主城核心区。

**表 8-1 中心城区就业中心分布情况表**

| 分类 | 主要就业中心 | 次要就业中心 | | | |
|---|---|---|---|---|---|
| 地区 | 主城区 | 栖霞区 | 江宁区 | 浦口区 | 浦口区 |
| 定位人数分布 | | | | | |

(2) 居住中心的识别

操作步骤同上,得出图 8-22 工作日 23:00 定位人数分布。由图 8-22 可知,主城区新街口(忠林坊、王府花园等)及绣球公园周边区域(盐西街小区、建宁新村等)、江宁区九龙湖公园周边区域(爱涛漪水园、颐和美地等)形成了大型居住片区,聚集了众多住户;主城区新河大桥周边(莲花南苑、金穗花园、西善花苑-家和园等)、栖霞大学城区域、浦口区东大成贤学院周边(创业新村、天华硅谷庄园等)由多个居住小区汇聚,形成了南京市中心城区的次级居住中心。根据图 8-22 整理汇总得表 8-2。

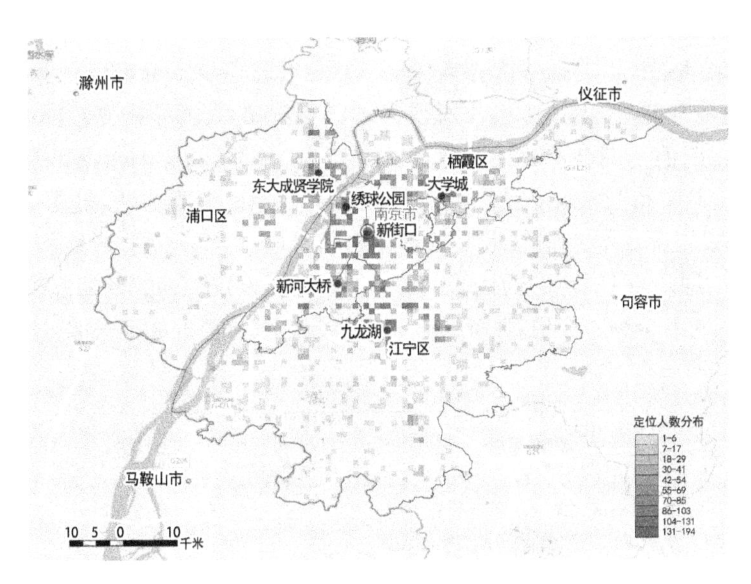


图 8-22　工作日 23:00 人群分布特征

表 8-2　中心城区居住中心分布情况表

| 分类 | 主要居住中心 | | 次要居住中心 | | |
| --- | --- | --- | --- | --- | --- |
| 地区 | 主城区 | 江宁区 | 主城区 | 栖霞区 | 浦口区 |
| 定位人数分布 | | | | | |

识别出就业中心及居住中心后，还可以针对职住平衡问题作进一步研究。

## 8.3.3　工作日人群聚集时空特征

（1）工作日高热区的空间分布特征

➤ **步骤 1　核密度估计**

点击“Spatial Analyst 工具—度分析—核密度分析”，分别生成各个时间点的人流密度热力图。由于需要将不同的时间点人流密度进行对比分析，因此需要设置相同的输入单元大小。点击“核密度分析—环境设置—栅格分析”，如图 8-23，设置相同的栅格大小，统一为“与工作日 8 点图层相同”，即保证与第一个时间点所输出的栅格大小相同。

➤ **步骤 2　栅格数据重分类**

由于核密度分析所得的热力图无法统计不同热力值区域的面积，因此将上一步所得栅格值进行重分类。在给定条件下，根据核密度分析所得每个栅格的人流密度值高低，给对应的范围栅格数据重新赋值，将各栅格

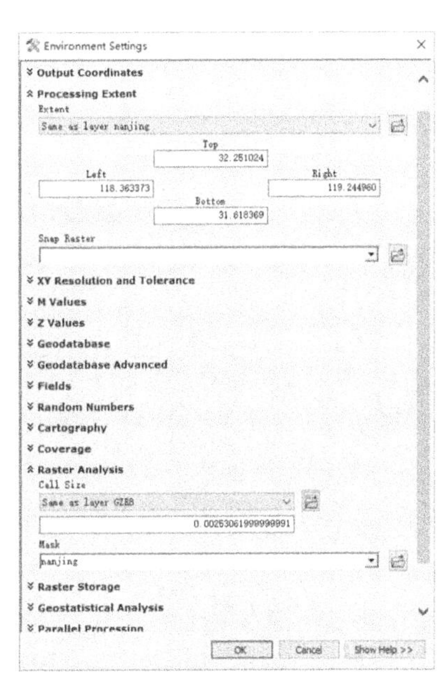


图 8-23　设置相同的输出单元大小

按 1～7 等级进行重分类。

点击“Spatial Analyst 工具—重分类(reclass)—重分类(reclassify)”,弹出图 8-24 所示对话框,“输入栅格”选择按上一步操作所得工作日 8:00 的人流核密度。默认系统会按照设定值进行重分类,旧值范围会更改为一个新值。点击“分类(classification)”,然后在新弹出的对话框(图 8-25)中将“类别”改为“7”,并选择一种合适的分类方法,这里选用自然间段点分级法(Jenks),设置完成后点击“OK”,得到输出结果(图 8-26～图 8-31)。需要注意的是,为了便于比较,之后所有时间点的栅格数据重分类都需要设定“手动”分类方法,然后手动输入与工作日 8:00 相同的分类间段值,保证所有的栅格数据重分类的标准一致,才具有可比性。

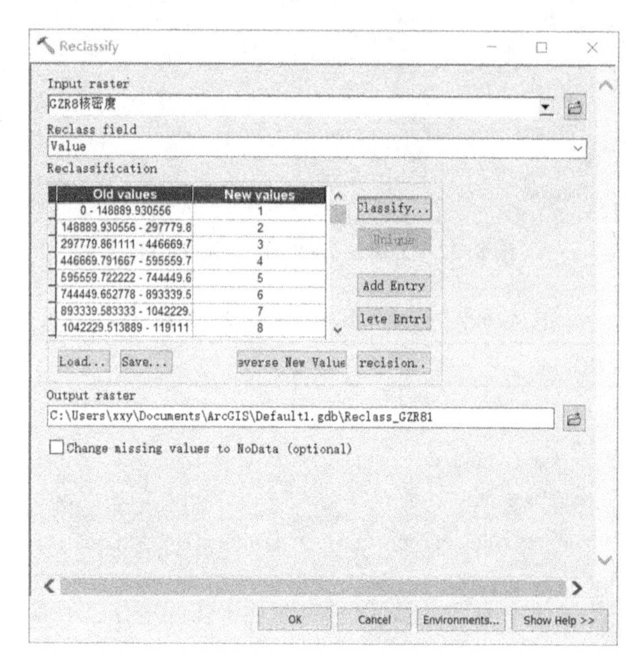


图 8-24　设置输入栅格

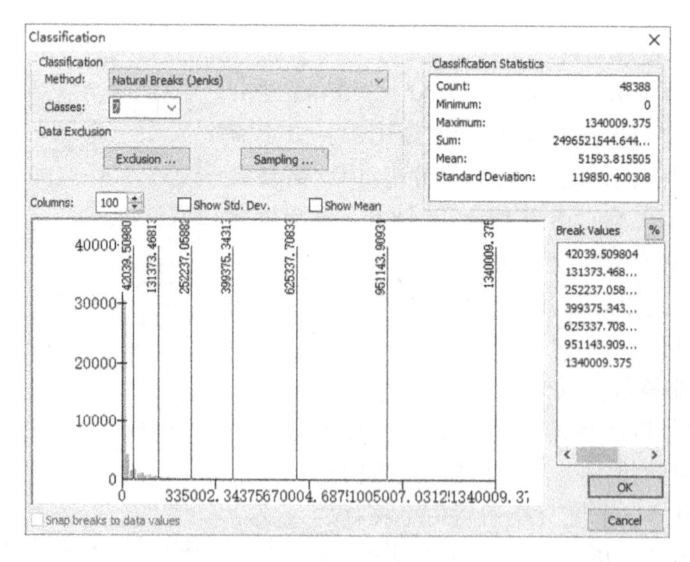


图 8-25　设置分类方法及类别

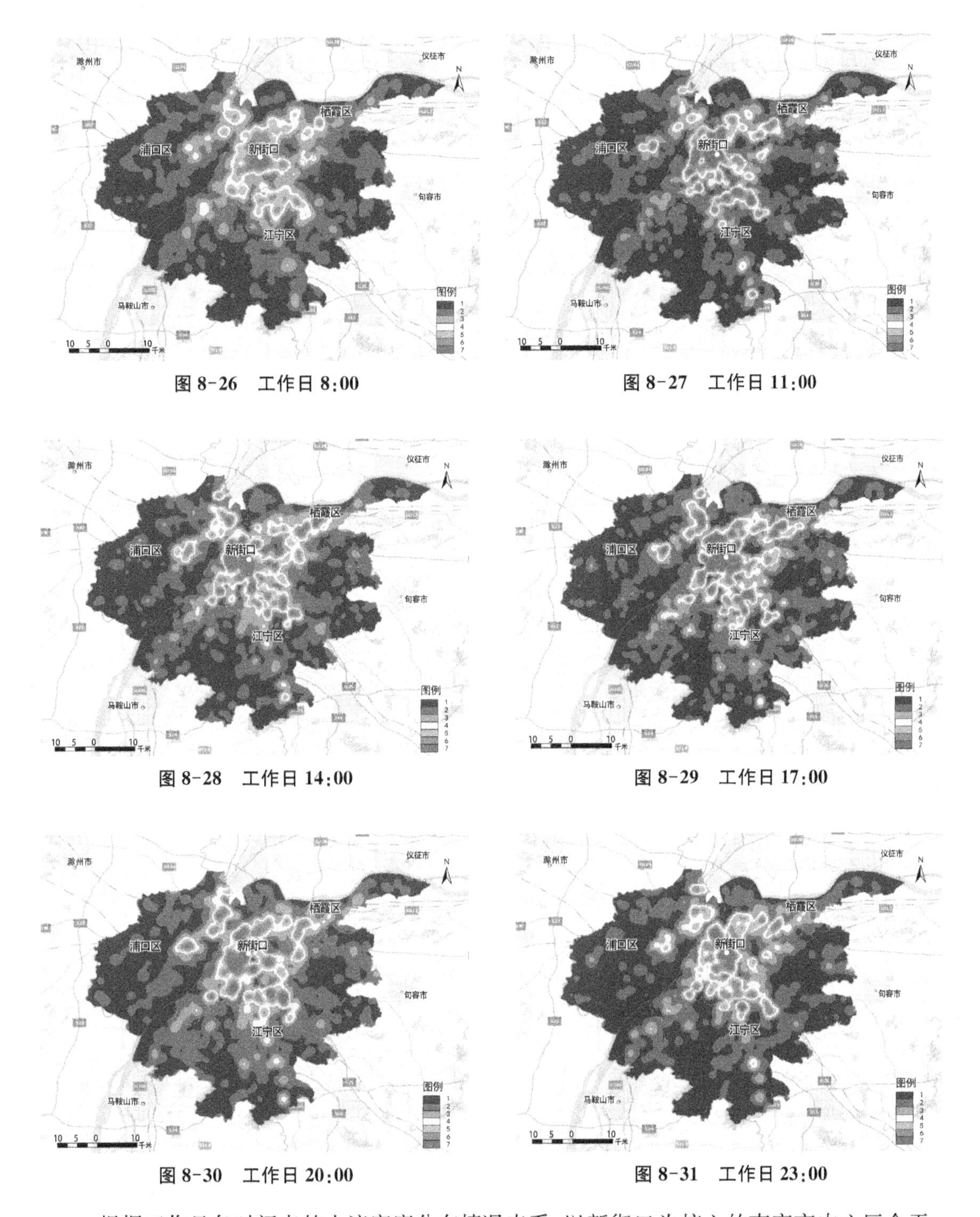


图 8-26　工作日 8:00

图 8-27　工作日 11:00

图 8-28　工作日 14:00

图 8-29　工作日 17:00

图 8-30　工作日 20:00

图 8-31　工作日 23:00

根据工作日各时间点的人流密度分布情况来看，以新街口为核心的南京市中心区全天人流密度较高，17:00 之前以商务活动为主，17:00 后以休闲、娱乐活动为主，17:00 是空间实际使用程度最高的时刻。8:00 除新街口片区外，未形成明显的高热度区域；11:00 江宁区已形成明显的高热度核心区域。14:00—20:00 时间段内，浦口区和栖霞区也出现了较多人群聚集的区域，城市活动具有持续性。至 23:00，各区人流密度明显减少，外出活动人群返回至居住地，除新街口片区外不再形成连片的高热度区域，仅表现为高热度点状区域，主要是一些大型居住中心所在地。

**➢ 步骤 3　计算平均热力值**

在 ArcGIS 中利用栅格计算器(Raster Calculator)对一天中各时刻的热力值进行平均值计算，公式定义为：$\bar{H} = \sum H_x/6$。

式中，$\bar{H}$ 为一天平均热力值；$H_x$ 为在 $x$ 时间点的热力值，$x$ = 8:00，11:00，14:00，17:00，20:00，23:00，共 6 个时间点。以此来刻画出南京市中心城区人口聚集态势和空间的实际使用程度。

点击"Spatial Analyst 工具—地图代数(Map Algebra)—栅格计算器(Raster Calculator)"，弹出图 8-32 对话框，在空白框中输入计算公式，然后点击"OK"。得到的输出结果可以按步骤 2 进行重分类，并采用自然间段点分级法(Jenks)分为 7 类，得到图 8-33。

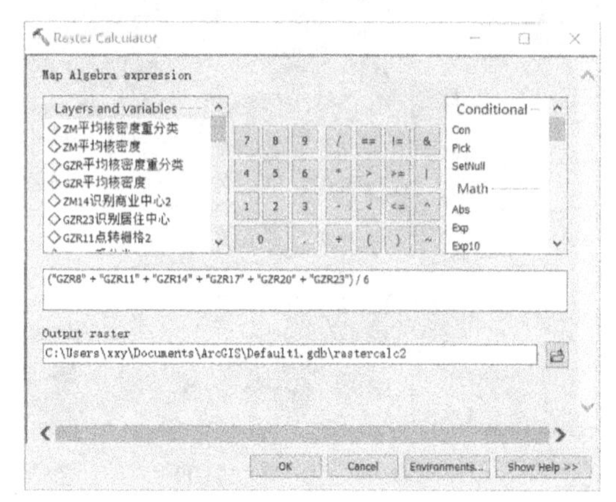


图 8-32　输入计算公式

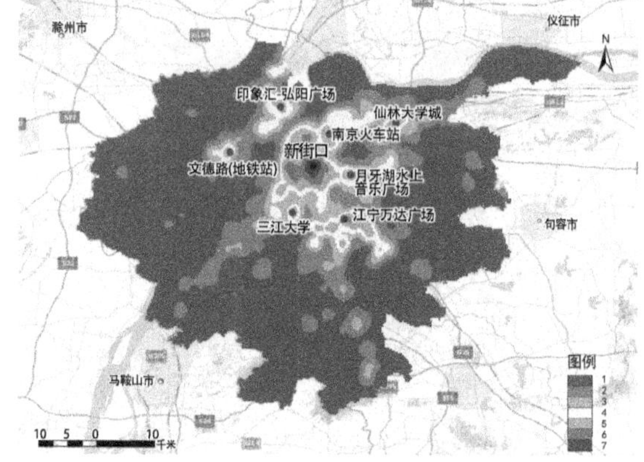


图 8-33　工作日平均热力图

由图 8-33 可知，南京市主城区人群在工作日主要集中在新街口、印象汇-弘阳广场区域、文德路(地铁站)周边区域、南京火车站、仙林大学城区域、月牙湖水上音乐广场周边区域、江宁万达广场区域、三江大学附近区域。

(2) 工作日不同热力度区域面积随时间的变化

栅格数据重分类时将热力值分为 1～7 级，其中，我们将热力值为 6～7 级定义为高热区，热力值 4～5 级定义为次热区。高热区和次热区在一定程度上代表了城市内人群高度集中和较为集中的地区，高热区和次热区的面积越大反映中心城区人群的聚集程度越高，则城市空间的实际使用强度越高；反之，人群离散程度较高，城市实际空间使用强度较低。

**➢ 步骤 1:统计热力度区域面积**

对高热区和次热区的面积进行统计，由于每个栅格面积已知，因此仅需统计高热区和次热区栅格数即可。右击某个时间点人流密度的属性表，如图 8-34，在栅格重分类后，会有 1～7 级每个热力值的统计栅格数，热力值为 6 和 7 的统计值相加即为高热区栅格数，热力值为 4 和 5 的统计值相加即为次热区栅格数。然后右击"Count"字段，点击"统计"，则可以得到统计数据结果，如图 8-35 所示，栅格总数(sum 值)为 48 388 个。按不同时间点进行统计后将数据汇总至 Excel 中，得到表 8-3。

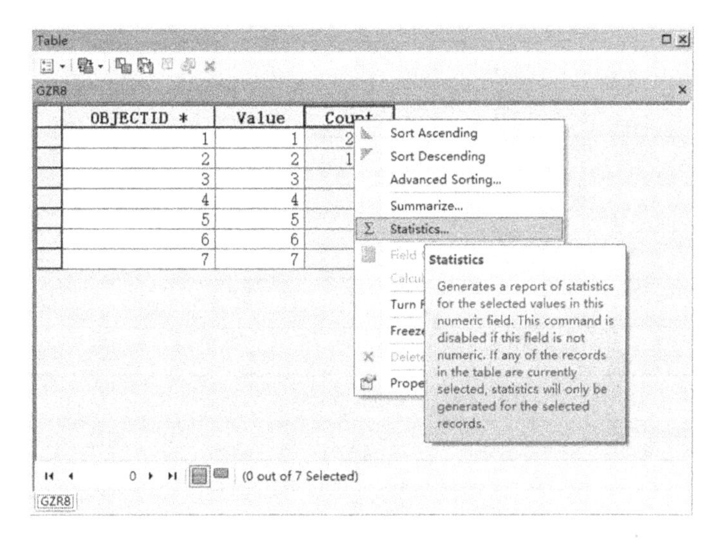


图 8-34 栅格数统计

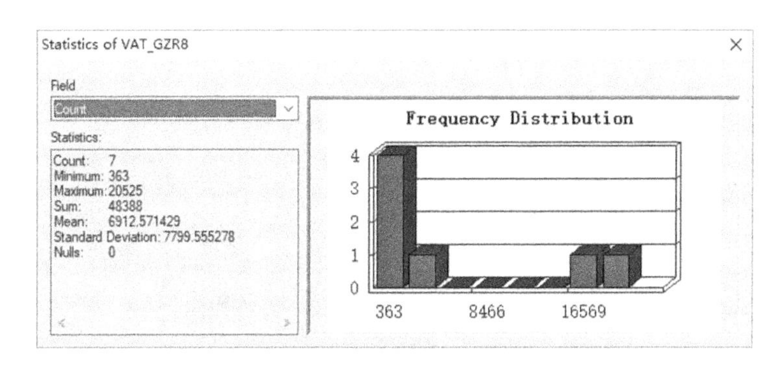


图 8-35 栅格数统计结果

表 8-3 工作日高热区与次热区栅格数统计表

| 时间 | 高热区栅格数 | 次热区栅格数 |
|---|---|---|
| 8:00 | 1 017 | 4 077 |
| 11:00 | 1 624 | 2 313 |
| 14:00 | 2 088 | 4 430 |
| 17:00 | 2 424 | 4 177 |
| 20:00 | 2 142 | 4 237 |
| 23:00 | 1 393 | 4 245 |

### ➢ 步骤 2 计算高热区与次热区面积占比

计算面积占比采用公式 $P_i = (C_i \times a)/(C \times a)$，式中，$P_i$ 表示高热区或次热区面积占比，$C_i$ 为高热区或次热区栅格数，$a$ 为每个栅格的面积，$C$ 为栅格总数，取值为 48 388。由于所有栅格大小一致，因此公式可简化为 $P_i = C_i/C$，即高热区(次热区)栅格数与总栅格数的比值，计算后得到表 8-4。进一步将表 8-4 数据在 Excel 中进行可视化，得到图 8-36。

表 8-4　工作日高热区与次热区面积变化统计表

| 时间 | 高热区面积占比 | 次热区面积占比 |
| --- | --- | --- |
| 8:00 | 0.021 | 0.084 |
| 11:00 | 0.034 | 0.048 |
| 14:00 | 0.043 | 0.092 |
| 17:00 | 0.050 | 0.086 |
| 20:00 | 0.044 | 0.088 |
| 23:00 | 0.029 | 0.088 |

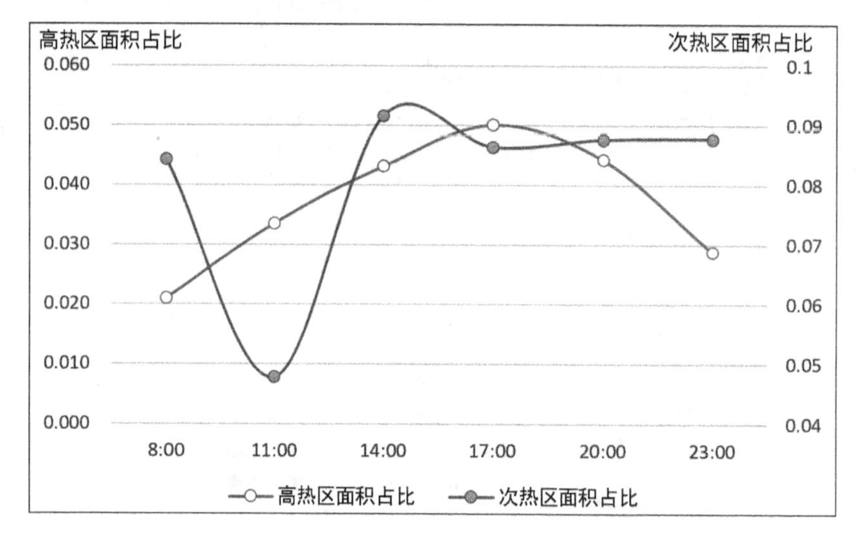


图 8-36　工作日高热区与次热区面积占比变化

整体来看，工作日 8:00 至 23:00 时间段内，高热区面积与次热区面积变化波动均较大，且次热区面积变化更为显著。同时，上午时间段人群的空间聚集现象较下午时间段更为明显。高热区面积占比自 8:00 起开始逐渐上升，人群集聚现象明显，主要是由于中心城区人群开始由分散的居住地移动至就业中心地集中办公所致。与此同时，次热区面积占比在 8:00—11:00 时间段内降至低峰值；然后逐渐上升，在 14:00 时达到高峰值，此后波动较小，并于 17:00 后逐渐趋于平稳。这是由于工作日 17:00 后下班人群开始由就业中心地转移至居住地，且较少外出活动，也是高热区面积占比由 17:00 的高峰值后较快降低的原因。

## 8.3.4　周末人群聚集时空特征

分析步骤与工作日一致，这里不再赘述。经分析后得到周末人流热度分布，如图 8-37～图 8-42 所示。

(1) 周末高热区的空间分布特征

根据周末各时间点的人流密度分布情况来看，周末 8:00 外出活动人群较少，大多数人选择待在家休息。11:00 新街口与江宁万达广场附近聚集了众多人口，人群开始外出进行休闲、娱乐活动；至 17:00 时间段内，新街口与江宁万达广场附近更多人群聚集，高热度地区范围进一步扩大，形成高热度连片区，同时，浦口印象汇-弘扬广场区域也形成了高热度区域，周边人群来此娱乐及就餐；17:00 后，新街口高热度区域明显减少，部分人群返回居住地；夜间 23:00 新街口片区仍形成了连片的高热度区域，与工作日相比，外出活动人群仍较多，但其他地区如浦口、江宁则不再形成明显的高热度区域。

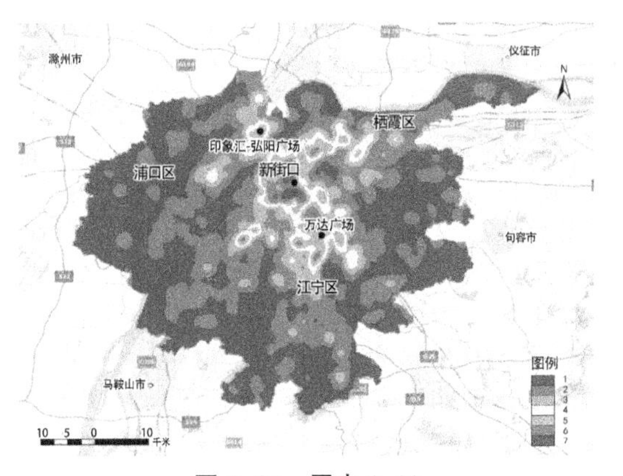

图 8-37　周末 8:00

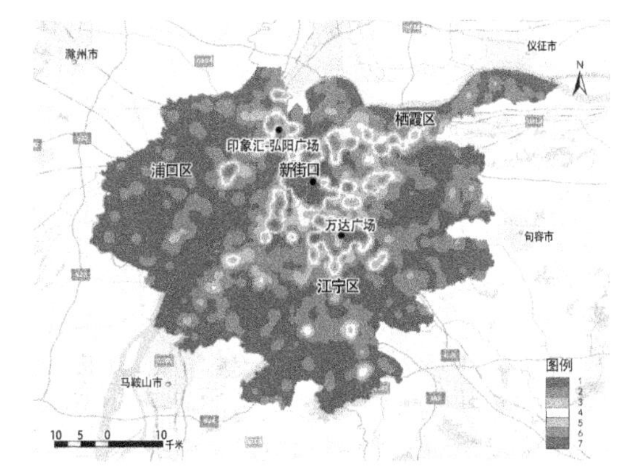

图 8-38　周末 11:00

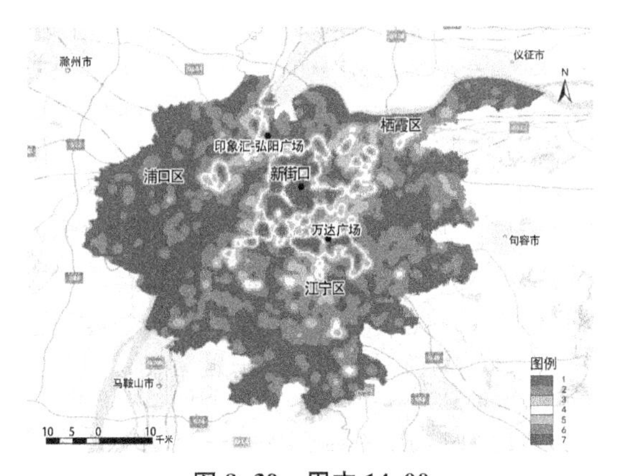

图 8-39　周末 14:00

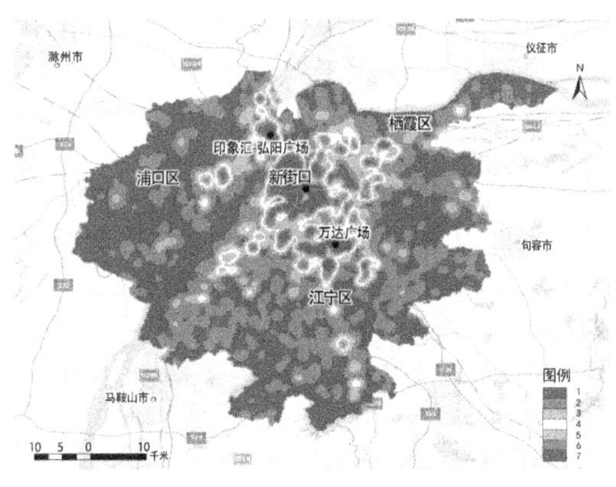

图 8-40　周末 17:00

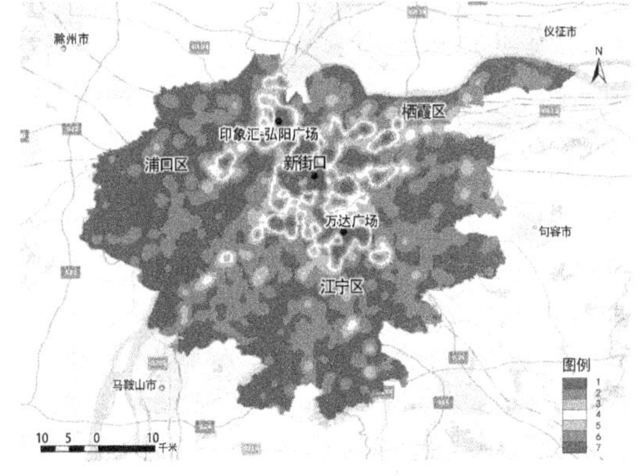

图 8-41　周末 20:00

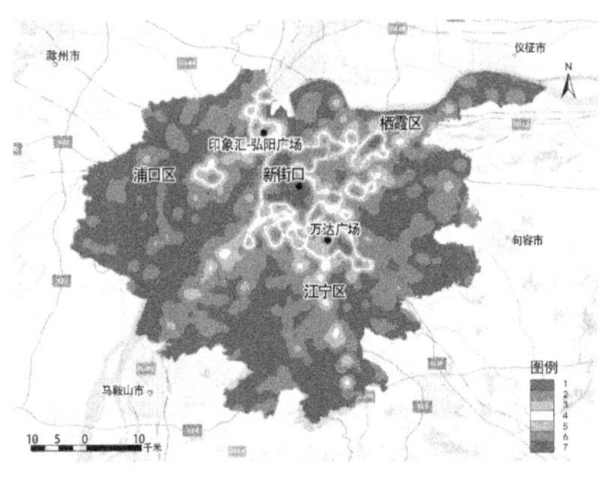

图 8-42　周末 23:00

采用栅格计算器(Raster Calculator)计算周末平均热力值,计算结果如图 8-43 所示。由图可知,南京市主城区人群在周末聚集的区域较工作日更多,体现为"一核多点"的结构。这表征周末外出进行休闲、娱乐的活动地较多且分散,但新街口地区仍然是最主要的活动中心。江宁万达广场周边人群相比工作日聚集更多,人流密度更高。

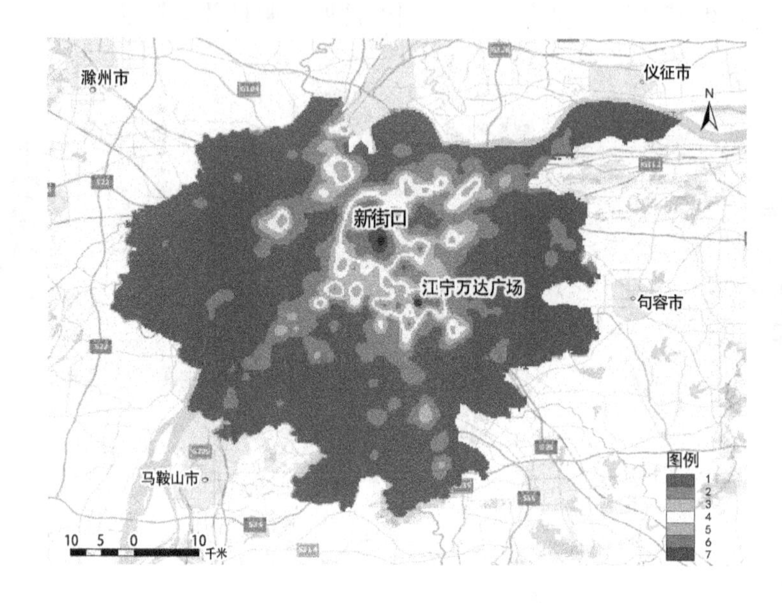


**图 8-43　周末平均热力图**

(2) 周末不同热力度区域面积随时间的变化

根据图 8-44、表 8-5 可知,整体而言,周末高热区面积与次热区面积全天变化幅度小于工作日。自 8:00 开始,人群陆续开始外出进行娱乐、休闲活动,高热区面积占比持续上升,直至 17:00 达到高峰值,商业中心人流密度也达到最高;此后部分人群陆续回到居住地,高热区面积持续减少,占比持续下降。周末高热区面积占比变化趋势与工作日较为相似,呈现倒"U"型,并以 17:00 为分界点,先上升后下降。次热区面积占比变化较工作日相对平稳,总体呈现持续上升的趋势;20:00 后高热区面积虽然在减少,但次热区面积仍在持续上升,说明周末夜间滞留在外的活动人群较多,后延性显著,表现出明显的夜生活特性。

**表 8-5　周末高热区与次热区面积变化统计表**

| 时间点 | 高热区单元数/个 | 高热区面积占比 | 次热区单元数/个 | 次热区面积占比 |
|---|---|---|---|---|
| 8:00 | 549 | 0.011 | 3 361 | 0.069 |
| 11:00 | 1 697 | 0.035 | 3 638 | 0.075 |
| 14:00 | 2 274 | 0.047 | 3 754 | 0.078 |
| 17:00 | 2 841 | 0.059 | 3 729 | 0.077 |
| 20:00 | 2 518 | 0.052 | 3 853 | 0.080 |
| 23:00 | 1 748 | 0.036 | 4 033 | 0.083 |

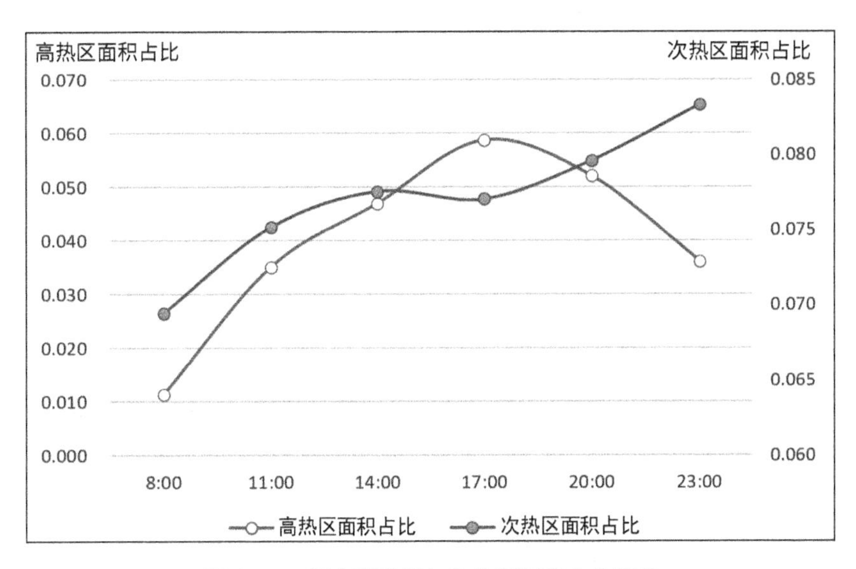


**图 8-44 周末高热区与次热区面积占比变化**

## 8.3.5 规划空间与实际空间的比较

根据《南京市城市总体规划(2011—2020)》,应形成与城市空间结构和发展目标相适应的城市公共活动中心体系,建立"市级中心-市级副中心-副城中心-地区(新城)中心"的四级结构体系。中心城区内包括3个市级中心——新街口、河西中心及城南中心,1个市级副中心——江北中心,2个副城中心——东山和仙林副城中心及多个为主城、副城20~30万人口的地区或新城服务的片区中心,如图8-45所示。

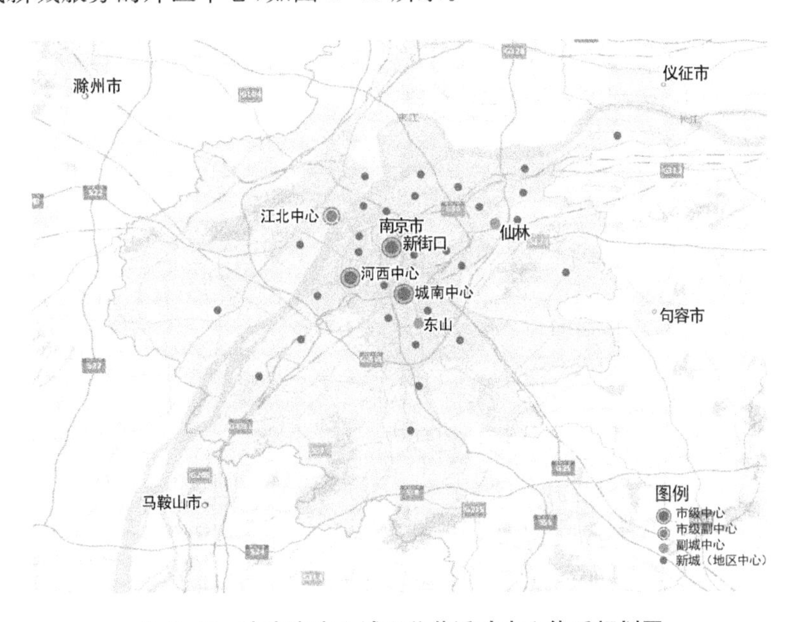


**图 8-45 南京市中心城区公共活动中心体系规划图**

将工作日和周末的人流热力图数据分析结果与南京市中心城市公共活动中心体系相比

较，工作日或周末人群对于城市空间的使用状况与规划空间呈现出一定的相似性，但仍与规划目标存在较大差距。

从实际空间使用程度来看，新街口单一市级中心的现象仍然存在，而河西中心、城南中心人气不足，配套设施建设不足，建设发展远难比肩新街口；江北中心发展则严重滞后，难以承担起市级副中心的重要职能，其周边地区中心印象汇-弘阳广场区域和向群百货商场区域的发展速度较快，已经能够替代江北中心的城市职能；副城中心仙林与东山建设发展情况良好，尤其是东山副城中心与其周边的地区中心发展成为连片高热度区域，日常人群活跃度较高，聚集了大量人口，发展势头较猛，城市职能已逐步向新街口看齐；各地区中心发展则尚可，基本能达到规划目标。

对此，今后应着重于河西、城南及江北中心的建设，加快各类公共服务设施的配套建设，优化城区空间，以缓解新街口单一中心的发展现状，提升城市总体规划实施程度与实际建设的耦合度。

# 交通出行数据采集与分析篇

第9章

# 动态交通出行数据采集

互联网电子地图服务商如高德、百度、腾讯等的导航服务功能能够获取点到点的实时出行时间、距离以及最优出行路径，相较于传统基于GIS平台的网络分析方法得到的时间、距离数据具有明显的精度与效率优势：互联网电子地图的数据包含高速出入口、道路拓扑关系、支路、小区道路等完善且精细的路网信息，研究者无需耗费大量时间与精力建立路网信息数据库；互联网电子地图对出行时间的测度来源于实时路况，即考虑了交通量、交通拥堵、单行与限制转弯信息等因素对交通的影响，相较于传统研究中基于设计时速为道路赋通行时间成本的方法更加符合实际情况，因此数据也更为精确可靠。此外，近年来多地交通运输局提出加快推进轨道、公交、慢行交通三网融合的工作方案，互联网地图开放的交通出行数据能够作为重要的数据源，服务于绿色交通出行的可达性指标计算与三网融合效率评价。

本章将以高德地图为例，介绍利用Python程序从互联网电子地图快速、批量采集精确可靠的出行数据的相关技术方法。

## 9.1 动态出行数据概念与类别

互联网电子地图服务商通过“路径规划API”开放出行路径、时间与距离的批量查询。路径规划API是指一套以HTTP形式提供的步行、公交、驾车查询及行驶距离计算接口，包含步行路径规划、公交路径规划、驾车路径规划、骑行路径规划、货车路径规划等多种查询类型，最终返回JSON或XML格式的查询数据(表9-1)。路径规划API能够在无需展现地图的场景下，进行具体城市或跨城市的线路查询，进而返回线路数据、行程时间与花费等数据，如：以线路结果页的形式展现南京市内起点至终点公共交通换乘方案或驾车出行方案，以线路结果页的形式展现南京市到上海市公共交通换乘方案或驾车出行方案，以线路结果页的形式展示某居住区到附近公园绿地的步行出行方案等。

**表9-1 “路径规划API”类别与返回数据**

| 重要数据 | 数据返回的API类别 | 单位 | 数据来源 |
|---|---|---|---|
| 出行路径 | 步行路径规划、驾车路径规划、公交路径规划、骑行路径规划、货车路径规划 | 坐标点集合 | 直接返回得到 |
| 出行时间 | 步行路径规划、驾车路径规划、公交路径规划、骑行路径规划、货车路径规划 | 秒 | 直接返回得到 |
| 出行距离 | 步行路径规划、驾车路径规划、公交路径规划、骑行路径规划、货车路径规划 | 米 | 直接返回得到 |
| 出行费用 | 驾车路径规划、公交路径规划、骑行路径规划、货车路径规划 | 元 | 直接返回得到 |
| 接驳时间 | 公交路径规划 | 秒 | 返回数据计算 |

（续表）

| 重要数据 | 数据返回的 API 类别 | 单位 | 数据来源 |
|---|---|---|---|
| 接驳距离 | 公交路径规划 | 米 | 返回数据计算 |
| 换乘次数 | 公交路径规划 | 次 | 返回数据计算 |
| 换乘时间 | 公交路径规划 | 秒 | 返回数据计算 |
| 换乘距离 | 公交路径规划 | 米 | 返回数据计算 |
| 车内时间 | 公交路径规划 | 秒 | 返回数据计算 |
| 公交/火车名称 | 公交路径规划 | 字符串 | 直接返回得到 |

本书将互联网电子地图服务商提供的点到点的出行路径、实时出行时间与距离、出行费用等数据定义为动态出行数据。

## 9.2 “公交路径规划 API”解析

高德地图通过“公交路径规划 API”规划综合各类公共（火车、公交、地铁）交通方式的通勤方案，并且返回通勤方案的数据。通勤方案数据的获取分为四个步骤：①申请“Web 服务 API”密钥（key）；②拼接 HTTP 请求 URL；③接受 HTTP 请求返回的数据（JSON），并解析数据；④基于 ArcPy 生成出行路径数据 polyline 类型的 Shapefile。

### 9.2.1 密钥申请

密钥申请的步骤和 4.2.1 节介绍的密钥申请步骤一致，即同一个密钥可应用于两种数据的采集。

### 9.2.2 “公交路径规划 API”请求 URL

“公交路径规划 API”的在线文档（https://lbs.amap.com/api/webservice/guide/api/direction#bus）有完整的接口介绍、请求参数说明、返回结果参数说明和服务示例说明。我们以南京市居住小区“北京东路小区”到商业中心“德基广场”的出行为例，介绍基于“公交路径规划 API”采集出行数据的过程。

➢ **步骤 1：分析“公交路径规划 API”请求参数**

首先我们运用在线文档的示例运行功能理解“公交路径规划 API”所需的参数，功能运行示意的表单最右的“必选”说明了该参数是否必填参数（图 9-1）。在“公交路径规划 API”功能运行示意的表单中，origin 参数栏填写北京东路小区的经纬度“118.803314，32.058059”，destination 参数栏填写德基广场的经纬度“118.784855，32.044079”，city 参数栏填写南京市的城市代码“320100”，strategy 参数栏下拉选择“0”（最快捷模式），time 参数栏填写“08:00”，其余参数为默认（图 9-1），其中北京东路小区、德基广场的经纬度信息可在第 4 章采集的 POI 数据中查询得到或在高德地图坐标拾取页面（https://lbs.amap.com/console/show/picker）查询获取，城市的代码（adcode）可以在高德地图“Web 服务 API 相关下载”页面（https://lbs.amap.com/api/webservice/download）的“城市编码表”查询。点击“运行”按钮后便可以查看返回的结果（代码 9-1、代码 9-2、代码 9-3）。

| 参数 | 值 | 备注 | 必选 |
|---|---|---|---|
| origin | 118.803314,32.0580 | lon,lat（经度,纬度），如117.500244, 40.417801 经纬度小数点不超过6位 | 是 |
| destination | 118.784855,32.0440 | lon,lat（经度,纬度），如117.500244, 40.417801 经纬度小数点不超过6位 | 是 |
| city | 320100 | 支持市内公交换乘/跨城公交的起点城市，规则：城市名称/citycode | 是 |
| cityd | | 跨城公交规划必填参数。规则：城市名称/citycode | 否 |
| strategy | 0 | 0：最快捷模式;1：最经济模式;2：最少换乘模式;3：最少步行模式;5：不乘地铁模式 | 否 |
| nightflag | 0 | 是否计算夜班车,1:是；0：否 | 否 |
| date | 2018-12-31 | 根据出发日期筛选，格式：date=2014-3-19 | 否 |
| time | 08:00 | 根据出发时间筛选，格式：time=22:34 | 否 |

**图 9-1 “公交路径规划 API”功能示意**

### ➢ 步骤 2:解析“公交路径规划 API”结构

实际上,图 9-1 所示的表单构造了一个获取“北京东路小区-德基广场”出行方案的请求 URL,即如果将“您的 Key”替换为先前步骤申请的密钥,用浏览器打开替换后的 URL,我们便能够在浏览器看到 API 返回的包含代码 9-1、代码 9-2、代码 9-3 在内的“北京东路小区-德基广场”完整出行数据(图 9-2)。

//restapi.amap.com/v3/direction/transit/integrated? key = 36259c5d9e013a3c3715596c4a0f47a9&origin = 118.803314,32.058059&destination = 118.784855,32.044079&city = 320100&cityd = &strategy = 0&nightflag = 0&date = 2018-12-31&time = 08:00

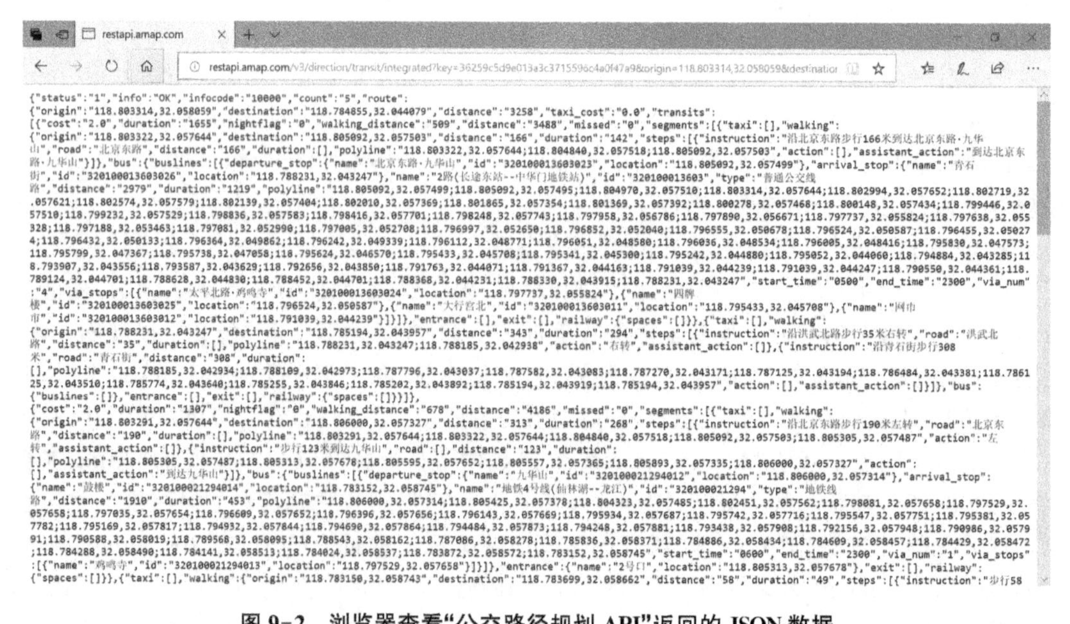


**图 9-2 浏览器查看“公交路径规划 API”返回的 JSON 数据**

如果将“118.803314,32.058059”替换为其他出行起点、“118.784855,32.044079”替换为其他目的地,“320100”替换为其他城市的城市代码(adcode),“08:00”替换为其他的出行时间,构造出新的 URL,则可以在浏览器中查看在其他指定城市、指定起点终点与指定出发时间的出行数据。因此,采集公交出行数据的关键点是以出发点经纬度、目的地经纬度、出行城市和出发城市为参数变量构造不同的 URL。

## 9.2.3 “公交路径规划 API”返回数据

返回结果(JSON 格式)代表完整的通勤方案,主要包括:请求状态为成功("status":"1"、"info":"OK")、公交换乘方案数目为 5("count":"5")、行程花费为 2 元("cost":"2.0")、出行时间为 1655 秒("duration":"1655")以及出行距离为 3488 米("distance":"3488")。最优的出行方案分为两步,第一步为“步行+公交”,第二步为通过步行方式到达目的地点(德基广场)。

具体地讲,出行者首先从起始点出发,沿着北京东路步行 142 秒到位置"118.805092,32.057503"(代码 9-1);紧接着,出行者从该位置附近的“北京东路·九华山”公交站上车乘坐 2 路普通公交车,经过“太平北路·鸡鸣寺”、“四牌楼”、“大行宫北”以及“网巾市”四站后下车(代码 9-2);最后,从“网巾市”公交站点沿洪武北路和青石街步行 294 秒,最终到达目的地德基广场(代码 9-3)。

```
"walking" :{
        "origin" :"118.803322,32.057644",
        "destination" :"118.805092,32.057503",
        "distance" :"166",
        "duration" :"142",
        "steps" :[
                "0" :{
                        "instruction" : "沿北京东路步行 166 米到达北京东路·九华山",
                        "road" : "北京东路",
                        "distance" :"166",
                        "duration" :[]
                        "polyline" :"118.803322,32.057644;118.804840,32.057518
                                ;118.805092,32.057503",
                        "action" :[],
                        "assistant_action" : "到达北京东路·九华山"
                }
        ]
},
```

代码 9-1 “北京东路小区-德基广场”通勤方案出行第一步的步行部分

```
"bus" :{
        "buslines":[
                "0" :{
                        "departure_stop" :
```

```
{
    "name" : "北京东路·九华山",
    "id" :"320100013603023",
    "location" :"118.805092,32.057499"
},
"arrival_stop" :{
        "name" : "青石街",
        "id" :"320100013603026",
        "location" :"118.788231,32.043247"
},
"name" : "2 路(长途东站—中华门地铁站)",
"id" :"320100013603",
"type" : "普通公交线路",
"distance" :"2979",
"duration" :"1219",
"polyline" :"118.805092,32.057499;118.805092,32.057495
          ;118.804970,32.057510;118.803314,32.057644
          …",
"start_time" :"0500",
"end_time" :"2300",
"via_num" :"4",
"via_stops " :[
        "0" :{
                "name" : "太平北路·鸡鸣寺",
                "id" :"320100013603024",
                "location" :"118.797737,32.055824"
        },
        "1" :{
                "name" : "四牌楼",
                "id" :"320100013603025",
                "location" :"118.796524,32.050587"
        },
        "2" :{
                "name" : "大行宫北",
                "id" :"320100013603011",
                "location" :"118.795433,32.045708"
        },
        "3" :{
                "name" : "网巾市",
                "id" :"320100013603012",
                "location" :"118.791039,32.044239"
        }
]
```

```
            }
        ]
},
```

代码 9-2　“北京东路小区-德基广场”通勤方案出行第一步的公交部分

```
"walking" :{
        "origin" :"118.788231,32.043247",
        "destination" :"118.785194,32.043957",
        "distance" :"343",
        "duration" :"294",
        "steps" :[
            "0" :{
                "instruction" : "沿洪武北路步行 35 米右转",
                "road" : "洪武北路",
                "distance" :"35",
                "duration" :[],
                "polyline" :"118.788231,32.043247;118.788185,32.04293",
                "action" : "右转",
                "assistant_action" :[]
            },
            "1" :{
                "instruction" : "沿青石街步行 308 米",
                "road" : "青石街",
                "distance" :"308",
                "duration" :[],
                "polyline" :"118.788185,32.042934;118.788109,32.042973
                        ;118.787796,32.043037; …",
                "action" :[],
                "assistant_action" :[]
            }
        ]
},
```

代码 9-3　“北京东路小区-德基广场”通勤方案出行第二步

### 9.2.4　重要数据获取思路分析

接下来介绍从“路径规划”API 返回的 JSON 数据中提取或计算重要数据的思路。城市规划研究中常用到的数据，如出行路径、出行时间、出行距离、出行费用、接驳时间、接驳距离、换乘次数、公交换乘时间、公交换乘距离、公交车内时间等均能够从 API 返回的出行方案中直接得到或者经过简单的计算后得到。

**➢ 步骤 1：分析时间、距离、花费数据获取思路**

在返回的通勤方案中，行程花费、出行时间与出行距离等能够直接通过访问 JSON 的键得到相对应的值(表 9-2)。

**表 9-2　直接从“北京东路小区-德基广场”通勤方案获取的数据**

| 数据 | 在 JSON 中的位置 | 值 | 单位 |
|---|---|---|---|
| 出行时间 | jsonData['route']['transits'][0]['duration'] | 1 655 | 秒 |
| 出行距离 | jsonData['route']['transits'][0]['distance'] | 3 488 | 米 |
| 出行费用 | jsonData['route']['transits'][0]['cost'] | 2 | 元 |
| 全程步行距离 | jsonData['route']['transits'][0]['walking_distance'] | 509 | 米 |
| 出发点-公交站步行时间 | jsonData['route']['transits'][0]['segments'][0]['walking']['duration'] | 142 | 秒 |
| 出发点-公交站步行距离 | jsonData['route']['transits'][0]['segments'][0]['walking']['distance'] | 166 | 米 |
| 公交站-目的地步行时间 | jsonData['route']['transits'][0]['segments'][1]['walking']['duration'] | 294 | 秒 |
| 公交站-目的地步行距离 | jsonData['route']['transits'][0]['segments'][1]['walking']['distance'] | 343 | 米 |

注:此处以“jsonData”表示返回的 JSON 数据,“data['a']”表示 JSON 数据下一层级 'a' 键对应的值。

### ➢ 步骤 2:分析路径数据获取思路

其他数据的获取需要基于原始 JSON 数据进行简单的计算:出行路径为第一步、第二步中所有 'polyline' 键值的集合,如在“北京东路小区-德基广场”通勤方案 JSON 数据中,路径为“步行→2 路公交车→步行”,即三段 polyline 的连接(代码 9-4)。

```
route_locations = ''        #route_locations 指出行路径点经纬度坐标的集合
transits = jsonData['route']['transits']        #jsonData 指返回的通勤方案 JSON 数据
if transits! = [] :
    segments = transits[0]['segments']
    for segment in segments:        #遍历出行的所有步骤
        walking = segment['walking']
        bus = segment['bus']['buslines']
        if walking ! = [] :        #添加每一步的步行路径
            for step in walking['steps']:
                polylinewalk = step['polyline']
                route_locations = route_locations + polylinewalk + ';'
        if bus ! =[]:        #添加每一步的公交行驶路径
            polylinebus = bus[0]['polyline']
            route_locations = route_locations + polylinebus + ';'
```

**代码 9-4　“北京东路小区-德基广场”通勤方案获取路径点坐标的集合**

需要说明的是,数组 walking = segment['walking']['steps']中每个元素表示步行的每一步,因此需要遍历数组将所有元素的 'polyline' 键值,并将其追加至 route_locations(图 9-3);但数组 bus(bus = segment['bus']['buslines'] )中每个元素表示可供选择所有公交线路(图 9-4),因此添加每一步的公交行驶路径时,只需追加数组第一个元素的 'polyline' 键值至 route_locations,而无需将所有元素的 'polyline' 追加。

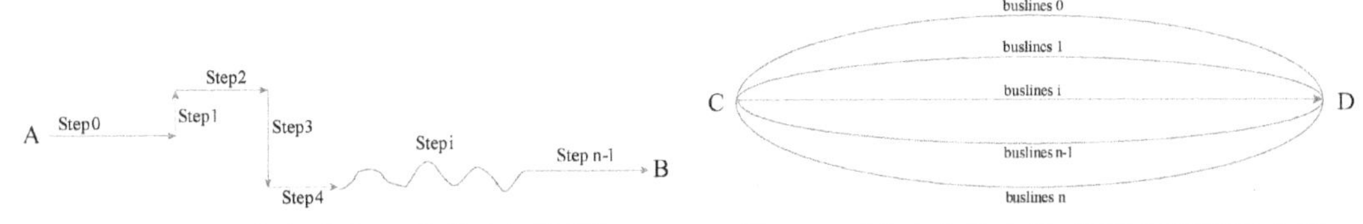


图 9-3 “北京东路小区-德基广场”通勤方案步行路径示意

图 9-4 “北京东路小区-德基广场”通勤方案公交路径示意

➢ **步骤 3:分析换乘次数获取思路**

换乘次数的获取则需要简单的统计,键 'segments' 对应数组(方括号[])的长度减一即为出行者乘坐公交的次数,如在示例的通勤方案 JSON 数据中,由于 jsonData['route']['transits'][0]['segments']数组的长度为 2,故“北京东路小区-德基广场”出行的公交换乘次数为 0(代码 9-5)。

```
transits = jsonData['route']['transits']
if transits != []:
    bestTransit = transits[0]
    #transits_num 指换乘次数
    transits_num= len(bestTransit['segments']) - 2
```

代码 9-5 “北京东路小区-德基广场”通勤方案计算换乘次数

➢ **步骤 4:分析公交换乘时间获取思路**

公交换乘时间指在一次出行中,全程的步行时间除去出发点至首个公交站的步行时间、最末公交站点至目的地的步行时间后的剩余步行时间总和,因此需要统计 jsonData['route']['transits'][0]['segments']数组除去首个步行时间(首个数组元素)和最末步行时间(最末数组元素)的步行时间总和(公式(9-1),代码 9-6)。如在示例的通勤方案 JSON 数据中,由于“北京东路小区-德基广场”出行仅需乘坐 1 次普通公交车而无需额外换乘,故该出行的换乘时间为 0。

$$\text{transit\_walktime} = \sum_{i=1}^{n-2} segment_{i,\ walktime} (i = 0, 1, 2, \cdots, n-1) \tag{9-1}$$

其中 transit_walktime 指公交换乘时间,$segment_{i,\ walktime}$ 指数组 jsonData['route']['transits'][0]['segments']元素 $i$ 的步行时间,$n$ 为数组的长度。

```
transit_walktime=0      #transit_walktime 指公交换乘时间
transits = jsonData['route']['transits']
if transits != []:
    bestTransit = transits[0]
#除去首尾步行时间,统计公交换乘时间
#注:for 循环的圆括号为左闭右开的区间
for i in range (1, len(bestTransit['segments'] - 1)):
    try:
        transit_walktime += float(bestTransit['segments'][i]['walking']['duration'])
    except Exception as e:
```

```
        transit_walktime += 0
```

代码 9-6 “北京东路小区-德基广场”通勤方案计算公交换乘时间

➢ **步骤 5:分析公交换乘距离获取思路**

公交换乘距离指在一次出行中,全程的步行距离除却出发点至首个公交站的步行距离、最末公交站至目的地的步行时间后剩余的步行距离总和。换乘距离的统计计算与换乘时间的统计计算相类似(公式(9-2)、代码 9-7)。同样地,由于“北京东路小区-德基广场”出行方案的最优线路无额外换乘,故该出行的换乘距离为 0。

$$transit\_walkdistance = \sum_{i=1}^{n-2} segment_{i,\ walkdistance}(i = 0, 1, 2, \cdots, n-1) \quad (9-2)$$

其中 transit_walkdistance 指公交换乘距离, $segment_{i,\ walkdistance}$ 指数组 jsonData['route']['transits'][0]['segments']元素 $i$ 的步行距离, $n$ 为数组的长度。

```
transit_walkdistance = 0        # transit_walkdistance 指公交换乘距离
transits = jsonData['route']['transits']
if transits != [] :
    bestTransit = transits[0]
#除去首尾步行距离,统计公交换乘距离
for i in range (1, len( bestTransit['segments'] - 1)):
    try:
        transit_walkdistance += float(bestTransit['segments'][i]['walking']['duration'])
    except Exception as e:
        transit_walkdistance += 0
```

代码 9-7 “北京东路小区-德基广场”通勤方案计算公交换乘距离

➢ **步骤 6:分析公交车内时间获取思路**

公交车内时间指一次出行中,出行者在公共交通车厢内停留的时间总和,即每次换乘公共交通行驶时间总和。基于 JSON 数据,车内时间的获取思路为统计数组 jsonData['route']['transits'][0]['segments']每个元素中公交行驶时间的和(公式(9-3)、代码9-8)。“北京东路小区-德基广场”出行方案最优路线中,由于出行没有换乘环节,故车内时间即为公交 2 路的行驶时间,即 1 219 s。

$$bustime = \sum_{i=0}^{n-1} segmen\ t_{i,\ bustime}(i = 0, 1, 2, \cdots, n-1) \quad (9-3)$$

其中 bustime 指公交车内时间, $segment_{i,\ bustime}$ 指数组 jsonData['route']['transits'][0]['segments']元素 $i$ 的公交行驶时间, $n$ 为数组的长度。

```
bustime = 0        # bustime 指公交车内时间
transits = jsonData['route']['transits']
if transits != [] :
    bestTransit = transits[0]
for i in range (0, len( bestTransit['segments'])):
    try:
```

```
        bustime += float(bestTransit['segments'][i]['bus']['buslines'][0]['duration'])
    except Exception as e:
        bustime += 0
```

代码 9-8　“北京东路小区-德基广场”通勤方案计算公交车内时间

➢ **步骤 7:分析铁路时间获取思路**

如果出行起点、出行终点位于不同的城市(adcode),高德“公交路径规划”API 返回的 JSON 出行方案数据将包含铁路出行信息。铁路时间指一次出行中,出行者在火车车厢中停留的时间总和,即火车行驶的时间总和。铁路时间的获取思路与公交车内时间的获取思路类似,即统计数组 jsonData['route']['transits'][0]['segments']每个元素中火车行驶时间的和(公式(9-4)、代码 9-9)。由于北京东路小区和德基广场均位于南京市,因此基于示例 JSON 数据计算的铁路时间为 0。

$$\text{railwaytime} = \sum_{i=0}^{n-1} segment_{i,\ railwaytime}\ (i = 0, 1, 2\cdots, n-1) \tag{9-4}$$

其中 railwaytime 指铁路时间,$segment_{i,\ railwaytime}$ 指 jsonData['route']['transits'][0]['segments']元素 $i$ 的铁路时间,$n$ 为数组的长度。

```
railwaytime = 0          # railwaytime 指铁路时间
transits = jsonData['route']['transits']
if transits != []:
    bestTransit = transits[0]
for i in range (0, len( bestTransit['segments'])):
    try:
        railwayime += float(bestTransit['segments'][i]['railways']['time'])
    except Exception as e:
        railwaytime += 0
```

代码 9-9　“北京东路小区-德基广场”通勤方案计算铁路时间

## 9.3　公交出行数据的批量采集

在以“北京东路小区-德基广场”为例,分析“路径规划”API 的请求 URL 结构与重要数据的获取思路后,我们需要将 9.2 节中的数据采集思路用 Python 实现,进而基于编写的程序进行批量采集。本章和之前章节相比需要注意的是,9.2 节中部分指标需要对原始 JSON 数据进行一定的处理和计算才能得到。在这部分我们以南京市主城区所有居住小区为出发点,以南京市两个商业中心——新街口和河西 CBD 为目的地,介绍批量采集公交出行数据的思路与方法。

### 9.3.1　数据准备

首先,在 Excel 或 ArcGIS 软件中,从第 4 章采集的 POI 数据筛选出类型为居住小区(POI 分类编码为“120302”)的 POI 并将其保存为“O.csv”文件(共 4 670 个),CSV 文件的第一列是从 0 开始的各居住小区编号，每个 POI 按照 ID、英文名称、中文名称、类型、经度和纬度的格式依次以分号分割为一条记录（图 9-5）；然后，在高德地图坐标拾取平台（https://lbs.amap.com/console/show/picker）查询“新街口”与“河西 CBD”的经纬度坐标，并将两个商业中心的信息依照相同的数据排列格式保存为“D.csv”，同样地，CSV 文件的第一列的 0 和 2 分别为新街口与河西 CBD 的编号；最后，在 ArcGIS 中打开“O.csv”和“D.csv”，查看居住小区与商业中心的空间位置是否正确（图 9-6）。

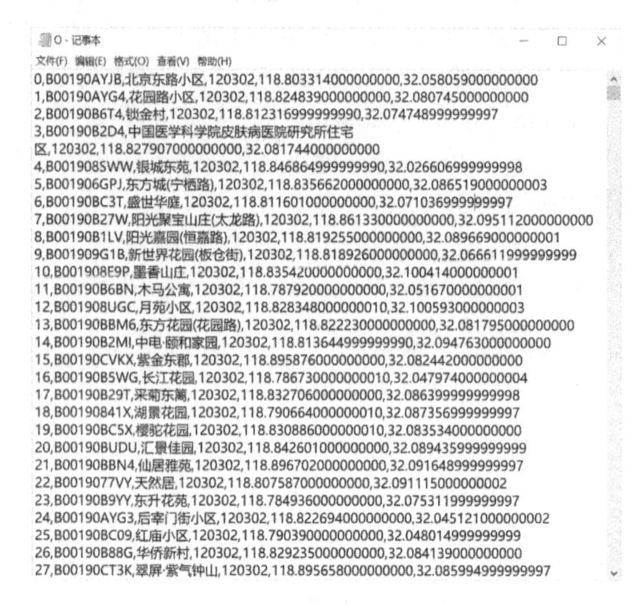

```
0,B00190AYJB,北京东路小区,120302,118.803314000000000,32.058059000000000
1,B00190AYG4,花园路小区,120302,118.824839000000000,32.080745000000000
2,B00190B6T4,锁金村,120302,118.812316999999990,32.074748999999997
3,B00190B2D4,中国医学科学院皮肤病医院研究所住宅
区,120302,118.827907000000000,32.081744000000000
4,B001908SWW,银城东苑,120302,118.846864999999990,32.026606999999998
5,B001906GPJ,东方城(宁栖路),120302,118.835662000000000,32.086519000000003
6,B00190BC3T,盛世华庭,120302,118.811601000000000,32.071036999999997
7,B00190B27W,阳光聚宝山庄(太龙路),120302,118.861330000000000,32.095112000000000
8,B00190B1LV,阳光嘉园(恒嘉路),120302,118.819255000000000,32.089669000000001
9,B001909G1B,新世界花园(板仓街),120302,118.818926000000000,32.066611999999999
10,B001908E9P,墨香山庄,120302,118.835420000000000,32.100414000000001
11,B00190B6BN,木马公寓,120302,118.787920000000000,32.051670000000001
12,B001908UGC,月苑小区,120302,118.828348000000010,32.100593000000003
13,B00190BBM6,东方花园(花园路),120302,118.822230000000000,32.081795000000000
14,B00190B2MI,中电·颐和家园,120302,118.813644999999990,32.094763000000000
15,B00190CVKX,紫金东郡,120302,118.895876000000000,32.082442000000000
16,B00190B5WG,长江花园,120302,118.786730000000010,32.047974000000004
17,B00190B29T,采菊东篱,120302,118.832706000000000,32.086399999999998
18,B00190841X,湖景花园,120302,118.790664000000010,32.087356999999997
19,B00190BC5X,樱驼花园,120302,118.830886000000010,32.083534000000000
20,B00190BUDU,汇景佳园,120302,118.842601000000000,32.089435999999999
21,B00190BBN4,仙居雅苑,120302,118.896702000000000,32.091648999999997
22,B0019077VY,天然居,120302,118.807587000000000,32.091115000000002
23,B00190B9YY,东升花苑,120302,118.784936000000000,32.075311999999997
24,B00190AYG3,后宰门街小区,120302,118.822694000000000,32.045121000000002
25,B00190BC09,红庙小区,120302,118.790390000000000,32.048014999999999
26,B00190B88G,华侨新村,120302,118.829235000000000,32.084139000000000
27,B00190CT3K,翠屏·紫气钟山,120302,118.895658000000000,32.085994999999997
```

图 9-5　在记事本中打开的“O.csv”

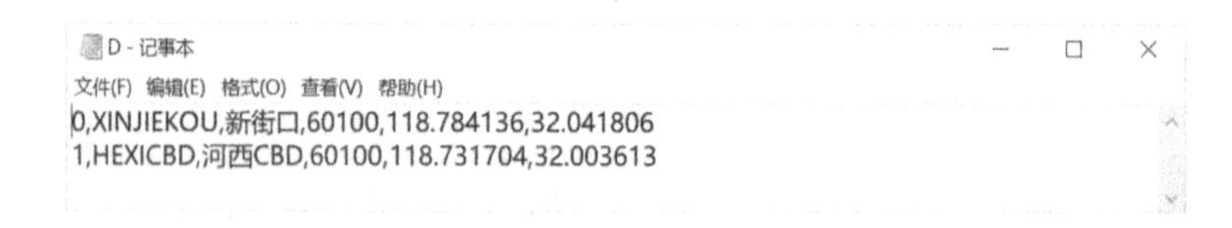

```
0,XINJIEKOU,新街口,60100,118.784136,32.041806
1,HEXICBD,河西CBD,60100,118.731704,32.003613
```

图 9-6　在记事本中打开的“D.csv”

## 9.3.2　程序编写

依据 9.2 分析得到的构造请求 URL 思路与获取重要数据思路，编写相应的 Python 程序。

➢ **步骤 1：定义 POI 类**

和第 4 章、第 7 章相同，POI 类（PointWithAttr）表示一个点，其构造函数所需参数为 POI 的 ID（id）、经度（lon）、纬度（lat）、类型（type）和名称（name）。POI 类的定义存储在“basics.py”文件中。

➢ **步骤 2：定义 LOI 类**

和第 5 章相同，LOI 类（LineWithAttr）表示一条线（路径），其构造函数所需参数为路径的起点（origin，PointWithAttr 类型）、终点（destination，PointWithAttr 对象）、距离

(distance)、通行时间(duration)和路径点经纬度组成的列表(coords)。LOI 类的定义存储在“basics. py”文件中。

➢ **步骤 3:定义从文本文件中读取 POI 的函数**

和第 7 章相同,在 9.3.1 中我们将起点信息和终点信息保存在了 CSV 中,因而需要定义函数 createpoint(filename, idindex, lonindex, latindex, nameindex, name1index),从 CSV 文件中读取 POI 信息并将每个 POI(CSV 文件的一条记录)生成为一个 PointWithAttr 对象。和第 7 章类似,函数的参数 CSV 文件的存储路径(filename)、POI 的 ID 位于记录的列号数(idindex)、经度位于记录的列号数(lonindex)、纬度位于记录的列号数(latindex)、英文名称位于记录的列号数(nameindex)、中文名称位于记录的列号数(name1index)。最终,函数返回 PointWithAttr 对象组成的 POI 列表 points。

函数 createpoint(filename, idindex, lonindex, latindex, nameindex, name1index)由于多次用到,存储在“basics. py”中。

➢ **步骤 4:定义采集公交出行数据的函数**

步骤 1 和步骤 3 定义的类和函数具有从 CSV 文件中读取所有起点、终点信息的功能,接下来需要定义新函数以采集某个具体起点到某个具体终点的公交出行数据。该函数是程序的功能核心。

新函数 GetBusInformation(ak, opoint, dpoint, date, time, city, outputfile)的参数为密钥(ak)、起点 POI(opoint,PointWithAttr 对象)、终点 POI(dpoint, PointWithAttr 对象)、出发日期(date)、出发时间(time)以及采集数据写入(保存)的文件路径(outputfile)。

首先,函数依据参数 ak、opoint、dpoint、date 与 time 构造请求 URL(requesturl)。

```
requesturl = "http://restapi.amap.com/v3/direction/transit/integrated? key=" + ak + "&origin
             =" + \\
             opoint.lon+","+opoint.lat + "&destination=" + dpoint.lon+","+dpoint.lat
             + "&city="+city+\\
             "&cityd=&strategy=0&nightflag=0&date=" + date + "&time=" + time
```

接下来,程序通过 Python 的 urllib2 模块和 json 模块,打开请求 URL 并下载高德“路径规划”API 返回的 json 数据。

然后,按照表 9-2、代码 9-5、代码 9-6、代码 9-7、代码 9-8 以及代码 9-9 的逻辑,将代码改写为语法正确且能够顺利运行的 Python 代码,即基于返回的 json 数据,提取或计算出行时间(duration)、出行距离(distance)、出行费用(cost)、全程步行距离(walking_distance)、出发点-公交站步行时间(first_walktime)、出发点-公交站步行距离(first_walkdistance)、公交站-目的地步行时间(last_walktime)、公交站-目的地步行距离(last_walkdistance)、换乘次数(transits_num)、公交换乘时间(transit_walktime)、公交换乘距离(transit_walkdistance)、公交车内时间(bustime)、铁路时间(railwaytime)等变量的变量值。

最后,依次将上述变量的值写入文本文件 outputfile 作为一条记录,表示一次出行数据,变量值以逗号分割(代码 9-10)。

```
#采集公交出行属性数据:时间、费用、距离、换乘时间、换乘次数、步行时间等
```

```
def GetBusInformation(ak, opoint, dpoint, date, time,city,outputfile):
    requesturl = "http://restapi.amap.com/v3/direction/transit/integrated? key="\
                 + ak + "&origin=" + opoint.lon+","+opoint.lat + "&destination=" \
                 + dpoint.lon + "," + dpoint.lat + "&city=" + city + \
                 "&cityd=&strategy=0&nightflag=0&date=" + date + "&time=" \
                 + time
    json_obj = urllib2.urlopen(requesturl)
    mydata = json.load(json_obj)
    if (mydata['info'] == "OK"):
        rounts = mydata['route']
        transits = rounts['transits']
        if (transits! =[]):
            project1 = transits[0]
            cost = project1['cost']
            if (cost==[]):
                cost='0'
            duration = project1['duration']
            distance = project1['distance']
            walking_distance = project1['walking_distance']
            segments = project1['segments']
            lensegments = len(segments)
            transits_num = lensegments - 1
            railtime = 0
            # 如果只坐一次车,最后便没有步行环节
            if (lensegments == 1):
                first_walktime = float(segments[0]['walking']['duration'])
                last_walktime = 0
                transit_walktime = 0
                bustime = float(segments[0]['bus']['buslines'][0]['duration'])
                try:
                    railtime = float(segments[0]['railway']['time'])
                except Exception as e:
                    railtime = 0
            #出发地-步行-公交-步行-目的地
            elif(lensegments == 2):
                first_walktime = float(segments[0]['walking']['duration'])
                try:
                    last_walktime=float(segments[lensegments-1]['walking']\
                                                    ['duration'])
                except Exception as e:
                    last_walktime = 0
                transit_walktime = 0
```

```
        bustime = float(segments[0]['bus']['buslines'][0]['duration'])
        try:
            railtime = float(segments[0]['railway']['time'])
        except Exception as e:
            railtime = 0
    #出发地-步行-公交-步行-换乘公交-步行-目的地
    elif(lensegments>2):
        #起始的步行时间
        try:
            first_walktime = float(segments[0]['walking']['duration'])
        except Exception as e:
            first_walktime = 0
        # 最后的步行时间
        try:
            last_walktime = float(segments[lensegments-1]['walking']\
                                  ['duration'])
        except Exception as e:
            last_walktime = 0
        # 初始公交车内时间和铁路时间
        transit_walktime = 0
        bustime = 0
        railtime = 0
        # 循环累加公交时间、换乘时间、铁路名称
        for i in range(0,lensegments):
            if(i>=1 and i<=lensegments-2):
                try:
                    transit_walktime += float(segments[i]['walking']['duration'])
                except Exception as e:
                    # 地铁换乘无需时间
                    transit_walktime += 0
            try:
                bustime += float(segments[i]['bus']['buslines'][0]['duration'])
            except Exception as e:
                bustime += 0
            try:
                # 跨区域出行，该处是高铁、铁路出行时间
                railtime += float(segments[i]['railway']['time'])
            except Exception as e:
                # 单独累加铁路时间
                railtime += 0
    usefuldata = [opoint.id, opoint.name, opoint.lon, opoint.lat, dpoint.id,\
                  dpoint.name, dpoint.lon,dpoint.lat, cost, duration, bustime, \
```

```
                    first_walktime, last_walktime, transit_walktime, \
                    distance, walking_distance, str(transits_num),railtime]
        doc = open(outputfile, 'a')
        # 用分号分隔每一个信息
        for data in usefuldata:
            doc.write(str(data))
            doc.write(';')
        doc.write('\n')  # 记住换行
        doc.close()
    else:
        cost = '0'
        distance = rounts['distance']
        transits_num = '0'
        walking_distance = distance
        if (distance==[]):
            distance = 0
        duration = distance #步行速度 1m/s
        bustime = 0
        first_walktime = duration
        last_walktiame = 0
        transit_walktime = 0
        railtime = 0
        usefuldata = [opoint.id, opoint.name, opoint.lon, opoint.lat, dpoint.id, \
                      dpoint.name, dpoint.lon, dpoint.lat, cost, duration, bustime,\
                      first_walktime,last_walktiame,transit_walktime,\
                      distance,walking_distance,str(transits_num),railtime]
        doc = open(outputfile, 'a')
        # 用分号分隔每一个信息
        for data in usefuldata:
            doc.write(str(data))
            doc.write(';')
        # 换行
        doc.write('\n')
        doc.close()
    # 打开 URL,看是否存在问题
    print requesturl
else:
    print "URL 存在问题" + '\n'
    print mydata['info']
```

**代码 9-10　定义函数 GetBusInformation(ak, opoint, dpoint, date, time, city, outputfile)(详见“chapter9_1. py”)**

> 步骤 5:定义采集出行路径的函数

出行路径数据有别于步骤 4 中的出行时间、出行距离、出行费用等属性值类型的数据,是一系列坐标点组成的列表,因此需要单独定义函数采集。

新函数 GetTotalLine(ak, opoint, dpoint, date, time, city, filename)的参数为密钥(ak)、起点 POI(opoint, PointWithAttr 对象)、终点 POI(dpoint, PointWithAttr 对象)、出发日期(date)、出发时间(time)以及出行路径写入(保存)的文件路径(filename)。

同样地,函数依据参数 ak、opoint、dpoint、date 与 time 构造请求 URL(requesturl)。

```
requesturl = "http://restapi.amap.com/v3/direction/transit/integrated? key=" + ak + "&origin
                 =" + \\
                 opoint.lon+","+opoint.lat + "&destination=" + dpoint.lon+","+dpoint.lat
                 + "&city="+city+\\
                 "&cityd=&strategy=0&nightflag=0&date=" + date + "&time=" + time
```

接下来,程序通过 Python 的 urllib2 模块和 json 模块,打开请求 URL 并下载高德"路径规划"API 返回的 json 数据。

然后,按照代码 9-4 的逻辑,将代码改写为语法正确且能够顺利运行的 Python 代码,即基于返回的 json 数据,将各出行步骤中步行路径、公交路径通过 Python 的字符串运算符"+"相连接,得到最终的路径变量 route_locations,其中路径点的经度和纬度以逗号分割,路径点之间以分号分割。此外,依据表 9-2 的逻辑,从 json 数据中提取出行时间、出行距离与出行花费三个数据并分别赋值给变量 duration、distance 和 cost。

最后,将出行起点 ID、起点名称、终点 ID、终点名称、终点经纬度、路径长度、路径通行时间、路径通行花费和 route_locations 依次写入文本文件 filename 中,变量分别以分号分隔(代码 9-11)。

```
#采集出行路径空间数据
def GetTotalLine(ak, opoint, dpoint, date, time, city,filename):
    requesturl = "http://restapi.amap.com/v3/direction/transit/integrated? key=" \
                 + ak + "&origin=" + opoint.lon+"," + opoint.lat + "&destination=" \
                 + dpoint.lon+","+dpoint.lat + "&city=" + city + \
                "&cityd=&strategy=0&nightflag=0&date=" + date + "&time=" \
                 + time
    json_obj = urllib2.urlopen(requesturl)
    mydata = json.load(json_obj)
    if (mydata['info'] == "OK"):
        rounts = mydata['route']
        transits = rounts['transits']
        if (transits! =[]):
            project1 = transits[0]
            cost = project1['cost']
            if cost==[]:
```

```
            cost = '0'
        duration = project1['duration']
        distance = project1['distance']
        segments = project1['segments']
        route_locations = [] #存储坐标点
        for segment in segments:
            walking = segment['walking']
            bus = segment['bus']['buslines']
            if (walking! =[]):
                walksteps = walking['steps']
                for step in walksteps:
                    polylinewalk = step['polyline']
                    for loc in polylinewalk.split(';'):
                        route_locations.append(loc)
            if (bus! =[]):
                polylinebus = bus[0]['polyline']
                for loc in polylinebus.split(';'):
                    route_locations.append(loc)
        usefuldata = [opoint.id, opoint.name, dpoint.id, dpoint.name, \
                      cost, duration, distance]
        doc = open(filename, 'a')
        # 用分号分隔每一个信息
        for data in usefuldata:
            doc.write(data)
            doc.write(';')
        for loc in route_locations:
            doc.write(loc)
            doc.write(';')
        # 换行
        doc.write('\n')
        doc.close()
        print i,j
    else:
        print "距离太近,无需换乘"
        cost = '0'
        distance = rounts['distance']
        if (distance= =[]):
            distance = 0
        else:
            # 步行速度 1m/s
            duration = distance
            usefuldata = [opoint.id, opoint.name, dpoint.id, dpoint.name, \
```

```
                    cost, duration, distance]
        doc = open(filename, 'a')
        # 用分号分隔每一个信息
        for data in usefuldata:
            doc.write(data)
            doc.write(';')
        doc.write(opoint.lon + ',' + opoint.lat)
        doc.write(';')
        doc.write(dpoint.lon + ',' + dpoint.lat)
        doc.write(';')
        # 换行
        doc.write('\n')
        doc.close()
else:
    print "URL 存在问题" + '\n'
    print mydata['info']
```

**代码 9-11　定义函数 GetTotalLine(ak, opoint, dpoint, date, time, city, filename)（详见"chapter9_1.py"）**

➢ **步骤 6:定义生成出行路径 Shapefile 的函数**

步骤 5 采集的路径数据仅仅写入了文本文件中,无法在 ArcGIS 软件中查看空间图形和进行后续的空间分析,故我们还需新定义函数 GetPolyline(line_sourcefile, shp_output),生成出行路径的 Shapefile 文件(代码 9-12)。函数的参数为记录所有出行路径信息的文本文件路径 line_sourcefile 以及最终的 shapefile 文件 shp_output。该函数主要基于 ArcPy 拓展包实现。

首先,利用 CreateFeatureclass_management 工具函数创建空白 shapefile, shapefile 的坐标系设置为"WGS 1984"。

然后,利用 AddField_management 工具函数为新建的 shapefile 添加七个字段:origin_id、origin_name、dest_id、dest_name、duration_s、distance_m 和 cost_yuan,分别代表路径的起点 ID、终点 ID、路径长度、路径通行时间、路径通行花费。

再次,读取文本文件 line_sourcefile,每条记录生成一个 LineWithAttr 对象,存储在列表 linelist 中。

之后,遍历列表 linelist,每个 LineWithAttr 对象的路径坐标用 arcpy.Polyline(array) 方法生成线几何对象。再基于 ArcPy 的数据访问模块(data access, da)依次为七个新建字段赋值,用 insertRow(row)方法为 shapefile 添加一个新空间要素(路径线要素)。

最后,每条路径均转化为 shapefile 中的一个线要素。

```
#生成 Shapefile 数据文件
def GetPolyline(line_sourcefile,shp_output):
    arcpy.CreateFeatureclass_management(os.path.dirname(shp_output),\
                                        os.path.basename(shp_output),\
```

```
                                        'POLYLINE')
arcpy.AddField_management(shp_output, "o_id", "SHORT")
arcpy.AddField_management(shp_output, "o_name", "Text")
arcpy.AddField_management(shp_output, "d_id", "SHORT")
arcpy.AddField_management(shp_output, "d_name", "Text")
arcpy.AddField_management(shp_output, "duration_s", "Double")
arcpy.AddField_management(shp_output, "distance_m", "Double")
arcpy.AddField_management(shp_output, "cost_yuan", "Double")
fields = ["SHAPE@", "o_id", "o_name", "d_id", "d_name", "duration_s", \
        "distance_m", "cost_yuan"]
cur = da.InsertCursor(shp_output,fields)
array = arcpy.Array()
doc = open(line_sourcefile, 'r')
lines = doc.readlines()
doc.close()
for line in lines:
    try:
        oid, oname,did, dname, cost, duration, distance, locationstr = line.split(';', 7)
    except Exception as e:
        continue
    if (len(cost.split(','))! =1 or len(duration.split(','))! =1 \
            or len(distance.split(','))! =1):
        continue
    else:
        locations = locationstr.split(';')
        # 避免最后一个空值
        for i in range(0, len(locations) - 1):
            coordinate = locations[i]
            try:
                lon, lat = coordinate.split(',')
            except Exception as e:
                print i
                print coordinate
            else:
                pnt = arcpy.Point(lon, lat)
                array.add(pnt)
        polyline = arcpy.Polyline(array)
        array.removeAll()
    newFields = [polyline, int(oid), oname, int(did), dname, float(cost), \
                float(duration), float(distance)]
    cur.insertRow(newFields)
    print oid,did
```

```
del cur
print "Shapefile 生成完毕"
```

**代码 9-12　定义函数 GetPolyline(line_sourcefile, shp_output)(详见"chapter9_2. py")**

### 9.3.3　程序运行

(1) 程序执行逻辑

➢ **步骤 1:"chapter9_1. py"程序执行的逻辑(代码 9-13)**

首先,确定输出数据的保存文件夹(outputdirectory),密钥(ak)、出行日期(date)、出行时间(time)、出行城市(city)、存储着出发点信息的 CSV 文件路径(ofile)以及存储着目的地信息的 CSV 文件路径(dfile)。

之后,分别以 ofile 和 dfile 为参数,调用函数 createpoint(filename, idindex, lonindex, latindex, nameindex, name1index),得到起点 POI 列表 opointlist 和终点 POI 列表 dpointlist。

然后,通过双重循环语句,以 opointlist 的第 $i$ 个起点和 dpointlist 的第 $j$ 个终点为参数($i = 0, 1, 2, \cdots, 4\ 669$; $j = 0, 1$),依次调用函数 GetBusInformation(ak, opoint, dpoint, date, time, city, outputfile),得到每个居住区到每个商业中心的出行数据。outputfile 以起点 id 和关键字"bus"命名(如:"bus_135. txt")存储采集得到的起点 $i$ 至所有终点的属性类型的出行数据,其中每个起点至每个终点的出行数据为一条记录。

最后,调用"basics. py"模块的 merge(outputdirectory, finalfile)函数,将所有属性类型的出行数据合并到一个文本文件 final_data. txt。

若需要用到出行路径数据,则需要通过循环语句,以 opointlist 的第 $i$ 个起点和 dpointlist 的第 $j$ 个终点为参数($i = 0, 1, 2, \cdots, 4\ 669$; $j = 0, 1$),依次调用函数 GetTotalLine(ak, opoint, dpoint, date, time, city, filename)得到每个居住区到商业中心的出行路径。filename 以起点 id 和关键字 line 命名(如:"line_1. txt"),存储采集得到的起点 $i$ 到所有终点的出行路径信息,每个起点到每个终点的信息存为一条记录;接下来,调用 merge(outputdirectory, finalfile)函数,将所有路径文本文件汇总到一个文本文件 final_line. txt。

```
# -*- coding:utf-8 -*-
import urllib2
import sys
import basics
import json
from arcpy import env
env.overwriteOutput = True
reload(sys)
sys.setdefaultencoding('utf8')
if __name__ == '__main__':
    # aim,ak,date,time, city,ofile,dfile,outputpath 需要更改
    # 参数分别为存储路径、ID、经度、纬度、名称
```

```
aim = "data"
ak = "36259c5d9e013a3c3715596c4a0f47a9"
date = "2019-1-15"
time = "08:00"
city = "320100"
ofile = "C:\\Users\\yfqin\\Desktop\\test\\O.csv"
dfile = "C:\\Users\\yfqin\\Desktop\\test\\D.csv"
outputpath = "C:\\Users\\yfqin\\Desktop\\test\\"
outputpath1 = "C:\\Users\\yfqin\\Desktop\\test\\output_shp\\"
opointslist = basics.createpoint(ofile, 0, 2, 3, 1, 1)
dpointslist = basics.createpoint(dfile, 0, 2, 3, 1, 1)
for i in range(0, len(opointslist)):
    opoint = opointslist[i]
    if (aim == "data"):
        busoutputfile = outputpath + "bus_" + str(i) + ".txt"
        doc = open(busoutputfile, 'w')
        doc.close()
    elif(aim == "route"):
        routeoutputfile = outputpath1 + "line_" + str(i) + ".txt"
        doc = open(routeoutputfile, 'w')
        doc.close()
    for j in range(0, len(dpointslist)):
        dpoint = dpointslist[j]
        if (aim == "data"):
            GetBusInformation(ak, opoint, dpoint, date, time, city, busoutputfile)
        elif(aim == "route"):
            GetTotalLine(ak, opoint, dpoint, date, time, city, routeoutputfile)
```

**代码 9-13 "chapter9_1.py"主程序代码(详见"chapter9_1.py")**

### ➢ 步骤 2:"chapter9_2.py"程序执行逻辑

在生成 final_line.txt 文件后,若需要获得出行路径 Shapefile,则以 final_line.txt 为参数,调用"chapter9_2.py"中的函数 GetPolyline(line_sourcefile,shp_output),将文本空间信息转化为能够进行可视化和空间分析的 Shapefile 文件"line.shp"(代码 9-14)。

```
# -*- coding:utf-8 -*-
import os
import arcpy
from arcpy import da
import sys
from arcpy import env
env.overwriteOutput = True
reload(sys)
sys.setdefaultencoding('utf8')
```

```
if __name__  = = '__main__':
    outputpath  =  "C:\\Users\\yfqin\\Desktop\\test\\output_shp\\"
    outputroute  =  outputpath  +  "final_line.txt"
    outputshp  =  outputpath + "line.shp"
    GetPolyline(outputroute,outputshp)
```

**代码 9-14　“chapter9_2. py”主程序代码(详见“chapter9_2. py”)**

(2) 执行程序

完整的代码见附录“chapter9 _ 1. py”文件和“chapter9 _ 2”文件。执行程序“chapter9_1. py”前,需要更改数据保存位置变量 outputpath 和 outputpath1,更改出行起点与出行终点 CSV 文件的存储路径变量 ofile 和 dfile,依据数据需求更改出发日期(date)、时间(time)和城市名称变量(city)。同时,设定密钥(ak)并在调用 createpoint 函数的语句中设定 ID、经度、纬度与名称位于 CSV 文件的列号。

若采集属性类型的数据,将 aim 变量的值更改为“data”,最后执行“chapter9_1. py”;若采集出行路径,将 aim 变量的值更改为“route”,首先执行“chapter9_1. py”,待生成“final_line. txt”之后,再执行“chapter9_2. py”。

“chapter9_2. py”执行前需要更改“final_line. txt”文件保存位置的变量 outputpath。最后,Shapefile 文件“line. shp”生成后将保存在 outputpath 所指示的位置。

## 9. 3. 4　数据结果

最终,我们共采集了南京市主城区 4 670 个居住小区到 2 个商业中心的 9 340 条出行属性数据和 9 340 条出行路径数据。图 9-7 显示在 Excel 中打开出行属性数据文件“final_data. txt”并为各列添加名称的结果;在 ArcGIS 中打开路径文件“line. shp”后,我们能够根据到达商业中心的不同,即字段“d_id”或字段“d_name”值的不同,显示主城区居住小区到新街口(图 9-8)、居住小区到河西商务区(图 9-9)的出行路径;将居住小区图层(“resident. shp”)同时添加到 ArcGIS 并缩小地图显示范围后,可查看南京新街口地区居住小区的出行路径(图 9-10)、南京桥北地区居住小区的出行路径(图 9-11)。

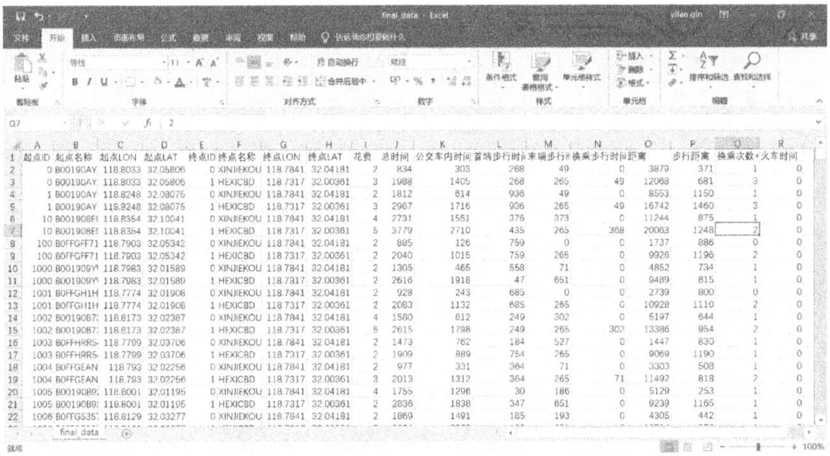

| 起点ID | 起点名称 | 起点LON | 起点LAT | 终点ID | 终点名称 | 终点LON | 终点LAT | 花费 | 总时间 | 公交车内时间 | 首端步行时 | 末端步行时 | 换乘步行时间 | 距离 | 步行距离 | 换乘次数 | 火车时间 |
|---|---|---|---|---|---|---|---|---|---|---|---|---|---|---|---|---|---|
| 0 | B00190AY | 118.8033 | 32.05806 | 0 | XINJIEKOU | 118.7841 | 32.04181 | 2 | 834 | 303 | 268 | 49 | 0 | 3879 | 371 | 1 | 0 |
| 0 | B00190AY | 118.8033 | 32.05806 | 1 | HEXICBD | 118.7317 | 32.00361 | 3 | 1988 | 1405 | 268 | 265 | 49 | 12068 | 681 | 3 | 0 |
| 1 | B00190AY | 118.8248 | 32.08075 | 0 | XINJIEKOU | 118.7841 | 32.04181 | 2 | 1812 | 614 | 936 | 49 | 0 | 8553 | 1150 | 1 | 0 |
| 1 | B00190AY | 118.8248 | 32.08075 | 1 | HEXICBD | 118.7317 | 32.00361 | 3 | 2967 | 1716 | 936 | 265 | 49 | 16742 | 1460 | 3 | 0 |
| 10 | B001908E | 118.8354 | 32.10041 | 0 | XINJIEKOU | 118.7841 | 32.04181 | 4 | 2731 | 1551 | 376 | 373 | 0 | 11244 | 875 | 1 | 0 |
| 10 | B001908E | 118.8354 | 32.10041 | 1 | HEXICBD | 118.7317 | 32.00361 | 5 | 3779 | 2710 | 435 | 265 | 368 | 20063 | 1248 | 2 | 0 |
| 100 | B0FFGFF71 | 118.7903 | 32.05342 | 0 | XINJIEKOU | 118.7841 | 32.04181 | 2 | 885 | 126 | 759 | 0 | 0 | 1737 | 886 | 0 | 0 |
| 100 | B0FFGFF71 | 118.7903 | 32.05342 | 1 | HEXICBD | 118.7317 | 32.00361 | 2 | 2040 | 1015 | 759 | 265 | 0 | 9926 | 1196 | 2 | 0 |
| 1000 | B001909Y | 118.7983 | 32.01589 | 0 | XINJIEKOU | 118.7841 | 32.04181 | 2 | 1305 | 465 | 558 | 71 | 0 | 4852 | 734 | 1 | 0 |
| 1000 | B001909Y | 118.7983 | 32.01589 | 1 | HEXICBD | 118.7317 | 32.00361 | 2 | 2616 | 1918 | 47 | 651 | 0 | 9489 | 815 | 1 | 0 |
| 1001 | B0FFGH1H | 118.7774 | 32.01908 | 0 | XINJIEKOU | 118.7841 | 32.04181 | 2 | 928 | 243 | 685 | 0 | 0 | 2739 | 800 | 0 | 0 |
| 1001 | B0FFGH1H | 118.7774 | 32.01908 | 1 | HEXICBD | 118.7317 | 32.00361 | 2 | 2083 | 1132 | 685 | 265 | 0 | 10928 | 1110 | 2 | 0 |
| 1002 | B00190B7 | 118.8173 | 32.02387 | 0 | XINJIEKOU | 118.7841 | 32.04181 | 4 | 1580 | 612 | 249 | 302 | 0 | 5197 | 644 | 1 | 0 |
| 1002 | B00190B7 | 118.8173 | 32.02387 | 1 | HEXICBD | 118.7317 | 32.00361 | 5 | 2615 | 1798 | 249 | 265 | 302 | 13386 | 954 | 2 | 0 |
| 1003 | B0FFHRR5 | 118.7799 | 32.03706 | 0 | XINJIEKOU | 118.7841 | 32.04181 | 2 | 1473 | 762 | 184 | 527 | 0 | 1447 | 830 | 1 | 0 |
| 1003 | B0FFHRR5 | 118.7799 | 32.03706 | 1 | HEXICBD | 118.7317 | 32.00361 | 2 | 1909 | 889 | 754 | 265 | 0 | 9069 | 1190 | 1 | 0 |
| 1004 | B0FFGEAN | 118.793 | 32.02256 | 0 | XINJIEKOU | 118.7841 | 32.04181 | 2 | 977 | 331 | 364 | 71 | 0 | 3303 | 508 | 1 | 0 |
| 1004 | B0FFGEAN | 118.793 | 32.02256 | 1 | HEXICBD | 118.7317 | 32.00361 | 3 | 2013 | 1312 | 364 | 265 | 71 | 11492 | 818 | 2 | 0 |
| 1005 | B00190B9 | 118.8001 | 32.01195 | 0 | XINJIEKOU | 118.7841 | 32.04181 | 4 | 1755 | 1296 | 30 | 186 | 0 | 5129 | 253 | 1 | 0 |
| 1005 | B00190B9 | 118.8001 | 32.01195 | 1 | HEXICBD | 118.7317 | 32.00361 | 2 | 2836 | 1838 | 347 | 651 | 0 | 9239 | 1165 | 1 | 0 |
| 1006 | B0FFG535 | 118.8129 | 32.03277 | 0 | XINJIEKOU | 118.7841 | 32.04181 | 2 | 1869 | 1491 | 185 | 193 | 0 | 4305 | 442 | 1 | 0 |

**图 9-7　Excel 中打开的“final_data. txt”**

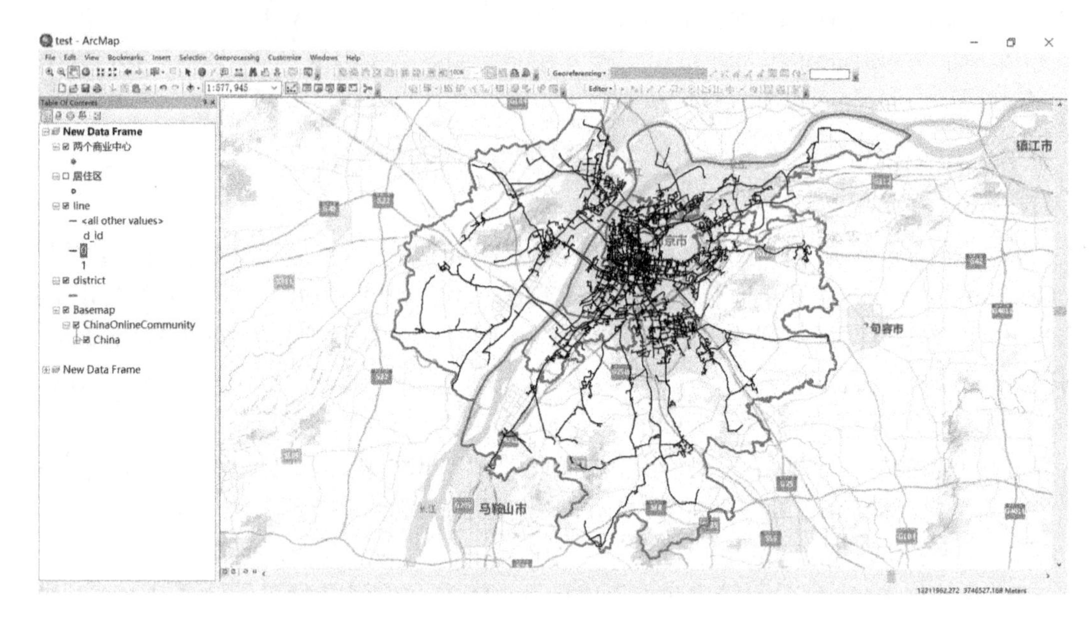


图 9-8　各居住小区到新街口的出行路径

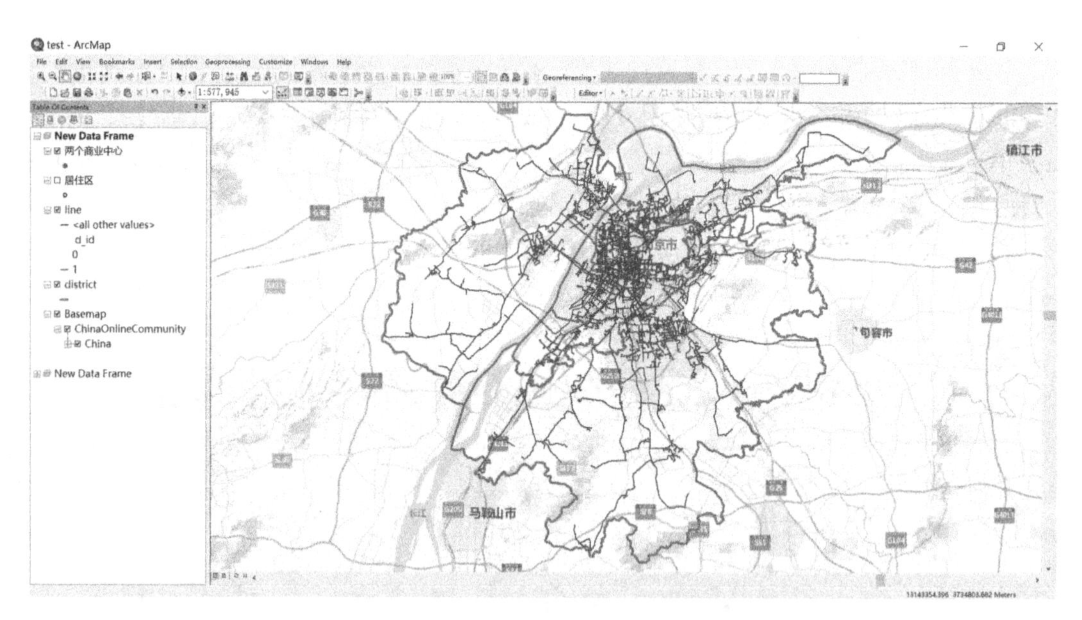


图 9-9　各居住小区到河西商务区的出行路径

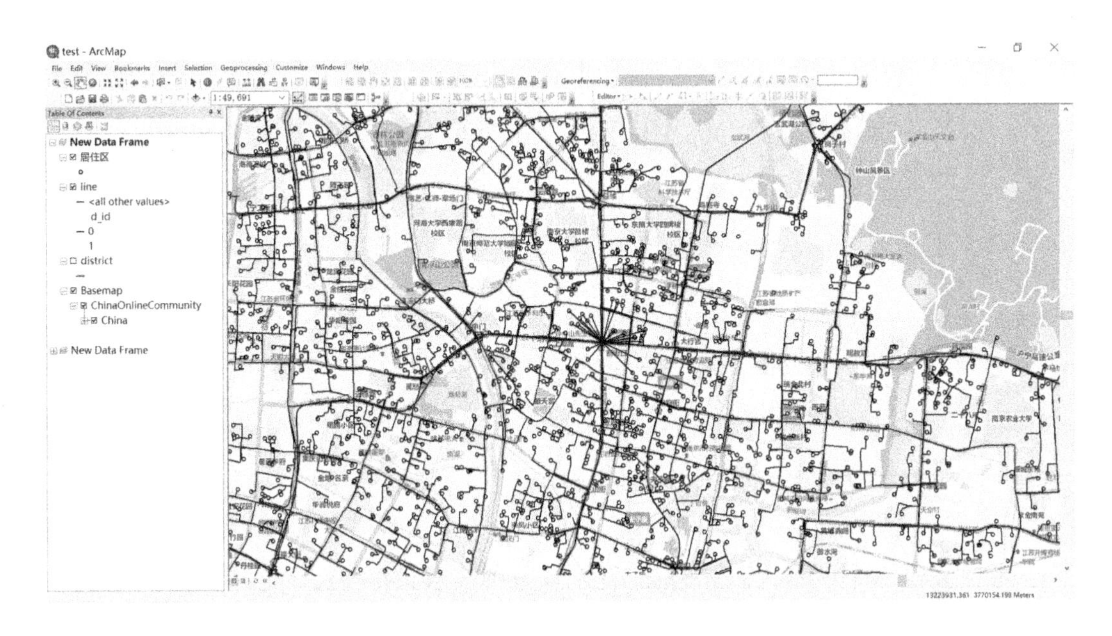


图 9-10　新街口地区的居住小区到新街口的出行路径

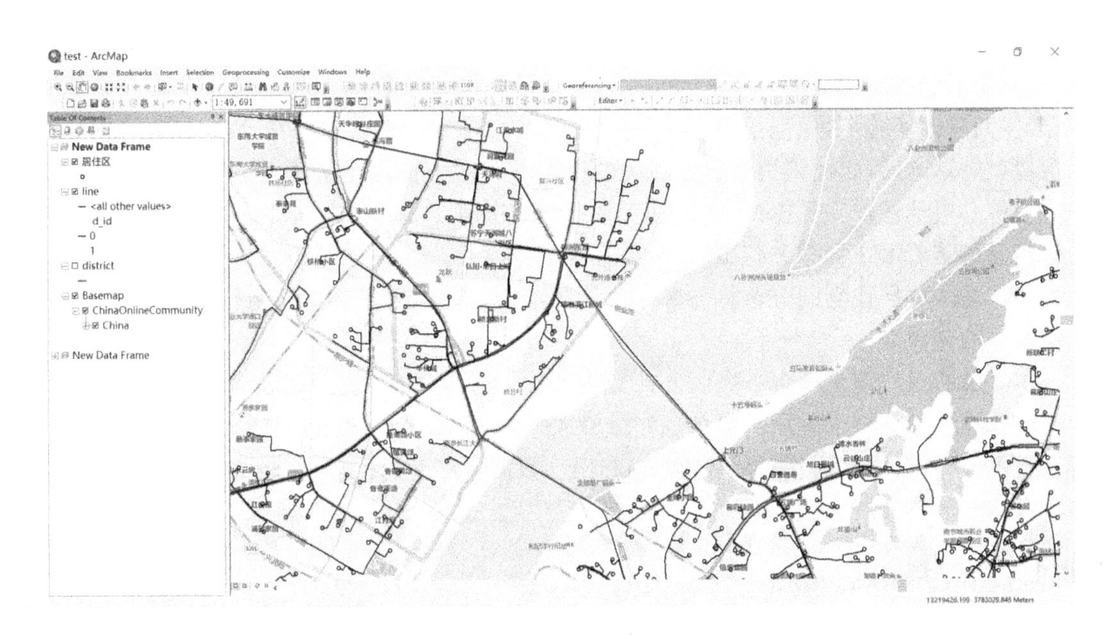


图 9-11　桥北地区的居住小区到新街口的出行路径

# 第 10 章

# 动态交通出行数据分析

本章主要通过完整研究案例对动态交通数据的应用进行具体的介绍，其中展示动态交通数据的研究案例为：南京市商业中心可达性分析与可达性在交通分布基础模型中的应用。

## 10.1 南京市商业中心可达性分析

随着社会的不断发展，人们对于提高生活质量的需求日益增加。电商作为迅速发展的新兴产业，对传统商业带来了全新的挑战，如何使得实体商业设施具有一定的竞争力与良好的体验，是对于城市商业中心体系规划的重大挑战。

商业中心体系规划受到来自多方主体的影响。首先，作为规划的主体——政府，从总规到控规层面决定了商业空间的结构、规模、定位、选址和开发强度等。而在市场经济的作用下，开发商决定具体的业态和营销策略，从而使得其可以很好地运作。因此在政府总体把控、开发商具体实施下，保证了商业服务供给。同时，潜在消费者的分布，决定了商业市场是否可以良好地运转，因此消费者分布状况的特征总结对于商家十分重要。因此从供给侧提出商业中心可达性作为具体的衡量测度，来评判城市商业中心体系布局具有一定的合理性。可达性高意味着潜在的服务范围广、服务客户多、吸引力大，从而可以实现商家与消费者的双赢。从需求侧居住空间分布特征来衡量消费者的分布状况，以供需平衡为衡量标准，最终给出具体的建议。

本案例通过对南京市中心城区公共交通可达性进行评价，从而展示动态交通数据——出行时间在具体案例中应用。具体通过 4 个测度指标，即公共交通拥挤度($J_b$)、小汽车交通拥挤度($J_c$)、公共交通相对优先度($P$)和出行数据可靠度的比较，来较为全面地评价一座城市公共交通的发展状况。

### 10.1.1 研究数据与方法

南京市中心城区是南京城市建设程度较高的地区，商业等级结构已经成形，具体为“市级—副市级—地区级—居住社区级—基层社区级”五级商业中心体系。本文重点研究市级副市级商业中心，其规划定位和服务范围根据相关规划总结如表 10-1，其中新街口、江北、河西、城南为市级商业中心，雄州、仙林、东山、湖南路、夫子庙为副市级商业中心，共 9 个(图 10-1)。因此将研究研究范围确定为南京市中心城区，面积约为 860 $km^2$。

表 10-1　南京市商业中心体系

| 层级 | 名称 | 服务范围 | 规划定位 |
| --- | --- | --- | --- |
| 市级 | 新街口 | 服务全市，辐射全国、国际 | 具有国际影响力的现代综合性商业中心 |
| | 江北 | 服务全市，辐射苏北、皖北 | 国家级江北新区的商业主中心和都市级滨江特色商业中心 |
| | 河西 | 服务全市 | 南京主城西部的高档次、多功能的重要市级商业中心 |
| | 城南 | 服务全市 | 南京主城南部的商业中心和枢纽型商业中心 |
| 副市级 | 雄州 | 服务副城 | 雄州商业中心是江北新区商业副中心，以零售、餐饮美食、休闲娱乐为主的一站式综合商业服务中心，主要服务六合区，并辐射皖东部分区域 |
| | 仙林 | 服务副城 | 以商业、金融、商务办公功能为主的综合型商业中心，主要服务仙林副城片区，并影响辐射句容市西部片区 |
| | 东山 | 服务副城 | 以商业、商务服务为主的综合型商业中心，主要服务江宁区 |
| | 湖南路 | 服务中心城区 | 以特色餐饮、精品专卖、购物中心和百货为主体功能，服务中心城区的文化、休闲特色商业中心 |
| | 夫子庙 | 服务全市 | 以“人文秦淮”为核心，集商贸、旅游和文化休闲于一体，服务全市，影响全国的商旅文示范区 |

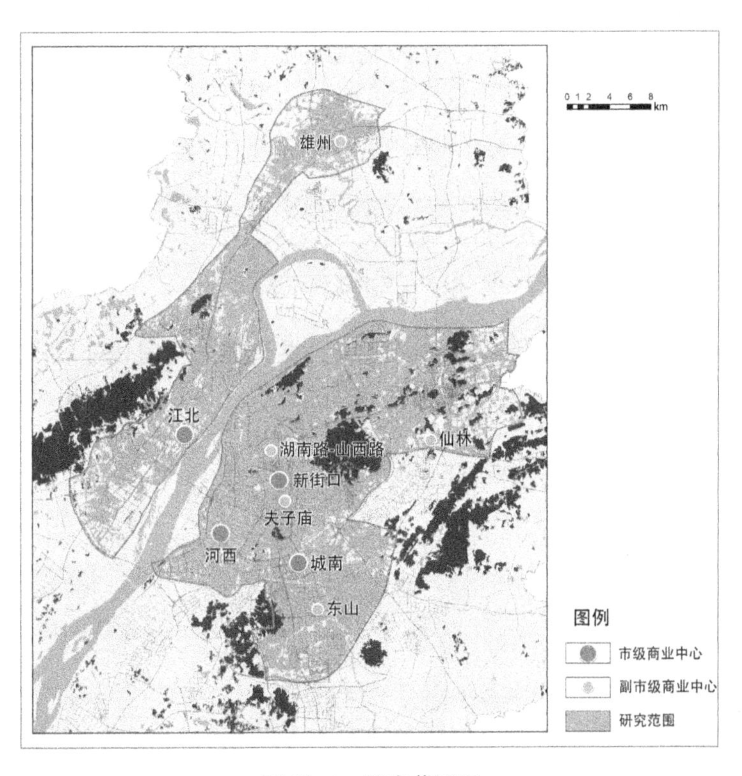


图 10-1　研究范围图

研究区为南京市中心城区，数据收集时间为 2018 年 4 月 9 号—30 号，最终进行数据处理，确定 12—14 号为对照组，为周四到周六。起点为南京市商业中心，由于人们到达的终点具有不确定性，可能是中心城区的任意一点，因此将研究范围划分为 200 m×200 m 栅格，并去除山体与水体，取每个栅格的质心为终点，栅格大小选取 200 m×200 m 可以精确到每一个街区。路网和居住小区的信息基于开源地图下载，其他自然面域则通过遥感解译获取。

空间可达性则基于路径规划大数据获取，具体技术路线为：①将研究区划分为 200 m×200 m 的栅格单元，并将山体、水体进行剔除，确保获取完整的可能出行面；②取每个居住小区质心为起点，终点为 200 m×200 m 的栅格单元的质心，并获取所有起终点的坐标信息；③选取高德地图作为数据获取方，具体通过高德开放 API 批量请求起始点到目标点的导航数据，获取具体的公交、小汽车的出行时间、费用和距离；④将获取的数据在 Excel 中进行处理，计算每个点的可达性，并将统计结果导入 ArcGIS 中；⑤在考虑了投影坐标的转换的基础上，将点阵数据与研究单元进行空间匹配，进行赋值可视化(图 10-2)。

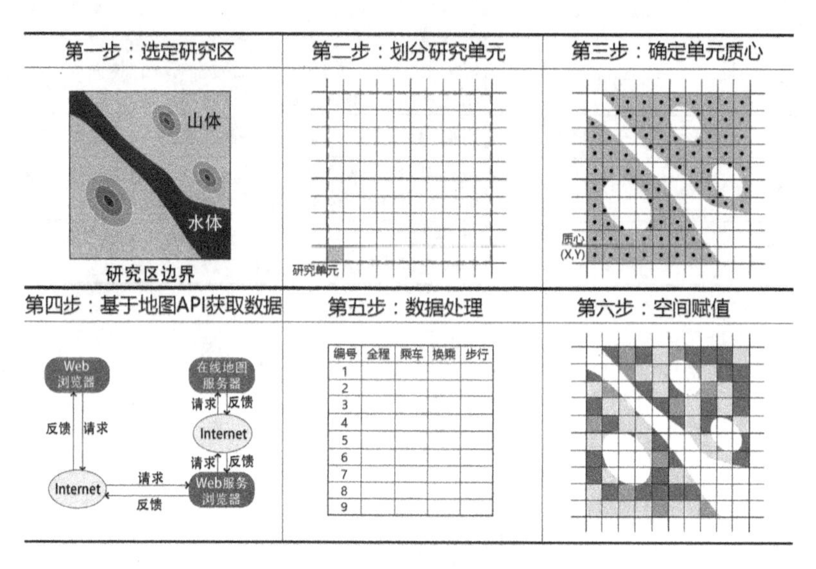


图 10-2　技术路线示意图

为了更好地反映南京市中心城区的小汽车与公共交通的相对优先状况，研究设定 3 个测度指标，即公共交通拥挤度($J_b$)、小汽车交通拥挤度($J_c$)和公共交通相对优先度($P$)。交通拥挤度表示同一出行方式，高峰与平峰时段可达性的比值。公交优先度指高峰时段，公交车与小汽车可达性的比值。其计算公式如下：

$$J_c = \frac{A_c}{A'_c} \tag{1}$$

$$J_b = \frac{A_b}{A'_b} \tag{2}$$

$$P = \frac{A_b}{A_c} \tag{3}$$

其中：$A_c$ 表示小汽车高峰时段可达性，$A'_c$表示小汽车平峰时段可达性，$A_b$ 表示公共交通高峰时段可达性，$A'_b$表示公共交通平峰时段可达性。$J_c$ 与 $J_b$ 数值越小，表示拥挤度越低；$P$ 值越小表示区域内公共交通在与小汽车竞争中优势更为明显。

## 10.1.2　拥挤度分析

➢ **步骤 1：获取每一个点不同时段、不同出行方式的出行时间**

通过高德开放 API 批量请求起始点到目标点的导航数据，获取具体的公交、小汽车的在早高峰和平峰时段的出行时间。

➢ **步骤2:计算每一点的公共交通与小汽车拥挤度**

将获取的出行时间数据导入EXCEL中,按照公式(1)和公式(2)进行处理,得到公共交通拥挤度($J_b$)、小汽车交通拥挤度($J_c$),见表10-2。

**表10-2 南京市商业中心小汽车、公交车拥挤度表**

| | 新街口商业中心 | 江北市级商业中心 | 河西市级商业中心 | 城南市级商业中心 | 雄州副市级商业中心 | 仙林副市级商业中心 | 湖南路副市级商业中心 | 夫子庙副市级商业中心 | 东山副市级商业中心 |
|---|---|---|---|---|---|---|---|---|---|
| 小汽车交通拥挤度 | 1.125 | 1.122 | 1.141 | 1.059 | 1.100 | 1.049 | 1.096 | 1.121 | 1.172 |
| 公交车交通拥挤度 | 1.201 | 2.040 | 0.976 | 0.987 | 0.993 | 1.010 | 0.989 | 0.990 | 0.990 |

通过比较(表10-2)可以发现,随着商业中心选址远离市中心,小汽车交通拥挤度降低,且副市级商业中心小汽车拥挤度要低于市级商业中心;公交车拥挤度方面,江北商业中心交通拥挤度最高,其实与江北地区公交建设程度有关,由于公交基础设施还不完备,因此高峰时段公交可达性较差,导致拥挤度值高;从公交优先度看,可以发现新街口商业中心周边的公共交通建设完备,可以基本上做到公交优先,而江北、雄州、仙林的公共交通建设还不够完备,有待加强。

## 10.1.3 公共交通相对优先度分析

➢ **步骤1:获取每一个点高峰时段、不同出行方式的出行时间**

通过高德开放API批量请求起始点到目标点的导航数据,获取具体的公交、小汽车的在早高峰时段的出行时间。

➢ **步骤2:计算每一点的公交优先度**

将获取的出行时间数据导入EXCEL中,按照公式(3)进行处理,得到公共交通相对优先度($P$),见表10-3。

但是随着高峰到平峰时段的变换,公交车与小汽车的可达性差异有所减少。在高峰时段,交通拥堵对于小汽车影响比较大,而对于拥有固定出行轨迹且有公交专用道的公交车影响较小。虽然相对于小汽车的可达范围来说,公交车处于劣势,但是公交车自身的绿色低碳属性,要求我们为了可持续发展而更多的选择公交出行。因此要践行公交优先的理念,首先就应当给公交车优先的路权,让公交车有可能与小汽车竞争,从而赢得更多的使用人群,让人们购物出行更多选择公交车而不是小汽车。

**表10-3 南京市商业中心公交优先度表**

| | 新街口商业中心 | 江北市级商业中心 | 河西市级商业中心 | 城南市级商业中心 | 雄州副市级商业中心 | 仙林副市级商业中心 | 湖南路副市级商业中心 | 夫子庙副市级商业中心 | 东山副市级商业中心 |
|---|---|---|---|---|---|---|---|---|---|
| 公交优先度 | 1.361 | 3.151 | 1.905 | 2.115 | 2.548 | 2.536 | 1.692 | 1.610 | 1.743 |

### 10.1.4 基于小汽车交通的可达性格局

通过划定可达性的阈值，统计每个起始点不同出行方式、不同时间段、不同目的的可达性所属阈值的栅格数，通过栅格数的多少判断每个商业中心的腹地范围。将小汽车出行阈值设定为 20 分钟。

➢ **步骤 1：进行数据整理**

首先，我们共采集了南京市主城区 9 个商业中心到 200 m×200 m 栅格质心的出行属性数据。

➢ **步骤 2：进行数据的空间连接**

使用 ArcToolbox 中的"分析工具"—"叠加分析"—"空间连接"工具，将出行数据与 200 m×200 m 栅格质心进行关联。"连接操作(可选)"选择"JOIN_ONE_TO_ONE"。

采用同样的方法，我们可以得到"公交车可达性 join.shp"。

➢ **步骤 3：小汽车可达性结果的专题制图**

鼠标右键点击图层文件"小汽车可达性 join.shp"，打开图层属性对话框，点击"符号系统"选项卡，"显示(S)"方式点选"数量"—"分级色彩"，"字段"—"值(V)"选择"Join_Count"，默认分类方法为"自然间断点分级法(Jenks)"，我们可以通过点击"分类"按钮，在弹出的"分类"对话框中设置分类方法与类别等参数。为了揭示小汽车 20 min 阈值下的可达范围，我们将出行时间小于等于 20 min 的设置为有颜色的，超过 20 min 为无色。得到各居住小区交通设施可达性的空间分布图。采用相同的方法，得到市级、副市级商业中心小汽车 20 min 可达性图(图 10-3、图 10-4)。

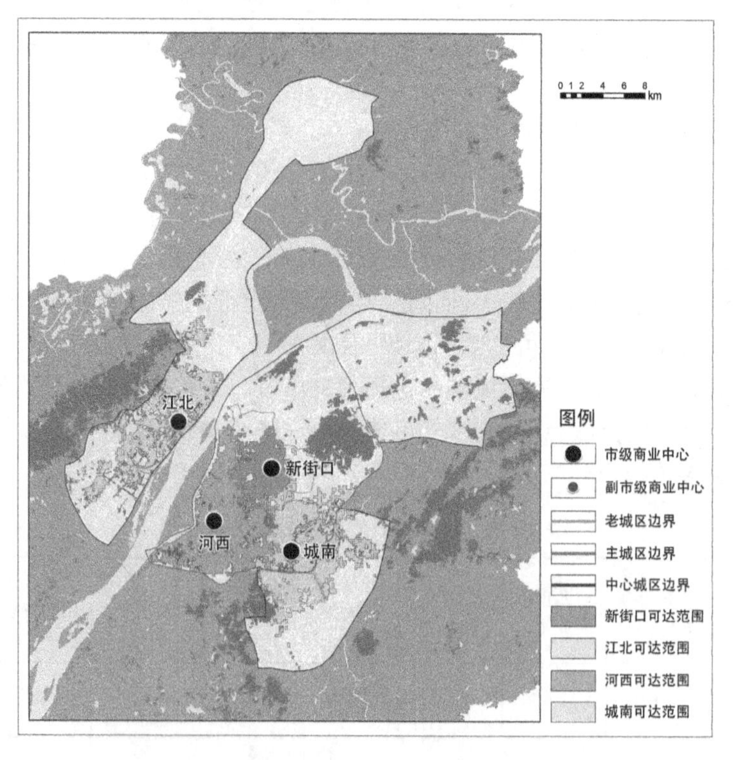


**图 10-3 市级商业中心小汽车 20 分钟可达性图**

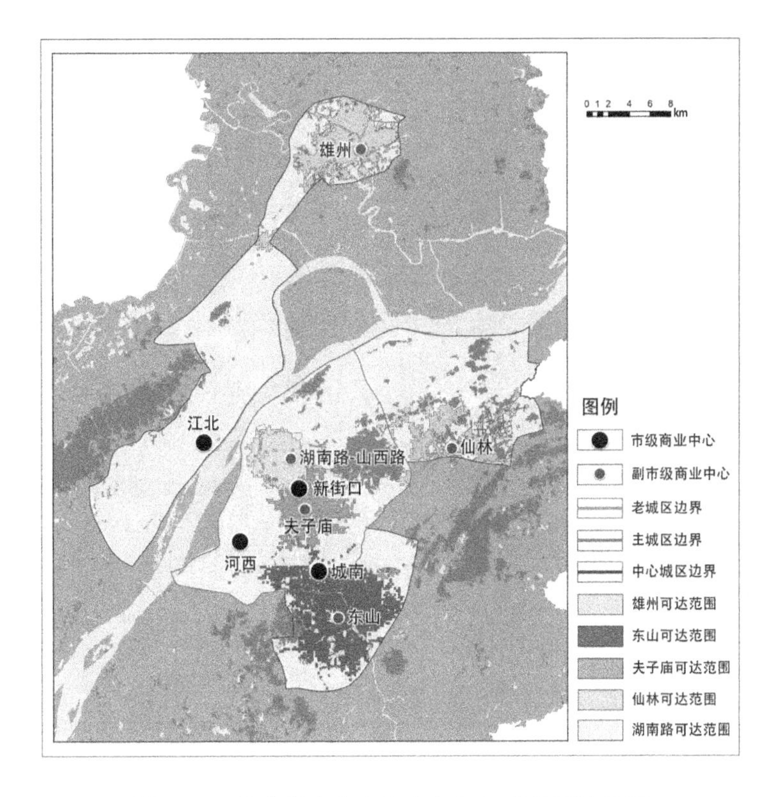


**图 10-4 副市级商业中心小汽车 20 分钟可达性图**

从图 10-3、图 10-4 可以判断小汽车腹地范围从大到小依次是:城南、河西、江北、新街口商业中心。小汽车腹地范围从大到小依次是:东山、雄州、仙林、夫子庙、湖南路商业中心。

小汽车与公交车的机动性有着很大的不同,尽管出行时间阈值小汽车要比公交车选定的小,但是小汽车要比公交车可达范围要大,商业腹地范围要广。小汽车出行呈现以商业中心向四周扩散的面状特征,与道路网有着密切的关系。

### 10.1.5 基于公共交通的可达性格局

划定公交车出行 30 min 的商业中心可达范围,比较不同出行方式和不同等级商业中心的服务腹地的空间分布特征。从图 10-5、图 10-6 中可以得到,市级商业中心的公交腹地范围从大到小依次是:新街口、河西、城南、江北商业中心;副市级商业中心的公交腹地范围从大到小依次是:东山、夫子庙、湖南路、雄州、仙林商业中心。

公交出行则呈现沿公交线网的轴带状分布特征,其中地铁线路对于其影响作用更为明显。可以看出新街口商业中心的可达性的空间特征呈现出沿地铁 1 号线和 2 号线指状延伸。随着地铁的跨江建设,长江对于南京市主城区与江北地区的阻隔逐渐减弱,江北与雄州商业中心的可达性与地铁线路的走线有着密切的关系。从公交出行的商业腹地的整体空间分布特征来看,城市中心区商业腹地整体要大于边缘商业中心,说明城市边缘区的公交建设还不完善,未来应进一步加强其建设的强度。

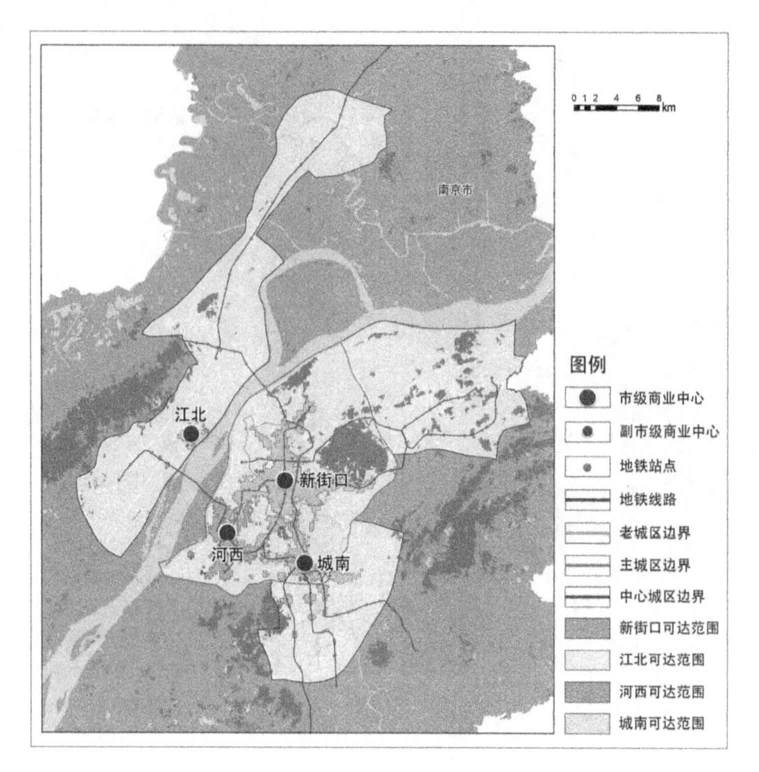


图 10-5　市级商业中心公交车 30 min 可达性图

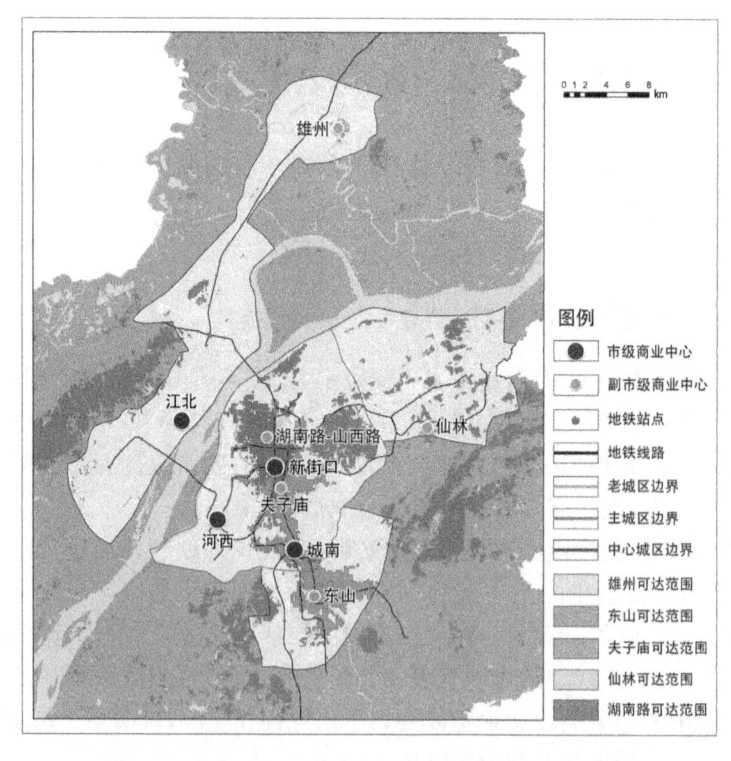


图 10-6　副市级商业中心公交车 30 min 可达性图

商业中心的公交可达性与区位条件有着密切的关系，区位越好的商业中心的公交可达性越好。而商业中心的小汽车可达性则呈现相反的状况，城市核心区人口密集、道路拥挤，而近城市核心区人口密度、车流量相对较少，导致外围地区小汽车可达性更好。同时，反映了不同出行方式下，商业空间可达性有着明显的差异，意味着不同出行方式下的商业实际服务竞争面不同。

时间对于商业空间可达性也有着明显的影响，尤其是对于小汽车来说影响更为明显。高峰时段周末区位更好的商业中心，小汽车可达性大幅降低，由于大量车辆涌入市中心，导致交通拥堵，可达性降低，商业中心的实际服务腹地发生着变化。但是作为南京市最为核心的商业中心——新街口，其空间可达性一直都维持在一个相对较高且平稳的水平。

和传统可达性研究方法相比，基于路径规划大数据获取可达性的方法更为精确，同时由于这种方法支持多种出行方式和时间的设定，可以充分反应可达性的空间与时间层面的特征，是对时空可达性研究的一次有益尝试。而通过可达性来衡量商业设施的供给能力是对可达性外延的拓展，也是对于商业中心体系规划的合理布局的重要指标，在未来的规划中，可以通过对规划的商业中心进行可达性的研究，探讨其服务范围是否具有最佳的效益。同时在商业中心规划布局时要充分考虑消费者的需求，要求我们对于居住状况了解清楚，根据需求进行商业设施供给。

## 10.2　可达性在交通分布预测模型中的应用

本案例通过对昆山市交通出行分布的，从而展示了动态交通数据——出行距离在具体案例中的应用。交通出行分布最常用的是重力模型，重力模型中重要的基础数据即为 OD 之间的距离数据，本案例运用动态交通数据——出行距离作为阻抗值，通过对手机基站间出行距离的回归分析得到阻抗函数，然后将小区出行距离代入阻抗函数得到出行摩擦系数，最后结合出行发生与吸引量数据到各小区之间的出行分布量，解决城市出行分布预测问题。

### 10.2.1　研究数据与方法

本例基于昆山市基站出行数据，采用非线性回归方法得到重力模型阻抗函数各参数值，然后基于控规单元出行距离计算得到各单元之间的出行摩擦系数，最后基于每个控规单元预测的出行与发生量，在 TransCAD 中进行交通分布预测。

### 10.2.2　交通分布阻抗函数选择与参数标定

(1) 重力模型的基本原理

重力模型的基本假设是：出行分布是群体出行决策的结果，两小区之间出行分布量的大小，受两小区出行生成量与两小区之间出行距离(或广义费用)的共同影响。一般的重力模型具有如下形式：

$$T_{ij} = \frac{K \cdot K_j \cdot G_i \cdot A_J}{f(t_{ij})} \qquad (1)$$

其中：

$$\sum_{j=1}^{n} T_{ij} = G_i \tag{2}$$

$$\sum_{i=1}^{n} T_{ij} = A_j$$

式中：

$T_{ij}$：交通小区 $i$ 到 $j$ 的出行分布量；

$G_i$：交通小区 $i$ 的总出行产生量；

$A_j$：交通小区 $j$ 的总出行吸引量；

$t_{ij}$：交通小区 $i$、$j$ 之间的交通阻抗；

$K$：模型参数；

$K_i$，$K_j$：平衡系数；

$f(t_{ij})$：交通小区 $i$、$j$ 之间的出行阻抗函数。

出行阻抗函数一般选择幂函数、指数函数、复合函数、瑞利函数和一般阻抗函数五种，五种函数回归参数如下：

➢ **幂函数**

幂函数是最常见的交通阻抗函数之一，函数形式如下：

$$f(t_{ij}) = a \cdot t_{ij}^{\alpha} \tag{3}$$

式中：

$t_{ij}$：手机基站 $i$、$j$ 之间的出行距离；

$a$ 和 $\alpha$ 是交通阻抗函数的参数。

➢ **指数函数**

指数函数是另一种较为常见的交通阻抗函数，函数形式如下：

$$f(t_{ij}) = a \cdot \mathrm{e}^{-t_{ij}} \tag{4}$$

式中：

$t_{ij}$：手机基站 $i$、$j$ 之间的出行距离；

$a$ 是交通阻抗函数的参数。

➢ **复合函数**

一般来讲，简单常见的交通阻抗函数如幂函数和指数函数是不能反映复杂的实际出行情况的，为了使计算结果更接近实际，两种函数的组合是经常选用的，函数表达式如下：

$$f(t_{ij}) = a \cdot t_{ij}^{\alpha} \cdot \mathrm{e}^{-t_{ij}} \tag{5}$$

式中：

$t_{ij}$：手机基站 $i$、$j$ 之间的出行距离；

$a$ 和 $\alpha$ 是交通阻抗函数的参数。

➢ **瑞利函数**

瑞利函数是出行距离分布函数的一种，是根据概率论，由随机理论推导出来的一种交通阻抗函数，函数表达式如下：

$$f(t_{ij}) = a \cdot t_{ij} \cdot e^{-\beta t_{ij}^2} \tag{6}$$

式中：

$t_{ij}$：手机基站 $i$、$j$ 之间的出行距离；

$a$，$\beta$ 是交通阻抗函数的参数。

➢ **一般交通阻抗函数(一般伽马函数)**

对比上述两种复合函数和瑞利函数的函数表达式，我们可以归纳出更一般的交通阻抗函数的函数表达形式，函数表达式如下：

$$f(t_{ij}) = a \cdot t_{ij}^{\alpha} \cdot e^{-\beta t_{ij}^{\gamma}} \tag{7}$$

式中：

$t_{ij}$：手机基站 $i$、$j$ 之间的出行距离；

$\alpha$，$\beta$ 和 $\gamma$ 是交通阻抗函数的参数。

(2) 阻抗函数参数标定

重力模型的标定主要是对交通阻抗函数的参数进行标定，参数标定过程如下：

① 首先根据手机基站的空间点位置数据和手机信令数据得到早高峰时段(7:00～9:00)每个出发基站(O)和到达基站(D)的经纬度坐标。

② 调用高德地图 API，根据 O、D 的经纬度坐标获取每个 OD 出行的出行距离数据，并与手机信令数据中对应的 OD 出行人次匹配，最后得到市域范围内每个 OD 对应的出行距离和出行人次数据。

③ 以间隔 1 000 m 统计每个区间内的出行人次，并计算出对应的出行概率(出行人次/总出行人次)。

④ 利用 SPSS 中的非线性回归工具，分别选取幂函数、指数函数、复合函数、瑞利函数和一般交通阻抗函数五种函数形式，对第三步中得到的出行距离和出行概率的数据进行回归，得到相应的参数回归结果。

⑤ 将回归结果与实际结果进行对比，计算误差平方和。

幂函数与指数函数的函数形式不符合先增后减的规律，排除此两种函数后对其他三种函数进行参数标定，结果如表 10-4 所示。

**表 10-4 阻抗函数标定结果**

| 阻抗函数 | | 复合函数 | 瑞利函数 | 一般阻抗函数 |
|---|---|---|---|---|
| 回归结果 | $a$ | 0.116 | 0.083 | 1.267 |
| | $\alpha$ | 3.164 | — | 5.104 |
| | $\beta$ | — | 0.047 | 3.624 |
| | $\gamma$ | — | — | 0.663 |
| | $R^2$ | 0.934 | 0.849 | 0.949 |

采用实际出行距离的分布曲线与回归模拟的曲线进行对比(图 10-7)，计算误差平方和，以此来校验出行分布模型的可靠性。

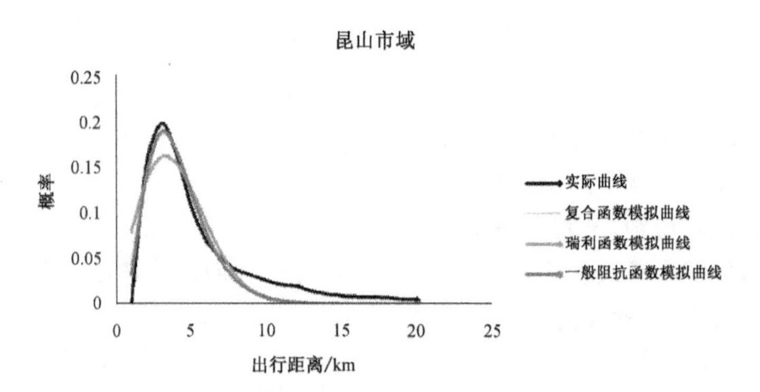


**图 10-7　市域范围实际值与模型值阻抗分布曲线**

三种类型函数在 SPSS 回归结果中的 $R$ 方分别为 0.934、0.849 和 0.949，一般阻抗函数的拟合度最高。从标定参数计算的各种目的的平均综合阻抗值与调查平均综合阻抗误差平方和都很小，其中一般阻抗函数的误差平方和最小，由此说明，一般阻抗函数标定的参数更加精确（表 10-5）。

**表 10-5　阻抗函数 *R* 方及误差值**

| | 复合函数 | 瑞利函数 | 一般阻抗函数 |
|---|---|---|---|
| $R$ 方 | 0.934 | 0.849 | 0.949 |
| 误差平方和 | $0.023\times10^{-2}$ | $0.052\times10^{-2}$ | $0.018\times10^{-2}$ |

（3）阻抗函数的修正

市域范围内的一般伽马函数，在出行距离大于 7 km 以后模拟值远低于实际值（图 10-8），因此考虑采用分段拟合的方法来修正出行距离大于 7 km 以后的阻抗函数，即出行距离在 0～7 km 时保持一般伽马函数不变，在大于 7 km 以后，采用幂函数进行后半段函数的拟合，最终得到修正后的阻抗函数，如下：

$$f(d_{ij}) = \begin{cases} 1.267 \cdot d_{ij}^{\ 5.104} \cdot e^{-3.624} \cdot d_{ij}^{\ 0.663}, & d_{ij} \in (0, 7] \\ 0.11 \cdot e^{-0.15} \cdot d_{ij}, & d_{ij} \in (7, \infty) \end{cases} \tag{8}$$

其中 $d_{ij}$ 为出行阻抗，即出行距离值。

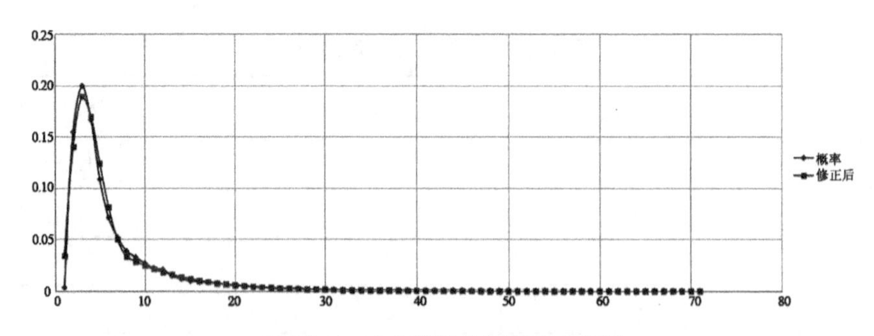


**图 10-8　未分段阻抗函数拟合结果**

分段阻抗函数拟合结果如图 10-9 所示。

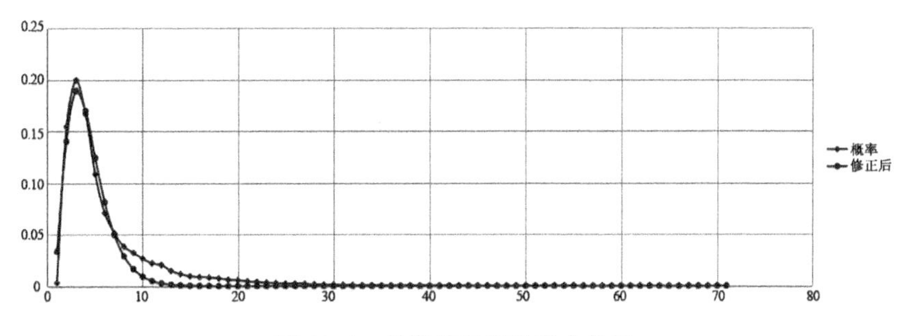


图 10-9 分段阻抗函数拟合结果

### 10.2.3 交通分布预测

**➢ 步骤 1:加载小区单元地理图层**

打开 TransCAD6.0(以下简称 TC),点击 file—open,打开小区单元地理图层所在的文件夹,选择控规单元.shp 文件,将小区单元地理图层加载进 TC(图 10-10、图 10-11)。

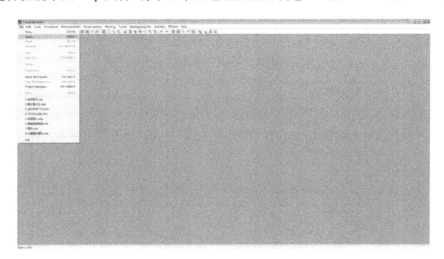

图 10-10 加载小区图层

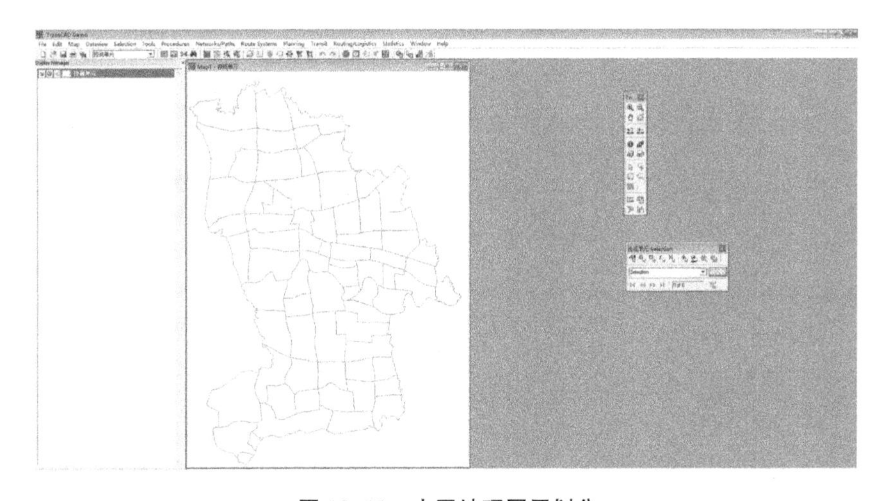

图 10-11 小区地理图层划分

> 步骤 2:连接 PA 值

点击 Dataview—Join,打开下图界面,Joining from 中 Table 选择小区地理图层,Field 选择小区地理图层编号,To 中 Table 选择待连接的 PA 数据(预测. csv),Field 选择 PA 数据表中和小区地理图层编号相同的属性字段,点击"OK",完成连接(图 10-12)。

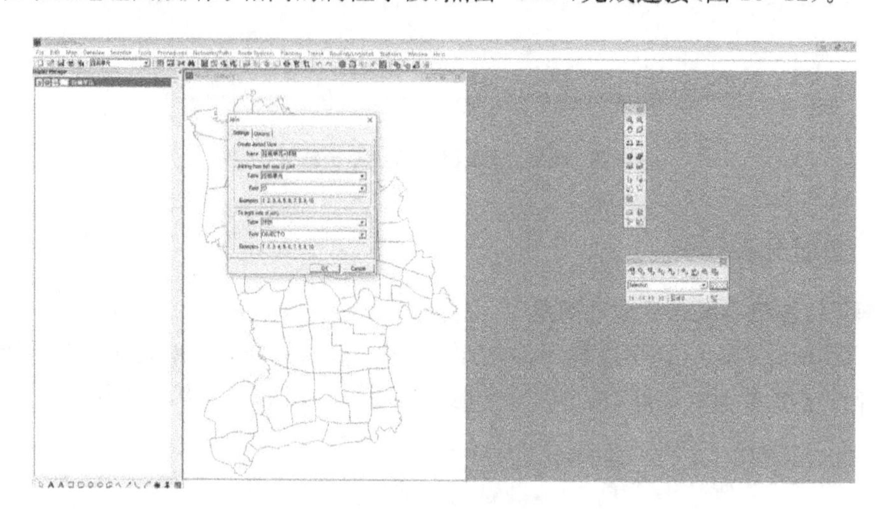

图 10-12 属性值连接

> 步骤 3:发生与吸引平衡

点击 Planning—Balance,打开下图交通平衡界面,Dataview 选择要平衡的数据,点击右侧"铅笔+"按钮,然后在 Vector1 中选择发生量 P,在 Vector2 中选择吸引量 A,Method 选择 Hold Vector1,点击"OK"(图 10-13),保存平衡后的 PA 数据为 BALANCE. bin 格式(图 10-14)。

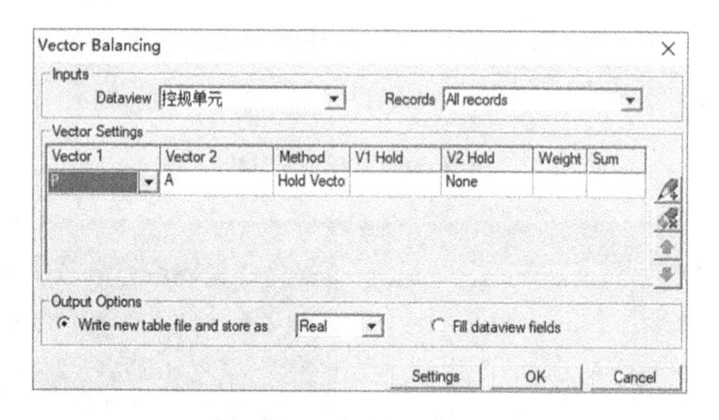


图 10-13 发生与吸引平衡

> 步骤 4:阻抗矩阵处理

以 72 个控规单元的质心作为出行 OD 点,出行距离作为阻抗值(出行距离运用 Python 在高德地图的开源数据中获取)。由于阻抗矩阵的值只是记录了外部出行的出行距离,因此需要对内部出行的阻抗值进行设定,以出发小区到最近的三个小区距离的平均值的 75%作为本小区内部出行的阻抗值。

① 距离阻抗矩阵导入 TC。点击 file—New,选择 Matrix,点击创建矩阵文件,打开如

Dataview1 - BALANCE

| ID1 | P | A |
|---|---|---|
| 1 | 10055.00 | 10378.71 |
| 2 | 7213.00 | 7066.23 |
| 3 | 15232.00 | 16430.85 |
| 4 | 3976.00 | 4124.16 |
| 5 | 20663.00 | 21441.57 |
| 6 | 18925.00 | 18051.16 |
| 7 | 7823.00 | 8425.43 |
| 8 | 3706.00 | 3631.20 |
| 9 | 10541.00 | 11273.37 |
| 10 | 7644.00 | 8196.70 |
| 11 | 14674.00 | 14215.44 |
| 12 | 6706.00 | 6853.69 |
| 13 | 2855.00 | 3162.70 |
| 14 | 39654.00 | 39031.23 |
| 15 | 6009.00 | 5966.11 |
| 16 | 40305.00 | 39684.01 |
| 17 | 10597.00 | 11602.29 |
| 18 | 4697.00 | 4740.60 |
| 19 | 1732.00 | 1836.89 |
| 20 | 8931.00 | 9158.16 |
| 21 | 8979.00 | 9831.18 |
| 22 | 5110.00 | 5219.21 |
| 23 | 20890.00 | 21488.13 |
| 24 | 15308.00 | 15872.19 |
| 25 | 6817.00 | 7238.28 |
| 26 | 1334.00 | 1306.57 |
| 27 | 13176.00 | 14100.07 |
| 28 | 7622.00 | 7543.92 |
| 29 | 6275.00 | 6238.36 |
| 30 | 3867.00 | 3937.94 |
| 31 | 4849.00 | 5020.85 |
| 32 | 14653.00 | 14899.60 |

**图 10-14　平衡结果**

图 10-15 对话框，按图示设置参数，点击“OK”完成矩阵创建。

打开创建的空白矩阵与待导入的距离阻抗数据，点击 Matrix—Import，打开如图 10-16 界面，选择如图所示设置，点击 Next，最后完成导入。

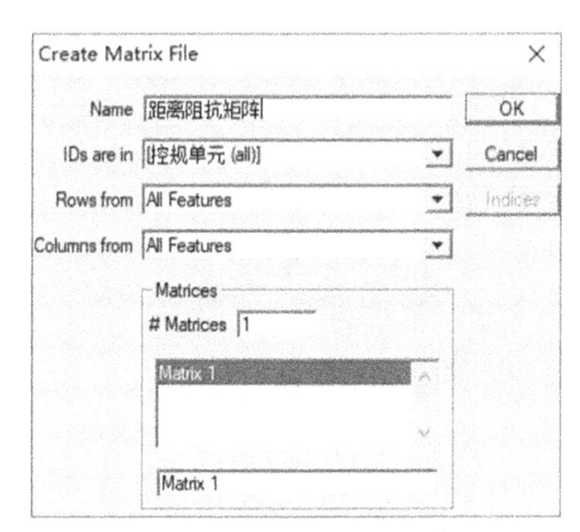


**图 10-15　创建阻抗矩阵**

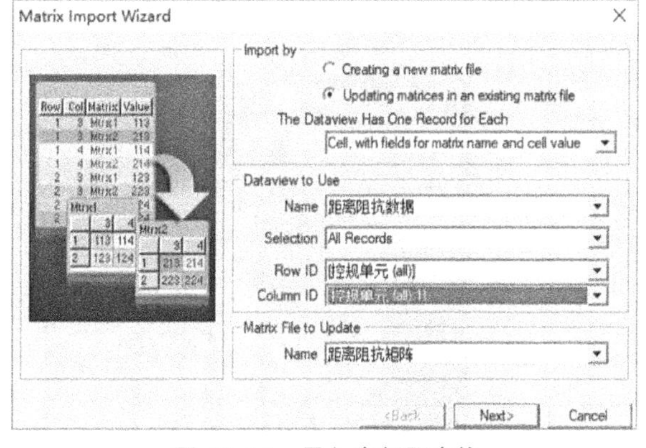


**图 10-16　导入出行距离值**

② 内部出行阻抗计算。点击 Planning—Trip Distribution—Intrazonal Impedance Calculation 打开图 10-17 界面，设置 0.75 和 3(表示离自身最近的三个小区之间距离的平均值的 75%作为本小区内部出行阻抗)，点击“OK”，得到完整的阻抗矩阵，如图 10-18 所示。

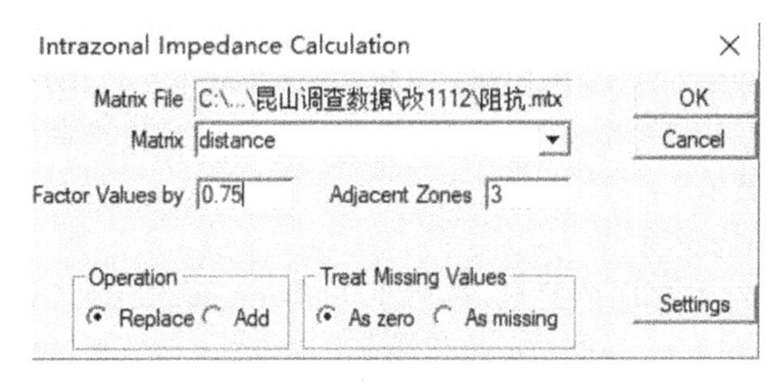


**图 10-17　内部出行距离值计算**

Matrix1 - 控规单元距离 Matrix File (Matrix 1)

| | 1 | 2 | 3 | 4 | 5 | 6 | 7 | 8 | 9 | 10 | 11 | 12 | 13 | 14 | 15 | 16 |
|---|---|---|---|---|---|---|---|---|---|---|---|---|---|---|---|---|
| 1 | 5232.00 | 15083.00 | 21400.00 | 20000.00 | 15096.00 | 16857.00 | 11545.00 | 6268.00 | 10510.00 | 15660.00 | 20806.00 | 18247.00 | 13607.00 | 11730.00 | 12308.00 | 22509.00 |
| 2 | 15083.00 | 7471.75 | 22953.00 | 12358.00 | 16649.00 | 18410.00 | 20696.00 | 10057.00 | 15673.00 | 10881.00 | 10183.00 | 13974.00 | 12981.00 | 9647.00 | 21459.00 | 41235.00 |
| 3 | 20906.00 | 22348.00 | 5187.75 | 25670.00 | 8177.00 | 8596.00 | 15504.00 | 18065.00 | 16565.00 | 21321.00 | 26476.00 | 17965.00 | 10642.00 | 13224.00 | 17004.00 | 12770.00 |
| 4 | 19995.00 | 12382.00 | 26160.00 | 5676.25 | 19856.00 | 21617.00 | 25571.00 | 14969.00 | 21754.00 | 6243.00 | 4912.00 | 11550.00 | 15132.00 | 12595.00 | 27071.00 | 40723.00 |
| 5 | 15085.00 | 16527.00 | 8660.00 | 19849.00 | 3849.00 | 4117.00 | 9683.00 | 12244.00 | 10744.00 | 15500.00 | 20655.00 | 12144.00 | 4821.00 | 7403.00 | 11183.00 | 16460.00 |
| 6 | 16846.00 | 18288.00 | 9079.00 | 21610.00 | 4117.00 | 4394.00 | 11444.00 | 14005.00 | 12505.00 | 17261.00 | 22416.00 | 13905.00 | 6582.00 | 9164.00 | 12944.00 | 18221.00 |
| 7 | 11527.00 | 22194.00 | 16001.00 | 25556.00 | 9697.00 | 11458.00 | 4663.25 | 13006.00 | 7186.00 | 21207.00 | 26362.00 | 17851.00 | 10488.00 | 13070.00 | 4034.00 | 17110.00 |
| 8 | 6268.00 | 10057.00 | 18449.00 | 14974.00 | 12145.00 | 13906.00 | 12925.00 | 5218.50 | 7902.00 | 10634.00 | 15780.00 | 13221.00 | 8477.00 | 6704.00 | 13688.00 | 31476.00 |
| 9 | 10514.00 | 15672.00 | 17061.00 | 21749.00 | 10757.00 | 12518.00 | 7206.00 | 8005.00 | 5795.00 | 16423.00 | 22555.00 | 14044.00 | 10452.00 | 8562.00 | 7969.00 | 18170.00 |
| 10 | 15655.00 | 10881.00 | 21805.00 | 6243.00 | 15501.00 | 17262.00 | 21216.00 | 10629.00 | 17399.00 | 5126.00 | 7066.00 | 7195.00 | 10777.00 | 8255.00 | 22716.00 | 27993.00 |
| 11 | 20231.00 | 9615.00 | 26396.00 | 4320.00 | 20092.00 | 21853.00 | 32657.00 | 15205.00 | 21990.00 | 6518.00 | 5113.25 | 11786.00 | 15368.00 | 12831.00 | 34157.00 | 37956.00 |
| 12 | 13976.00 | 14837.00 | 15228.00 | 12413.00 | 8924.00 | 10685.00 | 14639.00 | 8950.00 | 10822.00 | 8064.00 | 13219.00 | 4093.25 | 4200.00 | 4109.00 | 16139.00 | 21416.00 |
| 13 | 13601.00 | 12858.00 | 11125.00 | 15128.00 | 4821.00 | 6582.00 | 10509.00 | 8575.00 | 10447.00 | 10779.00 | 15934.00 | 7423.00 | 3784.25 | 3734.00 | 12009.00 | 17286.00 |
| 14 | 11076.00 | 8993.00 | 14474.00 | 12070.00 | 8170.00 | 9931.00 | 13858.00 | 6050.00 | 9325.00 | 7730.00 | 12876.00 | 8082.00 | 4502.00 | 4570.50 | 15111.00 | 20635.00 |
| 15 | 12231.00 | 21377.00 | 17442.00 | 26997.00 | 11138.00 | 12899.00 | 3978.00 | 13710.00 | 7890.00 | 22648.00 | 27803.00 | 19292.00 | 11929.00 | 14511.00 | 5323.50 | 18551.00 |
| 16 | 23488.00 | 37079.00 | 13258.00 | 43601.00 | 14141.00 | 14560.00 | 18086.00 | 32173.00 | 19147.00 | 29821.00 | 41426.00 | 26465.00 | 19102.00 | 21684.00 | 19586.00 | 4661.75 |
| 17 | 25653.00 | 25782.00 | 9862.00 | 29104.00 | 11611.00 | 12030.00 | 16536.00 | 21499.00 | 21312.00 | 24755.00 | 29910.00 | 21399.00 | 14076.00 | 16658.00 | 21751.00 | 4971.00 |
| 18 | 25124.00 | 26566.00 | 7630.00 | 29888.00 | 12395.00 | 12814.00 | 19722.00 | 22283.00 | 20783.00 | 25539.00 | 30694.00 | 22183.00 | 14860.00 | 17442.00 | 21222.00 | 10460.00 |
| 19 | 19171.00 | 20613.00 | 5904.00 | 23935.00 | 6442.00 | 6861.00 | 13769.00 | 16330.00 | 14830.00 | 19586.00 | 24741.00 | 16230.00 | 8907.00 | 11489.00 | 15269.00 | 8667.00 |
| 20 | 20043.00 | 23379.00 | 8687.00 | 26701.00 | 9208.00 | 9627.00 | 10686.00 | 19096.00 | 15702.00 | 22352.00 | 27507.00 | 18996.00 | 11673.00 | 14255.00 | 13407.00 | 8820.00 |
| 21 | 18154.00 | 26825.00 | 12133.00 | 30147.00 | 12654.00 | 13073.00 | 8797.00 | 19633.00 | 13813.00 | 25798.00 | 43114.00 | 22442.00 | 15119.00 | 17701.00 | 11518.00 | 4810.00 |
| 22 | 21408.00 | 48423.00 | 54171.00 | 47887.00 | 47867.00 | 49628.00 | 30484.00 | 27502.00 | 48703.00 | 47774.00 | 45712.00 | 50875.00 | 48658.00 | 42564.00 | 31357.00 | 52941.00 |
| 23 | 27336.00 | 49460.00 | 55208.00 | 48924.00 | 48904.00 | 50665.00 | 40729.00 | 42048.00 | 49740.00 | 48811.00 | 46749.00 | 51912.00 | 49695.00 | 43601.00 | 41602.00 | 53978.00 |
| 24 | 49260.00 | 63968.00 | 69716.00 | 63432.00 | 63412.00 | 65173.00 | 55237.00 | 56556.00 | 64248.00 | 63319.00 | 61257.00 | 66420.00 | 64203.00 | 58109.00 | 56110.00 | 68486.00 |
| 25 | 45558.00 | 60266.00 | 43133.00 | 59730.00 | 59710.00 | 61471.00 | 38814.00 | 52854.00 | 43083.00 | 59617.00 | 57555.00 | 62718.00 | 60501.00 | 54407.00 | 39687.00 | 40166.00 |
| 26 | 32871.00 | 58178.00 | 30778.00 | 57642.00 | 33608.00 | 31718.00 | 26459.00 | 38965.00 | 30728.00 | 57529.00 | 55467.00 | 41762.00 | 34399.00 | 36981.00 | 27332.00 | 24758.00 |
| 27 | 19862.00 | 43898.00 | 49646.00 | 43362.00 | 43342.00 | 45103.00 | 26426.00 | 25956.00 | 30695.00 | 43249.00 | 41187.00 | 46350.00 | 44133.00 | 38039.00 | 27299.00 | 48416.00 |
| 28 | 29973.00 | 47619.00 | 27880.00 | 47083.00 | 30710.00 | 28820.00 | 23561.00 | 36067.00 | 27830.00 | 46970.00 | 44908.00 | 38864.00 | 31501.00 | 34083.00 | 24434.00 | 24913.00 |
| 29 | 29310.00 | 49698.00 | 33122.00 | 49162.00 | 35952.00 | 34062.00 | 28803.00 | 35404.00 | 33072.00 | 49049.00 | 46987.00 | 52150.00 | 36743.00 | 43839.00 | 29676.00 | 30155.00 |
| 30 | 11264.00 | 28585.00 | 22392.00 | 31947.00 | 16088.00 | 17849.00 | 6940.00 | 17358.00 | 13208.00 | 27598.00 | 32753.00 | 24242.00 | 16879.00 | 19461.00 | 9812.00 | 23501.00 |
| 31 | 18952.00 | 46892.00 | 24332.00 | 46356.00 | 23797.00 | 25558.00 | 16648.00 | 25046.00 | 20917.00 | 46243.00 | 44181.00 | 31951.00 | 24588.00 | 27170.00 | 17521.00 | 21358.00 |

图 10-18　距离矩阵汇总结果

③ 阻抗矩阵导出。点击 Matrix—Export 导出距离阻抗矩阵保存为“距离阻抗.csv”格式文件备用(图 10-19)。

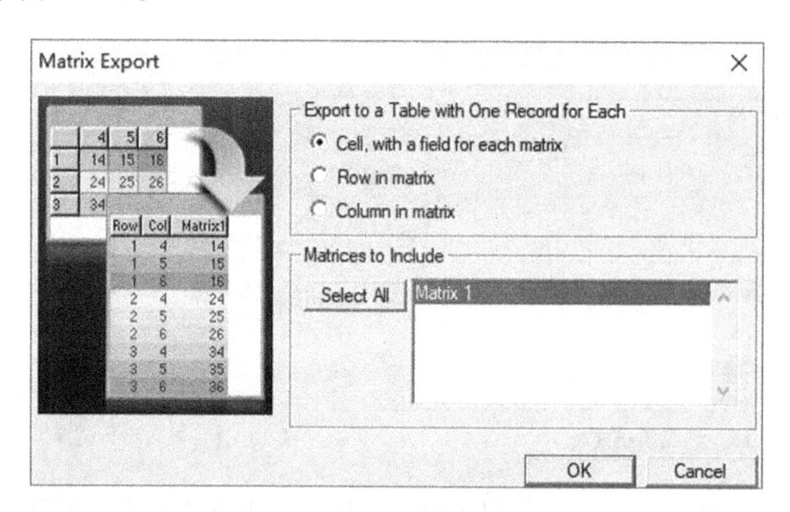


图 10-19　导出距离阻抗矩阵

➢ **步骤 5:摩擦系数矩阵获取**

得到阻抗矩阵以后,运用阻抗函数得到最终的摩擦系数矩阵。昆山出行阻抗函数为公式(8)。将步骤 4 中得到的“距离阻抗.csv”文件中的阻抗值代入到阻抗函数中,计算得到摩擦系数值(在 EXCEL 中计算),然后按照步骤 4 方法将摩擦系数导入到 TC 中,得到图 10-20所示的摩擦系数矩阵。

➢ **步骤 6:出行分布预测**

将 Balance.bin 与摩擦矩阵打开,然后点击 Planning—Trip Distribution—Gravity Application 打开如图 10-21 界面,Table 选择带有 Balance 的数据,Impedance Matrix 选择阻抗矩阵(控规单元距离矩阵),FF Matrix 选择摩擦系数矩阵,Constraint 选择 Doubly

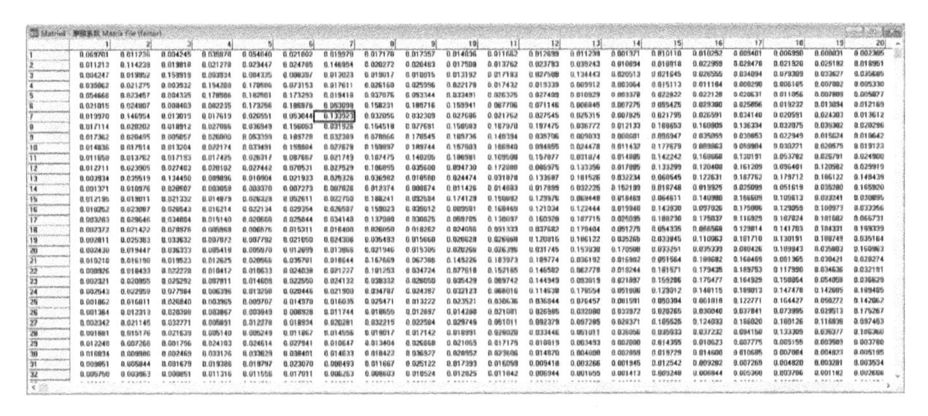

| | 1 | 2 | 3 | 4 | 5 | 6 | 7 | 8 | 9 | 10 |
|---|---|---|---|---|---|---|---|---|---|---|
| 1 | 0.069701 | 0.011236 | 0.004245 | 0.035878 | 0.054840 | 0.021802 | 0.019979 | 0.017178 | 0.017357 | 0.014036 |
| 2 | 0.011213 | 0.114238 | 0.019818 | 0.021278 | 0.023447 | 0.024785 | 0.146954 | 0.020272 | 0.020483 | 0.017508 |
| 3 | 0.004247 | 0.019852 | 0.159919 | 0.003934 | 0.004335 | 0.008397 | 0.013023 | 0.019017 | 0.010015 | 0.013192 |
| 4 | 0.035062 | 0.021275 | 0.003932 | 0.154280 | 0.170686 | 0.073153 | 0.017611 | 0.026160 | 0.025996 | 0.022179 |
| 5 | 0.054668 | 0.023457 | 0.004325 | 0.178986 | 0.182861 | 0.173293 | 0.019418 | 0.037076 | 0.053344 | 0.033491 |
| 6 | 0.021015 | 0.024807 | 0.008403 | 0.002235 | 0.173256 | 0.186976 | 0.063099 | 0.158231 | 0.188716 | 0.159941 |
| 7 | 0.019970 | 0.146954 | 0.013019 | 0.017619 | 0.020551 | 0.053044 | 0.133923 | 0.032056 | 0.032309 | 0.027686 |
| 8 | 0.017114 | 0.020202 | 0.018912 | 0.027066 | 0.036949 | 0.156063 | 0.031926 | 0.164518 | 0.077681 | 0.158582 |
| 9 | 0.017362 | 0.020495 | 0.005057 | 0.026000 | 0.053359 | 0.189729 | 0.032389 | 0.078866 | 0.178545 | 0.189736 |
| 10 | 0.014836 | 0.017514 | 0.013204 | 0.022174 | 0.033491 | 0.159884 | 0.027679 | 0.159897 | 0.189744 | 0.157803 |
| 11 | 0.011650 | 0.013762 | 0.017183 | 0.017425 | 0.026317 | 0.087667 | 0.021749 | 0.187475 | 0.148205 | 0.186981 |
| 12 | 0.012711 | 0.023905 | 0.027403 | 0.020102 | 0.027442 | 0.070531 | 0.027529 | 0.186855 | 0.035600 | 0.094730 |
| 13 | 0.003934 | 0.035519 | 0.134450 | 0.089896 | 0.010804 | 0.021933 | 0.025326 | 0.036982 | 0.010580 | 0.024474 |
| 14 | 0.001371 | 0.010976 | 0.028507 | 0.003058 | 0.003370 | 0.007273 | 0.007828 | 0.012374 | 0.008674 | 0.011426 |
| 15 | 0.012195 | 0.019011 | 0.021332 | 0.014879 | 0.026328 | 0.052611 | 0.022750 | 0.188241 | 0.032584 | 0.174129 |
| 16 | 0.010252 | 0.023087 | 0.026843 | 0.016214 | 0.022134 | 0.029354 | 0.026587 | 0.159023 | 0.036012 | 0.009591 |
| 17 | 0.003263 | 0.029646 | 0.034884 | 0.015140 | 0.020660 | 0.025844 | 0.034140 | 0.137080 | 0.030625 | 0.059705 |
| 18 | 0.002372 | 0.021422 | 0.078976 | 0.005868 | 0.006676 | 0.015311 | 0.016400 | 0.026050 | 0.018262 | 0.024058 |
| 19 | 0.002811 | 0.025383 | 0.033632 | 0.007072 | 0.007792 | 0.021050 | 0.024306 | 0.035493 | 0.015660 | 0.020628 |
| 20 | 0.002430 | 0.019447 | 0.036333 | 0.005418 | 0.005970 | 0.012699 | 0.013866 | 0.021946 | 0.015305 | 0.020269 |
| 21 | 0.010210 | 0.016190 | 0.019523 | 0.012625 | 0.020566 | 0.035791 | 0.018644 | 0.167669 | 0.067386 | 0.145226 |
| 22 | 0.008926 | 0.018433 | 0.022228 | 0.010412 | 0.018633 | 0.024038 | 0.021227 | 0.101253 | 0.034724 | 0.077618 |
| 23 | 0.002321 | 0.020865 | 0.025292 | 0.007811 | 0.014608 | 0.022560 | 0.024132 | 0.038332 | 0.028050 | 0.035429 |
| 24 | 0.002543 | 0.022959 | 0.077984 | 0.006396 | 0.013250 | 0.020446 | 0.021900 | 0.034787 | 0.024387 | 0.032123 |
| 25 | 0.001862 | 0.016811 | 0.026840 | 0.003965 | 0.009707 | 0.014970 | 0.016035 | 0.025471 | 0.013222 | 0.023521 |
| 26 | 0.001384 | 0.012313 | 0.028398 | 0.003867 | 0.003849 | 0.008928 | 0.011744 | 0.018655 | 0.012897 | 0.014288 |
| 27 | 0.002342 | 0.021145 | 0.032771 | 0.005891 | 0.012278 | 0.018934 | 0.020281 | 0.032215 | 0.022584 | 0.029749 |
| 28 | 0.001681 | 0.015176 | 0.021639 | 0.005140 | 0.005249 | 0.011867 | 0.014556 | 0.019017 | 0.017142 | 0.018991 |
| 29 | 0.012248 | 0.007266 | 0.001796 | 0.024103 | 0.024614 | 0.027941 | 0.010647 | 0.013404 | 0.026668 | 0.021065 |
| 30 | 0.016834 | 0.009986 | 0.002469 | 0.033126 | 0.033829 | 0.038401 | 0.014633 | 0.018422 | 0.036927 | 0.028952 |
| 31 | 0.009851 | 0.005844 | 0.001679 | 0.019386 | 0.019797 | 0.023070 | 0.008493 | 0.011667 | 0.025122 | 0.017393 |
| 32 | 0.005760 | 0.003963 | 0.000851 | 0.011316 | 0.011556 | 0.017011 | 0.006253 | 0.008603 | 0.018524 | 0.012825 |

| | 11 | 12 | 13 | 14 | 15 | 16 | 17 | 18 | 19 | 20 |
|---|---|---|---|---|---|---|---|---|---|---|
| 1 | 0.011662 | 0.012699 | 0.011239 | 0.001371 | 0.010118 | 0.010252 | 0.009401 | 0.006990 | 0.000031 | 0.002305 |
| 2 | 0.013762 | 0.023793 | 0.039243 | 0.010894 | 0.018918 | 0.022959 | 0.029478 | 0.021920 | 0.025182 | 0.018951 |
| 3 | 0.017183 | 0.027508 | 0.134443 | 0.020513 | 0.021645 | 0.026555 | 0.034094 | 0.079309 | 0.033627 | 0.035685 |
| 4 | 0.017432 | 0.019339 | 0.009912 | 0.003064 | 0.015113 | 0.011164 | 0.008290 | 0.006165 | 0.007082 | 0.005330 |
| 5 | 0.026325 | 0.027409 | 0.010929 | 0.003378 | 0.022822 | 0.022128 | 0.020631 | 0.011056 | 0.007808 | 0.005877 |
| 6 | 0.087706 | 0.071146 | 0.006845 | 0.007275 | 0.055425 | 0.029380 | 0.025856 | 0.019232 | 0.013094 | 0.012169 |
| 7 | 0.021762 | 0.027545 | 0.025315 | 0.007825 | 0.021795 | 0.026591 | 0.034140 | 0.020591 | 0.024303 | 0.013612 |
| 8 | 0.187970 | 0.187475 | 0.036772 | 0.012133 | 0.188653 | 0.160805 | 0.136334 | 0.032075 | 0.035302 | 0.020296 |
| 9 | 0.149394 | 0.035706 | 0.009033 | 0.000681 | 0.056947 | 0.035055 | 0.030853 | 0.022949 | 0.015624 | 0.010642 |
| 10 | 0.166840 | 0.094855 | 0.024478 | 0.011432 | 0.177679 | 0.089863 | 0.059904 | 0.030221 | 0.020675 | 0.019123 |
| 11 | 0.109508 | 0.157077 | 0.031874 | 0.014885 | 0.142242 | 0.168668 | 0.130191 | 0.053782 | 0.026791 | 0.024900 |
| 12 | 0.172080 | 0.086975 | 0.133256 | 0.017885 | 0.133299 | 0.120400 | 0.161209 | 0.096401 | 0.120582 | 0.029919 |
| 13 | 0.031078 | 0.133607 | 0.181526 | 0.032234 | 0.060645 | 0.122631 | 0.187762 | 0.179712 | 0.186122 | 0.149439 |
| 14 | 0.014883 | 0.017899 | 0.032225 | 0.162199 | 0.018748 | 0.019925 | 0.025099 | 0.051619 | 0.035280 | 0.165920 |
| 15 | 0.150092 | 0.129976 | 0.069448 | 0.018469 | 0.064611 | 0.140980 | 0.166609 | 0.105613 | 0.033241 | 0.030895 |
| 16 | 0.168460 | 0.121034 | 0.122444 | 0.019940 | 0.143930 | 0.097026 | 0.175086 | 0.129059 | 0.100973 | 0.033356 |
| 17 | 0.138097 | 0.160320 | 0.187715 | 0.025095 | 0.188230 | 0.175037 | 0.116925 | 0.187824 | 0.181082 | 0.066731 |
| 18 | 0.091333 | 0.037682 | 0.179404 | 0.051275 | 0.054336 | 0.086568 | 0.129814 | 0.141703 | 0.184331 | 0.199339 |
| 19 | 0.026068 | 0.120816 | 0.186122 | 0.035265 | 0.033845 | 0.110063 | 0.181710 | 0.130191 | 0.188749 | 0.035184 |
| 20 | 0.026396 | 0.031745 | 0.153938 | 0.170508 | 0.033251 | 0.035339 | 0.080426 | 0.109843 | 0.035803 | 0.150863 |
| 21 | 0.183973 | 0.189774 | 0.036192 | 0.015902 | 0.051564 | 0.189682 | 0.168469 | 0.081365 | 0.030421 | 0.028274 |
| 22 | 0.152165 | 0.146582 | 0.062778 | 0.019244 | 0.161571 | 0.179435 | 0.189753 | 0.117990 | 0.034636 | 0.032191 |
| 23 | 0.089742 | 0.144949 | 0.093019 | 0.021897 | 0.159286 | 0.170477 | 0.164929 | 0.158064 | 0.054058 | 0.036629 |
| 24 | 0.068016 | 0.114638 | 0.178554 | 0.051806 | 0.129012 | 0.148115 | 0.189013 | 0.147478 | 0.142605 | 0.109405 |
| 25 | 0.030636 | 0.036844 | 0.076457 | 0.001591 | 0.050304 | 0.061818 | 0.122771 | 0.164427 | 0.050272 | 0.142062 |
| 26 | 0.021081 | 0.026985 | 0.032080 | 0.033972 | 0.028265 | 0.030040 | 0.037841 | 0.073995 | 0.029513 | 0.175267 |
| 27 | 0.061011 | 0.092379 | 0.097285 | 0.028371 | 0.105525 | 0.124033 | 0.186020 | 0.180126 | 0.118839 | 0.097463 |
| 28 | 0.028029 | 0.033446 | 0.051011 | 0.036056 | 0.035933 | 0.037232 | 0.094150 | 0.133309 | 0.036377 | 0.106360 |
| 29 | 0.017175 | 0.010819 | 0.003493 | 0.002000 | 0.014355 | 0.010623 | 0.007775 | 0.005155 | 0.003509 | 0.003780 |
| 30 | 0.023606 | 0.014870 | 0.004808 | 0.002859 | 0.019729 | 0.014600 | 0.010685 | 0.007084 | 0.004823 | 0.005195 |
| 31 | 0.016059 | 0.009418 | 0.003266 | 0.001945 | 0.012542 | 0.009282 | 0.007269 | 0.004820 | 0.003281 | 0.003534 |
| 32 | 0.011042 | 0.006944 | 0.001655 | 0.001413 | 0.009248 | 0.006844 | 0.005360 | 0.003706 | 0.001182 | 0.002606 |

图 10-20　摩擦系数矩阵

双约束，点击右侧“铅笔 + ”按钮添加目的选项，Purpose 给重力分布命名为出行分布预测，P 和 A 选择平衡后的 P 和 A 值，Iteration 设置迭代次数，Convergence 设置收敛条件，Method 选择 Matrix（这里的阻抗函数是自己定义的分段函数，故而选择 Matrix。也可选择软件自带的阻抗函数，并设置 a、b、c 的参数值）。最后点击 OK，得到 OD 分布矩阵(图 10-22)。

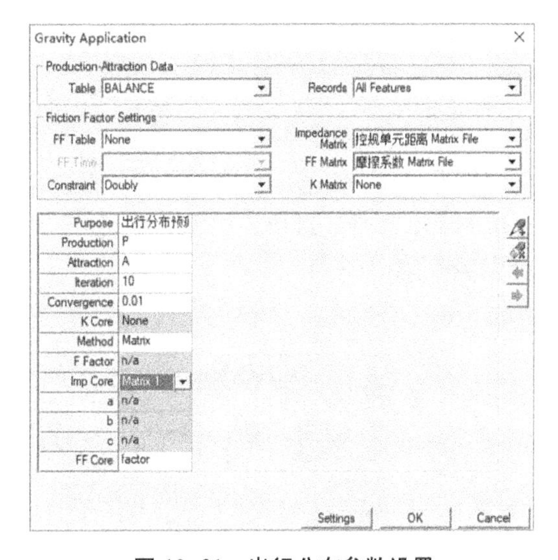


图 10-21　出行分布参数设置

### ➢ 步骤 7:期望线生成

将出行分布预测数据导出为 csv 格式，导入到 ArcGIS 里进行期望线制作。

| | 1 | 2 | 3 | 4 | 5 | 6 | 7 | 8 |
|---|---|---|---|---|---|---|---|---|
| 1 | 3155.96 | 205.62 | 155.56 | 319.85 | 2002.15 | 429.12 | 379.67 | 68.06 |
| 2 | 240.57 | 990.64 | 344.16 | 89.89 | 407.11 | 239.96 | 1323.91 | 38.06 |
| 3 | 180.84 | 343.36 | 5511.41 | 32.98 | 149.38 | 161.33 | 232.84 | 70.85 |
| 4 | 345.84 | 82.92 | 30.69 | 292.95 | 1393.72 | 318.34 | 71.31 | 22.07 |
| 5 | 2156.39 | 373.97 | 138.41 | 1386.94 | 5825.68 | 3084.60 | 321.61 | 127.97 |
| 6 | 532.01 | 253.82 | 172.18 | 409.89 | 3549.51 | 2136.00 | 564.43 | 350.50 |
| 7 | 388.92 | 1156.72 | 205.23 | 67.56 | 418.46 | 466.17 | 1095.15 | 54.63 |
| 8 | 78.52 | 37.46 | 70.23 | 24.45 | 137.19 | 323.09 | 61.51 | 62.03 |
| 9 | 253.99 | 121.18 | 59.88 | 74.89 | 632.17 | 1252.48 | 198.95 | 100.95 |
| 10 | 151.18 | 72.13 | 108.91 | 44.49 | 276.18 | 735.67 | 118.43 | 142.57 |
| 11 | 179.47 | 85.63 | 214.23 | 52.81 | 327.86 | 608.99 | 140.58 | 252.52 |
| 12 | 97.94 | 74.45 | 171.41 | 30.50 | 171.13 | 245.25 | 89.07 | 125.99 |
| 13 | 15.47 | 56.46 | 428.16 | 7.66 | 34.71 | 38.93 | 41.83 | 12.73 |
| 14 | 117.48 | 380.03 | 1421.92 | 51.58 | 233.59 | 281.14 | 281.51 | 92.75 |
| 15 | 73.36 | 46.22 | 103.86 | 17.62 | 128.17 | 142.81 | 57.46 | 99.08 |
| 16 | 456.77 | 415.74 | 957.20 | 142.23 | 798.06 | 590.17 | 497.38 | 619.94 |
| 17 | 31.04 | 113.26 | 260.78 | 28.18 | 158.10 | 110.24 | 135.51 | 114.13 |
| 18 | 16.48 | 60.13 | 443.97 | 8.16 | 36.96 | 47.99 | 47.83 | 15.83 |
| 19 | 8.81 | 32.16 | 85.34 | 4.36 | 19.77 | 29.78 | 32.00 | 9.74 |
| 20 | 28.85 | 93.33 | 349.19 | 12.67 | 57.36 | 69.11 | 69.13 | 22.80 |
| 21 | 94.01 | 60.20 | 145.38 | 22.87 | 153.12 | 148.55 | 72.02 | 134.97 |
| 22 | 4.14 | 33.29 | 80.39 | 9.16 | 38.45 | 48.47 | 39.82 | 39.59 |
| 23 | 42.29 | 154.35 | 373.07 | 28.03 | 215.45 | 185.44 | 184.66 | 61.12 |
| 24 | 38.14 | 139.18 | 946.71 | 18.89 | 160.92 | 138.38 | 137.92 | 45.65 |
| 25 | 17.74 | 64.74 | 206.99 | 7.44 | 74.85 | 64.37 | 64.15 | 21.23 |
| 26 | 3.46 | 12.62 | 41.85 | 1.93 | 8.10 | 10.22 | 12.51 | 4.14 |
| 27 | 36.68 | 133.88 | 415.53 | 18.17 | 155.65 | 133.85 | 133.41 | 44.16 |
| 28 | 17.05 | 62.23 | 177.70 | 10.27 | 43.10 | 54.33 | 62.01 | 16.88 |
| 29 | 164.02 | 39.33 | 19.47 | 63.55 | 266.75 | 168.85 | 59.87 | 15.71 |
| 30 | 145.78 | 34.95 | 17.30 | 56.48 | 237.09 | 150.07 | 53.21 | 13.96 |
| 31 | 68.86 | 16.51 | 9.50 | 26.68 | 112.00 | 72.78 | 24.93 | 7.14 |
| 32 | 120.20 | 33.48 | 14.40 | 46.57 | 195.49 | 160.47 | 54.97 | 15.74 |

| | 9 | 10 | 11 | 12 | 13 | 14 | 15 | 16 |
|---|---|---|---|---|---|---|---|---|
| 1 | 212.48 | 142.64 | 144.05 | 96.75 | 41.53 | 93.79 | 53.19 | 440.74 |
| 2 | 118.82 | 79.77 | 80.55 | 85.86 | 61.71 | 353.16 | 46.91 | 467.71 |
| 3 | 115.29 | 119.27 | 199.60 | 197.08 | 467.17 | 1319.69 | 107.09 | 1073.56 |
| 4 | 67.78 | 45.41 | 45.86 | 31.38 | 7.80 | 44.64 | 16.93 | 102.40 |
| 5 | 568.91 | 200.51 | 283.29 | 181.92 | 35.18 | 201.33 | 104.60 | 828.72 |
| 6 | 1298.55 | 859.77 | 605.74 | 303.06 | 14.14 | 278.26 | 163.03 | 706.20 |
| 7 | 170.55 | 114.49 | 115.62 | 90.26 | 40.23 | 230.25 | 49.32 | 491.69 |
| 8 | 96.38 | 154.50 | 235.28 | 144.73 | 13.77 | 84.11 | 100.57 | 700.51 |
| 9 | 706.20 | 589.38 | 560.30 | 87.89 | 11.74 | 181.87 | 164.79 | 486.96 |
| 10 | 522.77 | 341.45 | 519.69 | 162.64 | 20.36 | 176.00 | 210.37 | 869.44 |
| 11 | 583.55 | 611.20 | 459.90 | 408.94 | 40.04 | 346.22 | 254.42 | 2465.25 |
| 12 | 74.34 | 155.00 | 363.44 | 112.77 | 83.86 | 208.23 | 119.35 | 880.93 |
| 13 | 19.76 | 20.44 | 34.21 | 88.48 | 58.27 | 181.56 | 31.32 | 457.95 |
| 14 | 200.91 | 207.85 | 347.82 | 258.00 | 225.28 | 19699.28 | 186.61 | 1620.61 |
| 15 | 150.58 | 222.41 | 247.62 | 131.56 | 34.09 | 167.85 | 45.16 | 805.18 |
| 16 | 421.75 | 847.48 | 2047.69 | 907.36 | 445.20 | 1342.29 | 745.09 | 4104.36 |
| 17 | 78.78 | 120.00 | 335.49 | 255.96 | 144.81 | 358.41 | 206.74 | 1570.95 |
| 18 | 34.29 | 35.48 | 59.37 | 44.04 | 101.68 | 538.05 | 43.85 | 438.96 |
| 19 | 13.27 | 13.73 | 22.98 | 63.73 | 47.62 | 167.04 | 12.33 | 327.61 |
| 20 | 49.39 | 51.10 | 85.51 | 63.42 | 149.17 | 3058.93 | 45.87 | 398.40 |
| 21 | 167.62 | 291.52 | 461.75 | 293.78 | 27.17 | 234.95 | 55.12 | 1656.90 |
| 22 | 41.95 | 73.64 | 185.48 | 110.20 | 22.89 | 129.91 | 94.26 | 761.21 |
| 23 | 128.36 | 137.10 | 446.17 | 444.48 | 139.53 | 602.82 | 337.28 | 3036.27 |
| 24 | 98.89 | 102.31 | 270.12 | 289.31 | 218.55 | 1173.98 | 224.83 | 2109.23 |
| 25 | 34.06 | 47.59 | 79.63 | 59.07 | 59.45 | 1174.58 | 55.69 | 559.24 |
| 26 | 8.84 | 7.69 | 14.59 | 11.52 | 6.64 | 130.17 | 8.33 | 72.33 |
| 27 | 95.66 | 98.96 | 218.01 | 243.51 | 124.37 | 671.54 | 192.00 | 1844.86 |
| 28 | 47.02 | 40.92 | 77.56 | 57.10 | 42.24 | 552.73 | 41.30 | 358.67 |
| 29 | 97.28 | 59.90 | 62.75 | 24.38 | 3.82 | 42.09 | 22.34 | 135.07 |
| 30 | 86.46 | 53.24 | 55.77 | 21.67 | 3.39 | 37.41 | 19.85 | 120.05 |
| 31 | 47.48 | 25.82 | 30.63 | 11.08 | 1.86 | 20.54 | 10.19 | 61.60 |
| 32 | 104.70 | 56.93 | 67.53 | 24.43 | 2.82 | 44.61 | 22.46 | 135.84 |

图 10-22　出行分布结果

① 点击 Matrix—Export，打开 Matrix Export 窗口，按图示选择，将分布矩阵按照行列导出，保存结果为“出行分布预测.csv”格式数据(图 10-23)。

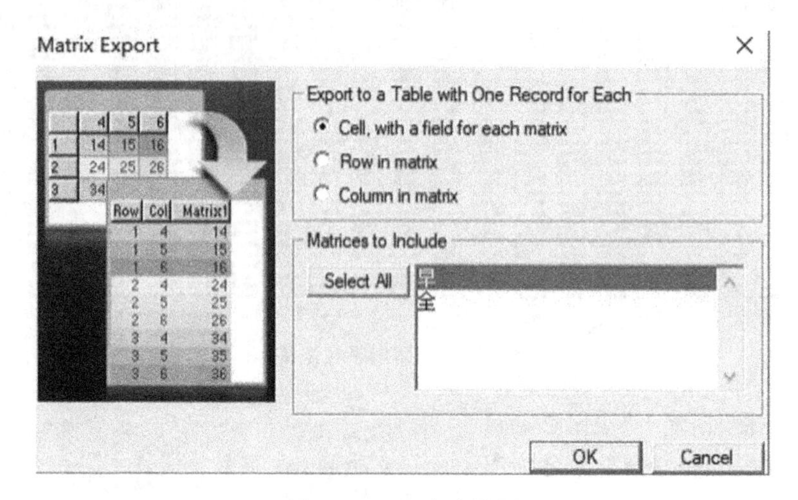


图 10-23 导出出行量

② 打开 ARCGIS，运用 ETGW 插件得到每个地理单元内质心之间的两两连线。选择 Connect Point，选择地理单元内质心图层，设置参数，点击“OK”，生成两两连线的线图层，命名为期望线(图 10-24)。

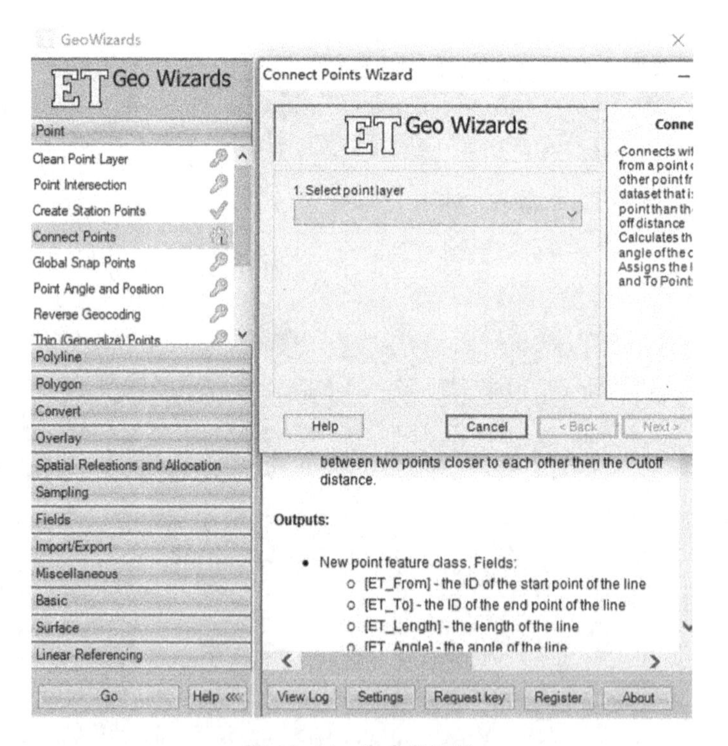


图 10-24 生成期望线

③ 将 TC 导出“出行分布预测.csv”数据按照步骤②生成的线图层的对应 OD 对关联进 ArcGIS。右击期望线图层，点击 Open Attribute Table，打开属性表，选择 Table

Option—Joins and Relates—Join，选择期望线图层中与 csv 数据中对应的字段，点击“OK”，完成数据关联（图 10-25）。

④ 可视化：右击期望线图层，点击 Properties—Symbology—Quantities Graduated colors，选择值为分布量，选择颜色（图 10-26），点击“OK”，最终生成出行分布预测图（10-27）。

根据分析结果，昆山市早高峰出行客流量约为 91.12 万人次。由于中心城区是昆山就业岗位的密集区域，因此中心城区早高峰出行最多，在图 10-27 中期望线相比于其他地区较粗，且中心城区的大部分出行目的地仍然在中心城区之中。花桥商务城的早高峰出行同样较多。与中心城区不同的是，花桥商务城的早高峰出行更多的是流向靠近城区的东部副城。

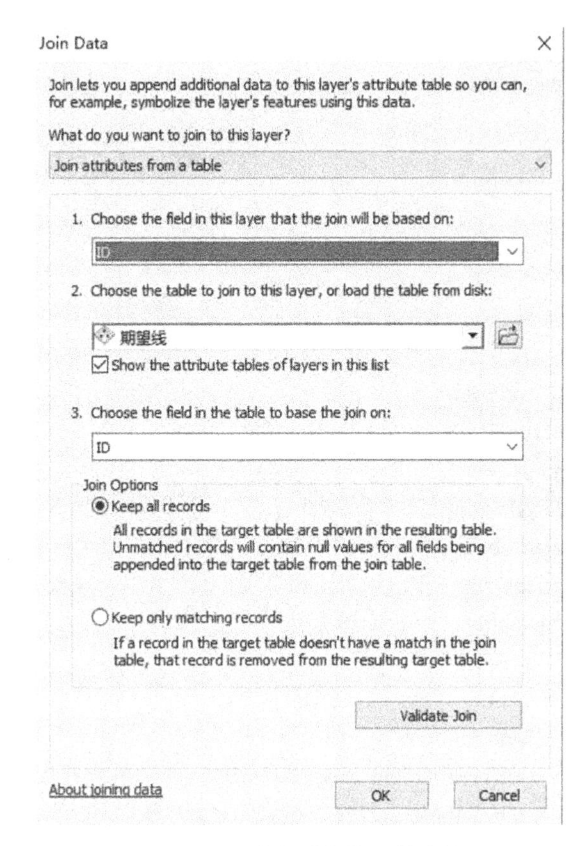


图 10-25　出行量与期望线连接

Layer Properties
Labels　Joins & Relates　Time　HTML Popup
General　Source　Selection　Display　Symbology　Fields　Definition Query
Show:
Features
Categories
Quantities
Graduated colors
Graduated symbols
Proportional symbols
Charts
Multiple Attributes
Draw quantities using color to show values.　Import...
Fields　Value: liuliang　Normalization: none
Classification　Natural Breaks (Jenks)　Classes: 9　Classify...
Color Ramp:

| Symbol | Range | Label |
|---|---|---|
| | .000000 - 238.969681 | .000000 - 238.969681 |
| | 238.969682 - 806.384460 | 238.969682 - 806.384460 |
| | 806.384461 - 1767.253296 | 806.384461 - 1767.253296 |
| | 1767.253297 - 3193.863770 | 1767.253297 - 3193.863770 |
| | 3193.863771 - 4967.502441 | 3193.863771 - 4967.502441 |
| | 4967.502442 - 7739.097168 | 4967.502442 - 7739.097168 |
| | 7739.097169 - 12740.855469 | 7739.097169 - 12740.855469 |

Show class ranges using feature values　Advanced
确定　取消　应用(A)

图 10-26　出行量可视化

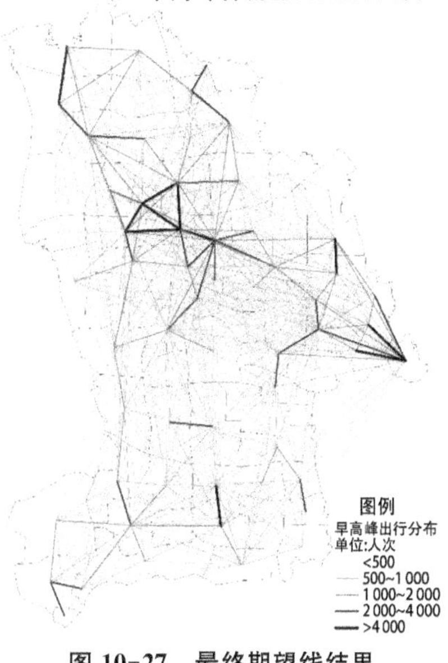


图 10-27　最终期望线结果

# 附录 A

# 基础类与函数

***basics. py***

```
# -*- coding:utf-8 -*-
import sys
import os
reload(sys)
import urllib2
import json
sys.setdefaultencoding('utf8')
class PointWithAttr(object):
    def __init__(self,id,lon,lat):
        self.id = id
        self.lon = lon
        self.lat = lat
        self.name = ""
        self.name1 = ""
    def __init__(self, id, lon, lat,type,name):
        self.id = id
        self.lon = lon
        self.lat = lat
        self.type = type
        self.name = name
class BoundryWithAttr(object):
    def __init__(self, point, boundrycoords):
        self.point = point
        self.boundrycoords = boundrycoords
class LineWithAttr(object):
    def __init__(self, name, coords):
        self.name = name
        # coords 数据类型为列表
        self.coords = coords
#从文本文件读取点数据并生成 PointWithAttr 对象
def createpoint(filename,idindex,lonindex,latindex,nameindex,name1index):
    doc = open(filename, 'r')
    lines = doc.readlines()
    doc.close()
```

```
    points = []
    for line in lines:
        linesplit = line.split(',')
        id = linesplit[idindex]
        lon = linesplit[lonindex]
        lat = linesplit[latindex].replace("\n", "")
        name = linesplit[nameindex]
        name1 = linesplit[name1index]
        point = PointWithAttr(id, lon, lat,name,name1)
        points.append(point)
    return points
#合并文件夹 outputdirectory 下的所有文本文件到 finalfile
def mergetxt(outputdirectory,finalfile):
    f = open(finalfile,'w')
    f.close()
    f = open(finalfile,'a')
    for filename in os.listdir(outputdirectory):
        file_path = os.path.join(outputdirectory, filename)
        file1 = open(file_path, 'r')
        context = file.read()
        file1.close()
        f.write(context)
    f.close()
#百度坐标系转换为国测局坐标(火星坐标，高德坐标，腾讯坐标)
def BDtoGCJ(ak,oldPoint):
    url = "http://restapi.amap.com/v3/assistant/coordinate/convert? key=" + ak \
        + "&locations=" + oldPoint.lon+"," + oldPoint.lat + "&coordsys=baidu"
    json_obj = urllib2.urlopen(url)
    mydata = json.load(json_obj)
    if mydata['info'] == "ok":
        newLon,newLat = mydata['locations'].split(',')
        newPoint = PointWithAttr(0,newLon,newLat,"GCJ02","GCJ02")
    else:
        print mydata['info']
        newPoint = '-1'
    return newPoint
```

# 附录 B

# 矢量数据采集与分析篇代码

## 附录 B-1 兴趣点数据采集与分析

***chapter 4. py***

```
# -*- coding:utf-8 -*-
import json
import urllib2
import sys
import os
import basics
reload(sys)
sys.setdefaultencoding('utf8')
#关键字搜索,每次最多返回 1 000 个 POI 信息,适合数量较少的 POI 类型
#给出 POI 类型(poitype)和行政区编码(citycode),获取包含所有的 POI 的列表 POIList
def getPOIKeywords(poitype,citycode):
    POIList = []
    for page in range(1, 46):
        url = "http://restapi.amap.com/v3/place/text? key=" + ak +\
              "&keywords=&types=" + poitype + "&city=" + citycode + \
              "&children=1&offset=20&page=" + str(page) + "&extensions=all"
        #print url
        json_obj = urllib2.urlopen(url)
        json_data = json.load(json_obj)
        try:
            pois = json_data['pois']
        except Exception as e:
            print "错误",url
            print e
            continue
        if(pois! =[]):#如果第 i 页不为空
            for j in range(0, len(pois)):
                poi_j = pois[j]
                id = poi_j['id']
                lon = float(poi_j['location'].split(',')[0])
                lat = float(str(poi_j['location']).split(',')[1])
```

```
                name = poi_j['name']
                poi = basics.PointWithAttr(id,lon,lat,poitype,name)#将type加入
                POIList.append(poi)
    return POIList
#范围搜索,将行政区划分为num个子区域,用以无遗漏采集POI
def getPOIPolygon(poitype,citycode,num):
    POIList = []
    #获取citycode对应的行政边界
    districtBoundryUrl = "http://restapi.amap.com/v3/config/district?key=" \
                          + ak + "&keywords=" + citycode + \
                          "&subdistrict=0&extensions=all"
    json_obj = urllib2.urlopen(districtBoundryUrl)
    json_data = json.load(json_obj)
    districts = json_data['districts']
    polyline = districts[0]['polyline']
    center = districts[0]['center']
    pointscoords = polyline.split(';')
    newlinelength = len(pointscoords)/num #步长
    #将行政区域划分为num个子区域,获得每个子区域的poi
    boundryMarks =[]#标记行政区域的划分点
    for i in range(0,len(pointscoords),newlinelength):
        boundryMarks.append(i)
    boundryMarks.append(len(pointscoords)-1)
    #print boundryMarks
    for i in range(0,len(boundryMarks)-1):
        firstMark = boundryMarks[i]
        lastMark = boundryMarks[i+1]
        newboundry = [center]
        for j in range(firstMark,lastMark+1):
            newboundry.append(pointscoords[j])
        newboundry.append(center)
        #newboundryStr是多边形的边界
        newboundryStr = "|".join(newboundry)
        for page in range(1, 46):
            url = "http://restapi.amap.com/v3/place/polygon?key=" + ak + \
                  "&polygon=" + newboundryStr + "&keywords=&types=" +poitype \
                  + "&offset=20&page=" + str(page) + "&extensions=all"
            json_obj = urllib2.urlopen(url)
            json_data = json.load(json_obj)
            try:
                pois = json_data['pois']
            except Exception as e:
                print "错误",url
```

```
                print e
                continue
            if (pois ! = []):  # 如果第 i 页不为空
                for j in range(0, len(pois)):
                    poi_j = pois[j]
                    id = poi_j['id']
                    lon = float(poi_j['location'].split(',')[0])
                    lat = float(str(poi_j['location']).split(',')[1])
                    name = poi_j['name']
                    poi = basics.PointWithAttr(id, lon, lat, poitype,name)
                    POIList.append(poi)
    return POIList
#将 poi 写入 txt 文件 ok
def writePOIs2File(POIList,outputfile):
    f = open(outputfile,'a')
    for i in range(0,len(POIList)):
        f.write( POIList[i].id + ";" + POIList[i].name + ";" + POIList[i].type \
                + ";" + str(POIList[i].lon) + ";" + str(POIList[i].lat) + "\n")
    f.close()
if __name__ == = '__main__':
    #密钥 ak
    ak = "36259c5d9e013a3c3715596c4a0f47a9"
    #将采集的 POI 数据保存在 output_directory 文件夹里
    output_directory = "C:\\Users\\yfqin\\Desktop\\test\\"
        if not os.path.exists(output_directory + "poi\\"):
        os.mkdir(output_directory + "poi\\")
    try:
        typefile = open(output_directory + "poitype.txt",'r')
    except Exception as e:
        print "错误提示:请将 poitype.txt 复制到" + output_directory + "下"
    poitypeList = typefile.readlines()
    for poitype in poitypeList:
        poitype = poitype.split('\n')[0]
        #行政区域编码 citycodes
        citycodes = {'玄武区':'320102','秦淮区' :'320104', '建邺区':'320105',\
                    '鼓楼区':'320106','浦口区':'320111','栖霞区':'320113',\
                    '雨花台区':'320114','江宁区':'320115'}
        #citycodes = {'昆山市' : '320583'}
        for citycode in citycodes.values():
            # 调用关键字搜索的 getPOIKeywords 函数,获取 POI 数量较少的类别
            POIList = getPOIKeywords(poitype,citycode)
            # 关键字搜索返回 POI 数量大于 900 个,则调用多边形搜索的
            # getPOIPolygon 函数,获取 POI 数量较多的类别
```

```
            if(len(POIList)>= 900):
                POIList = []
                POIList = getPOIPolygon(poitype,citycode,6)
                outputfile1 = output_directory +"poi\\" +poitype + "_" + citycode \
                              + "_polygon.txt"
                f = open(outputfile1, 'w')
                f.close()
                print citycode, poitype, len(POIList)
                writePOIs2File(POIList, outputfile1)
            else:
                outputfile = output_directory + "poi\\" + poitype + "_" + citycode \
                             + "_keywords.txt"
                f = open(outputfile, 'w')
                f.close()
                print citycode,poitype,len(POIList)
                writePOIs2File(POIList,outputfile)
    #合并 poitype 类型的文本文件
    basics.mergetxt(output_directory+"poi\\",output_directory+"final.txt")
```

## 附录B-2 兴趣线数据采集与分析

### *chapter 5_1.py*

```
# -*- coding:utf-8 -*-
import sys
import arcpy
reload(sys)
sys.setdefaultencoding('utf8')
outputpath="C:\\Users\\yfqin\\Desktop\\test\\"
shp=outputpath+"fishNet84Selected.shp"
cur = arcpy.UpdateCursor(shp)
for row in cur:
    polygon = row.shape
    ext = polygon.extent
    row.BLX=ext.XMin
    cur.updateRow(row)
    row.BLY=ext.YMin
    cur.updateRow(row)
    row.URX=ext.XMax
    cur.updateRow(row)
    row.URY=ext.YMax
    cur.updateRow(row)
del cur,row
```

***chapter 5_2. py***

```
# -*- coding:utf-8 -*-
import sys
import arcpy
import basics
import json
import os
import urllib2
reload(sys)
sys.setdefaultencoding('utf8')
from arcpy import env
from arcpy import da
env.overwriteOutput = True
#返回一个区域内所有的道路信息与坐标,centerPoint是PointWithAttr对象,bottemLcft和upRight是经纬度
def getRoad(ak,bottemLeft,upRight,centerPoint,level):
    roadObjects = []
    url = "https://restapi.amap.com/v3/traffic/status/rectangle? key = " + ak + \
          "&rectangle = " + bottemLeft + ';'+ upRight + "&level = " + str(level) + \
          "&extensions = all"
    print url
    json_obj = urllib2.urlopen(url)
    mydata = json.load(json_obj)
    if mydata['info'] == "OK":
        roads = mydata['trafficinfo']['roads']
        evaluation = mydata['trafficinfo']['evaluation']
        if(evaluation['blocked'] != []):
            centerPoint.blocked = evaluation['blocked'].split('%')[0]
        else:
            centerPoint.blocked = -1
        if(evaluation['congested']!=[]):
            centerPoint.congested = evaluation['congested'].split('%')[0]
        else:
            centerPoint.congested = -1
        if(evaluation ['expedite']):
            centerPoint.expedite = evaluation['expedite'].split('%')[0]
        else:
            centerPoint.expedite = -1
        if(evaluation['unknown']!=[]):
            centerPoint.unknown = evaluation['unknown'].split('%')[0]
        else:
            centerPoint.unknown = -1
        if(evaluation['description']!=[]):
```

```
            centerPoint.description = evaluation['description']
        else:
            centerPoint.description = ''
        for road in roads:
            angle = road['angle']
            direction = road['direction']
            name = road['name']
            polyline = road['polyline']
            coords = polyline.split(';')
            status = road['status']
            try:
                speed = road['speed']
            except Exception as e:
                speed = '-1'
            roadobject = basics.LineWithAttr(name,coords)
            roadobject.angle = angle
            roadobject.direction = direction
            roadobject.speed = speed
            roadobject.status = status
            roadObjects.append(roadobject)
    else:
        print mydata['info']
        centerPoint.blocked = -1
        centerPoint.congested = -1
        centerPoint.expedite = -1
        centerPoint.unknown = -1
        centerPoint.description = 'none'
    return [centerPoint,roadObjects]
if __name__ == '__main__':
    #更改的参数
    ak = "36259c5d9e013a3c3715596c4a0f47a9"
    #bottemLeft = "118.777784,32.036383"
    #upRight = "118.789028,32.047223"
    #centerPoint = basics.PointWithAttr('0','118.783878','32.042094','新街口','新街口')
    #1:高速(京藏高速)
    #2:城市快速路、国道(西三环、103 国道)
    #3:高速辅路(G6 辅路)
    #4:主要道路(长安街、三环辅路)
    #5:一般道路(彩和坊路)
    #6:无名道路
    level = 5
    BLX_position = 4
    BLY_position = 5
```

```
URX_position = 6
URY_position = 7
centerX_position = 2
centerY_position = 3
id_position = 0
outputpath = "C:\\Users\\yfqin\\Desktop\\test\\"
#fishNet 存储着分隔好的网格经纬度信息(左下点,右上点)
fishnetxt = outputpath + "fishNet.txt"
wgs84file = outputpath + "wgs84.prj"
wgs84projectfile = outputpath + "wgs84project.prj"
#生成数据的位置
shp_output = outputpath + "roads.shp"
txt_output = outputpath + "roadInformation.txt"
wgs84 = arcpy.SpatialReference(wgs84file)
wgs84project = arcpy.SpatialReference(wgs84projectfile)
#生成道路 Shapefile
arcpy.CreateFeatureclass_management(os.path.dirname(shp_output),\
                                    os.path.basename(shp_output),\
                                    'POLYLINE',"", "", "", wgs84project)
arcpy.AddField_management(shp_output,"Name","Text")
arcpy.AddField_management(shp_output,"Speed","Double")
arcpy.AddField_management(shp_output,"Status","Text")
arcpy.AddField_management(shp_output,"Angle","Short")
arcpy.AddField_management(shp_output,"Direction","Text")
arcpy.AddField_management(shp_output,"Length","Double")
fields = ["SHAPE@","Name","Speed","Status","Angle","Direction","Length"]
array = arcpy.Array()
#读取每个区域坐标
fn = open(fishnetxt,'r')
fishnets = fn.readlines()
fn.close()
f = open(txt_output,'w')
f.close()
for i in range(0,len(fishnets)):
    fishnet = fishnets[i]
    fishnetInformation = fishnet.split(',')
    bottemLeft = fishnetInformation[BLX_position] + ',' + \
                 fishnetInformation[BLY_position]
    print bottemLeft
    upRight = fishnetInformation[URX_position] + ',' + \
              fishnetInformation[URY_position].split('\n')[0]
    print upRight
    centerPoint = basics.PointWithAttr(fishnetInformation[id_position],\
```

```
                                              fishnetInformation[centerX_position],\
                                              fishnetInformation[centerY_position],\
                                              0,fishnetInformation[id_position])
        print centerPoint.id
        results = getRoad(ak, bottemLeft, upRight, centerPoint, level)
        roadObjects = results[1]
        cur = da.InsertCursor(shp_output, fields)
        for roadObject in roadObjects:
            for i in range(0,len(roadObject.coords)):
                coord = roadObject.coords[i]
                lon,lat = coord.split(',')
                pnt = arcpy.Point(lon,lat)
                array.add(pnt)
            polyline = arcpy.Polyline(array,wgs84)
            polylinePeoject = polyline.projectAs(wgs84project)
            array.removeAll()
            newFields = [polylinePeoject,roadObject.name, float(roadObject.speed),\
                        int(roadObject.status), int(roadObject.angle), \
                          roadObject.direction, polylinePeoject.length]
            cur.insertRow(newFields)
        del cur
        #生成路况信息 txt
        f = open(txt_output,'a')
        evaluations = str(centerPoint.id) + ',' + centerPoint.description + ',' \
                     + str(centerPoint.blocked) + ',' + str(centerPoint.congested) \
                     + ',' + str(centerPoint.expedite) + ',' + str(centerPoint.unknown) \
                     + '\n'
        f.write(evaluations)
    f.close()
    print "开始去重"
    arcpy.DeleteIdentical_management(shp_output, ["Shape ", "Name", "Angle", \
                                                   "Direction", "Length"])
    print "完成"
```

***chapter 5_3.py***

```
<! DOCTYPEhtml>
<html lang="en">
<head>
    <meta charset="UTF-8">
    <script
type="text/javascript"src="http://api.map.baidu.com/api? v=2.0&ak=wmgu5Zd6PftzQGq5MO8uG
KXKgFxZVYov">
    </script>
```

```
    <title>公交路径点采集</title>
</head>
<body>
    <p>
        城市名称:<input type="text" value="南京" id="cityName" />
    </p>
    <p>
        公交名称:<input type="text" value="11路" id="busId" />
        <input type="button" value="查询" onclick="busSearch();" />
        (多条线路查询用逗号分割)
    </p>
        <div>
        <table  id="data">
            <thead>
                <tr style="text-align:center;width:100%;">
                    <td colspan="7" style="font-size:larger;">公交信息</td>
                </tr>
                <tr style="text-align:left;width:100%;">
                    <td colspan="7" style="font-size:larger;">
                        名称,开始时间,结束时间,公交公司,站台数,轨迹点
                    </td>
                </tr>
            </thead>
            <tbody id="tabledata" style="height:100%;width:100%;padding:0;">
            </tbody>
        </table>
    </div>
</body>
</html>
<script type="text/javascript">
    var busline
    var dataHtml = ''
    busline = new BMap.BusLineSearch(document.getElementById("cityName").value, {
        onGetBusListComplete: function (result) {
            if (result) {
                lineNum=result.getNumBusList()
                //去程公交
                var fstLine = result.getBusListItem(0);
                busline.getBusLine(fstLine);
            }
        },
        onGetBusLineComplete: function (busline) {
            if (busline) {
```

```
            //公交信息
            var startTime = busline.startTime;
            var endTime = busline.endTime;
            var company = busline.company;
            var numBusStations = busline.getNumBusStations();
            var name = busline.name
            var data =  name + ';' + startTime + ';' + endTime + ';' + company +
                    ';' + numBusStations + "<br>";
            dataHtml += data
            //公交轨迹点信息
            var points = busline.getPath();
            var path = "";
            var linedata = "";
            for (var i = 0; i<points.length; i++) {
                path += points[i].lng;
                path += ",";
                path += points[i].lat;
                path +=";";
            }
            dataHtml = dataHtml +  path + "<br>";
            document.getElementById("tabledata").innerHTML = dataHtml;
        }
    }
});
function busSearch() {
    tabledataHtml = ''
    tabledataPath = ''
    var busName = document.getElementById("busId").value;
    if (busName != '') {
        var list = busName.split(/[,,]/); //正则表达式
        if (list.length> 0) {
            for (var kk = 0; kk <list.length; kk++) {
                busline.getBusList(list[kk]);
            }
        }
    }
    else {
        alert('请输入查询公交名称')
    }
}
</script>
```

## *chapter 5_4.py*

```
# -*- coding:utf-8 -*-
```

```
import sys
import basics
reload(sys)
sys.setdefaultencoding('utf8')
# 更改的参数
ak = "fe71714e13768d1d6623b829ca81b526"
outputpath = "C:\\Users\\yfqin\\Desktop\\test\\"
busInformationTxt = outputpath + "busInformation_BD.txt"
newbusInformation = outputpath + "busInformation31.txt"
# 批量进行坐标转换
f = open(busInformationTxt, 'r')
buslines = f.readlines()
f.close()
f = open(newbusInformation,'a')
for i in range(0,len(buslines)):
    busline = buslines[i]
    busInformation = busline.split(';')
    if (len(busInformation)) == 5:
        f.write(busline)
    else:
        for j in range(0,len(busInformation)-1):
            coord = busInformation[j]
            oldLon = coord.split(',')[0]
            oldLat_ = coord.split(',')[1]
            oldLat = oldLat_.split('\n')[0]
            #坐标系转换
            oldPoint = basics.PointWithAttr(0, oldLon, oldLat, "BD", "BD")
            newPoint = basics.BDtoGCJ(ak,oldPoint)
            print newPoint.lon + ',' + newPoint.lat + ';'
            f.write(newPoint.lon+','+newPoint.lat+';')
        f.write('\n')
    print i
f.close()
```

***chapter 5_5.py***

```
# -*- coding:utf-8 -*-
import sys
import arcpy
from arcpy import da
from arcpy import env
import os
reload(sys)
sys.setdefaultencoding('utf8')
env.overwriteOutput = True
```

```
#基于公交信息文本文件,生成公交 Shapefile
ak = "fe71714e13768d1d6623b829ca81b526"
outputpath = "C:\\Users\\yfqin\\Desktop\\test\\"
busInformationTxt = outputpath + "busInformation_GD.txt"
shp_output = outputpath + "bus.shp"
wgs84file = outputpath + "wgs84.prj"
wgs84projectfile = outputpath + "wgs84project.prj"
wgs84 = arcpy.SpatialReference(wgs84file)
wgs84project = arcpy.SpatialReference(wgs84projectfile)
#生成公交 Shapefile
arcpy.CreateFeatureclass_management(os.path.dirname(shp_output), \
                                    os.path.basename(shp_output), \
                                    'POLYLINE', "", "", "", wgs84project)
arcpy.AddField_management(shp_output, "Name", "Text")
arcpy.AddField_management(shp_output, "StartTime", "Text")
arcpy.AddField_management(shp_output, "EndTime", "Text")
arcpy.AddField_management(shp_output, "BusCompany", "Text")
arcpy.AddField_management(shp_output, "StationNum", "Text")
arcpy.AddField_management(shp_output, "Length", "Double")
fields = ["SHAPE@", "Name", "StartTime", "EndTime", "BusCompany",\
          "StationNum", "Length"]
array = arcpy.Array()
#读取 busInformationTxt
f = open(busInformationTxt,'r')
buslines = f.readlines()
cur = da.InsertCursor(shp_output, fields)
for j in range(0,len(buslines)):
    busline = buslines[j]
    busInformation = busline.split(';')
    if (len(busInformation)) == 5:
        busName = busInformation[0]
        startTime = busInformation[1]
        endTime = busInformation[2]
        busCompany = busInformation[3]
        stationNum = busInformation[4]
    elif(len(busInformation)) > 5:
        for i in range(0,len(busInformation)-1):
            coord = busInformation[i]
            oldLon = coord.split(',')[0]
            oldLat_ = coord.split(',')[1]
            oldLat = oldLat_.split('\n')[0]
            pnt = arcpy.Point(oldLon, oldLat)
            array.add(pnt)
        polyline = arcpy.Polyline(array, wgs84)
```

```
        polylinePeoject = polyline.projectAs(wgs84project)
        array.removeAll()
        newFields = [polylinePeoject, busName, startTime, endTime, \
                     busCompany, stationNum, polylinePeoject.length]
        cur.insertRow(newFields)
del cur
f.close()
```

# 附录 B-3　兴趣面数据采集与分析

***chapter 6_1.py***

```
# -*- coding:utf-8 -*-
import json
import urllib2
import sys
import os
import basics
import arcpy
reload(sys)
sys.setdefaultencoding('utf8')
from arcpy import env
from arcpy import da
env.overwriteOutput=True
#功能：采集行政区域边界
#返回保存边界信息的 BoundryWithAttr 对象
def getDistrictBoundry(ak,citycode):
    districtBoundryUrl = "http://restapi.amap.com/v3/config/district? key=" \
                         + ak + "&keywords=" + citycode + \
                         "&subdistrict=0&extensions=all"
    print districtBoundryUrl
    json_obj = urllib2.urlopen(districtBoundryUrl)
    json_data = json.load(json_obj)
    districts = json_data['districts']
    try:
        polyline = districts[0]['polyline']
        centerLon = districts[0]['center'].split(',')[0]
        centerLat = districts[0]['center'].split(',')[1]
    except Exception as e:
        print "错误"
    pointscoords = polyline.split(';')
    point = basics.PointWithAttr(0, centerLon, centerLat, '行政区域', citycode)
    districtBoundry = basics.BoundryWithAttr(point, pointscoords)
```

```
    return districtBoundry
if __name__ == '__main__':
    #密钥 ak
    ak = "36259c5d9e013a3c3715596c4a0f47a9"
    #数据保存在 output_directory 文件夹里
    output_directory = "C:\\Users\\yfqin\\Desktop\\test\\"
    #citycodes = {'昆山市': '320583'}
    citycodes = {'玄武区': '320102', '秦淮区': '320104', '建邺区': '320105',\
                 '鼓楼区': '320106', '浦口区': '320111', '栖霞区': '320113',\
                 '雨花台区': '320114', '江宁区': '320115'}
    outshp = output_directory + "nanjing.shp"
    # 创建空白 shapefile
    arcpy.CreateFeatureclass_management(os.path.dirname(outshp), \
                                        os.path.basename(outshp), "POLYGON")
    arcpy.AddField_management(outshp, "Citycodes", "Text", "", "", "")
    arcpy.AddField_management(outshp, "Name", "Text", "", "", "")
    fields = ["SHAPE@", "Citycodes", "Name", ]
    for citycode in citycodes.keys():
        districtBoundry = getDistrictBoundry(ak, citycode)
        cur = da.InsertCursor(outshp, fields)
        array = arcpy.Array()
        boundrycoords = districtBoundry.boundrycoords
        for coordPair in boundrycoords:
            try:
                lon, lat = coordPair.split(',')
            except Exception as e:
                coordPair1 = coordPair.split('|')
                for one in coordPair1:
                    lon, lat = one.split(',')
                    pnt = arcpy.Point(float(lon), float(lat))
                    array.add(pnt)
                continue
            pnt = arcpy.Point(float(lon), float(lat))
            array.add(pnt)
        polygon = arcpy.Polygon(array)
        array.removeAll()
        newFields = [polygon, citycode, citycodes[citycode]]
        cur.insertRow(newFields)
        del cur
```

**chapter 6_2.py**

```
# -*- coding:utf-8 -*-
import json
import urllib2
```

```
import sys
import arcpy
import os
from arcpy import env
from arcpy import da
import basics
import time
reload(sys)
sys.setdefaultencoding('utf8')
env.overwriteOutput = True
#从 sourcefile 中读取兴趣面的各项信息
def readFileBoundry(sourcefile,poitype):
    f = open(sourcefile, 'r')
    boundrys_obj = f.readlines()
    boundryList = []
    for boundryobj in boundrys_obj:
        print boundryobj
        # 如果是居住小区,poi 增加容积率和绿化率的字段
        if (poitype == "120302"):
            id, type, lon, lat, volume, green, park, coords11 = \
                boundryobj.split(';')
            coords1 = coords11.split('\n')[0]
            coords = coords1.split('|')
            name=""
            poi = basics.PointWithAttr(id, lon, lat, type, name)
            poi.volume_rate = volume
            poi.green_rate = green
            poi.service_parking = park
            boundry = basics.BoundryWithAttr(poi,coords)
            boundryList.append(boundry)
        # 如果是公园绿地,poi 增加面积和评分字段
        if(poitype=='110100' or poitype=='110101'or poitype=="110102" \
                or poitype=="110103" or poitype=="110104"or poitype=="110105"\
                or poitype=="110202" or poitype=="110203"):
            id,type,lon,lat,star,area,coords11 = boundryobj.split(';')
            coords1 = coords11.split('\n')[0]
            coords = coords1.split('|')
            name = ""
            poi = basics.PointWithAttr(id, lon, lat, type, name)
            poi.star = star
            poi.area = area
            boundry = basics.BoundryWithAttr(poi,coords)
            boundryList.append(boundry)
    f.close()
```

```
    return boundryList
def getBoundry(POIList,poitype,writeboundryfile,starti):
    for i in range(starti,len(POIList)):
        poi = POIList[i]
        send_headers = {…}
        url = "https://www.amap.com/detail/get/detail? id=" + poi.id
        print i,poi.id,url
        req = urllib2.Request(url,headers=send_headers)
        json_obj = urllib2.urlopen(req)
        json_data = json.load(json_obj)
        poidata = json_data['data']
        try:
            spec = poidata['spec']
        except Exception as e:
            print poi.id,poidata
            continue
        try:
            mining_shape = spec['mining_shape']
        except Exception as e:
            print poi.id,"无边界"
            continue
        else:
            shape = mining_shape['shape']
            coords = shape.split(';')
            coords1 = str("|".join(coords))
        try:
            area = mining_shape['area']
        except Exception as e:
            area = '-1'
            print "无面积"
        # 如果是居住小区,poi增加容积率和绿化率的字段
        if(poitype=="120302"):
            try:
                poi.volume_rate = str(poidata['deep']['volume_rate'])
            except Exception as e:
                poi.volume_rate = ""
            try:
                poi.green_rate = str(poidata['deep']['green_rate'])
            except Exception as e:
                poi.green_rate=""
            try:
                poi.service_parking = poidata['deep']['service_parking']
            except Exception as e:
                poi.service_parking = ""
```

```
            bf = open(writeboundryfile, 'a')
            bf.write(poi.id + ";" + poi.type + ";" + poi.lon + ";" + poi.lat + \
                    ";" + poi.volume_rate + ";" + poi.green_rate + ";" + \
                    poi.service_parking + ";" + coords1 + "\n")
            bf.close()
        # 如果是公园绿地,poi 增加面积、评分字段
        if(poitype == '110100' or poitype == '110101'or poitype == "110102"or \
                poitype == "110103" or poitype == "110104"or poitype == "110105"\
                or poitype == "110202" or poitype == "110203"):
            try:
                star = poidata['deep']['src_star']
            except Exception as e:
                print poi.id, "无评分"
                star = "-1"
            poi.star = star
            poi.area = area
            bf = open(writeboundryfile, 'a')
            bf.write(poi.id + ";" + poi.type + ";" + poi.lon + ";" + poi.lat \
                    + ";" + poi.star + ";" + poi.area + ";" + coords1 + "\n")
            bf.close()
        time.sleep(1)
#遍历列表 boundryList,将其中的每个 BoundryWithAttr 对象转换为 Shapefle 的一个面空间要素
def Boundry2Polygon(boundryList,outputfile):
    # 创建空白 shapefile
    arcpy.CreateFeatureclass_management(os.path.dirname(outputfile),\
                                        os.path.basename(outputfile),\
                                        'POLYGON',"", "", "", wgs84project)
    arcpy.AddField_management(outputfile, "resiID", "Text", "", "", "")
    arcpy.AddField_management(outputfile, "Type", "Text", "", "", "")
    arcpy.AddField_management(outputfile, "Name", "Text", "", "", "")
    arcpy.AddField_management(outputfile, "Attr1", "Text", "", "", "")
    arcpy.AddField_management(outputfile, "Attr2", "Text", "", "", "")
    arcpy.AddField_management(outputfile, "Attr3", "Text", "", "", "")
    fields = ["SHAPE@", "resiID", "Type", "Name", "Attr1", "Attr2", "Attr3"]
    cur = da.InsertCursor(outputfile, fields)
    array = arcpy.Array()
    for boundry in boundryList:
        boundrycoords = boundry.boundrycoords
        poi = boundry.point
        boundryID = poi.id
        boundryName = poi.name
        boundryType = poi.type
        for coordPair in boundrycoords:
            lon,lat = coordPair.split(',')
```

```
            pnt = arcpy.Point(float(lon),float(lat))
            array.add(pnt)
        polygon = arcpy.Polygon(array,wgs84)
        polygonProject = polygon.projectAs(wgs84project)
        array.removeAll()
        # 如果是居住小区,poi 增加容积率和绿化率的字段
        if(poitype = = "120302"):
            newFields = [polygonProject, boundryID,boundryType, boundryName, \
                    poi.volume_rate, poi.green_rate, poi.service_parking]
        # 如果是公园绿地,poi 增加面积和评分字段
        if (poitype = = '110100' or poitype = = '110101'or poitype = = "110102"or \
                poitype = = "110103" or poitype = = "110104"or poitype = = "110105" \
                or poitype = = "110202" or poitype = = "110203"):
            newFields = [polygonProject, boundryID, boundryType, boundryName,\
                    poi.star, poi.area, ""]
        cur.insertRow(newFields)
        print "done"
    del cur
if __name__ = = '__main__':
    # AOI 采集完毕后需要修改为 True
    toShapefile = False
    collectData = True
    # 将待采集边界的 POI 数据保存在 output_directory 文件夹里
    output_directory = "C:\\Users\\yfqin\\Desktop\\test\\"
    # 把保存有公园绿地 POI 信息的文本文件 parks.txt 复制到文件夹 output_directory 里
    parksfile = output_directory + "parks.csv"
    #在 output_directory 文件夹新建文本文件 boundry,txt,该文件记录边界信息
    writeboundryfile = output_directory + "boundry.txt"
    #投影文件放置在 output_directory 指示的文件夹下
    wgs84file = output_directory + "wgs84.prj"
    wgs84projectfile = output_directory + "wgs84project.prj"
    wgs84 = arcpy.SpatialReference(wgs84file)
wgs84project = arcpy.SpatialReference(wgs84projectfile)
    #输出的 Shapefile
    outshp = output_directory + "parks.shp"
    #公园绿地类型为 110100,110101,110102,110103,110104,110105
    poitype = "110100"
    if (collectData = = True):
        POIList = basics.createpoint(parksfile, 0, 3, 4, 2, 1)
        getBoundry(POIList, poitype,writeboundryfile, 0)
    if (toShapefile = = True):
        boundryList = readFileBoundry(writeboundryfile, poitype)
        Boundry2Polygon(boundryList, outshp)
```

# 附录C

# 栅格数据采集与分析篇代码

## 附录C-1 街景图片采集与分析

***chapter 7_1.py***

```
import urllib2
import json
import basics
samplingPointsFile = "C:\\Users\\yfqin\\Desktop\\test\\points.csv"
samplingPoints= basics.createpoint(samplingPointsFile, 0, 2, 3, 0, 0)
ak = "QK0EzoqLuDtT4YcDi44tYG53UUdPEaOv"
for point in samplingPoints:
    lon = point.lon
    lat = point.lat
    url = "http://api.map.baidu.com/geoconv/v1/? coords="\
        + lon + "," + lat + "&from=3&to=5&ak=" + ak
    json_obj = urllib2.urlopen(url)
    mydata = json.load(json_obj)
    lon_bd = mydata['result'][0]['x']
    lat_bd = mydata['result'][0]['y']
    print str(lon_bd) + "," + str(lat_bd)
```

***chapter 7_2.py***

```
# -*- coding:utf-8 -*-
import os
import urllib
import sys
import basics
reload(sys)
sys.setdefaultencoding('utf8')
#函数功能:下载经纬度(lon,lat)所在位置的两幅街景图,两幅街景图的拍摄角度分别为 degree1 和 degree2
def dowloadPictures(name,lon,lat,degree1,degree2,ak,coordtype,outputpath):
    url1 = "http://api.map.baidu.com/panorama/v2? ak=" + ak + \
            "&width=1024&height=512&coordtype=" + coordtype + \
```

```
            "&location = "  + lon + "," + lat + "&heading = " + degree1 \
            + "&pitch = 0&fov = 120"
    print url1
    url2 = "http://api.map.baidu.com/panorama/v2? ak = " + ak + \
            "&width = 1024&height = 512&coordtype = " + coordtype + \
            "&location = " + lon + "," + lat + "&heading = " + degree2 \
            + "&pitch = 0&fov = 120"
    print url2
    outputPicture1 = os.path.join(outputpath, "%s(1).jpg" % name)
    outputPicture2 = os.path.join(outputpath, "%s(2).jpg" % name)
    urllib.urlretrieve(url1, outputPicture1)
    urllib.urlretrieve(url2, outputPicture2)
if __name__ == '__main__':
    ak = "QK0EzoqLuDtT4YcDi44tYG53UUdPEaOv"
    samplingPointsFile = "C:\\Users\\yfqin\\Desktop\\test\\points.csv"
    #水平视角
    degree1 = str(90)
    degree2 = str(270)
    #坐标系类型
    coordtype = "bd09ll"
    outputpath = "C:\\Users\\yfqin\\Desktop\\test\\pictures\\"
    if not os.path.exists(outputpath):
        os.makedirs(outputpath)
    samplingPoints = basics.createpoint(samplingPointsFile,0,4,5,0,0)
    for point in samplingPoints:
        id = point.id
        lon = point.lon
        lat = point.lat
        dowloadPictures(id, lon, lat, degree1, degree2, ak, coordtype, outputpath)
        print "%s 号采样点的街景图下载完毕"%(id)
```

### *chapter 7_3.py*

```
# -*- coding:utf-8 -*-
import sys
import arcpy
import os
reload(sys)
sys.setdefaultencoding('utf8')
from arcpy import env
env.overwriteOutput = True
outputpath = "C:\\Users\\yfqin\\Desktop\\test\\"
finalpdf_path = "C:\\Users\\yfqin\\Desktop\\test\\final_pdf.pdf"
# 采样点的个数
```

```
points_num = 26
# 水平视角
degree1 = 90
degree2 = 270
# 获取各个对象
mxdPath = os.path.join(outputpath, "chapter7.mxd")
picturePath = os.path.join(outputpath, "pictures//")
mxd = arcpy.mapping.MapDocument(mxdPath)
df = arcpy.mapping.ListDataFrames(mxd)[0]
pointshp = arcpy.mapping.ListLayers(mxd, "采样点", df)[0]
# 开始批量出图
pdfpaths = []
for i in range(0,points_num+1):
    arcpy.SelectLayerByAttribute_management(pointshp, "NEW_SELECTION",\
                                            "FID=" + str(i))
    # 缩放至选中要素
    df.zoomToSelectedFeatures()
    # 地图的比例
    df.scale = 600
    #清空选中要素
    arcpy.SelectLayerByAttribute_management(pointshp, "CLEAR_SELECTION")
    #设置标题
    title = arcpy.mapping.ListLayoutElements(mxd, "TEXT_ELEMENT", "title")[0]
    title.text = "南京市上海路第%d个采样点" % (i)
    # 设置第一张街景图
    picture1 = arcpy.mapping.ListLayoutElements(mxd, "PICTURE_ELEMENT", \
                                                "picture1")[0]
    picture1caption = arcpy.mapping.ListLayoutElements(mxd, "TEXT_ELEMENT",\
                                                "picture1")[0]
    picture1caption.text = "第%d个采样点方向%d度"%(i, degree1)
    picture1.sourceImage = os.path.join(picturePath,"%d(1).jpg"%(i))
    #设置第二张街景图
    picture2 = arcpy.mapping.ListLayoutElements(mxd, "PICTURE_ELEMENT",\
                                                "picture2")[0]
    picture2caption = arcpy.mapping.ListLayoutElements(mxd, "TEXT_ELEMENT",\
                                                "picture2")[0]
    picture2caption.text = "方向%d度" % (degree2)
    picture2.sourceImage = os.path.join(picturePath, "%d(2).jpg" % (i))
    #批量出图
    arcpy.mapping.ExportToPDF(mxd, os.path.join(outputpath, "%s.pdf" % (str(i))))
    pdfpaths.append(os.path.join(outputpath, "%s.pdf" % (str(i))))
    print "第%d个采样点:出图完毕"%(i)
# 合并各个pdf
```

```
finalpdf = arcpy.mapping.PDFDocumentCreate(finalpdf_path)
# 循环每一个 PDF 文档,并将其合并
for pdfpath in pdfpaths:
    finalpdf.appendPages(pdfpath)
finalpdf.saveAndClose()
del finalpdf
```

# 附录 C-2　热力图片采集与分析

**chapter 8_1.py**

```
# -*- coding:utf-8 -*-
import sys
import json
reload(sys)
sys.setdefaultencoding('utf8')
#处理原始的响应信息
outputpath = "C:\\Users\\yfqin\\Desktop\\test\\"
dataNames = ["data1","data2","data3","data4"]
for dataName in dataNames:
    data = outputpath+dataName + ".txt"
    f = open(data, 'r')
    content = f.read()
    f.close()
    dictData = json.loads(content)
    time = dictData['time']
    locs = dictData["locs"].split(',')
    #原始数据
    newdata = outputpath+dataName + "new.txt"
    f = open(newdata, 'w')
    f.close()
        f = open(newdata, 'a')
    f.write(str(time) + '\n')
    for i in range(len(locs)/3):
        lat = str(float(locs[0+3*i])/100)
        lon = str(float(locs[1+3*i])/100)
        count = locs[2 + i*3]
        f.write(lon + ',' + lat + ',' + count + '\n')
    f.close()
```

**chapter 8_2.py**

```
# -*- coding:utf-8 -*-
import sys
```

```
import arcpy
from arcpy import env
from arcpy import da
import os
reload(sys)
sys.setdefaultencoding('utf8')
env.overwriteOutput = True
# 修改参数
outputpath = "C:\\Users\\yfqin\\Desktop\\test\\"
env.workspace = outputpath
dataNames = ["data1new","data2new","data3new","data4new"]
final_shp = outputpath + "April4.shp"
clipShp = outputpath + "district.shp"
env.extent = "district.shp"
env.mask = "district.shp"
# 获取空间范围
desc  =  arcpy.Describe(clipShp)
clipextent = desc.extent
xmin = clipextent.XMin
xmax = clipextent.XMax
ymin = clipextent.YMin
ymax = clipextent.YMax
# wgs84 为空间参照对象
wgs84file = outputpath + "wgs84.prj"
wgs84 =  arcpy.SpatialReference(wgs84file)
# 遍历列表,处理每个文本文件
shpnames = []
for dataName in dataNames:
    print dataName
    data = outputpath + dataName + ".txt"
    f = open(data,'r')
    content = f.readlines()
    f.close()
    #shp 数据
    shp_output = outputpath + dataName + ".shp"
    shpnames.append(shp_output)
    arcpy.CreateFeatureclass_management(os.path.dirname(shp_output),\
                                        os.path.basename(shp_output), \
                                        'POINT', "", "", "", wgs84)
    arcpy.AddField_management(shp_output, "LON", "FLOAT")
    arcpy.AddField_management(shp_output, "LAT", "FLOAT")
    arcpy.AddField_management(shp_output, "NUM", "DOUBLE")
    fields  =  ["SHAPE@","LON", "LAT","NUM"]
```

```
    cur = da.InsertCursor(shp_output, fields)
    for line in content:
        pntInfor=line.split(',')
        if(len(pntInfor) == = 3):
            lon = float(pntInfor[0])
            lat = float(pntInfor[1])
            if(xmin<= lonand lon<= xmaxand ymin<= latand lat<= ymax):
                count = float(pntInfor[2].split('\n')[0])
                pnt = arcpy.Point(lon, lat)
                pointGeometry = arcpy.PointGeometry(pnt,wgs84)
                newFields = [pointGeometry,lon,lat,count]
                cur.insertRow(newFields)
    del cur
#合并、剪裁、融合
arcpy.Merge_management(shpnames,outputpath+"merge.shp")
arcpy.Dissolve_management (outputpath+"merge.shp", final_shp, \
                                        ["LON","LAT"], [["NUM","MEAN"]])
```

# 附录 D

# 交通出行数据采集与分析篇代码

## 附录 D-1 属性数据采集

***chapter 9_1.py***

```
# -*- coding:utf-8 -*-
import urllib2
import sys
import basics
import json
from arcpy import env
env.overwriteOutput=True
reload(sys)
sys.setdefaultencoding('utf8')
#采集出行路径空间数据
def GetTotalLine(ak, opoint, dpoint, date, time, city,filename):
    requesturl = "http://restapi.amap.com/v3/direction/transit/integrated? key=" \
                + ak + "&origin=" + opoint.lon+"," + opoint.lat + "&destination=" \
                + dpoint.lon+","+dpoint.lat + "&city=" + city + \
                "&cityd=&strategy=0&nightflag=0&date=" + date + "&time=" \
                + time
    json_obj = urllib2.urlopen(requesturl)
    mydata = json.load(json_obj)
    if (mydata['info'] == "OK"):
        rounts = mydata['route']
        transits = rounts['transits']
        if (transits! =[]):
            project1 = transits[0]
            cost = project1['cost']
            if cost==[]:
                cost='0'
            duration = project1['duration']
            distance = project1['distance']
            segments = project1['segments']
            route_locations = [] #存储坐标点
```

```
        for segment in segments:
            walking = segment['walking']
            bus = segment['bus']['buslines']
            if (walking! =[]):
                walksteps = walking['steps']
                for step in walksteps:
                    polylinewalk = step['polyline']
                    for loc in polylinewalk.split(';'):
                        route_locations.append(loc)
            if (bus! =[]):
                polylinebus = bus[0]['polyline']
                for loc in polylinebus.split(';'):
                    route_locations.append(loc)
        usefuldata = [opoint.id, opoint.name, dpoint.id, dpoint.name, \
                      cost, duration, distance]
        doc = open(filename, 'a')
        # 用分号分隔每一个信息
        for data in usefuldata:
            doc.write(data)
            doc.write(';')
        for loc in route_locations:
            doc.write(loc)
            doc.write(';')
        # 换行
        doc.write('\n')
        doc.close()
        print i,j
    else:
        print "距离太近,无需换乘"
        cost = '0'
        distance = rounts['distance']
        if (distance= =[]):
            distance = 0
        else:
            # 步行速度 1m/s
            duration = distance
            usefuldata = [opoint.id, opoint.name, dpoint.id, dpoint.name, \
                                    cost, duration, distance]
            doc = open(filename, 'a')
            # 用分号分隔每一个信息
            for data in usefuldata:
                doc.write(data)
                doc.write(';')
```

```
                doc.write(opoint.lon + ',' + opoint.lat)
                doc.write(';')
                doc.write(dpoint.lon + ',' + dpoint.lat)
                doc.write(';')
                # 换行
                doc.write('\n')
                doc.close()
    else:
        print "URL 存在问题" + '\n'
        print mydata['info']
#采集公交出行属性数据:时间、费用、距离、换乘时间、换乘次数、步行时间等
def GetBusInformation(ak, opoint, dpoint, date, time,city,outputfile):
    requesturl = "http://restapi.amap.com/v3/direction/transit/integrated? key = "\
                 + ak + "&origin = " + opoint.lon + "," + opoint.lat + "&destination = " \
                 + dpoint.lon + "," + dpoint.lat + "&city = " + city + \
                 "&cityd = &strategy = 0&nightflag = 0&date = " + date + "&time = " \
                 + time
    json_obj = urllib2.urlopen(requesturl)
    mydata = json.load(json_obj)
    if (mydata['info'] == = "OK"):
        rounts = mydata['route']
        transits = rounts['transits']
        if (transits! = []):
            project1 = transits[0]
            cost = project1['cost']
            if (cost = = []):
                cost = '0'
            duration = project1['duration']
            distance = project1['distance']
            walking_distance = project1['walking_distance']
            segments = project1['segments']
            lensegments = len(segments)
            transits_num = lensegments - 1
            railtime = 0
            # 如果只坐一次车,最后便没有步行环节
            if (lensegments = = 1):
                first_walktime = float(segments[0]['walking']['duration'])
                last_walktime = 0
                transit_walktime = 0
                bustime = float(segments[0]['bus']['buslines'][0]['duration'])
                try:
                    railtime = float(segments[0]['railway']['time'])
                except Exception as e:
```

```
            railtime = 0
    #出发地-步行-公交-步行-目的地
    elif(lensegments == 2):
        first_walktime = float(segments[0]['walking']['duration'])
        try:
            last_walktime = float(segments[lensegments-1]['walking']\
                                          ['duration'])
        except Exception as e:
            last_walktime = 0
        transit_walktime = 0
        bustime = float(segments[0]['bus']['buslines'][0]['duration'])
        try:
            railtime = float(segments[0]['railway']['time'])
        except Exception as e:
            railtime = 0
    #出发地-步行-公交-步行-换乘公交-步行-目的地
    elif(lensegments>2):
        #起始的步行时间
        try:
            first_walktime = float(segments[0]['walking']['duration'])
        except Exception as e:
            first_walktime = 0
        # 最后的步行时间
        try:
            last_walktime = float(segments[lensegments-1]['walking']\
                                          ['duration'])
        except Exception as e:
            last_walktime = 0
        # 初始公交车内时间和铁路时间
        transit_walktime = 0
        bustime = 0
        railtime = 0
        # 循环累加公交时间、换乘时间、铁路名称
        for i in range(0,lensegments):
            if(i>=1 and i<=lensegments-2):
                try:
                    transit_walktime += float(segments[i]['walking']['duration'])
                except Exception as e:
                    # 地铁换乘无需时间
                    transit_walktime += 0
            try:
                bustime += float(segments[i]['bus']['buslines'][0]['duration'])
            except Exception as e:
```

```
                bustime  + =  0
            try:
                # 跨区域出行,该处是高铁、铁路出行时间
                railtime  + =  float(segments[i]['railway']['time'])
            except Exception as e:
                # 单独累加铁路时间
                railtime  + =  0
        usefuldata  =  [opoint.id, opoint.name, opoint.lon, opoint.lat, dpoint.id,\
                    dpoint.name, dpoint.lon,dpoint.lat, cost, duration, bustime, \
                    first_walktime, last_walktime, transit_walktime, \
                    distance, walking_distance, str(transits_num),railtime]
        doc  =  open(outputfile, 'a')
        # 用分号分隔每一个信息
        for data in usefuldata:
            doc.write(str(data))
            doc.write(';')
        doc.write('\n')   # 记住换行
        doc.close()
    else:
        cost  =  '0'
        distance  =  rounts['distance']
        transits_num  =  '0'
        walking_distance  =  distance
        if (distance= =[]):
            distance  =  0
        duration  =  distance #步行速度 1m/s
        bustime  =  0
        first_walktime  =  duration
        last_walktiame  =  0
        transit_walktime  =  0
        railtime  =  0
        usefuldata  =  [opoint.id, opoint.name, opoint.lon, opoint.lat, dpoint.id, \
                    dpoint.name, dpoint.lon, dpoint.lat, cost, duration, bustime,\
                    first_walktime,last_walktiame,transit_walktime,\
                    distance,walking_distance,str(transits_num),railtime]
        doc  =  open(outputfile, 'a')
        # 用分号分隔每一个信息
        for data in usefuldata:
            doc.write(str(data))
            doc.write(';')
        # 换行
        doc.write('\n')
        doc.close()
```

```
        # 打开 URL,看是否存在问题
        print requesturl
    else:
        print "URL 存在问题" + '\n'
        print  mydata['info']
if __name__ == '__main__':
    # aim,ak,date,time, city,ofile,dfile,outputpath 需要更改
    # 参数分别为存储路径、ID、经度、纬度、名称
    aim="data"
    ak = "36259c5d9e013a3c3715596c4a0f47a9"
    date = "2019-1-15"
    time = "08:00"
    city = "320100"
    ofile = "C:\\Users\\yfqin\\Desktop\\test\\O.csv"
    dfile = "C:\\Users\\yfqin\\Desktop\\test\\D.csv"
    outputpath = "C:\\Users\\yfqin\\Desktop\\test\\"
    outputpath1 = "C:\\Users\\yfqin\\Desktop\\test\\output_shp\\"
    opointslist = basics.createpoint(ofile, 0, 2, 3, 1, 1)
    dpointslist = basics.createpoint(dfile, 0, 2, 3, 1, 1)
    for i in range(0, len(opointslist)):
        opoint = opointslist[i]
        if (aim=="data"):
            busoutputfile = outputpath + "bus_" + str(i) + ".txt"
            doc = open(busoutputfile, 'w')
            doc.close()
        elif(aim=="route"):
            routeoutputfile = outputpath1 + "line_" + str(i) + ".txt"
            doc = open(routeoutputfile, 'w')
            doc.close()
        for j in range(0, len(dpointslist)):
            dpoint = dpointslist[j]
            if (aim == "data"):
                GetBusInformation(ak, opoint, dpoint, date, time, city, busoutputfile)
            elif(aim=="route"):
                GetTotalLine(ak, opoint, dpoint, date, time, city, routeoutputfile)
```

## 附录 D-2　空间路径采集

**chapter 9_2.py**

```
# -*- coding:utf-8 -*-
import os
import arcpy
```

```
from arcpy import da
import sys
from arcpy import env
env.overwriteOutput = True
reload(sys)
sys.setdefaultencoding('utf8')
#生成出行路径 Shapefile 数据文件
def GetPolyline(line_sourcefile,shp_output):
    arcpy.CreateFeatureclass_management(os.path.dirname(shp_output),\
                                        os.path.basename(shp_output),\
                                        'POLYLINE')
    arcpy.AddField_management(shp_output, "o_id", "SHORT")
    arcpy.AddField_management(shp_output, "o_name", "Text")
    arcpy.AddField_management(shp_output, "d_id", "SHORT")
    arcpy.AddField_management(shp_output, "d_name", "Text")
    arcpy.AddField_management(shp_output, "duration_s", "Double")
    arcpy.AddField_management(shp_output, "distance_m", "Double")
    arcpy.AddField_management(shp_output, "cost_yuan", "Double")
    fields = ["SHAPE@", "o_id", "o_name", "d_id", "d_name", "duration_s", \
              "distance_m", "cost_yuan"]
    cur = da.InsertCursor(shp_output,fields)
    array = arcpy.Array()
    doc = open(line_sourcefile, 'r')
    lines = doc.readlines()
    doc.close()
    for line in lines:
        try:
            oid, oname,did, dname, cost, duration, distance, locationstr = line.split(';', 7)
        except Exception as e:
            continue
        if (len(cost.split(','))! =1 or len(duration.split(','))! =1 \
                or len(distance.split(','))! =1):
            continue
        else:
            locations = locationstr.split(';')
            # 避免最后一个空值
            for i in range(0, len(locations) - 1):
                coordinate = locations[i]
                try:
                    lon, lat = coordinate.split(',')
                except Exception as e:
                    print i
                    print coordinate
```

```
                else:
                    pnt = arcpy.Point(lon, lat)
                    array.add(pnt)
            polyline = arcpy.Polyline(array)
            array.removeAll()
        newFields = [polyline, int(oid), oname, int(did), dname, float(cost), \
                     float(duration), float(distance)]
        cur.insertRow(newFields)
        print oid,did
    del cur
    print "Shapefile 生成完毕"
if __name__ == '__main__':
    outputpath = "C:\\Users\\yfqin\\Desktop\\test\\output_shp\\"
    outputroute = outputpath + "final_line.txt"
    outputshp = outputpath + "line.shp"
    GetPolyline(outputroute,outputshp)
```

# 参 考 文 献


[1] 边馥苓.时空大数据的技术与方法[M].北京:中国地图出版社,2016.

[2] 徐建刚,祁毅,张翔,等.智慧城市规划方法:适应性视角下的空间分析模型[M].南京:东南大学出版社,2016.

[3] 甄峰,王波,秦萧,等.基于大数据的城市研究与规划方法创新[M].北京:中国建筑工业出版社,2015.

[4] 尹海伟,孔繁花.城市与区域规划空间分析实验教程[M].3 版.南京:东南大学出版社,2019.

[5] 林子雨.大数据技术原理与应用[M].2 版.北京:人民邮电出版社,2017.

[6] 黎夏,刘凯.GIS 与空间分析原理与方法[M].北京:科学出版社,2006.

[7] [美] Maribeth Price. ArcGIS 地理信息系统教程[M].李玉龙,等译.北京:电子工业出版社,2009.

[8] 邬伦,刘瑜.地理信息系统:原理、方法和应用[M].北京:科学出版社,2001.

[9] 石伟.ArcGIS 地理信息系统详解[M].北京:科学出版社,2009.

[10] 范传辉.Python 爬虫开发与项目实战[M].北京:机械工业出版社,2017.

[11] 吴萍.算法与程序设计基础[M].北京:清华大学出版社,2015.

[12] 张良均.Python 数据分析与挖掘实战[M].北京:机械工业出版社,2016.

[13] 埃里克·马瑟斯.Python 编程从入门到实践[M].袁国忠,译.北京:人民邮电出版社,2016.

[14] 赞德伯根.面向 ArcGIS 的 Python 脚本编程[M].北京:人民邮电出版社,2014.

[15] Zandbergen P A. Python Scripting for ArcGIS[M]. ESRI Press, 2013.

[16] Toms S, O'Beirne D. Arcpy and ArcGIS[M]. Packt Publishing, 2017.

[17] 龙瀛,毛其智.城市规划大数据理论与方法[M].北京:科学出版社,2019.

[18] [美]迈克尔·D.迈耶,埃里克·J.米勒.城市交通规划[M].2 版.杨孝宽,译.北京:中国建筑工业出版社,2008.

[19] 于沛洋,石飞,等.基于开放数据的城市公共交通可达性模型构建方法[J].现代城市研究.2017(12):2-10.

[20] 尹海伟,徐建刚.上海公园空间可达性与公平性分析[J].城市发展研究,2009,16(6):71-76.